제2판

R과 Python을 활용한

기초통계플러스알파

Basic Statistics with R & Python

김명준 · 김영화 · 박영호 지음

KM 경문사

머리말

'데이터가 있는 곳에 통계가 있다.'라는 말처럼 데이터가 넘쳐나는 현대 사회에서 통계학은 필수적인 분석 도구로 자리매김을 하고 있으며, 컴퓨터의 보급과 발달로 인하여 과거에는 분석하기 힘들었던 대용량 데이터 분석도 가능해졌다. 특히 4차 산업혁명 시대, 빅데이터 시대라 불리는 현재, 불확실성은 점점 더 확대되어가고 있으며 그러한 불확실성을 해결하고자 하는 노력과 발전 또한 괄목할만한 성장을 하고 있다. 이러한 시대적 발전 속에서 통계학은 이제 전공자만이 향유하는 학문의 선을 넘어 거의 모든 학문, 산업 분야에서 필수 불가결한 학문으로 적용 영역을 넓히며 활용되고 있다.

그러나 통계학을 배우거나 사용하려는 사람들이 대부분 느끼는 어려움은 '통계학은 너무 어렵다.', '통계학은 진입장벽이 높다.'는 것인데, 그 이유 가운데 중요한 한 가지는 통계학의 기본 개념과 용어, 통계적 사고 방법을 쉽게 받아들일 수 있게 해주는 교재를 찾아보기 힘들다는 것이라고 저자들은 판단하고 있다. 따라서 저자들은 통계학을 배우는 학생들의 눈높이에 맞춰 개념을 정립하고, 최대한 주입식 서술방식을 지양하는 자세로 집필하는 데 최선을 다하였다.

또한 최근 들어 과거 통계학 전공자의 전유물처럼 여겨졌던 통계 패키지인 SPSS, SAS 이외에 R과 Python이 각광을 받고 있는데, 이는 통계학의 이론적인 수식에 의거한 문제 해결과 함께 프로그램을 활용하여 원하는 문제를 해결하고자 하는 것에 관심과 초점이 옮겨 가고 있다는 것을 보여준다고 할 수 있다.

이러한 관점에서 시중에 많이 존재하는 통계학 개론 수준의 서적들과 차별화된 교재를 제공하고자 이 책을 집필하였다. 즉, 통계학 이론의 기본적인 틀을 유지하되, 다양한 분야에서 활용되고 있는 프로그램인 R과 Python의 실질적 활용 예제를 각 장마다 배치하여 배운 이론을 실제 프로그램에 적용하는 것으로 마무리하였다. 특히 대부분의 교재가 한 가지 프로그램을 다루는 것에 비해 최근 각광받고 있는 두 가지 프로그램을 모두 다루고 활용하도록 하여 다양한 경험을 하도록 하였다.

이 책은 통계학을 전공하면서 R과 Python 프로그램을 익히고자 하는 학생들은 물론 통계학을 본인의 분야에 적용해 보고자 하는 많은 이들에게 동전의 양면과 같이 떼려야 뗄 수 없는 이론과 프로그램을 동시에 배우는 데 큰 도움이 될 것이라고 확신한다.

끝으로 부족했던 이 책의 초고에 많은 조언과 도움을 주신 여러 지인들께 깊은 감사를 드리며, 최종 편집과 교정에 정성을 다 해주신 경문사의 여러 관계자분들에게도 진심으로 감사드린다.

2023년 1월

저자 일동

▷ 연습문제 풀이와 해답은 경문사 홈페이지(https://www.kyungmoon.com/)에서 다운로드할 수 있다.

경문사 홈페이지 접속 → 우상단 돋보기 모양(🔍) 클릭 후 '기초통계플러스알파' 검색 → 도서 클릭 후 '자료' 항목에서 학습자료 다운로드

차 례 CONTENTS

1장 통계와 통계학

2장 자료의 측정과 표현

3장 확률의 이해

CONTENTS

4장 확률변수와 확률분포

5장 이산형 확률분포

6장 연속형 확률분포

7장 확률표본과 추정

8장 가설검정

9장 실험계획법

CONTENTS

10장 회귀분석

11장 범주형 자료분석

부록

01

통계와 통계학

1.1 통계와 통계학

'사람은 사회적 동물이다.', '사람은 정치적 동물이다.'라는 말과 같이 '사람은 통계적 동물이다.'라고 해도 전혀 과언이 아니다. 왜냐하면 사람은 본인의 의지와 상관없이 태어나면서 인구 통계의 데이터가 되고, 평생 살아가면서 교육관련 기록, 병원 기록, 금융관련 기록 등 막대한 데이터를 양산하다가 삶을 마감하면서도 사망 통계의 데이터를 제공하기 때문이다. 또한 사람은 본인이 데이터로 인식하든 안하든, 평생을 살아가면서 매일 매일 많은 데이터를 취득하고, 그 데이터를 바탕으로, 그 과정이 얼마나 과학적이고 합리적이고 객관적인지의 여부에 관계없이, 수많은 의사 결정을 내리며 살아가니 사람의 일생은 통계로 시작해서 통계와 살다가 통계로 마감한다고 할 수 있다.

개인이 어떤 의사 결정을 내려서 얻은 손익은 개인적인 문제이기 때문에 굳이 한 개인의 의사 결정 과정이 과학적이고 객관적이어야 한다는 당위성은 없다고 할 것이다. 그러나 현대를 살아가는 현대인은 대부분 혼자 일하는 것이 아니고 여러 사람과 협업을 하기 때문에 의사 결정 과정은 좀 더 과학적이고 합리적이며 객관적이어야 한다. 이러한 이유로 과학적, 합리적, 객관적 의사 결정을 할 수 있게 해주는 도구의 필요성이 대두되었고, 그 결과 '통계학(statistics)'이 학문과 산업 전반의 다양한 분야에서 유용하게 널리 쓰이는 학문으로 정립된 것이다. 통계학에 대한 정의는 통계학의 발전에 따라 조금씩 변하였지만, 간단하게 말하면, 관측된 데이터를 정리, 요약하고 그 결과를 바탕으로 합리적인 의사 결정을 내리며 미지의 사실에 대하여 추측해보는 일련의 과정이라 할 수 있다. 데이터의 형태, 전제되는 통계적 상황, 가정하는 통계적 모형 등에 따라 많은 다양한 통계분석 방법이 개발되고 발전을 거듭하는 것은 물론이며, 추후 이러한 내용들을 소개하고 설명하기로 한다.

■ **통계**(statistic)

관심이 있는 측정 집단을 대상으로 실시한 조사 또는 실험으로 얻은 결과에 대한 요약된 형태의 표현

■ **통계학**(statistics)

데이터를 수집하여 분석하고, 이를 바탕으로 적절한 통계적 과정을 적용하여 합리적, 과학적, 객관적 의사 결정과 추론을 전개하고 미래 예측을 하는 학문

1.2 통계학의 목적과 분류

현대 사회는 정보의 홍수 시대라고 할 만큼 정보가 지나치게 많을 정도로 양산되는 고도의 정보화 시대로 이미 들어섰으며, 이러한 사회를 살아가는 현대인에게 '통계(statistic)'라는 용어는 더 이상 낯선 용어가 아니다. 통계를 뜻하는 영어 단어인 statistic의 어원은 라틴어 statisticum(국가)이며 18세기 독일에서 처음 사용된 statistik의 의미는 국가(state)에 대한 자료들의 분석을 의미했다. 이러한 사실에서 알 수 있는 것처럼 국가 또는 기업과 같은 큰 그룹을 운영할 때, 대규모 데이터를 취합하여 현상을 분석하고 이를 근거로 앞으로 어떻게 하는 것이 최선일까에 대한 의사 결정을 내리는 것이 바로 통계 또는 통계학의 목적이라 할 수 있다.

■ **통계학의 목적**

수집된 데이터를 요약하여 현상을 파악하고(1차 목적), 이를 근거로 미지의 사실에 대한 추론을 전개하여 합리적, 과학적, 객관적 의사 결정을 내리는 것(2차 목적)

어떤 대상을 분류할 때, 그 기준에 따라 여러 가지로 분류할 수 있다. 예를 들어, 한 반의 학생을 분류할 때도 성별, 안경착용 여부, 거주 지역 등에 따라 각각 분류할 수 있다. 마찬가지로 통계학도 분류 기준에 따라 다양하게 분류할 수 있다. 다음은 통계학을 분류하는 일반적인 경우이다.

- 분석 내용에 따라: 기술 통계학, 추측 통계학
- 다루는 내용에 따라: 수리 통계학, 응용 통계학
- 모수를 고려하는가에 따라: 모수 통계학, 비모수 통계학
- 사용되는 정보의 원천에 따라: 프리컨티스트 통계학, 베이지안 통계학

이 장에서 이와 관련하여 설명하는 내용 중에 아직 구체적으로 설명하지 않은 개념이나 용어는 추후 배우기로 하고, 이 책의 수준을 뛰어 넘는 내용은 간단히 약술하기로 한다.

기술 통계학	추측 통계학
수집된 자료를 숫자 또는 그래프로 정리, 요약하고 특징을 파악하는 분야	표본 정보를 이용하여 관심 있는 전체 대상 집단인 모집단의 특성을 추측하는 분야

기술 통계학(Descriptive Statistics)은 표본의 대푯값인 평균, 분산, 최댓값, 최솟값 등 자료의

특성치를 통해 자료를 요약, 설명하고 그래프를 사용하여 자료의 전체적인 특성을 쉽게 파악하도록 해준다. 비교하려는 자료가 여러 개 있는 경우에도 각 자료의 대푯값과 그래프 비교를 통하여 쉽게 비교 가능하도록 해준다. 두 개 이상의 자료를 기술 통계학으로 비교할 때 한 가지 주지해야 하는 것은 자료를 통해 얻은 대푯값의 차이가 항상 통계적으로 의미가 있는 차이는 아닐 수도 있다는 것이다. 예를 들어, 자료 1의 평균이 55이고 자료 2의 평균이 60이라 할 때, 두 숫자는 분명 다른 숫자이지만 경우에 따라 두 자료의 평균은 '통계적으로 다르지 않다'라는 결론을 얻을 수도 있다는 것이다.

추측 통계학(Inferential Statistics)은 기술 통계학의 대푯값을 근거로 하여 원래 관심이 있는 전체 대상 집단인 '모집단(population)'에 대한 통계적 추론을 전개하는 것을 의미한다. 보다 자세한 것은 이 책의 통계적 추론 부분에서 자세히 배우기로 한다.

수리 통계학	응용 통계학
통계학의 기본이 되는 수리적인 이론을 다루는 분야	수리 통계학에서 정립된 이론을 바탕으로 실제 자료를 분석하는 방법을 연구하는 분야

통계학 전공자에게 가장 중요한 과목으로 알려진 수리 통계학(Mathematical Statistics)은 통계학의 이론적 근거를 수학적으로 정립하는 분야이고, 응용 통계학(Applied Statistics)은 수리 통계학의 이론을 응용하여 자료를 분석하는 방법론을 의미하며 실문조사나 여론조사, 교육 및 심리학, 환경 및 기상, 품질 및 신뢰성 공학, 경영정보, 패턴인식, 빅 데이터 등 많은 분야에 응용되는 분야로 통계적 방법의 개발과 응용을 다루는 분야이다. 따라서 통계학 전공자는 수리 통계학과 이를 적용하는 응용 통계학의 분석과정에 대한 깊은 이해가 반드시 필요하며, 통계학을 도구로 사용하는 타 분야 전문가는 수리 통계학의 이해가 깊지 않더라도 자료를 분석하고 통계적 결론을 내리는 응용 통계학의 결과 해석, 적용 능력을 길러야 한다.

모수 통계학	비모수 통계학
모집단에 대한 분포를 가정하고 평균, 분산 등 모수에 대한 추론을 전개하는 일반적인 통계학	모집단의 분포에 대한 가정이 어렵거나 표본 수가 작은 경우에 유용한 통계학

통계학의 많은 분석 방법들은 모수(parameter)를 필요로 하는가 또는 필요로 하지 않는가에 따라 모수 통계학(Parametric Statistics)과 비모수 통계학(Nonparametric Statistics)으로 구분된다. 여기서 '모수(parameter)'는 관심이 있는 전체 대상 집단인 모집단(population)에 대하여 가정한 분포(distribution)의 특성치를 의미하며, 고등학교 '확률과 통계'에서 배운 정규분포의 평균과 분

산이 이에 해당한다. 즉, 모수를 알기 위해 전체 집단(모집단)으로부터 표본을 추출하고, 추출된 표본의 정보를 바탕으로 모수에 대한 추론을 전개하는 것이 모수 통계학의 분석 과정이라 할 수 있다.

반면에 비모수 통계학은 모집단의 분포에 대한 가정이 어렵거나 표본의 수가 작은 경우에 유용한 방법이다. 모수 통계학의 분석 방법에 해당하는 비모수 통계학의 분석 방법이 제안되어 있기 때문에, 특히 표본의 수가 작을 때는 모수 통계학의 방법만을 고집할 것이 아니라 비모수적 방법의 적용도 고려해 보는 것이 합리적이라 할 수 있다.

프리컨티스트 통계학	베이지안 통계학
관찰된 표본의 정보만을 사용하여 모수에 대한 추론을 전개하는 일반적인 통계학	모수를 확률변수로 고려하고 모수의 사전분포와 표본 정보를 이용하여 모수에 대한 추론을 전개

프리컨티스트 통계학(Frequentist Statistics)은 한 동안 '고전적 통계학' 또는 '전통적 통계학'이라고도 하였으나 최근에는 프리컨티스트 통계학이라고 하는 것이 일반적이며 그 의미를 이해하는 데 더 나은 표현이라고 할 수 있다. 프리컨티스트(Frequentist)는 '빈도학자'라고도 해석하는데, 이것의 어원인 영어 단어 'frequent(빈번한)'로부터 쉽게 떠 올릴 수 있는 단어는 'frequency(빈도)'일 것이다. 빈도는 관측이 되었다는 것을 의미하고, 이처럼 관측된 것을 통계학에서는 '표본(sample)'이라고 한다. 즉, 빈도학자는 관측된 표본의 정보만 사용하여 관심이 있는 전체 대상 집단인 모집단에 대한 추론(모집단의 특성치인 모수에 대한 추론)을 전개하는 통계학자를 의미하며, 이들이 다루는 통계학을 프리컨티스트 통계학이라고 한다.

반면에 베이지안 통계학(Bayesian Statistics)은 표본의 정보에 연구자가 갖고 있는 사전 지식이나 주관적 의견 또는 신념과 같은 정보도 포함하는 통계학을 의미한다. 18세기 학자인 토머스 베이즈(Thomas Bayes)가 제안한 조건부 확률공식에 근거하는 이러한 방법을 지지하는 통계학자를 베이지안(Bayesian)이라고 하며, 우리의 의사 결정 과정을 보면 베이지안에 가깝다는 것을 알 수 있다. 예를 들어, 어떤 판사가 판결을 내리는 과정을 살펴보자. 피고인이 유죄일 사건을 A라 하고, 기초 자료를 살펴 본 판사는 피고인이 유죄라고 믿는 확률을 0.6으로 예상했다고 하자. 즉, $P(A)=0.6$이다. 재판이 진행되면서 검사 측에서 새로운 유죄 증거 B를 제시하였고, 판사가 이 증거를 신뢰할 만하다고 판단하였다면 판사는 피고인이 유죄라는 믿음을 더 확실하게 갖게 될 것이다. 즉, $P(A|B)>0.6$이 될 것이며, 이는 고교 과정에서 배운 조건부 확률이다. 이처럼 살아가면서 수많은 의사 결정을 내리는 인간은 새로운 정보를 습득하면 그것을 수학적으로 계산하여 받아들이든, 단순한 느낌으로만 받아들이든 늘 정보를 업데이트하여 의사 결정에 반영하는 것을 알 수 있다.

일반적으로 통계학 또는 통계 분석 방법이라고 하면 이것은 모수 통계학이고 프리컨티스트 통계학인 것과 이를 바탕으로 전개되는 통계 분석 방법을 의미하며, 그렇지 않은 경우에는 비모수 통계학 또는 베이지안 통계학이라고 명시한다. 예를 들어, 자주 사용되는 대표적인 분석 방법인 회귀분석(regression analysis)은 모수 통계학과 프리컨티스트 통계학에 근거하여 분석을 수행하는 것이며, 이에 대응하는 것으로 비모수 회귀분석, 베이지안 회귀분석이 있다.

1.3 R과 Python 활용의 시작

1.3.1 R 소개

R은 통계 컴퓨팅을 통해 계산 및 분석이 가능하게 하는 무료 소프트웨어이다. 또한 그래픽 기능이 우수하여 빅데이터 분석의 결과를 시각화(visualization)하는 도구로도 주로 사용되고 있다. R의 큰 장점 중에 하나는 많은 연구자들에 의해 만들어진 유용한 기법들을 패키지(package)로 제공하여 편리하게 이용할 수 있다는 것이다. 계산 및 분석을 하려면 명령어를 직접 입력하고 실행하는 방식으로 결과를 즉시 확인할 수 있다. 처음 프로그램을 작성하는 사람은 다소 어렵게 느껴질 수 있으나, 익숙해지면 마우스를 이용하는 방식보다 빠르고 정확한 작업이 가능하다.

R 언어는 다음과 같은 특징을 가지고 있다. 첫째, 대문자와 소문자를 구별한다. 즉 사용하고자 하는 함수 및 변수 등은 주어진 대소문자를 정확히 입력해야 한다. 둘째, 하나의 명령어는 줄바꿈(Enter) 또는 세미콜론(;)으로 구별한다. 따라서 한 줄에 하나의 명령어를 입력하는 것을 기본으로 한다. 만약 한 줄에 여러 명령을 실행하고자 하면 세미콜론으로 구분하여 작성하면 여러 명령어가 동시에 실행된다. 셋째, 주석 또는 코멘트(comment)는 해시 마크(#)를 사용한다. 명령어의 처음 또는 중간에 "#"가 있으면, 이후 명령어는 실행되지 않는다. 주석은 대부분 명령어의 내용을 메모하는 목적으로 쓰인다. 주석을 잘 사용하면 코드를 더 쉽게 이해할 수 있다. 때때로 특정 명령어의 실행을 원하지 않는 경우 명령어의 앞에 "#"를 사용하기도 한다.

(1) R 코드 입력과 실행

R 프로젝트 홈페이지를 통해 설치한 R은 메뉴와 콘솔(console)로 구분되어 있다. R 코드를 편리하게 작성하기 위해 상단 메뉴의 [파일]>[새 스크립트]를 선택하면 R 편집기를 사용할 수 있다. 편집기를 생성하는 단축키는 Ctrl+N이다. R 코드는 콘솔에 입력하는 경우 Enter↵를 사용하여 실행하고, 편집기에 입력한 경우에는 실행할 R 코드를 선택한 후 F5를 사용하여 실행한다. 결과는 모두 콘솔에서 확인할 수 있다.

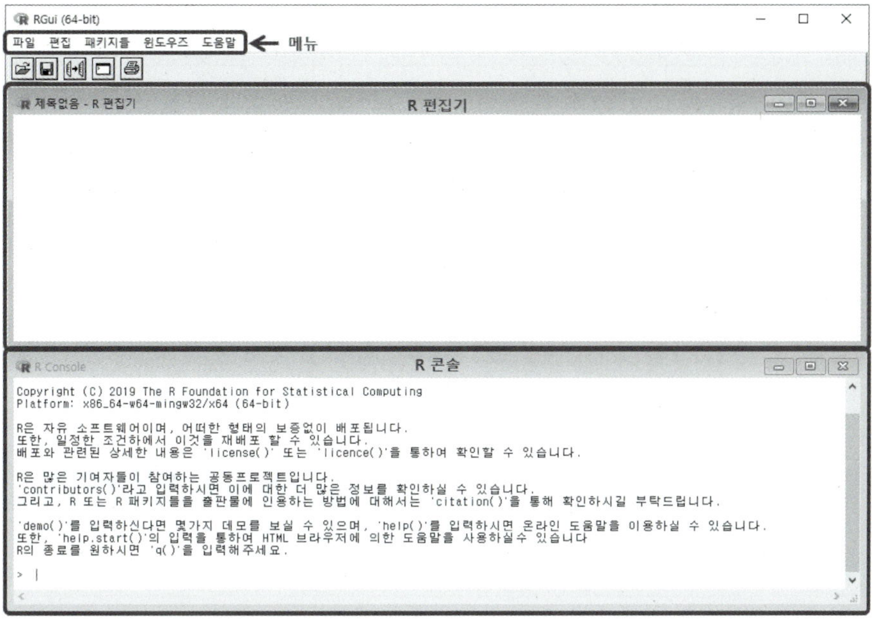

아나콘다(anaconda)에서 제공하는 주피터 노트북(jupyter notebook)에서 R을 사용하는 경우 셀(cell)에 R 코드를 작성하고 **[Run]** 버튼을 사용하거나 단축키 Ctrl + Enter↵ 를 사용하여 결과를 확인할 수 있다.

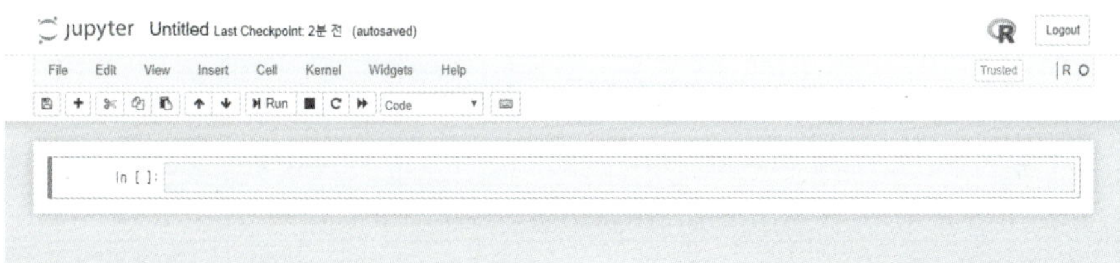

(2) R의 연산자

R은 분석 및 그래픽 기능을 사용할 때도 유용하지만, 기본적으로 매우 뛰어난 계산기이기도 하다. R에서 제공하는 연산자와 연산의 우선순위를 알고 있으면 복잡한 계산도 간단하게 답을 구할 수 있다.

연산자는 크게 산술 연산자(arithmetic operator), 관계 연산자(relational operator)와 논리 연산자(logical operator)로 구분할 수 있다. 산술 연산자는 수치계산에 이용되며, 관계 연산자는 값의 크고 작은 관계를 연산하며, 논리 연산자는 논리 값인 참(TRUE)과 거짓(FALSE)의 연산에 이용된다. 다음은 R에서 주로 사용하는 연산자들을 간략히 정리한 표이다.

| 표 1.1 | R의 산술 연산자

연산자	설명	수식	코드	값
+	더하기	9+4	9 + 4	13
-	빼기	9−4	9 − 4	5
*	곱하기	9×4	9 * 4	36
/	나누기	9÷4	9 / 4	2.25
^ 또는 **	승수	9^4	9 ^ 4	6561
%%	나눗셈의 나머지	9÷4=2⋯1	9 %% 4	1
%/%	나눗셈의 몫	9÷4=2⋯1	9 %/% 4	2

| 표 1.2 | R의 관계 연산자

연산자	설명	수식	코드	값
<	좌변이 우변보다 작으면 참, 아니면 거짓	9<4	9<4	FALSE
>	좌변이 우변보다 크면 참, 아니면 거짓	9>4	9>4	TRUE
<=	좌변이 우변보다 작거나 같으면 참, 아니면 거짓	9≤4	9<=4	FALSE
>=	좌변이 우변보다 크거나 같으면 참, 아니면 거짓	9≥4	9>=4	TRUE
==	좌변과 우변의 값이 같으면 참, 아니면 거짓	9=4	9==4	FALSE
!=	좌변과 우변의 값이 다르면 참, 아니면 거짓	9≠4	9!=4	TRUE

| 표 1.3 | R의 논리 연산자

<table>
<tr><th>연산자</th><th>설명</th><th>수식</th><th>코드</th><th>값</th></tr>
<tr><td>!</td><td>우변이 참이면 거짓, 거짓이면 참(논리적 부정)</td><td>not T</td><td>!T</td><td>FALSE</td></tr>
<tr><td>&</td><td>좌변과 우변이 모두 참인 경우만 참(요소별 비교)</td><td>T and F</td><td>T & F</td><td>FALSE</td></tr>
<tr><td>&&</td><td>&와 같지만, 첫 번째 요소만 비교</td><td>T and F</td><td>T && F</td><td>FALSE</td></tr>
<tr><td>|</td><td>좌변 또는 우변이 참인 경우에 참(요소별 비교)</td><td>T or F</td><td>T | F</td><td>TRUE</td></tr>
<tr><td>||</td><td>|와 같지만, 첫 번째 요소만 비교</td><td>T or F</td><td>T || F</td><td>TRUE</td></tr>
</table>

(3) R 패키지 설치 및 사용

R은 다양한 사용자들이 만들어 놓은 유용한 기능들과 연습용 데이터, 설명서(vignette), 도움말 등을 묶어서 패키지라는 형태로 배포한다. R을 사용할 때 필요한 패키지를 잘 활용하면 작업의 효율을 극대화 시킬 수 있다. R에서 패키지를 사용하는 방법은 크게 세 가지가 있다. 첫째, R을 실행하면 기본적으로 사용하는 패키지(base, datasets, graphics, stats 등)를 자동으로 불러와서 별도의 명령문 없이 사용할 수 있다. 둘째, 기본적으로 설치는 되어있지만 패키지를 사용하기 위해서 library( ) 함수를 이용한다. 패키지를 불러오는 명령문은 library("패키지 이름")이다. 예를 들어 MASS 패키지의 함수 및 데이터를 사용하기 위해서는 library("MASS")라는 명령을 실행해야 한

다. 셋째, 설치가 되어있지 않은 패키지는 **install.packages( )** 함수를 사용하여 설치 후, **library( )** 함수로 불러오는 방법이 있다. **install.packages( )**로 설치된 패키지는 PC에 저장되기 때문에 최초 1회만 실행하면 이후 **library( )** 함수로 계속 사용이 가능하다. R을 종료하고 다시 시작한 경우, 필요한 패키지는 **library("패키지 이름")**으로 다시 실행해야 한다. 빅데이터 분석에 주로 사용하는 대표적인 dplyr 패키지와 그래픽에 사용하는 ggplot2 패키지를 설치하자.

```
install.packages("dplyr")
install.packages("ggplot2")
```

1.3.2 Python 소개

파이썬(Python)은 1991년 귀도 반 로섬(Guido Van Rossum)이 개발한 언어로, C 언어 기반으로 시작해서 현재는 다양한 기능이 추가로 개발되었다. 파이썬도 다양한 라이브러리(library)를 제공하며 빅데이터 분석, 인공지능, 웹 프로그래밍 등 활용 범위가 매우 넓다. 최근 파이썬을 활용한 구글의 텐서플로(TensorFlow)나 알파고(AlphaGo) 등 인공지능 기술에 대한 관심이 높아지면서 대표적인 인공지능 개발 언어로 인정받고 있다.

파이썬 언어는 다음과 같은 특징을 가지고 있다. 첫째, 대문자와 소문자를 구별한다. 둘째, 하나의 명령어는 줄바꿈(Enter) 또는 세미콜론(;)으로 구별한다. 셋째, 주석 또는 코멘트(comment)는 해시 마크(#)를 사용한다. 넷째, 코드의 앞에 공백을 이용한 들여쓰기를 사용하여 코드의 그룹을 지정한다. 들여쓰기는 다른 언어들과 큰 차이를 보이는 문법으로, 실수로 코드의 앞에 공백이 들어가는 경우나 들여쓰기 간격이 일정하지 않은 경우 에러(error)가 발생한다. 파이썬 코드를 작성하는 경우에 들여쓰기 개념을 익히는 것이 중요하다. 들여쓰기가 잘 지켜지면 코드에 대한 시각적 이해에 도움이 된다.

(1) Python 코드 입력과 실행

파이썬을 실행하는 프로그램은 다양한 실행 방식을 제공한다. 아나콘다에서 제공하는 주피터 노트북에서 파이썬을 사용하는 경우 셀(cell)에 파이썬 코드를 작성하고 **[Run]** 버튼을 사용하거나 단축키 Ctrl+Enter↵를 사용하여 결과를 확인할 수 있다.

(2) Python의 연산자

다음은 파이썬에서 사용하는 산술 연산자, 관계 연산자와 논리 연산자를 간략히 정리한 표이다. 코드를 실행하여 값을 확인하자.

| 표 1.4 | Python의 산술 연산자

연산자	설명	수식	코드	값
+	더하기	$9+4$	9 + 4	13
−	빼기	$9-4$	9 − 4	5
*	곱하기	9×4	9 * 4	36
/	나누기	$9\div4$	9 / 4	2.25
**	승수	9^4	9 ** 4	6561
%	나눗셈의 나머지	$9\div4=2\cdots1$	9 % 4	1
//	나눗셈의 몫	$9\div4=2\cdots1$	9 // 4	2

| 표 1.5 | Python의 관계 연산자

연산자	설명	수식	코드	값
<	좌변이 우변보다 작으면 참, 아니면 거짓	$9<4$	9 < 4	False
>	좌변이 우변보다 크면 참, 아니면 거짓	$9>4$	9 > 4	True
<=	좌변이 우변보다 작거나 같으면 참, 아니면 거짓	$9\le4$	9 <= 4	False
>=	좌변이 우변보다 크거나 같으면 참, 아니면 거짓	$9\ge4$	9 >= 4	True
==	좌변과 우변의 값이 같으면 참, 아니면 거짓	$9=4$	9 == 4	False
!=	좌변과 우변의 값이 다르면 참, 아니면 거짓	$9\neq4$	9 != 4	True

| 표 1.6 | Python의 논리 연산자

연산자	설명	수식	코드	값
not	우변이 참이면 거짓, 거짓이면 참	not T	not True	False
and	좌변과 우변이 모두 참인 경우만 참	T and F	True and False	False
&	and와 같음	T and F	True & False	False
or	좌변 또는 우변이 참인 경우에 참	T or F	True or False	True
—	or과 같음	T or F	True — False	True

(3) Python 라이브러리 설치 및 사용

아나콘다에서 제공하는 주피터 노트북에서 파이썬을 사용하는 경우 대부분의 라이브러리는 설치가 되어 있다. 만약 설치가 되어있지 않다면 **!pip install 라이브러리_이름**을 이용하여 라이브러리를 설치한 후, **import 라이브러리_이름**을 사용하여 라이브러리를 사용할 수 있다. 자료를 R의 데이터프레임(data.frame)이나 엑셀(Excel) 또는 구글(Google)의 스프레드시트(spreadsheet)의 형태로 사용할 수 있는 pandas 라이브러리를 설치하자. 그리고 벡터 및 행렬 연산을 빠르고 쉽게 처리할 수 있는 Numpy(Numerical Python) 라이브러리도 같이 설치하자.

```
!pip install pandas
!pip install numpy
```

02

자료의 측정과 표현

2.1 통계 분석과 자료 수집

2.1.1 통계 분석과 표본의 중요성

통계 분석(statistical analysis)은 관심이 있는 집단(모집단)에서 추출된 표본을 대상으로 자료(data)를 수집하여 모집단에 대한 정보를 얻고, 자료의 특성과 연구 목적에 맞는 통계 분석 방법을 사용하여 합리적이고 과학적인 의사 결정을 내리는 과정, 즉 통계적 추론을 진행하는 과정을 의미한다.

일반적인 통계 분석 방법에서는 표본을 추출하고 추출된 표본으로부터 측정된 자료, 즉 표본의 정보만 사용하므로 표본은 대상 집단의 특성을 잘 대표하도록 수집해야 한다.

수리적으로 완벽한 통계 분석 방법을 사용하여 자료를 분석하고 의사 결정을 내린다고 할지라도 정보의 원천인 표본이 대표성을 상실한다면 그 결과는 믿을 수 없게 된다. 즉, 아무리 완벽한 기계로 물건을 생산한다고 할지라도 들어가는 재료가 불량하다면 기계의 성능과 관계없이 불량품이 생산되는 이치와 같다고 할 수 있다. 또한, 표본이 모집단에 대한 대표성을 갖고 있는지는 총조사(census)를 해보기 전에는 알 수 없기 때문에 표본이 잘 추출되어야하는 것은 통계 분석에서 가장 중요한 과정이라고 할 수 있다.

2.1.2 자료 수집 방법

자료(data)를 수집하는 방법으로는 실험(experiment)과 조사(survey)가 있다.

실험은 연구 목적과 상황에 맞게 정해진 순서와 계획에 따라 필요한 만큼의 표본을 관찰하여 자료를 얻는 과정을 의미한다. 연구 환경과 목적이 다르기 때문에 모든 것을 고려하여 가장 합리적으로 여겨지는 방법에 따라 자료를 얻는데, 동일한 양의 정보를 얻기 위해 가능하면 적은 수의 표본을 관측하는 것이 경제적이고 합리적일 것이다. 이러한 것을 다루는 통계학의 분야를 실험계획법(experimental design)이라고 하며, 이 책의 후반부에서 실험계획법의 기초적인 내용을 다루기로 한다. 실험계획법은 통계학의 분야 가운데 널리 사용되는 것으로서 학부 과정에서 두 학기 정도에 걸쳐 다룰 정도로 방대한 내용으로 구성되어 있다. 이 장에서는 표본 조사에 대하여 배워보기로 한다.

2.2 표본 조사

조사는 크게 총조사(census)와 표본 조사(sampling survey)로 구분할 수 있는데, 통계학에서 조사라는 것은 일반적으로 표본 조사를 의미한다. 인구센서스와 같은 총조사를 하는 경우에는 전체를 모두 조사하는 것이기 때문에 통계적 추론을 적용할 필요가 없게 된다. 쉽게 생각할 수 있는 것처럼 총조사에는 많은 비용과 시간이 소요된다. 특히 고비용 검사, 파괴 검사, 고위험 검사 등에 총조사를 한다는 것은 상상할 수 없는 일이다. 예를 들어, 개발하여 놓은 미사일의 평균 사정거리를 알아보고 싶을 때 가장 정확한 것은 만들어진 미사일을 모두 쏘아보고 평균 사정거리를 구하는 것인데 이는 현실적으로 불가능한 일이다. 또한, 특정 암 치료제를 개발하였을 때, 그 효과를 알아보기 위하여 많은 환자에게 투여해 보는 것은 너무 위험한 일이기 때문에 불가능하다. 따라서 이러한 경우에 가능하면 적은 수의 표본 관찰을 통하여 마치 전체를 조사한 것과 같은 정확한 결과를 얻을 수 있도록 하는 것이 가장 바람직한 일이 될 것이며, 특히 표본 조사는 이러한 두 가지 예, 즉 고비용 실험과 고위험 실험에 더욱 적합한 조사 방법이라고 할 수 있다.

이 장에서는 자료 수집 방법 중 표본 조사에 대하여 자세하게 학습하기로 한다. 앞서 언급한 바와 같이 표본의 중요성은 아무리 강조하여도 지나치지 않는다. 이해를 돕기 위하여, 우리 주변에서 흔히 경험하게 되는 '표본(sample)'을 생각해 보자. 가장 쉽게 떠오르는 것이 길거리 또는 상점 등에서 나눠주는 화장품 샘플이고 아마 대부분의 학생들이 이러한 화장품 샘플을 받아서 사용해 본 경험이 있을 것이다. 이것을 사용할 때 우리는 별다른 생각이나 고민 없이 사용했던 것을 기억할 것이다. 왜 별다른 고민 없이 사용했을까? 그 이유는 내가 받은 화장품 샘플이 실제 판매되는 제품과 성분도 같고 질적인 차이도 없을 것이라는 막연한 믿음이 있기 때문이다. 만약, 어떤 비싼 화장품의 샘플을 나눠주면서 "이 샘플의 성분과 효능은 책임 못 집니다."라고 한다면 선뜻 이것을 받아 사용할 사람은 거의 없을 것이다. 이와 같이 표본(sample)은 원래 관심대상인 전체 집단의 특성과 큰 차이가 없을 때, 즉 대표성을 가지고 있을 때 비로소 표본으로서의 역할을 할 수 있게 되는 것이다.

■ 표본 조사에서 사용되는 용어

- **모집단**(population): 관심이 있는 전체 대상 집단
- **원소**(element): 모집단을 구성하는 구성원
- **모수**(parameter): 모집단의 특성치, 대푯값
- **표본**(sample): 연구와 관찰을 위하여 모집단으로부터 추출된 대상

표본 조사에서 사용되는 용어를 익히기 쉽게 설명하여 보자.

모집단이라는 용어에서 집단 앞에 '모(母)'를 붙이는 것은 이 집단이 표본을 배출하는 어미가 되는 집단이라는 것을 의미하며, 원소는 모집단을 구성하고 있는 각 개체를 의미한다.

모집단의 특성치 또는 대푯값으로 정의되는 모수는 '모르는 수'라고 이해하는 것도 그 의미를 이해하고 기억하는데 도움이 될 수 있다. 즉, 모르는 수인데 표본 관찰을 통해 알고 싶은 특성치를 의미한다. 또한 이후 다루게 될 통계적 추론 분야에서는 모수를 추론의 대상이라고 정의하며 통계적 추론은 추출된 표본의 정보를 바탕으로 모수에 대한 추정과 검정을 시행하는 과정을 의미한다.

대표성을 지닌 표본을 추출하기 위하여 연구자는 연구 목적, 연구 환경 등을 고려하여 최적의 표본 추출 방법을 선택하여야 한다. 여기서 소개하는 표본 추출 방법은 가장 대표적인 표본 추출 방법 네 가지이며, 연구 환경 등에 따라 이 방법들보다 더 고차원적이고 다양한 표본 추출 방법들이 제안되어 있다.

(1) 단순 랜덤 추출법

모집단의 원소가 N개일 때, 각 원소에 1부터 N까지의 고유번호를 부여한 후, 정해진 표본크기의 수 n개를 임의로 추출하는 방법이다. 이때 n개의 표본은 뽑힐 확률이 같다. 예전에는 난수표를 이용하였으나 최근에는 통계 프로그램의 발달에 따라 컴퓨터를 이용하여 쉽게 추출할 수 있다. 또한, 단순 랜덤 추출법(Simple random sampling)은 단순 임의 추출법, 단순 무작위 추출법이라고도 하며, 이 방법으로 얻어진 표본을 단순 랜덤 표본이라고 한다.

(2) 계통 추출법

계통 추출법(Systematic sampling)은 N개의 모집단 원소를 $K(=N/n$, 정수)개 씩 n개의 구간으로 나누고, 각 구간에서 i번째를 차례대로 추출하는 방법이다. 즉, 각 구간에서 $\{i, i+K, i+2K, \cdots i+(n-1)K\}$번째 원소를 임의로 추출하는 방법이다. 예를 들어, 10,000명 중에서 100명을 뽑을 때, 먼저 10,000명에게 고유번호를 1번에서 10,000번까지 부여한 후, $\frac{10,000}{100}=$ 100개의 구간으로 나누고, 만약 첫 번째 구간에서 33번이 뽑히면 나머지 구간에서 같은 위치에 있는 133번, 233번, ⋯, 9933번을 차례로 뽑는 방법이다. 이처럼 모집단의 원소 수가 큰 경우에 단순 임의 추출법보다 수월하게 표본을 추출할 수 있는 장점이 있다.

(3) 집락 추출법

집락 추출법(Cluster random sampling)은 모집단이 동질적 집락(cluster)으로 결합되어 있고, 각 집락의 원소에 일련번호를 부여할 수 있는 경우에 사용하는 방법이다. 먼저 집락을 임의로 선택한 후, 선택된 집락 내에서 표본을 추출한다. 예를 들어, 서울에서 1,000가구를 추출할 때, 5개구를 먼저 뽑고, 선택된 각 구에서 4개 동을 뽑은 후, 선택된 4개 동에서 50가구를 추출하여 총 1,000가구를 추출한다.

(4) 층화 추출법

층화 추출법(Stratified random sampling)은 모집단이 이질적 원소들로 구성된 경우에 표본이 각 계층을 고르게 대표할 수 있도록 할 때 사용하는 방법이다. 먼저 이질적 모집단을 유사한 것끼리 몇 개의 층(stratum)으로 나눈 후에 각 층에서 표본을 임의로 추출한다. 예를 들어, 서울 시내 슈퍼마켓의 연평균 매출액을 조사하려 할 때, 일정한 기준에 따라 '대형, 중형, 소형'의 세 개 층으로 모집단을 나눈 후에 각 층의 비율대로 표본을 추출한다.

집락 추출법은 사전에 집락이 분류되어 있는 경우에 주로 사용하며, 층화 추출법은 조사 목적에 맞도록 층을 분류한 후 표본을 추출하는 경우에 사용한다.

2.3 측정

2.3.1 측정의 척도

통계학에서는 측정(measurement)의 의미를 선택된 표본에 대하여 무엇인가를 재는 것으로 정의한다. 즉, 선택된 대상들을 정해진 기준에 따라 분류, 비교, 숫자로 재는 것을 의미한다. 측정의 척도에는 다음과 같은 네 가지 척도가 있으며 이는 자료의 형태를 결정하는 중요한 개념이라 할 수 있다. 이러한 측정의 척도는 우리가 가끔 받아보는 설문지를 떠올려보면 쉽게 이해할 수 있다.

(1) 명목 척도

측정 대상이 어느 집단에 속하는 지를 분류하는 경우에 사용되는 척도를 명목 척도(nominal scale)라 하고, 각 집단에 속하는 관측값의 도수(frequency)를 세는 경우에 사용된다. 설문지 앞부분에서 주로 물어보는 성별, 거주지역, 직업, 학력 등이 그 예이다. 예를 들어, '성별'을 묻는 경우에 남자는 0번, 여자는 1번으로 표시하여도, 이 숫자는 숫자의 의미 보다는 분류하는 의미를 갖게 된다. 즉, 통계분석 처리를 위하여 숫자로 분류하여 처리한다 할지라도 이들 숫자 사이에는 크기의 차이나 우열의 차이가 없다.

(2) 순서 척도

원론적으로는 명목 척도로도 간주할 수 있는 순서 척도(ordinal scale, 서수 척도)는 명목 척도에 순서 정보를 추가하여 측정 대상의 어떤 특성에 대한 서열관계를 측정하고자 할 때 사용하며 서열에 따른 방향성이 있도록 측정하는 것이 바람직하다. 예를 들어, 어떤 제품에 대한 선호도 조사에서 응답 항목을 '1. 아주 불만족, 2. 불만족, 3. 보통, 4. 만족, 5. 아주 만족'으로 구성한다고 할 때, 1번에 응답한 사람보다 5번에 응답한 사람의 만족도가 높을 뿐이지 5배 더 만족한다는 의미는 아니다. 순서 척도의 대표적인 예로는 만족도, 선호도, 학력 수준 등이 있다.

(3) 구간 척도

구간 척도(interval scale)는 측정 대상이 갖고 있는 어떤 속성의 양을 측정하는 척도이다. 구간 척도는 숫자로 측정되지만 절대 원점(absolute zero, 기준점)이 존재하지 않는 특성을 갖는다. 여기서 절대 원점이 없다는 것은 숫자 0으로 관측된다고 할지라도 그것이 아무 것도 없다는 의미가 아니라는 것이다. 예를 들어, 양동이에 들어 있는 물의 온도가 섭씨 0℃일 때 물의 온도가 없는 것이 아니며, 섭씨 0℃는 화씨로는 32°F가 되므로 기준점이 없다고도 할 수 있다. 또한 90℃의 물이 30℃의 물보다 세 배 더 뜨겁지 않고 매우 더 뜨거우므로, 구간 척도로 측정된 측정값의 비율은 전혀 의미가 없는 것을 알 수 있다.

(4) 비율 척도

비율 척도(ratio scale)는 구간 척도와 같이 숫자로 측정되지만 절대 원점이 존재하는 척도로서 우리가 다루는 숫자의 의미와 똑같은 척도이다. 예를 들어 무게가 0g이라는 것은 무게가 없다는 것을 의미하며, 100g 물체는 50g 물체보다 정확하게 두 배 더 무거우며, 길이 2m는 1m보다 정확하게 두 배가 더 긴 것을 의미한다. 비율 척도로 측정된 값들 사이에는 수학적 사칙연산이 그대로 적용된다.

2.3.2 자료의 형태

앞서 설명한 네 가지 척도로 측정된 자료는 크게 이산형 자료(discrete data)와 연속형 자료(continuous data)로 구분할 수 있다. 이산형 자료에서 '이산'이라는 의미는 서로 떨어져 있다는 뜻이며 '이산가족'이라는 단어를 생각하면 쉽게 알 수 있을 것이다. 즉, 서로 만나지 않는 각 이산점(discrete points)으로 구성된 자료를 뜻하며, 여기에는 명목 척도와 순서 척도로 측정된 자료가 포함되며, 이산형 자료는 범주형 자료(categorical data)라고도 한다. 연속형 자료는 특정 구간 또는 실수 전체 구간에서 얻을 수 있는 자료를 의미하며 구간 척도와 비율 척도로 측정된 자료가 포함된다.

예를 들어, 사람의 키는 이산형일까? 연속형일까? 누가 우리의 키가 얼마냐고 물었을 때, 나는 '180cm입니다.'라고 대답할 수 있고 내 친구는 '176cm입니다.'라고 대답할 수 있을 것이다. 그래서 마치 사람의 키는 이산형이라고 착각하기 쉬우나, 사람의 키는 연속형 자료이다. 그 이유는 측정 도구의 한계와 불필요한 유효자리를 표현하지 않는 것에서 기인하는 것이다. 즉, 나의 키를 180cm라고 하더라도 나의 키가 정확하게 180cm인지, 아니면 180.0001cm인지 알 수 없다는 것이다. 또한 시중에 판매하는 어떤 술의 알코올 도수가 15도라고 표현되어 있다면 이는 아주 정확한 표현은 아니다. 간혹 판매되는 술의 도수를 14.8도~15.1도라고 표현해 놓은 것이 있는데 이것이 정확한 표현인 것이다.

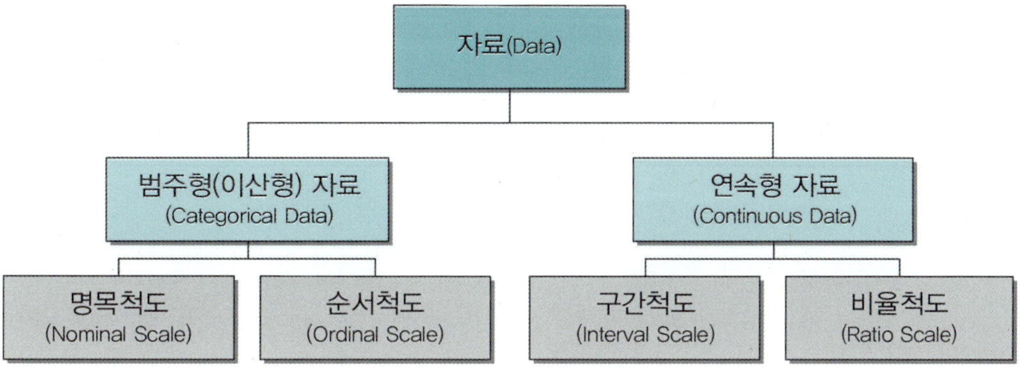

| 그림 2.1 | 자료의 형태

자료의 형태를 분류하는 또 다른 기준은 질적 자료(qualitative data)와 양적 자료(quantitative data)이다. 일반적으로 숫자로 측정할 수 없는 자료를 질적 자료라 하고, 숫자로 측정되는 자료를 양적 자료라고 한다. 질적 자료에는 명목 척도와 순서 척도로 측정된 자료가 해당하여 범주형 자료와 같은 의미를 갖는다. 실제 숫자로 측정되는 양적 자료에는 이산형과 연속형이 있다. 자녀의 수 등은 이산형, 키와 몸무게 등은 연속형이다. 여기서 이산형의 의미는 앞서 분류하였던 범주형과는 다른 의미임에 주의할 필요가 있다. 이처럼 자료를 바라보는 시각에 따라 자료의 형태는 다양하게 분류할 수 있는 것도 중요한 사실이다.

통계학에서 가장 중요한 개념은 확률변수(random variable)이며, 이후 자세하게 배운다. 확률변수도 두 가지 형태가 있는데, 이는 자료의 형태와 같은 의미를 가짐을 기억하자. 예를 들어, 고등학교 수학에서 배운 이항 확률변수는 대표적인 이산형 확률변수이고 정규 확률변수는 대표적인 연속형 확률변수이다.

2.4 자료의 숫자 요약

관심이 있는 모집단으로부터 표본을 추출하고 측정의 단계를 거쳐 자료를 수집하게 되면, 이러한 자료로부터 모집단의 특성을 어느 정도 추측할 수 있게 된다. 이때, 모집단의 특성을 나타내는 자료의 특성치를 먼저 구해보는 것이 일반적인 방법이다. 또한 자료의 특성치를 구하여 자료를 요약하는 방법과 함께 자료를 일목요연하게 표와 그림을 통해서 요약할 수도 있다. 여기서는 자료의 중심과 퍼진 정도를 나타내는 여러 가지 통계량을 배워보도록 한다. 먼저 다음 개념들을 익혀보자.

■ **자료의 숫자 요약에서 사용되는 기본 개념**

- **변수**(variable): 문자를 사용하여 자료를 표현하는 방법 [확률변수]
  영문자 대문자를 사용하여 표현 (예: X, Y, Z)
- **관측값**(observation): 확률변수의 실현치 (관측치)
  영문자 소문자를 사용하여 표현 (예: x, y, z)
- **모수**(parameter): 모집단의 특성을 나타내는 특성치로서 통계적 추론의 대상
  그리스문자 소문자로 표현 (예: μ, σ^2)
- **통계량**(statistic): 표본으로부터 얻은 자료의 대푯값. 표본의 함수
- **추정량**(estimator): 모수를 추정하는 데 사용되는 통계량 (예: $\overline{X}$)
- **추정치**(estimate): 특정한 표본값으로 계산되는 추정량의 관측값 (예: $\overline{x}$)

모집단으로부터 추출된 n개의 표본을 X_1, X_2, $\cdots$, X_n이라 하면, 이를 이용하여 다양한 형태의 통계량을 만들 수 있다. 이때, 만들어진 통계량은 표본평균(sample mean), 표본분산(sample variance) 등 통계적으로 의미를 갖는 것으로 한정한다.

2.4.1 자료의 중심 경향을 나타내는 통계량: 3M

자료의 중심 경향(central tendency), 즉 자료가 어떤 값 주위에 가장 많이 분포되어 있는가를 나타내는 통계량에는 표본평균(sample mean), 표본중위수(sample median), 최빈값(mode)이 있다. 이를 3M (mean, median, mode)이라고도 하는데, 그 내용을 살펴보자.

■ 표본평균($\overline{X}$)

표본평균은 표본 X_1, X_2, $\cdots$, X_n의 산술평균을 의미하며 다음과 같이 정의한다.

$$\overline{X} = \frac{X_1 + X_2 + \cdots + X_n}{n} = \frac{1}{n}\sum_{i=1}^{n} X_i$$

표본평균은 수량으로 관측된 자료(양적 자료)에 적용 가능하며, 관측된 자료에 대하여 유일하게 존재한다. 표본평균의 단점은 이상치(outlier)와 극단값(extreme value)에 민감하다는 것이다.

즉, 다른 관측값에 비해 지나치게 크거나 작은 값이 관측되는 경우 그 영향을 많이 받는다.

■ 표본중위수($\widetilde{X}$)

표본 X_1, X_2, $\cdots$, X_n을 크기 순서로 정리하여 가운데 위치한 값으로, 표본의 크기 n이 홀수이면 가운데 위치한 하나의 값이 표본중위수이고, n이 짝수이면 가운데 위치한 두 값의 평균이 표본중위수가 된다.

표본중위수는 표본평균과 같이 수량으로 관측된 자료(양적 자료)에 적용 가능하며, 관측된 자료에 대하여 유일하게 존재한다. 표본중위수의 장점은 이상치와 극단값에 민감하지 않다는 것이다. 즉, 다른 관측값에 비해 지나치게 크거나 작은 값이 관측되는 경우 그 영향을 적게 받는다. 표본중위수는 다음과 같이 순서 통계량(order statistic)을 정의하면 수식으로 표현할 수 있다.

■ 순서 통계량과 표본중위수

• 순서 통계량

순서 통계량(Order Statistic)은 표본 X_1, X_2, $\cdots$, X_n을 작은 값에서 큰 값의 순서로 나열한 것으로 $X_{(1)}, X_{(2)}$, $\cdots$, $X_{(n)}$로 표기하며, $X_{(i)}$가 i번째 순서 통계량 즉, $X_{(1)} \le X_{(2)} \le \cdots \le X_{(n)}$이며, $X_{(1)}$은 최솟값, $X_{(n)}$은 최댓값을 의미한다. 예를 들어, $X_1 = 10$, $X_2 = 6$, $X_3 = 3$, $X_4 = 1$, $X_5 = 2$가 관측된 경우, 이를 순서대로 나열하면 순서 통계량은 다음과 같이 얻어진다.

$$X_{(1)} = 1,\ X_{(2)} = 2,\ X_{(3)} = 3,\ X_{(4)} = 6,\ X_{(5)} = 10$$

• 표본중위수($\widetilde{X}$)

$$\widetilde{X} = \begin{cases} X_{(k+1)} & , \quad n = 2k+1 \\ \dfrac{X_{(k)} + X_{(k+1)}}{2}, & \quad n = 2k \end{cases}$$

■ 최빈값(M_0)

최빈값은 표본 X_1, X_2, $\cdots$, X_n 중에서 관측 빈도가 가장 높은 값을 의미한다. 최빈값은 수량으로 관측되지 않은 자료에도 적용가능하며, 관측된 자료에 대하여 여러 개가 존재할 수도 있다. 또한 최빈값은 표본중위수와 같이 이상치와 극단값에 민감하지 않다.

최빈값을 뜻하는 영어 단어 'mode'에는 '유행'이라는 의미도 포함되어 있는 것을 이해하면 최빈값의 의미를 쉽게 이해할 수 있다. 예를 들어, 올 여름 유행하는 수영복의 색이 파란 색이라면, 이는 해수욕장이나 수영장에 갔을 때 파란 색 수영복을 입은 사람이 가장 많이 보인다는 것을 의미하는 것이다.

표본평균에 비하여 표본중위수와 최빈값이 갖는 장점을 예를 통하여 알아보자. 예를 들어, 관측된 자료가 다음과 같다면,

$$1,\ 2,\ 2,\ 2,\ 3$$

이 자료로부터 표본평균, 표본중위수, 최빈값은 모두 2이다. 만약 자료가 한 개 더 관측되어 다음과 같이 얻어진 경우를 생각해보자.

$$1,\ 2,\ 2,\ 2,\ 3,\ 110$$

이 자료의 표본평균은 20으로 크게 변하였지만, 표본중위수의 값은 자료의 크기 순서에 따라 변하기 때문에 2로 변함이 없고 최빈값도 2로 변함이 없다. 즉, 이상치 또는 극단값에 표본중위수와 최빈값이 영향을 덜 받는 장점을 쉽게 알 수 있다.

예 2.1

다음과 같이 관측 된 자료에 대하여 평균, 중위수, 최빈값을 구해 보자.

$$\{4,\ 3,\ 3,\ 2,\ 3,\ 8,\ 5\}$$

풀이 평균: $\overline{X}=\frac{1}{n}\sum_{i=1}^{n}X_i=\frac{1}{7}(4+3+3+2+3+8+5)=\frac{28}{7}=4$

중위수: $n=7$이 홀수이므로 중위수는 크기 순서로 나열했을 때 4번째 값 즉,

$$\widetilde{X}=X_{(4)}=3$$

최빈값: 관측빈도가 가장 많은 숫자가 3이므로, 최빈값은 3이다.

예 2.2

다음과 같이 관측 된 자료에 대하여 중위수를 구해 보자.

$$\{4,\ 2,\ 5,\ 3,\ 3,\ 8\}$$

풀이 중위수: $n=6$이 짝수이므로 중위수는 크기 순서로 나열했을 때 3, 4번째 값의 평균

즉, $\widetilde{X}=\frac{X_{(3)}+X_{(4)}}{2}=3.5$

다음 **그림 2.2**는 자료의 분포 형태에 따라 달라지는 평균, 중위수, 최빈값의 위치를 보여준다.

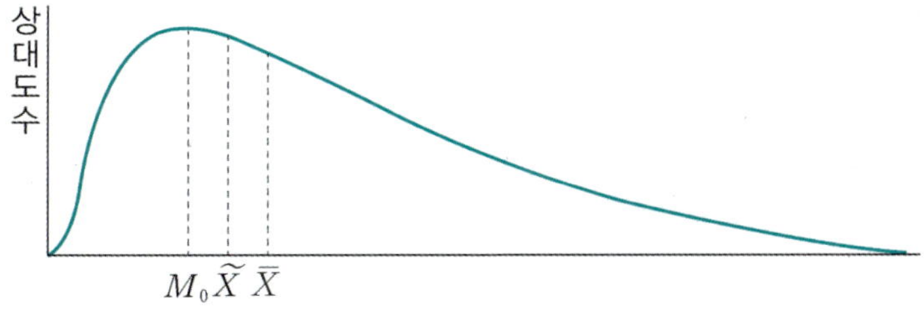

(a) 오른쪽 긴 꼬리 자료

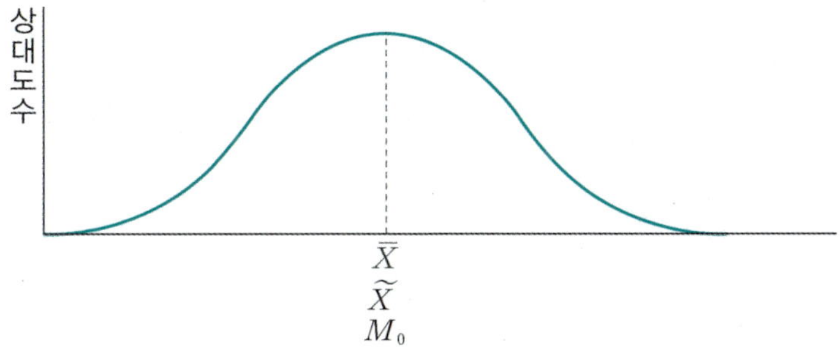

(b) 좌우대칭인 자료

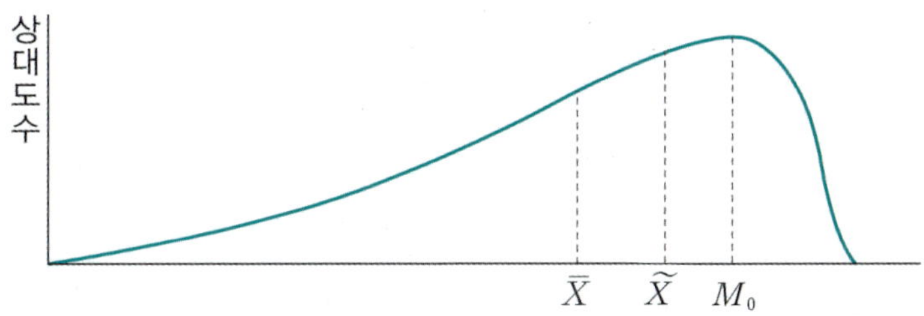

(c) 왼쪽 긴 꼬리 자료

| 그림 2.2 | 자료의 형태에 따른 평균, 중위수, 최빈값의 위치

※ 이 세 가지 통계량의 설명을 마치면서 간과해서는 안 되는 중요한 것이 있는데, 그것은 이 통계량의 값에만 근거하여 자료의 형태를 단정 짓는 오류를 범하면 안 된다는 것이다. 가장 합리적인 방법은, 먼저 자료의 형태를 간단하게라도 시각적으로 확인하고 통계량 값을 적용하여 그 의미를 살피는 것이다. 자료를 얻게 되면, 흔히 자료가 고교과정에 배운 정규분포(normal distribution)와 같이 평균을 중심으로 좌우대칭성이 어느 정도 확보되고 봉우리가 한 개인 경우라고 생각하는 경우가 많이 있는데, 이렇게 미리 판단하는 것은 심각한 오류를 야기할 수 있으므로 조심하여야 한다. 예를 들어, 표본평균의 값이 $\bar{X}=50$인 자료가 있는데, 자료를 그려 보니 다음 **그림 2.3**과 같았다고 하자.

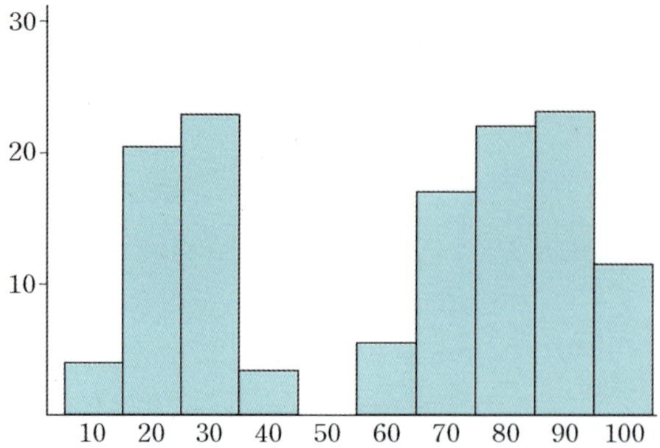

| 그림 2.3 | 표본평균의 값이 $\bar{X}=50$인 이봉형(bimodal) 자료

이러한 경우, 자료의 그림을 살펴보지 않았다면 자료의 중심경향을 나타내는 통계량인 표본평균의 의미에 따라 자료가 $\bar{X}=50$ 주위에 가장 많이 몰려 있을 것이라고 잘못 판단할 수 있다. 그러나 위 그림을 보면 이는 올바른 해석이 아니라는 것을 쉽게 알 수 있다.

따라서 자료를 해석하고 설명할 때는 반드시 자료의 전체적인 형태를 일단 먼저 그려보고 이후 과정을 진행하는 것이 아주 중요한 절차라는 것을 명심하여야 한다.

2.4.2 자료의 퍼진 정도를 나타내는 통계량

자료의 형태를 파악할 때는 앞서 강조한 바와 같이 먼저 자료의 전체적인 분포 형태를 시각적으로 파악하는 것이 중요하다. 그런 과정을 거친 후 자료의 중심 경향을 나타내는 통계량을 살펴보고 나면, 자료의 퍼진 정도를 숫자로 파악하는 것에 관심을 갖는 것이 자연스러운 자료분석 과정이라고 할 수 있다. 여기서는 자료의 퍼진 정도를 나타내는 대표적인 통계량인 범위와 표본분산에 대하여 알아보자. 한 가지 미리 지적하고 싶은 것은, 범위와 표본분산은 두 개 이상의 표본집단 사이의 상대적인 퍼짐의 정도를 비교할 때 사용하는 것이며, 한 표본집단에 대하여 구한 값은 큰 의미가 없다는 것이다.

■ 범위(R)

범위(Range)는 표본 X_1, X_2, $\cdots$ X_n의 최댓값과 최솟값의 차이를 의미하며, i번째 순서통계량을 $X_{(i)}$라 하면 범위는 $R=X_{(n)}-X_{(1)}$로 표현할 수 있다. 그러나 범위는 표본평균과 같이 이상치와 극단값에 영향을 많이 받기 때문에 다음에 설명하는 사분위범위(Inter Quartile Range; IQR)가 주로 사용된다.

예 2.3

$n=5$인 확률표본이 다음과 같을 때, 범위를 구하여 보자.

$$12,\ 25,\ 18,\ 15,\ 10$$

풀이 최댓값과 최솟값이 각각 25와 10이므로 범위는 $R=25-10=15$이다.

■ 사분위범위

이상치와 극단값에 민감한 범위의 단점을 보완하기 위해 고안된 사분위범위(Inter Quartile Range; IQR)는 자료의 작은 값들과 큰 값들을 제외하고 구한다. 따라서 사분위범위는 범위(R)에 비해 이상치와 극단치의 영향을 덜 받는 장점을 갖는다.

사분위범위(IQR)을 정의하기 앞서 먼저 다음 세 가지 분위수에 대한 정의를 살펴보자.

- 제1사분위수(Q_1): 관측값의 25% 순서에 있는 값
- 제2사분위수(Q_2): 관측값의 50% 순서에 있는 값. 즉, 중위수
- 제3사분위수(Q_3): 관측값의 75% 순서에 있는 값

위와 같이 정의한 Q_1과 Q_3의 위치를 구하는 방법은 다음과 같다.

■ Q_1(제1사분위수), Q_2(제2사분위수, 중위수), Q_3(제3사분위수)의 위치

표본 $X_1, X_2, \cdots, X_n$ 작은 값에서 큰 값의 순서로 나열되어 있다고 할 때, Q_1, Q_2, Q_3의 위치는 다음과 같이 구한다.

$$Q_2\text{의 위치} = \frac{n+1}{2}$$

$$Q_1\text{의 위치} = \frac{[Q_2\text{ 위치}]+1}{2}$$

$$Q_3\text{의 위치} = [Q_2\text{ 위치}] + \frac{[Q_2\text{ 위치}]+1}{2}$$

여기서 대괄호 [ ]는 괄호 안의 숫자보다 크지 않은 최대 정수를 의미한다.

Q_1, Q_2, Q_3의 값을 구하고 나면, 사분위범위는 다음과 같이 구해진다.

$$IQR = Q_3 - Q_1$$

예를 들어, $n=100$ 인 경우에 Q_1, Q_2, Q_3의 위치를 구하는 과정은 다음과 같다.

$$Q_2\text{의 위치} = \frac{n+1}{2} = \frac{100+1}{2} = 50.5$$

$$Q_1\text{의 위치} = \frac{[Q_2\text{위치}]+1}{2} = \frac{[50.5]+1}{2} = \frac{50+1}{2} = 25.5$$

$$Q_3\text{의 위치} = [Q_2\text{위치}] + \frac{[Q_2\text{위치}]+1}{2} = [50.5] + \frac{[50.5]+1}{2} = 50 + \frac{50+1}{2} = 75.5$$

즉, 앞서 설명한 i번째 순서통계량 $X_{(i)}$를 적용하면, Q_1, Q_2, Q_3는 다음과 같다.

$$Q_1 = \frac{X_{(25)} + X_{(26)}}{2},\ Q_2 = \frac{X_{(50)} + X_{(51)}}{2},\ Q_3 = \frac{X_{(75)} + X_{(76)}}{2}$$

■ 표본분산(S^2)

표본분산(Sample Variance)은 자료의 퍼진 정도를 나타내는데 가장 일반적으로 사용되는 통계량이다. 표본평균을 $\bar{X} = \frac{1}{n}\sum_{i=1}^{n} X_i$ 라 하면 일반적으로 표본분산 S^2은 다음과 같이 정의된다.

$$S^2 = \frac{1}{n-1}\sum_{i=1}^{n}(X_i - \bar{X})^2$$

위 식에서 분모를 $n-1$ 대신 n을 사용하기도 하며, 표본분산의 값이 클수록 표본평균을 기준으로 자료의 퍼진 정도가 심한 것을 의미한다. 또한, 표본분산은 다음과 같이 계산하는 것이 편리한 경우가 많다.

$$\begin{aligned} S^2 = \frac{1}{n-1}\sum_{i=1}^{n}(X_i - \bar{X})^2 &= \frac{1}{n-1}\sum_{i=1}^{n}(X_i^2 - 2\bar{X}\,X_i + \bar{X}^2) \\ &= \frac{1}{n-1}\left[\sum_{i=1}^{n} X_i^2 - 2\bar{X}\sum_{i=1}^{n} X_i + n\bar{X}^2\right] \\ &= \frac{1}{n-1}\left[\sum_{i=1}^{n} X_i^2 - 2\bar{X}n\bar{X} + n\bar{X}^2\right] \\ &= \frac{1}{n-1}\left[\sum_{i=1}^{n} X_i^2 - n\bar{X}^2\right] \end{aligned}$$

앞서 설명한 바와 같이, 표본분산은 두 개 이상의 표본집단에 대한 퍼진 정도의 비교에 사용하는데, 그 자세한 내용을 살펴보자.

어떤 표본에 대한 표본분산의 값이 100인 경우, 자료의 퍼진 정도가 심하다고 할 수 있을까? 한 표본에 대하여 구해진 표본분산의 값에 근거하여 퍼진 정도가 심하다, 그렇지 않다라고 말할 수는 없다. 왜냐하면, 100이라는 숫자는 10보다는 크고 200보다는 작기 때문이다. 따라서 표본분산은 두 개 이상의 표본에 대하여 상대적으로 어떤 표본이 퍼진 정도가 심한지를 판단하는 기준이 되는 것이다. 또한, 표본분산의 양의 제곱근을 표본표준편차라고 한다.

예 2.4

$n = 5$인 확률표본이 다음과 같을 때, 표본분산을 구하여 보자.

12, 25, 18, 15, 10

풀이 표본평균이 $\bar{X} = \frac{1}{5}\sum_{i=1}^{5} X_i = \frac{1}{5}(12+25+18+15+10) = 16$이므로 표본분산은 다음과 같이 구해진다.

$$S^2 = \frac{1}{n-1}\left[\sum_{i=1}^{n} X_i^2 - n\bar{X}^2\right]$$
$$= \frac{1}{5-1}\left[\sum_{i=1}^{5} X_i^2 - 5\bar{X}^2\right] = 34.5$$

2.5 자료의 시각적 요약

수집된 자료는 앞서 설명한 숫자(통계량)로 요약하여 정리할 수도 있지만, 표, 그림 등과 같이 시각적인 방법으로 요약할 수 있다. 여기서는 자주 사용되는 도수분포표와 히스토그램, 줄기-잎 그림, 상자그림 등에 대하여 간략히 설명한다.

2.5.1 도수분포표

자료를 시각적으로 표현하는 방법 가운데 가장 기초적인 방법인 도수분포표(frequency table)는 관측된 변수의 값을 일정 수의 구간, 그룹 또는 계급으로 나눈 후 각 구간, 그룹 또는 계급에 해당하는 빈도의 수를 세어 표로 정리한 것이다.

관측된 변수가 명목 척도나 순서 척도로 측정된 질적 변수인 경우에 계급은 변수의 속성에 의해 자연스럽게 결정되지만, 구간 척도나 비율 척도로 측정된 양적 변수인 경우에는 자료의 특성과 분석 목적을 고려하여 계급의 수를 적당하게 설정해야 한다. 양적 변수인 경우, 계급의 수를 결정하는 방법은 주로 스터지스(H.A. Sturges)의 공식을 이용하는데, 최근에는 컴퓨터의 발달로 분석자가 직접 이를 고민할 필요는 없으며, 분석자가 사용하는 프로그램마다 그러한 알고리즘을 적용하여 자동으로 표가 만들어지므로 결과로 얻은 표의 관찰과 분석에 주목하면 된다. 도수분포표를 작성할 때 주의해야 할 점은 각 자료값은 반드시 한 개의 계급에만 속해야 한다는 것이다.

또한, 질적 변수의 가능한 값이 너무 많은 경우 몇 가지를 합해 새로운 변수를 만들어 재지정하여 사용할 수도 있으며, 양적 자료의 경우에도 관측 구간을 분위수를 이용하여 질적 변수화하여 도수분포표를 작성하는 것도 가능하다. 예를 들어, 연봉을 측정한 경우, 상위 1/3은 '고소득층', 그 다음 1/3은 '중간소득층', 하위 1/3은 '저소득층'과 같이 질적 변수로 나눌 수 있다. 그러나 자료의 요약은 표본 크기 이외에도 자료의 특성과 해석하고자 하는 방법에 따라서 달라질 수 있으므로, 범위를 지정하여 도수분포표를 작성해본 다음, 필요에 따라 계급의 수를 늘리거나 줄이며 가장 적절한 계급의 수를 설정하는 것이 좋다.

다음으로 상대도수(relative frequency)와 누적도수(cumulative frequency)에 대하여 알아보자.

상대도수는 전체 관측값 중에서 각 구간에 속하는 관측값의 비율을 의미한다. 즉, 상대도수는 계급의 도수를 전체 자료의 수로 나눈 값을 뜻한다. 통계학에서 '상대(relative)'라는 용어는 일반적으로 확률값의 의미를 갖는다. 누적도수는 전체 관측값 가운데 해당 계급 이하에 속하는 관측값의 수를 모두 더한 것을 의미한다.

다음 **표 2.1**의 자료를 바탕으로 도수/상대도수/누적도수를 요약하여 표로 만들어 보자.

| **표 2.1** | 학생들의 키 (단위: cm)

175.5	173.5	173.9	170.8	164.4	166.6	168.3	167.9	168.4	170.1
171.5	168.6	171.7	172.5	170.1	174.7	173.7	171.8	173.7	175.5
168.5	171.2	170.1	177.1	176.2	177.5	175.6	179.5	181.3	163.9
174.4	177.2	158.3	164.2	163.7	165.5	163.8	166.8	162.1	172.3
171.5	166.6	169.0	171.7	170.4	174.2				

표 2.2 자료에 대하여 도수/상대도수/누적도수를 요약하여 나타낸 것이 **표 2.2**이다.

| **표 2.2** | 변수 '키'에 대한 도수/상대도수/누적도수 분포표 (단위: cm)

계급	~160	160~165	165~170	170~175	175~180	180~
도수	1	6	10	20	8	1
상대도수	1/46	6/46	10/46	20/46	8/46	1/46
누적도수	1	7	17	37	45	46

2.5.2 히스토그램

자료를 시각적인 그림으로 요약하여 표현할 때, 가장 자주 사용되는 히스토그램(histogram)은 '막대'를 의미하는 그리스어 'histo'와 '그림'을 의미하는 그리스어 'gram'을 합하여 만들어진 것으로, 우리말로는 막대그림표라고 한다. 히스토그램은 변수의 각 계급에 해당하는 도수 또는 상대도수를 막대를 사용하여 높이로 나타낸 그림이다. 즉, 도수분포표를 그림으로 표현한 것이다. 히스토그램을 통해 자료의 분포형태를 대략적으로 확인할 수 있으며, 앞서 설명한 바와 같이 통계량의 값에만 의존하지 말고, 본격적인 자료분석을 시행하기에 앞서 반드시 그려 보고 확인해야 하는 유용한 그림이다. **표 2.1**의 자료에 대한 히스토그램은 **그림 2.4**와 같다.

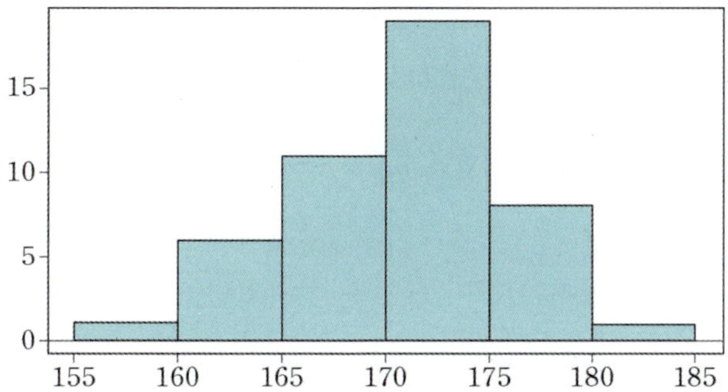

| 그림 2.4 | **표 2.1** '학생들의 키'에 대한 히스토그램

2.5.3 줄기-잎-그림

앞서 설명한 히스토그램은 가장 간단하게 자료의 전체적인 형태를 시각적으로 확인하는 것이 가능하지만, 실제 원자료(raw data)의 값을 직접 알 수 없다는 단점이 있다. 이러한 단점을 보완해 주는 것이 줄기-잎-그림(stem-leaf-plot)이다.

줄기-잎-그림은 숫자로 관측된 양적자료를 정리하는 방법으로 히스토그램과 유사하나 히스토그램에서 얻을 수 없는 자료의 최솟값, 최댓값, 중위수 등을 쉽게 알 수 있다. 다음 예를 통하여 줄기-잎-그림에 대하여 자세히 알아보자. **그림 2.5**는 **표 2.1**의 자료에서 소수점 아래 부분을 제외하고 그린 줄기-잎-그림이다.

그림 2.5에서 10단위를 나타내는 가운데 열 15, 16, 17, 18을 줄기(stem)라 하고, 1단위를 나타내는 줄기의 오른쪽 부분을 잎(leaf)이라고 한다. 줄기의 왼쪽 숫자는 줄기의 깊이(depth)라 하는데, 해당 줄기에 속한 자료값의 빈도를 나타낸다.

또한, 예를 들어, (a)에서 (28)과 같이 줄기의 깊이에 괄호가 있는 줄기, 즉 170~179 사이에 중위수가 속해 있다는 것을 의미한다. 줄기-잎-그림 (a)를 위로부터 자료로 읽으면, 158, 162, 163, 163, 163, 164, 164, ⋯, 176, 177, 177, 177, 177, 179, 181과 같다.

n: 46

1	15	8
17	16	2333445666788889
(28)	17	0000011111122333344455567779
1	18	1

(a) 줄기간격=10

n: 46

1	15.	8
7	16*	233344
17	16.	5666788889
(20)	17*	00000111111223333444
9	17.	155567779
1	18*	1

(b) 줄기간격=5

| 그림 2.5 | 줄기-잎-그림의 예

'줄기간격=5'로 그린 줄기-잎-그림 (b)를 시계 반대방향으로 돌려 세워 보면, 그 개형이 **그림 2.3**의 히스토그램과 같은 것을 확인할 수 있다. (b)의 경우, 깊이 (20)인 줄기, 즉 170~174 사이에 중위수가 속해 있는 것을 알 수 있다.

2.5.4 상자그림

생긴 모양이 상자와 같다고 하여 이름이 붙여진 상자그림(Box plot)은 그림 내에 최솟값 $X_{(1)}$, 최댓값 $X_{(n)}$, 제1사분위수 Q_1, 중위수(median)(=제2사분위수 Q_2), 제3사분위수 Q_3 등을 표기하여 자료의 전체적인 분포 형태를 그림을 통해 표현하는 방법이다. 상자그림을 그리는 방법은 **그림 2.6**과 같다.

그림 2.6은 가장 간단한 형태의 상자그림을 보여주고 있으며, 이보다 훨씬 복잡한 상자그림도 개발되어 있으니 필요한 경우 탐색적 데이터 분석을 다루는 책을 참조하기 바란다.

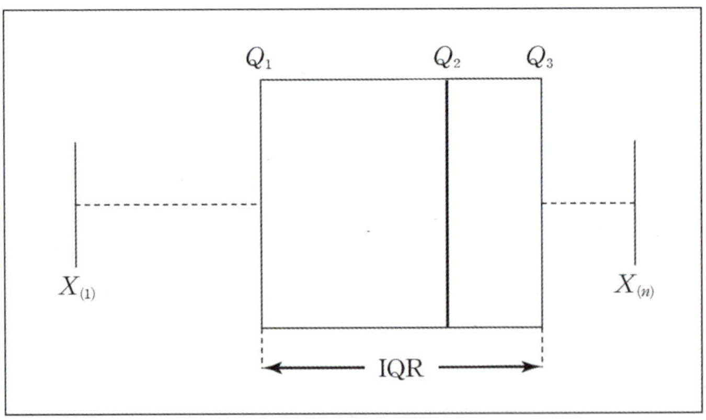

| 그림 2.6 | 상자그림 작성 방법

다음 **그림 2.7**은 **표 2.1** 자료에 대한 상자그림이다.

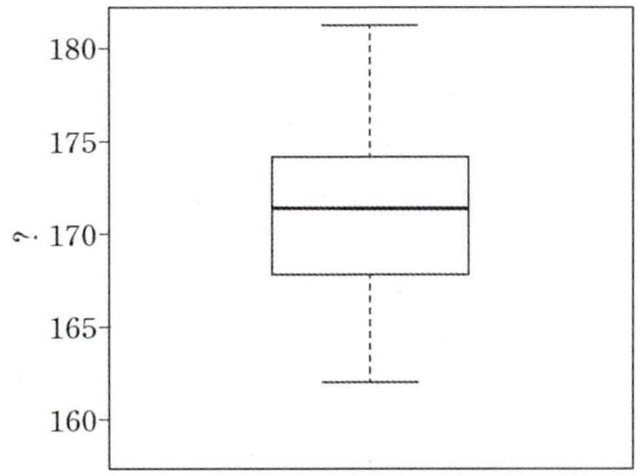

| **그림 2.7** | 상자그림의 예: **표 2.1** 자료

상자그림은 한 개만 그려볼 때보다 여러 개를 그려 비교할 때 그 유용성이 뚜렷하게 드러난다. 즉, 비교하고자 하는 표본 군이 여러 개 있을 때, 각 자료의 형태를 비교하는데 매우 유용하다.

그림 2.8은 두 개의 상자그림을 동시에 그린 것이다. 좌측보다 우측 자료가 값들이 대체적으로 크고 중위수도 더 크며, 사분위범위도 좌측보다 우측 자료가 더 짧은 것을 알 수 있다. 이처럼 상자그림은 여러 자료들을 시각적으로 비교할 때 효과적인 도구라 할 수 있다.

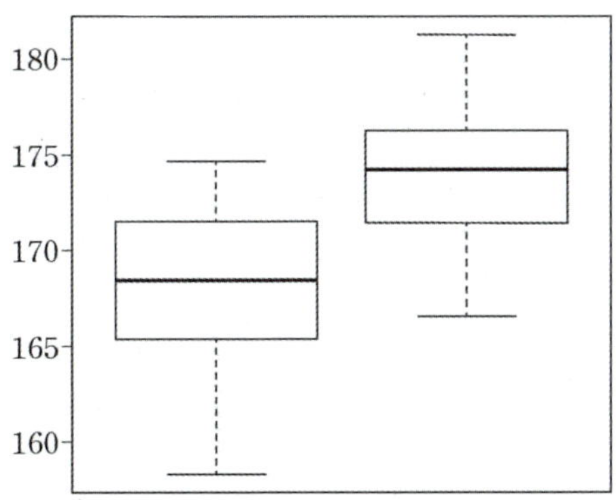

| **그림 2.8** | 상자그림의 비교

2.6 R 실습

R 실습을 진행하기 전 MASS 패키지를 우선 불러온다. MASS 패키지의 **fractions()** 함수는 숫자를 분수의 형태로 바꾸어 주는 기능을 제공하여 문제 풀이에 도움을 줄 수 있다. 아래의 코드를 실행하면 MASS 패키지에서 제공하는 많은 함수와 자료를 사용할 수 있다. 패키지에서 제공하는 모든 함수와 자료에 대한 도움말은 **help(package="MASS")** 명령으로 확인할 수 있다.

```
1 library("MASS")
```

2.6.1 자료의 중심 경향을 나타내는 통계량

(1) 평균, 중위수, 최빈값 계산

예 2.1에 주어진 자료로 중심 경향을 나타내는 통계량인 평균, 중위수, 최빈값을 구해 보자.

```
1 ### 예 2.1
2 ex.2.1 <- c(4,3,3,2,3,8,5)
3 ex.2.1
```

```
4 3 3 2 3 8 5
```

1줄: "#"를 사용한 주석으로 명령문만 출력하고 실행하지 않는다.
2줄: c() 함수를 사용하여 주어진 자료를 입력한다. 값의 콤마(,)로 구분한다. "<-"는 R에서 사용하는 지정 연산자(Assignment Operator)로 오른쪽에 있는 값 {4,3,3,2,3,8,5}를 연산자의 왼쪽에 있는 ex.2.1 변수에 저장하는 기능을 한다. 지정 연산자로 "<-" 또는 "="을 사용할 수 있다. 저장된 ex.2.1 변수는 반복해서 사용이 가능하다.
3줄: 저장된 변수의 값을 확인하고자 하는 경우 변수명 ex.2.1을 입력하고 실행하면 저장된 값을 출력한다. 저장된 값은 수학에서 말하는 열벡터(column vector)의 형태로 사용하지만 출력은 행으로 나타난다.

```
1 # 표본평균(Sample Mean)
2 mean(ex.2.1)
```

```
4
```

2줄: mean() 함수에 값이 저장된 변수 ex.2.1을 입력하면 평균을 계산하여 출력한다.

```
1 # 표본중위수(Sample Median)
2 median(ex.2.1)
```

```
3
```

2줄: median() 함수를 사용하여 중위수를 계산한다.

```
1 # 최빈값(Mode)
2 tb <- table(ex.2.1)
3 sort(tb, decreasing=T)
```

```
ex.2.1
3 2 4 5 8
3 1 1 1 1
```

2줄: 최빈값은 1개 이상의 값이 나타날 수 있으므로, table() 함수로 입력된 값의 수를 계산하여 tb 변수에 저장한다.
3줄: tb 변수에 저장된 값의 수를 내림차순으로 정렬하여 출력한다.
결과: 1줄은 값을 저장한 변수의 이름, 2줄은 변수에 저장된 값, 3줄은 각 변수에 저장된 개수이다. 따라서 최빈값은 3개의 값을 가지고 있는 3이다.

2.6.2 자료의 퍼진 정도를 나타내는 통계량

(1) 범위, 분산 계산

예 2.3과 **예 2.4**에 주어진 자료로 범위와 분산을 구해 보자.

```
1 # 범위
2 ex.2.3 <- c(12, 25, 18, 15, 10)
3 max(ex.2.3) - min(ex.2.3)
```

```
15
```

2줄: **예 2.3**에 주어진 자료를 ex.2.3 변수에 저장한다.
3줄: 최댓값을 구하는 max() 함수와 최솟값을 구하는 min() 함수를 사용하여 범위를 계산한다.

```
1 # 표본분산
2 ex.2.4 <- c(12, 25, 18, 15, 10)
3 var(ex.2.4)
```

```
34.5
```

2줄: **예 2.4**에 주어진 자료를 ex.2.4에 저장한다.
3줄: var() 함수를 사용하여 표본분산을 계산한다.

(2) 사분위수와 사분위범위

자료 {21,56,66,84,68,21,17,33,77,38}에 대한 사분위수를 알아보고, 사분위범위를 계산하자.

```
1 ex.data <- c(21,56,66,84,68,21,17,33,77,38)
2 # 최솟값, 제1사분위수, 중위수(=제2사분위수), 평균, 제3사분위수, 최댓값
3 summary(ex.data)
```

```
Min. 1st Qu.  Median    Mean 3rd Qu.    Max.
17.0    24.0    47.0    48.1    67.5    84.0
```

3줄: summary() 함수를 사용하면 최솟값, 제1사분위수, 중위수(=제2사분위수), 평균, 제3사분위수, 최댓값을 확인할 수 있다.

```
1 # 사분위범위
2 IQR(ex.data)
```

```
43.5
```

2줄: 사분위범위는 IQR() 함수를 사용하여 계산한다.

2.6.3 도수분포표

표 2.1의 자료에 대한 도수분포표를 만들어 보자. 주어진 자료를 메모장에 입력하고, "표 2.1.txt" 파일로 저장한다. c() 함수를 사용하여 직접 입력할 수 있지만, 파일로 만들어 놓으면 필요한 때에 다시 사용할 수 있는 편리함이 있다. 저장된 "표 2.1.txt" 파일의 자료를 불러오는 방법은 다음과 같다.

```
1 # 파일에 자장된 자료 읽기
2 x <- scan(choose.files())
3 x
```

```
175.5 173.5 173.9 170.8 164.4 166.6 168.3 167.9 168.4 170.1 171.5 168.6
171.7 172.5 170.1 174.7 173.7 171.8 173.7 175.5 168.5 171.2 170.1 177.1
176.2 177.5 175.6 179.5 181.3 163.9 174.4 177.2 158.3 164.2 163.7 165.5
163.8 166.8 162.1 172.3 171.5 166.6 169 171.7 170.4 174.2
```

2줄: scan() 함수는 자료를 키보드로 입력하거나, 파일에 있는 자료를 읽어 오는 기능을 제공한다. choose.files() 함수는 파일의 경로와 이름을 만들어 주는 함수이다. 실행하면 파일 탐색기를 이용하여 편리하게 파일의 위치를 선택할 수 있다.
3줄: 불러온 자료를 확인한다.

```
1 summary(x)
```

```
 Min. 1st Qu.  Median    Mean 3rd Qu.    Max.
158.3   168.0   171.3   170.8   174.1   181.3
```

1줄: summary() 함수로 불러온 자료의 구간을 확인한다.

```
1 # 구간 정의: 계급의 간격=5
2 x.points <- seq(155,185,5)
3 # 도수
4 x.cut <- cut(x, x.points)
5 tb <- table(x.cut)
6 tb
```

```
x.cut
(155,160] (160,165] (165,170] (170,175] (175,180] (180,185]
        1         6        10        20         8         1
```

2줄: 계급의 최솟값은 155, 최댓값은 185로 설정하고, 계급의 간격은 5로 설정하여 계급을 나누는 값을 설정한다. **seq()** 함수는 155부터 185까지 5간격으로 수열을 생성하는 함수이다.
4줄: 계급을 구분하는 값 **x.points**를 이용하여 불러온 자료 x를 계급으로 저장한다.
5줄: 계급으로 저장된 **x.cut**의 도수를 계산하여 **tb**에 저장한다.
6줄: 각 계급에 대한 도수를 확인할 수 있다.

```
1 # 상대도수
2 tb/sum(tb)
3 # 상대도수 - 분수
4 fractions(tb/sum(tb))
```

```
x.cut
 (155,160]  (160,165]  (165,170]  (170,175]  (175,180]  (180,185] 
0.02173913 0.13043478 0.21739130 0.43478261 0.17391304 0.02173913 

x.cut
(155,160] (160,165] (165,170] (170,175] (175,180] (180,185] 
     1/46      3/23      5/23     10/23      4/23      1/46 
```

2줄: 상대도수는 **tb**를 전체 도수로 나누어 계산할 수 있다.
4줄: MASS 패키지의 **fractions()** 함수를 사용하면 숫자를 분수로 표현할 수 있다. **fractions()** 함수에 상대도수 값을 넣어서 분수로 표현할 수 있다.

```
1 # 누적도수
2 cumsum(tb)
```

(155,160]	1
(160,165]	7
(165,170]	17
(170,175]	37
(175,180]	45
(180,185]	46

2줄: 누적도수는 **cumsum()** 함수로 계산할 수 있다.

2.6.4 히스토그램

표 2.1의 자료에 대한 히스토그램을 그려보자.

```
1 # 히스토그램
2 hist(x, col="tomato3", prob=T)
```

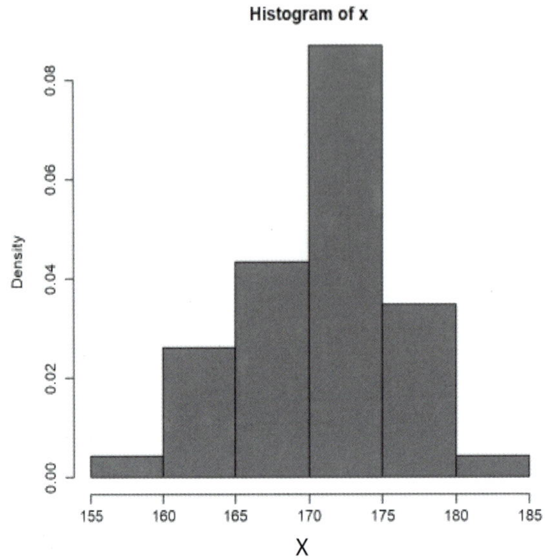

2줄: 히스토그램은 hist() 함수를 사용하여 간단히 그릴 수 있다. col은 색을 지정하는 옵션으로 col="색_이름"을 사용하여 gray, skyblue, tomato3 등 다양하게 표현할 수 있다. 기본적으로 y축은 Frequency를 나타낸다. 만약 확률로 변경하려면, prob=T 옵션을 추가하면 된다.

2.6.5 줄기-잎 그림

표 2.1의 자료에 대한 줄기-잎 그림을 그려보자.

```
1 # 줄기간격 = 10
2 stem(round(x), scale=0.5, atom=10)
```

```
The decimal point is 1 digit(s) to the right of the |

15 | 8
16 | 24444467778888899
17 | 0000112222222244444456666778
18 | 01
```

2줄: 줄기-잎 그림은 stem() 함수를 사용한다. 여기서는 round() 함수를 사용하여 자료를 반올림하였다. 만약 줄기간격을 5로 그리려면 atom=0으로 변경하여 실행한다.

2.6.6 상자 그림

표 2.1의 자료에 대한 상자 그림을 그려보자.

```
1 # 상자그림
2 boxplot(x)
```

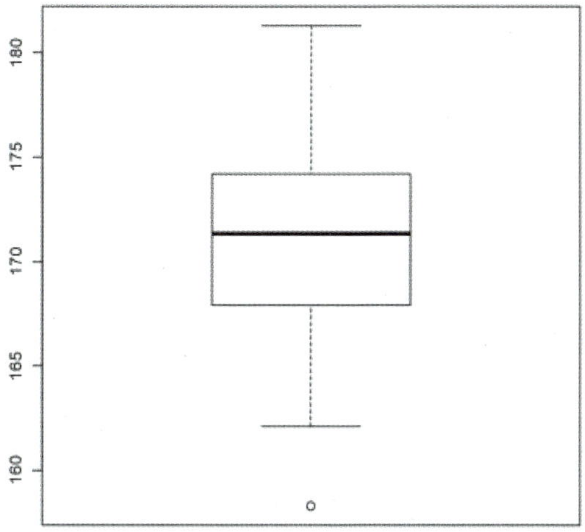

2줄: 상자그림은 boxplot() 함수로 그릴 수 있다.

2.7 Python 실습

Python 실습을 진행하기 전 pandas와 numpy 라이브러리를 불러온다.

```
1 import pandas as pd
2 import numpy as np
```

1줄: pd라는 이름으로 pandas 라이브러리를 불러온다.
2줄: np라는 이름으로 numpy 라이브러리를 불러온다.

2.7.1 자료의 중심 경향을 나타내는 통계량

(1) 평균, 중위수, 최빈값 계산

예 2.1에 주어진 자료로 중심 경향을 나타내는 통계량인 평균, 중위수, 최빈값을 구해 보자.

```
1 ### 예 2.1
2 ex = [4,3,3,2,3,8,5]
3 ex = pd.Series(ex)
4 ex
```

```
0    4
1    3
2    3
3    2
4    3
5    8
6    5
dtype: int64
```

2줄: 지정 연산자 "="를 이용하여 값 {4,3,3,2,3,8,5}를 ex 변수에 저장한다.
3줄: pd 즉, pandas의 시리즈 형태로 자료를 ex 변수에 저장한다. 저장된 값은 수학에서 말하는 열벡터의 형태로 사용된다.
4줄: 저장된 ex 변수의 값을 출력한다. 앞에 출력된 0~6은 인덱스(index)이다. 인덱스를 별도로 지정하지 않으면 0부터 1씩 증가하는 인덱스를 생성한다.

```
1 # 표본평균
2 ex.mean()
```

```
4.0
```

2줄: mean() 함수를 사용하여 ex 변수에 저장된 값의 평균을 계산한다.

```
1 # 표본중위수
2 ex.median()
```

```
3.0
```

2줄: median() 함수를 사용하여 중위수를 계산한다.

```
1 # 최빈값
2 ex.mode()
```

```
0    3
dtype: int64
```

2줄: mode() 함수를 사용하여 최빈값을 계산한다.

2.7.2 자료의 퍼진 정도를 나타내는 통계량

(1) 범위, 분산 계산

예 2.3에 주어진 자료로 범위와 분산을 구해 보자.

```
1 # 범위
2 ex = [12, 25, 18, 15, 10]
3 ex = pd.Series(ex)
4 ex.max() - ex.min()
```

```
15
```

2-3줄: 주어진 자료를 ex 변수에 저장한다.
4줄: 최댓값을 구하는 max() 함수와 최솟값을 구하는 min() 함수를 사용하여 범위를 계산한다.

```
1 # 표본분산
2 ex.var()
```

```
34.5
```

2줄: var() 함수를 사용하여 표본분산을 계산한다.

(2) 사분위수와 사분위범위

자료 {21,56,66,84,68,21,17,33,77,38}에 대한 사분위수를 알아보고, 사분위범위를 계산하자.

```
1 ex = [21,56,66,84,68,21,17,33,77,38]
2 ex = pd.Series(ex)
3 # 자료의 수, 평균, 표준편차, 최솟값, 사분위수, 최대값
4 ex.describe()
```

```
count    10.000000
mean     48.100000
std      25.097366
min      17.000000
25%      24.000000
50%      47.000000
75%      67.500000
max      84.000000
dtype: float64
```

4줄: describe() 함수를 사용하면 자료의 수, 평균, 표준편차, 최솟값, 제1사분위수, 제2사분위수(=중위수), 제3사분위수, 최댓값을 확인할 수 있다.

```
1 # 사분위범위
2 Q1 = ex.quantile(0.25)
3 Q3 = ex.quantile(0.75)
4 Q3 - Q1
```

```
43.5
```

2줄: quantile() 함수를 사용하여 제1사분위수를 계산하여 Q1 변수에 저장한다.
3줄: quantile() 함수를 사용하여 제3사분위수를 계산하여 Q3 변수에 저장한다.
4줄: Q3에서 Q1을 이용하여 사분위범위를 계산한다.

2.7.3 도수분포표

표 2.1의 자료에 대한 도수분포표를 만들어 보자. 주어진 자료를 공백 " "으로 값을 구분하여 메모장에 입력한 후, "표2.1.txt" 파일로 저장한다. 여기서는 파일에 있는 자료를 직접 읽어 오는 방식이 아닌 파일에 있는 자료를 복사하여 입력하는 방식으로 진행한다.

```
1 # 파일에 저장된 자료 읽기
2 ex = input()
3 ex = [float(i) for i in ex.split()]
4 ex = pd.Series(ex)
```

```
175.5 173.5 173.9 170.8 164.4 166.6 168.3 167.9 168.4 170.1 171.5 168.6 1
71.7 172.5 170.1 174.7 173.7 171.8 173.7 175.5 168.5 171.2 170.1 177.1 17
6.2 177.5 175.6 179.5 181.3 163.9  174.4 177.2 158.3 164.2 163.7 165.5 1
63.8 166.8 162.1 172.3 171.5 166.6 169.0 171.7 170.4 174.2
```

2줄: input() 함수는 자료를 키보드로 입력받는다. 실행 후 "표2.1.txt" 파일의 자료를 복사하여 입력창에 붙여넣기를 한다.

3줄: split() 함수가 공백 " "을 기준으로 입력받은 값을 분리하고, 반복문을 이용하여 분리된 값들을 float() 함수가 실수 형태로 변환한다.

4줄: 시리즈로 ex 변수에 저장한다. 이 방법이 다소 생소하고 어렵게 느낄 수 있으나, 46개의 자료를 직접 입력하는 것보다 오류를 줄이고 정확하게 처리할 수 있다.

```
1 ex.describe()
```

```
count     46.000000
mean     170.778261
std        4.872732
min      158.300000
25%      168.000000
50%      171.350000
75%      174.125000
max      181.300000
dtype: float64
```

1줄: describe() 함수로 자료의 최솟값과 최댓값을 확인한다.

```
# 구간 정의: 계급의 간격=5
ex_points = range(155,185+1,5)
# 도수
ex_cut = pd.cut(ex, ex_points)
tb = pd.crosstab(ex_cut, columns="count")
tb
```

col_0	count
row_0	
(155, 160]	1
(160, 165]	6
(165, 170]	10
(170, 175]	20
(175, 180]	8
(180, 185]	1

2줄: 계급의 최솟값은 155, 최댓값은 185+1로 설정하고, 계급의 간격은 5로 설정하여 계급을 나누는 값을 설정한다. range() 함수는 수열을 생성하는 함수이다. 두 번째로 설정한 값보다 1만큼 작은 값까지만 값을 생성하기 때문에 +1을 사용하여 185까지 수열을 생성한다.
4줄: 계급을 구분하는 값 ex_points를 이용하여 불러온 자료 ex를 계급으로 저장한다.
5줄: 계급으로 저장된 ex_cut의 도수를 계산하여 tb에 저장한다.
6줄: 각 계급에 대한 도수를 확인할 수 있다.

```
1 # 상대도수
2 tb/tb.sum()
```

col_0	count
row_0	
(155, 160]	0.021739
(160, 165]	0.130435
(165, 170]	0.217391
(170, 175]	0.434783
(175, 180]	0.173913
(180, 185]	0.021739

2줄: 상대도수는 tb를 전체 도수로 나누어 계산할 수 있다. 전체 도수의 합은 sum() 함수를 사용한다.

```
1 # 누적도수
2 np.cumsum(tb)
```

col_0	count
row_0	
(155, 160]	1
(160, 165]	7
(165, 170]	17
(170, 175]	37
(175, 180]	45
(180, 185]	46

2줄: 누적도수는 numpy 라이브러리의 cumsum() 함수로 계산할 수 있다.

2.7.4 히스토그램

표 2.1의 자료에 대한 히스토그램을 그려보자.

```
# 히스토그램
ex.plot.hist(bins=6, color="green")
```

<matplotlib.axes._subplots.AxesSubplot at 0x1d235bd1ec8>

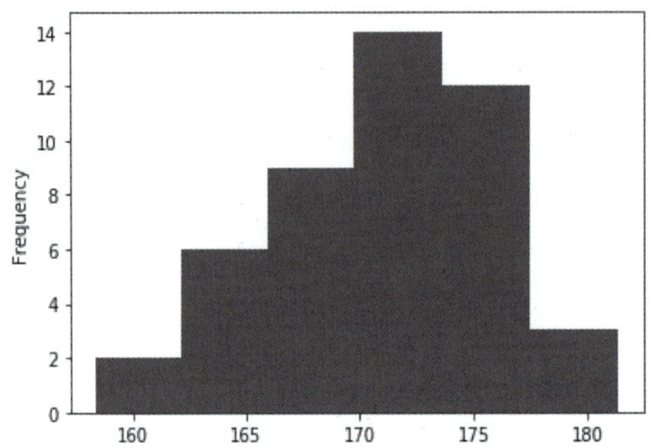

2줄: 히스토그램은 plot.hist() 함수를 사용하여 그릴 수 있다. color는 색을 지정하는 옵션이다. y축은 Frequency를 나타낸다.

2.7.5 상자 그림

표 2.1의 자료에 대한 상자 그림을 그려보자.

```
# 상자그림
ex.plot.box()
```

<matplotlib.axes._subplots.AxesSubplot at 0x1d235cb8908>

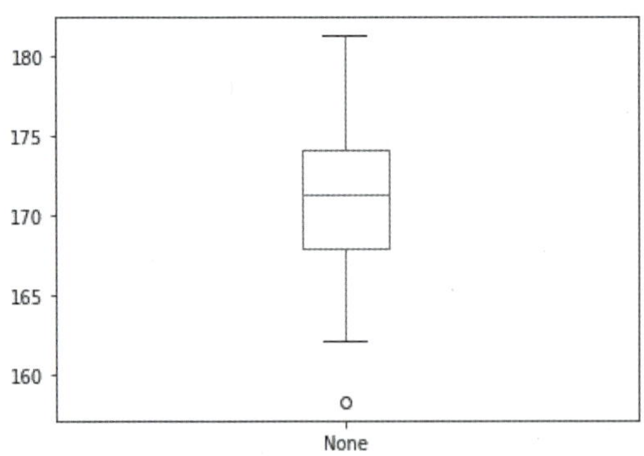

2줄: 상자그림은 plot.box() 함수로 그릴 수 있다.

2장 연습문제 EXERCISES

01 총조사와 표본조사의 차이와 장단점을 예를 들어 설명하라.

02 표본조사의 예를 설계하여 제시하고, 제시한 표본조사에서 모집단, 원소, 모수, 표본을 정의하여 보라. 또한, 본인이 설계한 표본조사에 가장 적합한 표본조사법은 무엇이며 그 이유는 무엇인지 설명하여 보라.

03 다음 자료를 측정하는 척도가 무엇인지 각각 판단하여 보라.

(1) 올해 8월 서울지역의 강수량

(2) 어느 도시 30대 남자의 학력

(3) 장마철 교실의 습도

(4) 대입 정시 확대에 대한 찬성 반대 의견

(5) 사람의 혈액형

(6) 근무회사의 복지정책에 대한 만족도

04 A고등학교 3학년 학생 20명의 토요일 수면시간을 측정한 다음 표본에 대하여 히스토그램을 작성하여 보라. (단위: 시간)

5	5	4	6	6	6	5	4	5	12
4	5	5	6	4	6	5	5	4	6

05 04의 자료에 대하여 표본평균, 표본중위수, 표본최빈값, 표본분산을 구하여 보라.

06 B고등학교 3학년 학생 10명의 토요일 수면시간을 측정한 다음 표본에 대하여 표본평균과 표본분산을 구하고 04의 A고등학교 학생의 수면시간과 비교하여 보라. (단위: 시간)

6	6	6	5	5	6	7	6	6	7

07 다음은 기초통계학 수강자 60명의 기말시험 성적이다. 아래 물음에 답하라.

74	87	87	82	99	93	86	96	78	91
82	69	89	90	72	92	89	86	92	69
76	74	75	67	96	84	77	87	79	80
87	80	92	85	90	79	83	79	69	81
80	90	80	75	89	86	71	74	88	86
86	76	85	74	81	85	74	85	85	88

(1) 가장 낮은 점수
(2) 점수의 평균값
(3) 점수의 중앙값
(4) 15등 학생의 점수
(5) 80점 이상 학생 비율
(6) 가장 높은 점수
(7) 다음과 같이 학점을 준다고 할 때, 학점에 대한 도수분포표를 작성하라.

점수	학점
90~100	A
80~89	B
70~79	C
60~69	D
0~59	F

08 07의 자료에 대한 줄기-잎 그림을 작성하라.

09 07의 자료를 히스토그램으로 표현하고, 분포의 형태에 대하여 설명하여 보라.

10 이를 이용하여 위 자료가 따르는 분포를 추측하여 보라.

11 다음 자료는 학생 30명의 혈액형을 조사한 것이다.

O	A	B	A	A	A	B	O	O	AB
B	A	O	A	A	AB	AB	B	B	A
B	O	O	AB	A	A	A	B	B	AB

(1) 위의 자료를 이용하여 도수분포표를 작성하라.
(2) 위의 자료를 이용하여 파이 그림을 작성하라.

03

확률의 이해

통계학은 미지의 사실을 알고자 하는 학문이며, 이러한 불확실성을 0과 1 사이의 숫자로 평가하는 수학적 언어인 '확률(probability)'로 표현한다. 또한, 예를 들어, 확률 0.3은 30%와 같은 의미인데 퍼센트(percent)라는 용어에서 'per'는 '나눈다'는 뜻이고 'cent'=100이라는 의미이므로 전체를 100이라 할 때의 비율을 의미하는 것이다.

이 장에서는 확률에 대한 기본이론과 여러 가지 개념, 용어를 배우는데, 학생들이 고등학교 교과과정에서 이미 배운 내용들이 많기 때문에 학습하기에 어려움이 없을 것이다. 새로운 용어나 개념을 처음 배울 때는 약간의 암기가 필요할 수도 있겠지만, 가능하면 그 내용을 이해하면서 공부하는 것이 가장 좋은 학습 방법이 될 것이다.

3.1 집합이론의 기초 개념

확률을 배우는데 처음 접근하는 방법은 집합(set)의 개념과 성질을 적용하는 것이다. 즉, 집합에 대한 기초 개념을 잘 익히면 확률의 정의 및 성질, 계산과정을 이해하기 쉽다. 여기서 다룰 개념은 집합, 공집합, 부분집합, 합집합, 교집합, 차집합, 여집합, 배반집합 등이며, 이는 학생들이 고교 과정에서 충분히 익힌 내용이기에 간략히 설명하기로 한다.

■ 집합

집합(set)은 '어떤 조건에 따라 결정되는 원소들의 모임' 또는 '개념이 정확하게 정의된 원소들의 모임'으로 정의하는 것이 일반적이다. 즉, 특정 집합에 대한 조건이나 개념이 정의되면 누구나 같은 집합을 생각하게 된다. 집합에 속한 원소(element)의 개수에 따라 유한집합과 무한집합으로 구분하는데, 유한집합은 원소의 개수를 셀 수 있는 집합이며, 무한집합은 원소의 개수를 셀 수 없는 집합을 뜻한다.

예 3.1

자연수 100의 약수로 구성된 집합을 생각해 보자. 이 집합은

$$\{1,\ 2,\ 4,\ 5,\ 10,\ 20,\ 25,\ 50,\ 100\}$$

이므로, 원소의 개수가 셀 수 있으므로 유한집합이다.

예 3.2

자연수의 집합을 생각해 보자. 이 집합은

$$\{1,\ 2,\ 3,\ 4,\ 5,\ \cdots\}$$

이므로, 원소의 개수를 다 셀 수 없는 무한집합이다.

예 3.3

0과 1 사이의 실수 집합을 생각해 보자. 이 집합은 다음과 같이 조건제시법으로 표현 가능하며

$$\{x \mid 0 \le x \le 1\}$$

모든 원소를 다 셀 수 없는 무한집합이다.

■ **공집합**

공집합(null set)은 원소가 없는 집합을 의미한다. 수학 기호 ϕ 또는 $\{\ \}$로 표현한다.

■ **부분집합**

부분집합(subset)은 어떤 집합의 일부분으로 구성되는 집합이다. 예를 들어, 두 집합 A와 B가 있을 때, 집합 A의 모든 원소가 집합 B의 원소이면, 집합 A가 집합 B의 부분집합이라 하고, $A \subset B$라고 표현한다. 이를 벤다이어그램으로 표현하면 다음과 같다.

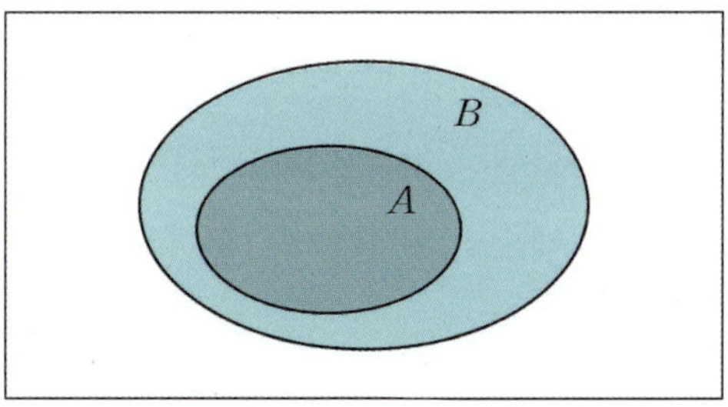

| 그림 3.1 | 부분집합

■ **합집합**

합집합(union set)은 두 집합을 더하여 만들어지는 것으로, 두 집합 A와 B 중 하나의 집합에라도 속하는 원소들로 구성된다. 이를 $A \cup B$로 나타내며, 조건제시법으로 표현하면 $A \cup B = \{x \mid x \in A$ 또는 $x \in B\}$이다. 이를 벤다이어그램으로 표현하면 다음과 같다.

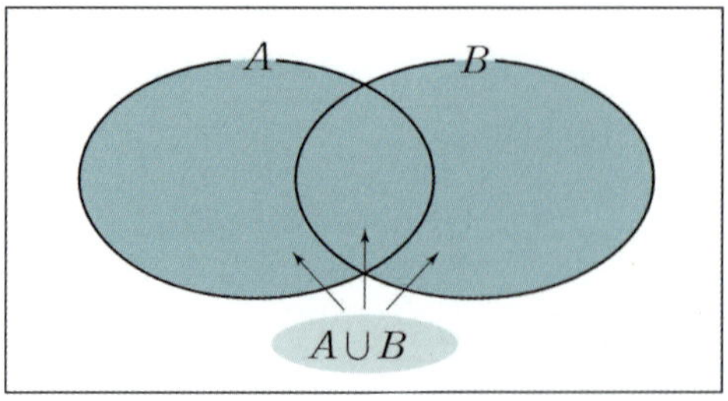

| 그림 3.2 | 합집합

■ 교집합

교집합(intersection)은 두 집합에 모두 속하는 원소들로 만들어지는 것으로, 두 집합 A와 B에 모두 속하는 원소들로 구성된다. 이를 $A \cap B$로 나타내며, 조건제시법으로 표현하면 $A \cap B = \{x \mid x \in A \text{ 이고 } x \in B\}$이다. 이를 벤다이어그램으로 표현하면 다음과 같다.

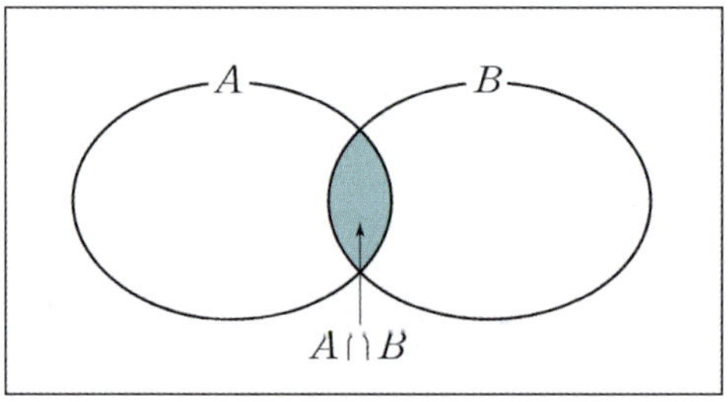

| 그림 3.3 | 교집합

■ 차집합

차집합(difference of sets)은 두 집합 중 하나에만 속하는 원소들로 만들어지는 것으로, 두 집합 A와 B가 있을 때, $A - B$로 나타낸다. 이를 조건제시법으로 표현하면 $A - B = \{x \mid x \in A \text{ 이고 } x \notin B\}$이다. 이를 벤다이어그램으로 표현하면 다음과 같으며, $A - B = A \cap B^C$임을 알 수 있다.

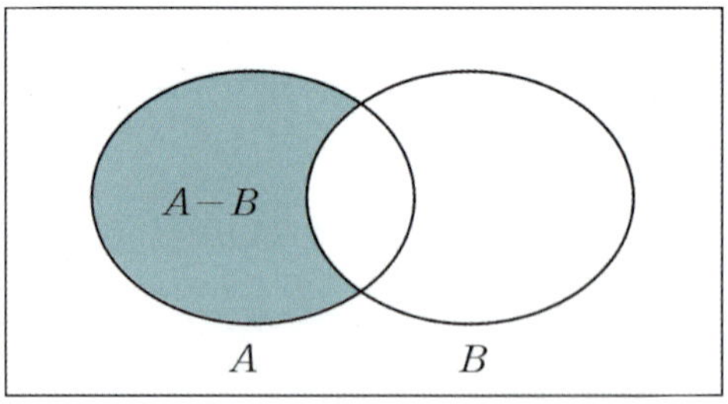

| 그림 3.4 | 차집합

■ 여집합

집합 A가 전체 집합 S의 부분집합일 때, A^C로 표현하는 A의 여집합(complement set)은 전체 집합 S의 원소들 중 A에 속하지 않는 원소들로 구성된다. 즉, $A \cup B = S$이고 $A \cap B = \phi$이다. A^C를 조건제시법으로 표현하면 $A^C = \{x \mid x \in S \text{ 이고 } x \notin A\}$이며, 벤다이어그램으로 표현하면 다음과 같다.

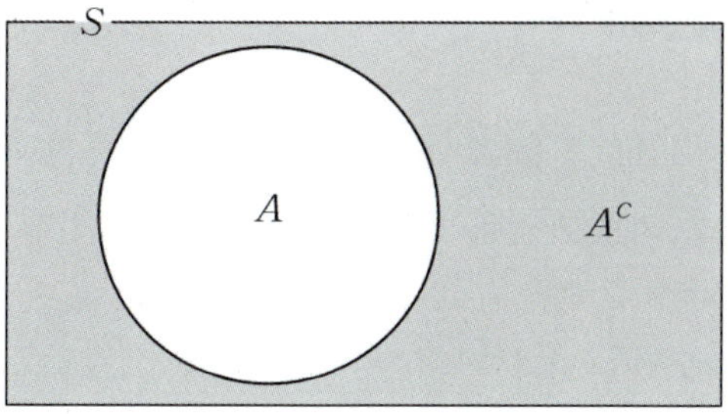

| 그림 3.5 | 여집합

■ 배반집합

두 집합 A와 B가 있을 때, $A \cap B = \phi$이면 집합 A와 B는 서로 배반집합(exclusive sets, disjoint sets)이라고 한다. 배반집합의 가장 쉬운 예는, 앞서 설명한 A와 A^C이다. 이를 벤다이어그램으로 표현하면 다음과 같다. 배반집합은 앞으로 배울 확률의 공리와 여러 가지 증명과정에서 자주 사용되므로 잘 익혀 놓아야 한다.

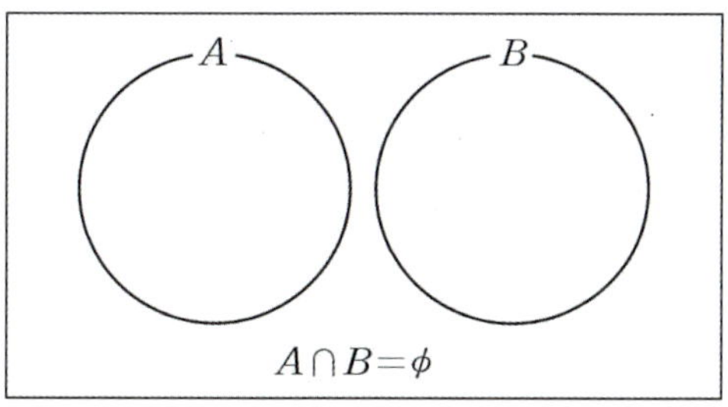

| 그림 3.6 | 배반집합

예 3.4

전체 집합 S와 집합 A, B가 각각 다음과 같다고 하자.

$$S = \{1, 2, 3, 4, 5, 6, 7, 8, 9, 10\},\ A = \{1, 2, 3, 8, 9, 10\},\ B = \{2, 3, 4, 5, 7\}$$

이 때 $A \cup B$, $A \cap B$, $A - B$, A^C를 구하면 각각 다음과 같다.

$$A \cup B = \{1, 2, 3, 4, 5, 7, 8, 9, 10\},\ A \cap B = \{2, 3\},$$

$$A-B=\{1,8,9,10\},\ A^C=\{4,5,6,7\}$$

또한 $A \cap B=\{3\} \neq \phi$이므로, 집합 A와 B는 서로 배반집합이 아니다.

3.2 표본공간과 사건

확률은 조사 또는 실험을 할 때 얻을 수 있는 결과, 즉 발생 가능한 결과의 가능성을 나타내는 척도이다. 여기서는 확률을 계산하는데 필요한 기본 개념인 시행, 표본공간, 원소, 사건에 대하여 알아본다. 특히, 앞서 배운 집합(set)이 자연스럽게 사건(event)의 개념으로 변환되고, 결국에는 통계학에서 가장 중요한 개념이라고 할 수 있는 확률변수(random variable)로 확장되므로 사건에 대한 이해는 아주 중요하다.

■ 시행

시행(trial)은 정해진 실험(experiment)을 한 번 수행하는 것 또는 조사(survey)를 한 번 실시하는 것을 의미하며, "우연이 지배하는 사건의 결과를 관찰하는 과정"이라고 정의할 수 있다. 예를 들어, 주사위 한 개를 던지는 실험에서 주사위를 한 번 던졌을 때, 주사위 던지기 실험을 '1회 시행하였다.'라고 한다.

■ 표본공간 / 원소

표본공간(sample space)은 실험 또는 조사에서 얻을 수 있는 모든 가능한 결과(outcome)들의 집합으로, 기호로는 Ω 또는 S로 표현한다. 또한 실험에서 얻은 관찰치를 원소라고 하며, 표본공간은 발생 가능한 원소, 또는 관측 가능한 원소들의 집합으로 구성된다.

예 3.5

다음 각 실험에서 표본공간 S를 알아보자.

- 동전 1개 던지기 : $\Omega=\{H, T\}$, 여기서 H: 앞면, T: 뒷면
- 동전 2개 던지기 : $\Omega=\{HH, HT, TH, TT\}$, 여기서 H: 앞면, T: 뒷면
- 타이어의 수명 관측 : $\Omega=\{x \mid x \geq 0\}$

이 예에서 알 수 있는 것처럼, 표본공간은 어떤 점(이산점)들의 집합으로 구성될 수도 있고, 실수 구간으로 구성될 수도 있다.

■ 사건

사건(event)은 표본공간의 원소들의 일부로 구성된 표본공간의 부분집합이다. 사건을 실험과 연관 지어 생각해보면, 사건은 관찰자 또는 연구자가 관심을 갖고 세고 싶은 결과가 일어난 것을 의미한다. 예를 들어, 주사위 1개 던지기 실험에서 표본공간은 $\Omega=\{1, 2, 3, 4, 5, 6\}$이고 사건 A를 '짝수의 눈이 나오는 것'이라고 정의하면, 주사위를 던져 2 또는 4 또는 6의 눈이 나오면 '사건이 발생했다.'라고 하는 것이다.

또한, 이 경우 사건 A는 $A=\{2, 4, 6\}$과 같이 집합의 형태로 표현되므로, 앞서 배운 집합의 개념을 적용하여 사건을 표현하는 것이 아주 자연스럽다고 할 수 있다. 즉, 실험이 정의되면 발생 가능한 값들인 원소들로 표본공간이 구성되고, 어떤 사건이 정의되면 그 사건에 속하는 원소들의 집합으로 사건을 표현하게 된다. 따라서 합사건, 곱사건, 여사건, 배반사건은 각각 합집합, 교집합, 여집합, 배반집합의 개념을 그대로 적용하여 이해하면 된다.

3.3 확률의 기초 개념

가능성의 척도를 0과 1 사이의 숫자로 측정하는 확률을 어떻게 평가하고 해석할 수 있을까? 여기서는 먼저, 확률을 해석하는 세 가지 방법에 대하여 먼저 설명하고, 확률을 공부하는데 가장 중요한 확률의 공리(Axioms of Probability)와 그 응용에 대하여 배워 보기로 한다.

3.3.1 확률의 해석 방법

(1) 확률의 고전적 해석

확률의 고전적 해석은 확률은 실험과 사건의 정의로부터 객관적으로 파악 가능하다는 '우연의 게임(game of chance)'에서 유래한다. 즉, 확률은 실험과 사건의 정의로부터 누구나 동일한 값을 얻을 수 있다는 것이다. 확률의 고전적 해석을 통해 구해지는 확률은 객관적 확률이다. 예를 들어, 52장의 카드에서 한 장을 뽑았을 때, 이것이 Ace일 가능성은 4/52=1/13이라고 누구나 얻게 된다는 것이다.

이러한 확률의 고전적 정의는 수학자 라플라스(Laplace)에 의해 처음 정의되었는데, 라플라스는 "어떤 사건의 발생 확률은 그것이 일어날 수 있는 경우의 수 대 가능한 모든 경우의 수의 비(ratio)이다. 단, 이는 모든 사건이 동일하게 일어날 수 있다고 할 때 성립된다."고 하였다.

(2) 확률의 상대도수에 의한 해석

확률의 상대도수(relative frequency)에 의한 해석은 실험의 반복 시행에 의한 접근방법으로,

독립적으로 반복되는 실험에 의하여 나타난 결과를 확률로 표현하는 것이다. 즉, 실험을 독립적이고 객관적으로 무한 반복한다면 실험자의 주관이 개입되지 않는 객관적 확률을 얻을 수 있다는 것이다. 따라서 확률의 상대도수에 의한 해석을 통해 구해지는 확률은 객관적 확률이다.

그림 3.7의 그래프는 동전을 1,000번 던져 나오는 앞면의 비율을 표현한 것이다. 시행 횟수가 증가할수록 이론적인 확률값인 0.5에 가까워지는 것을 확인할 수 있다.

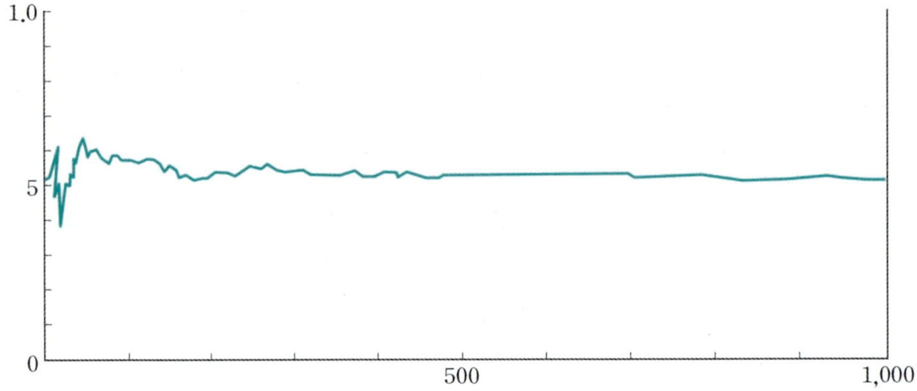

| **그림 3.7** | 상대도수의 수렴

확률의 상대도수에 의한 해석은 앞의 예와 같이, 이론적인 값이 존재하지 않은 경우에 적용하는 것이 더 현실적이라고 할 수 있다. 예를 들어, 어떤 농구 선수가 3점 슛을 성공시킬 확률은, 이전까지 그 선수가 3점 슛을 100번 던져서 70번 성공시켰다면 3점 슛 성공 확률을 0.7이라고 말할 수 있다는 것이다.

(3) 확률의 주관적 해석

확률의 주관적 해석은 어떤 사건이 일어날 가능성을 관찰자 또는 연구자에 따라 다르게 생각하는 것을 의미한다. 즉, '주관적'이라는 단어의 사전적 의미가 그대로 적용되는 확률이다. 예를 들어, 어떤 고등학생이 대학 진학에 성공할 확률을, 본인은 자신 있게 90%라 생각하고, 부모님은 50%라고 생각하는데, 진학지도 선생님은 20%라고 생각할 수 있다. 즉, 서로 각자의 주관에 따라 다르게 생각할 수 있는 것이다.

3.3.2 확률의 공리

앞서 설명한 확률의 고전적 해석 방법에서 언급했던 라플라스가 제시한 확률의 고전적 정의를 요약하면 다음과 같다.

■ 확률의 고전적 정의

표본공간 Ω의 모든 원소가 발생할 가능성이 모두 같은 경우, 어떤 사건 A가 일어날 확률은 $P(A)=\dfrac{n(A)}{n(\Omega)}$로 정의한다. 여기서, $n(\cdot)$는 원소의 개수를 의미한다. 즉, 확률은 실험과 사건의 정의로부터 객관적으로 파악 가능하므로, 누구나 동일한 확률 값을 얻는다.

라플라스(Laplace)가 제시한 확률의 고전적 정의는 표본공간이 셀 수 있는 유한집합인 경우에만 적용가능하기 때문에, 현실적으로 확률의 고전적 정의만으로 관심이 있는 사건의 확률을 구할 수 없는 경우가 존재한다. 예를 들어, 표본공간이 실수 구간으로 정의된 경우, 고전적 정의를 적용하는 것은 불가능하게 된다. 따라서 좀 더 일반적으로 적용 가능한 확률의 정의가 필요하게 되었고, 러시아의 수학자 콜모고로프(Kolmogorov)에 의해 공리적 확률(axiomatic probability)의 개념이 제시되었으며 이를 '확률의 공리'라고 한다. 참고로, 공리(公理)는 어떤 이론체계에서 가장 기초적인 근거가 되는 명제를 의미하며, 어떤 다른 명제들을 증명하기 위한 전제로 이용되는 가장 기본적인 가정을 뜻한다.

■ 확률의 공리[Axioms of Probability]

표본공간을 Ω, 표본공간에 속하는 사건을 E, 공집합을 ϕ라 하면, $\phi \subset E \subset \Omega$이며, 확률 $P(\cdot)$는 항상 다음을 만족한다.

(1) $0 \le P(E) \le 1$

(2) $P(\phi)=0,\ P(\Omega)=1$

(3) 서로 배반인 사건 $E_1, E_2, E_3, \cdots$에 대하여(즉, $E_i \cap E_j = \phi,\ \forall i \neq j$일 때),

$$P(E_1 \cup E_2 \cup E_3 \cup \cdots) = P(E_1) + P(E_2) + P(E_3) + \cdots$$

확률의 공리의 의미를 자세히 살펴보면 다음과 같다.

공리 (1)은 확률은 0과 1 사이의 값이라는 것을 의미하고, 공리 (2)는 전체 확률은 1이고 아무 것도 일어나지 않을 사건, 즉 사건의 집합이 공집합인 경우 그 확률은 0이라는 것이다.

확률의 공리 중에서 가장 중요하고 활용도가 높은 공리 (3)은 서로 배반인 사건들의 합에 대한 확률을 각 사건의 확률의 합과 같아진다는 것이다. 따라서 확률의 공리를 사용하여 확률의 특성을 증명하는 경우에 먼저 서로 배반인 집합으로 나눈 후, 공리 (3)을 적용하는 것이 자주 사용되는 방법이라 할 수 있다.

예 3.6

주사위 1개를 던지는 실험에서 사건 A, B, C를 각각 다음과 같이 정의하면

A: 홀수 눈이 나오는 사건

B: 2 또는 4의 눈이 나오는 사건

C: 1 또는 2의 눈이 나오는 사건

A, B, C는 $A=\{1, 3, 5\}$, $B=\{2, 4\}$, $C=\{1, 2\}$이다. 이들 사이의 교집합을 살펴보면,

$$A\cap B=\phi,\ A\cap C=\{1\},\ B\cap C=\{2\}$$

이므로, A와 B는 서로 배반사건이지만, A와 C, B와 C는 서로 배반사건이 아니다. 따라서 확률의 공리 (3)에 의해

$$P(A\cup B)=P(A)+P(B)=\frac{3}{6}+\frac{2}{6}=\frac{5}{6}$$

와 같이 계산되며,

$$P(A\cup C)=P(\{1, 2, 3, 5\})=\frac{4}{6}\neq P(A)+P(C)=\frac{3}{6}+\frac{2}{6}=\frac{5}{6}$$
$$P(B\cup C)=P(\{1, 2, 4\})=\frac{3}{6}\neq P(B)+P(C)=\frac{2}{6}+\frac{2}{6}=\frac{4}{6}$$

인 것을 알 수 있다. ▩

예 3.6에서 $P(A\cup C)$와 $P(B\cup C)$를 구할 때 $A\cup C=\{1, 2, 3, 5\}$, $B\cup C=\{1, 2, 4\}$를 이용하여 구하였는데, 이러한 경우 더 쉽고 간단하게 구할 수 있는 방법을 찾는 것이 필요하지 않을까?

다음 **정리 3.1**은 확률의 공리로부터 유도 가능하고, 자주 사용되는 확률의 특성에 대한 것이다.

정리 3.1 E와 F를 표본공간 Ω 내의 사건이라 할 때, 다음이 성립한다.

(1) $P(E^C)=1-P(E)$

(2) $E\subset F \Rightarrow P(E)\leq P(F)$

(3) $P(E\cup F)=P(E)+P(F)-P(E\cap F)$

증명 (증명 과정을 이해하려면 벤다이어그램을 그려 보는 것이 유용하다.)

(1) $E\cup E^C=\Omega$, $E\cap E^C=\phi$ 즉, E와 E^C는 서로 배반이므로 확률의 공리에 따라

$$1=P(\Omega)=P(E\cup E^C)=P(E)+P(E^C)$$
$$\therefore\ P(E^C)=1-P(E)$$

(2) $E \subset F$이므로 $F = E \cup (E^C \cap F)$이고 E와 $E^C \cap F$는 서로 배반이므로 확률의 공리에 따라 $P(F) = P[E \cup (E^C \cap F)] = P(E) + P(E^C \cap F)$이다.

또한 $P(E^C \cap F) \geq 0$이므로 $P(E) \leq P(F)$이다.

(3) $E = (E \cap F) \cup (E \cap F^C)$이고 $E \cap F$와 $E \cap F^C$는 서로 배반사건이므로, 확률의 공리에 의하여 $P(E) = P[(E \cap F) \cup (E \cap F^C)] = P(E \cap F) + P(E \cap F^C)$이다.

마찬가지로 $F = (E \cap F) \cup (E^C \cap F)$이고 $E \cap F$와 $E^C \cap F$는 서로 배반사건이므로, 확률의 공리에 의하여 $P(F) = P[(E \cap F) \cup (E^C \cap F)] = P(E \cap F) + P(E^C \cap F)$이다.

또한 $E \cup F = (E \cap F) \cup (E \cap F^C) \cup (E^C \cap F)$이고, $E \cap F$, $E \cap F^C$, $E^C \cap F$는 서로 배반사건이므로, 확률의 공리와 위 사실을 적용하면 다음이 성립한다.

$$\begin{aligned} P(E \cup F) &= P[(E \cap F) \cup (E \cap F^C) \cup (E^C \cap F)] \\ &= P(E \cap F) + P(E \cap F^C) + P(E^C \cap F) \\ &= [P(E \cap F) + P(E \cap F^C)] + [P(E \cap F) + P(E^C \cap F)] - P(E \cap F) \\ &= P(E) + P(F) - P(E \cap F) \end{aligned}$$

예 3.7

세 개의 동전을 차례로 던지는 실험에서 사건 A, B, C를 각각 다음과 같이 정의할 때

A: 첫 번째 동전이 앞면이 나오는 사건

B: 세 번째 동전이 앞면이 나오는 사건

C: 동전 세 개 모두 앞면이 나오는 사건

$P(A)$, $P(B)$, $P(C)$, $P(A^C)$, $P(A \cup B)$를 구하시오.

풀이 표본공간 Ω와 A, B, C는 각각 다음과 같다.

$$\Omega = \{HHH, HHT, HTH, THH, HTT, THT, TTH, TTT\}$$

$$A = \{HHH, HHT, HTH, HTT\} \qquad C = \{HHH\}$$

$$B = \{HHT, HTT, THT, TTT\}$$

여기서 $P(A) = \dfrac{n(A)}{n(\Omega)} = \dfrac{4}{8} = \dfrac{1}{2} = P(B) = \dfrac{n(B)}{n(\Omega)}$, $P(C) = \dfrac{n(C)}{n(\Omega)} = \dfrac{1}{8}$임을 알 수 있고, $A \cap B = \{HHT,\ HTT\}$이므로 $P(A \cap B) = \dfrac{n(A \cap B)}{n(\Omega)} = \dfrac{2}{8} = \dfrac{1}{4}$이다.

따라서 $P(A \cup B) = P(A) + P(B) - P(A \cap B) = \dfrac{1}{2} + \dfrac{1}{2} - \dfrac{1}{4} = \dfrac{3}{4}$이고,

$P(A^C) = 1 - P(A) = 1 - \dfrac{1}{2} = \dfrac{1}{2}$인 것을 알 수 있다.

3.4 조건 확률과 독립

지금까지 배운 어떤 사건의 확률, 합사건의 확률, 교사건의 확률, 여사건의 확률 등은 확률의 공리에 따라 표본공간 Ω를 전체로 생각하고 계산하였다. 그러나 새로운 유용하고 믿을 만한 정보가 주어진다면, 그 조건을 활용하여 즉, 그 조건하에서 확률을 구하는 것이 합리적이라고 할 것이다.

예를 들어, 여학생 120명, 남학생 80명으로 구성된 통계학과 학생 가운데 안경을 착용한 학생이 여학생 40명, 남학생 30명이라고 하자. 이를 표로 정리하면 다음과 같다.

안경 \ 성별	남	여	합
착용	30	40	70
미착용	50	80	130
합	80	120	200

통계학과 학생 가운데 임의로 한 학생을 선택하였을 때, 이 학생이 안경을 착용하는 학생일 확률은 다음과 같이 계산된다.

$$\frac{n(\text{안경착용 학생})}{n(\text{통계학과 학생})} = \frac{40+30}{120+80} = \frac{7}{20}$$

그러나 만약 선택된 학생이 여학생이었다고 할 때, 이 학생이 안경을 착용하고 있을 확률은 다음과 같이 계산된다.

$$\frac{n(\text{안경착용 여학생})}{n(\text{통계학과 여학생})} = \frac{40}{120} = \frac{1}{3}$$

이와 같이, '선택된 학생이 여학생'이라는 정보를 이용하여, 즉 '선택된 학생이 여학생'이라는 조건을 고려하여 계산하는 확률계산 방법을 조건 확률(conditional probability)이라 한다. 또한, 아무런 조건 없이 구한 일반적인 확률을 비조건 확률(unconditional probability)이라고도 한다.

■ 조건 확률

$P(B) \neq 0$인 사건 B가 주어졌을 때 사건 A의 조건 확률은 $P(A|B)$라고 표현하며 다음과 같이 정의한다.

$$P(A|B) = \frac{P(A \cap B)}{P(B)}, \quad P(B) \neq 0$$

조건 확률을 벤다이어그램으로 표현하면 다음과 같다.

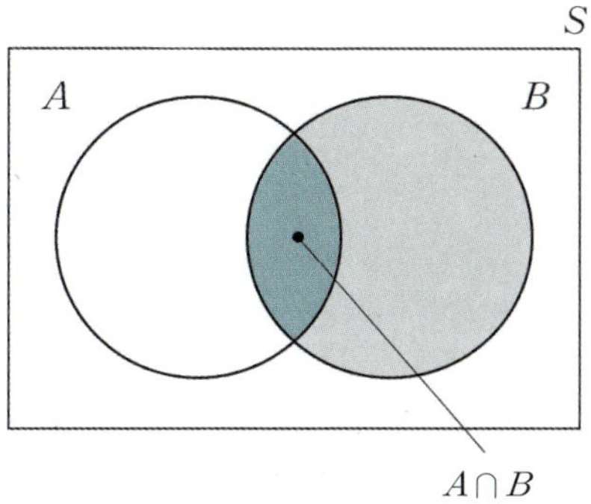

$$P(A|B)=\frac{P(A\cap B)}{P(B)}$$

| 그림 3.8 | 조건 확률

아무 조건이 없는 상황에서 사건 A가 일어나는 확률을 계산할 때는 표본공간 Ω를 전체로 고려하기 때문에 사건 A가 발생할 확률은 다음과 같이 표현 가능하다.

$$P(A)=P(A|\Omega)$$

이를 조건 확률의 정의와 확률의 공리를 적용하여 전개하면 다음을 확인할 수 있다.

$$P(A)=P(A|\Omega)=\frac{P(A\cap\Omega)}{P(\Omega)}=\frac{P(A)}{1}=P(A)$$

즉, 사건 B가 주어졌을 때 사건 A의 조건 확률 $P(A|B)$는, 비조건 확률 $P(A)=P(A|\Omega)$와 비교할 때, '전체'라고 생각하는 것이 '표본공간 Ω에서 사건 B로 축소'되는 것을 알 수 있다.

$P(B)\neq 0$일 때, $P(A|B)=\dfrac{P(A\cap B)}{P(B)}$이므로, $P(A\cap B)=P(A|B)P(B)$이다. 마찬가지로 $P(A)\neq 0$일 때, $P(B|A)=\dfrac{P(A\cap B)}{P(A)}$이므로, $P(A\cap B)=P(B|A)P(A)$이다. 따라서 결합확률(joint probability) $P(A\cap B)$에 대하여 다음과 같은 승법공식을 얻게 된다. 여기서 결합확률이란 두 사건이 동시에 일어나는 확률을 의미한다.

■ **승법공식**

$$P(A\cap B)=P(A|B)P(B)=P(B|A)P(A)\ \ (\text{단, } P(A)\neq 0,\ P(B)\neq 0)$$

표본공간 Ω 내에 두 사건 A, B가 있을 때, 두 사건 A, B가 확률적으로 독립 또는 통계적으로 독립이라는 것은 두 사건이 동시에 일어날 확률이 각 사건이 일어날 확률의 곱과 같다는 것을 의미한다.

이와 같은 승법공식을 세 사건 A, B, C에 대하여 적용하여 보자. 세 사건 A, B, C에 대하여 $P(A \cap B) > 0$이면 승법공식은 다음과 같이 전개 가능하다.

$$\begin{aligned} P(A \cap B \cap C) &= P(C \mid A \cap B) P(A \cap B) \\ &= P(C \mid A \cap B) P(B \mid A) P(A) \end{aligned}$$

예 3.8

흰 공 6개와 검은 공 4개가 들어있는 바구니에서 임의로 1개의 공을 꺼내 보고, 이 공을 다시 바구니에 집어넣으면 동시에 같은 색 공을 1개 추가하여 바구니에 넣는 시행을 반복한다. 이러한 시행을 세 번 반복하였을 때, 꺼내 본 공이 모두 흰 공일 확률을 구하여 보라.

풀이 $A_i(i=1, 2, 3)$를 i번째 꺼낸 공이 흰 공일 사건이라 하면 구하고자 하는 확률은 $P(A_1 \cap A_2 \cap A_3)$이므로 다음과 같이 계산된다.

$$\begin{aligned} P(A_1 \cap A_2 \cap A_3) &= P(A_3 \mid A_1 \cap A_2) P(A_2 \mid A_1) P(A_1) \\ &= P(A_1) P(A_2 \mid A_1) P(A_3 \mid A_1 \cap A_2) \\ &= \frac{6}{10} \times \frac{7}{11} \times \frac{8}{12} = \frac{14}{55} \end{aligned}$$

■ **사건의 독립**

두 사건 A, B가 통계적으로 독립 $\Leftrightarrow$ $P(A \cap B) = P(A)P(B)$

여기서 독립은 사전적 의미의 독립이 아니라 통계적으로 독립이라는 것에 주목하여야 한다. 우리의 생각과 직관적 논리로 두 사건이 독립이 아닌 것처럼 여겨진다 할지라도, 위 성질을 만족하면 그 사건은 서로 독립사건이라고 한다는 것이다.

따라서 두 사건 A, B가 (통계적으로) 독립이면 다음이 성립한다.

$$P(A \mid B) = \frac{P(A \cap B)}{P(B)} = \frac{P(A)P(B)}{P(B)} = P(A), \text{ 단 } P(B) \neq 0$$

$$P(B \mid A) = \frac{P(A \cap B)}{P(A)} = \frac{P(A)P(B)}{P(A)} = P(B), \text{ 단 } P(A) \neq 0$$

즉, 사건 B가 일어날 확률이 사건 A가 일어날 확률에 아무런 영향을 미치지 않으며, 사건 A가 일어날 확률이 사건 B가 일어날 확률에 아무런 영향을 미치지 않는다는 것을 의미하며, 두 사건은 독립사건(independent events)이라 한다.

예 3.9

통계학과 1학년 학생 50명 가운데 30명이 지방 고교를 졸업한 학생이고, 20명이 안경을 착용한 학생이라 한다. 또한, 6명의 학생은 지방 고교 졸업생이면서 안경을 착용하고 있다. 지방 고교를 졸업한 것과 안경 착용여부는 서로 독립사건인가?

풀이 '사건 A: 지방고교 졸업, 사건 B: 안경착용' 이라 하면,

$$P(A) = \frac{30}{50} = \frac{3}{5},\ P(B) = \frac{20}{50} = \frac{2}{5},\ P(A \cap B) = \frac{6}{50} = \frac{3}{25} \text{이고}$$

$$P(A \cap B) = \frac{3}{25} \neq P(A)P(B) = \frac{3}{5} \times \frac{2}{5} = \frac{6}{25} \text{이다.}$$

따라서 두 사건 A, B는 독립이 아니다. 이와 같이, 두 사건 A, B가 서로 독립이 아니라는 것은 논리적으로 설명할 수 없으며, 두 사건이 통계학에서 정의하는 독립 조건을 만족하지 않으므로 독립이 아니라고 결론을 내리게 된다. ▩

> **독립사건**과 혼동하기 쉬운 것이 **배반사건**(exclusive events)인데, 두 사건 A, B가 서로 배반이라는 것은 $A \cap B = \phi$이므로 $P(A \cap B) = 0$인 것을 다시 기억하자. 또한, '사건의 독립'은 확률변수를 배우고 나면, '확률변수의 독립'으로 그 의미가 적용되므로 잘 익혀 놓아야 한다.

예 3.10

두 사건 A, B에 대하여, 영희는 두 사건이 서로 독립이라고 생각하여 $P(A \cup B) = \frac{3}{5}$으로 계산하였고, 철수는 두 사건이 배반이라고 생각하여 $P(A \cup B) = \frac{7}{10}$으로 계산하였다. 이때, $P(A)$와 $P(B)$를 구하여라. 단, $P(A) > P(B)$이다.

풀이 영희: $P(A \cup B) = P(A) + P(B) - P(A \cap B) = P(A) + P(B) - P(A)P(B) = \frac{3}{5}$

철수: $P(A \cup B) = P(A) + P(B) - P(A \cap B) = P(A) + P(B) = \frac{7}{10}$

$p = P(A)$라 하면, $P(B) = \frac{7}{10} - p$ 이므로,

$$P(A) + P(B) - P(A)P(B) = \frac{7}{10} - p\left(\frac{7}{10} - p\right) = \frac{3}{5}$$

따라서 $p^2 - \frac{7}{10}p + \frac{1}{10} = \left(p - \frac{1}{2}\right)\left(p - \frac{1}{5}\right) = 0$이고 $P(A) > P(B)$이므로

$p = P(A) = \frac{1}{2}$, $P(B) = \frac{1}{5}$이다. ▩

사건의 독립성을 일반화하면, 표본공간 Ω 내에 k개의 사건 $A_1, A_2, \cdots, A_k$가 서로 독립(mutually independent)이라는 것은 $P(A_i \cap A_j) = P(A_i)P(A_j), \forall i \neq j$를 의미하며 다음이 성립한다.

$$P(A_1 \cap A_2 \cap \cdots \cap A_k) = P(A_1)P(A_2)\cdots P(A_k)$$

3.5 베이즈 정리

베이즈 정리(Bayes' Theorem)는 제1장에서 통계학을 분류할 때 설명한 베이지안 통계학의 기본이 되는 정리로, 얻은 결과의 원인이 될 수 있는 것들에 대한 확률을 구하는 것이라고 할 수 있다. 즉, 확률의 계산에서 한 사건이 일어난 경우, 그 사건이 특정한 조건하에서 일어났을 때의 확률을 계산하고자 할 때 사용한다.

베이즈 정리를 만들어 가고, 이해하기 위해서는 표본공간의 분할(partition), 전확률 정리(Theorem of total probability)에 관한 내용을 배우는 것이 필요한데, 이를 위하여 먼저 벤다이어그램을 이용하여 다음과 같은 개념적 변환을 이해하여 보자.

(1) 표본공간 내 사건 A와 A^C

A와 A^C가 모두 들어 있는 것을 확인할 수 있으므로, 다음 두 그림은 개념적으로 동일하다.

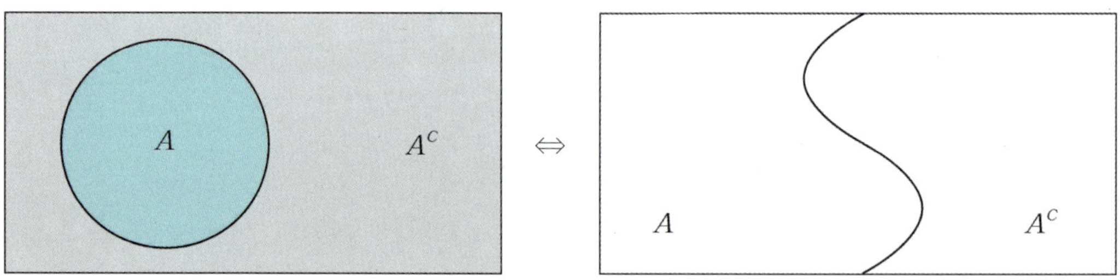

| 그림 3.9 | 개념적으로 동일한 벤다이어그램 1

(2) 표본공간 내 사건 A와 B

A와 B, $A \cup B$, $A \cap B$가 모두 들어 있는 것을 확인할 수 있으므로, 다음 두 그림은 개념적으로 동일하다.

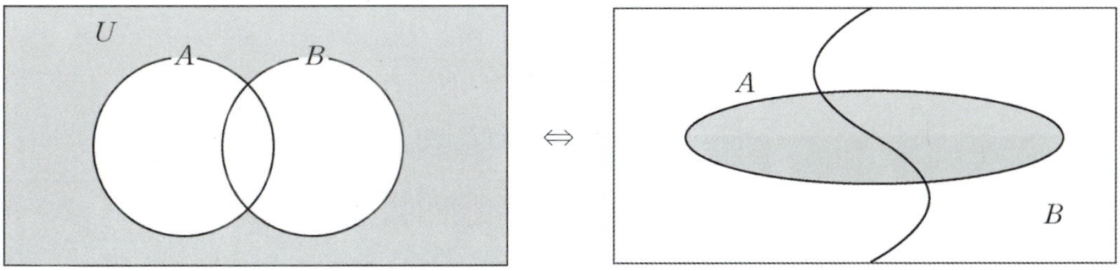

| 그림 3.10 | 개념적으로 동일한 벤다이어그램 2

다음으로 표본공간의 '분할'의 개념을 익혀 보자. 분할은 다음과 같이 정의한다.

■ 표본공간의 분할

표본공간 Ω에 속하는 서로 배반인 사건 $A_1, A_2, \cdots, A_k$가

(1) $\Omega = A_1 \cup A_2 \cup \cdots \cup A_k$

(2) $P(A_i) > 0, i = 1, 2, \cdots, k$

을 만족할 때, 사건 $A_1, A_2, \cdots, A_k$ 가 표본공간 Ω를 분할하고 있다고 한다. 또는 사건 $A_1, A_2, \cdots, A_k$를 표본공간 Ω의 분할이라고 한다.

예를 들어, $k=9$일 때, 즉, $A_1, A_2, \cdots, A_9$가 표본공간을 분할하고 있을 때, 이를 그림으로 표현하면 다음 좌측 그림과 같고 이는 개념적으로 우측 그림과 같다.

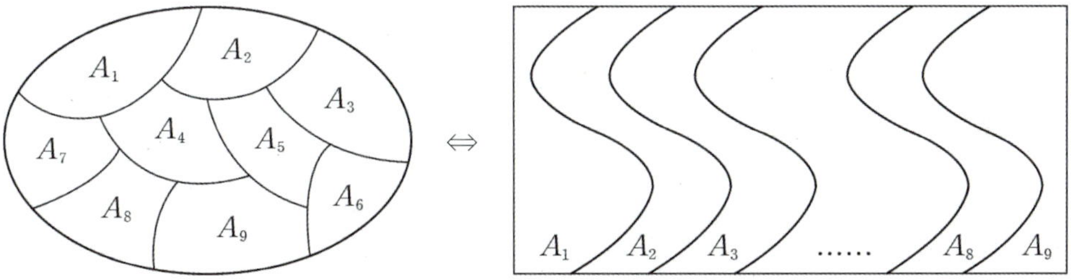

| 그림 3.11 | 개념적으로 동일한 벤다이어그램 3

이제, 전확률 공식을 유도하기 위하여 가장 간단한 경우로부터 시작해 보자. 즉, 표본공간 Ω 내에 두 사건 A, B가 있을 때, 앞서 배운 바와 같이

$$B = (A \cap B) \cup (A^C \cap B)$$

이고 $(A \cap B)$와 $(A^C \cap B)$는 서로 배반사건이므로, 확률의 공리와 승법공식을 적용하면

$$
\begin{aligned}
P(B) &= P[(A \cap B) \cup (A^C \cap B)] \\
&= P(A \cap B) + P(A^C \cap B) \\
&= P(B|A)P(A) + P(B|A^C)P(A^C)
\end{aligned}
$$

임을 알 수 있다. 이것이 전확률 공식의 가장 간단한 형태이며, 이를 확장하면 다음과 같은 전확률 공식을 얻을 수 있다.

■ **전확률 공식**

표본공간 Ω에 속하는 사건 $A_1, A_2, \cdots, A_k$가 표본공간 Ω를 분할하고 있을 때, $P(B) > 0$인 임의의 사건 B에 대하여

$$P(B) = P(B \cap A_1) + P(B \cap A_2) + \cdots + P(B \cap A_k)$$

에 승법공식을 적용하면

$$P(B) = P(B|A_1)P(A_1) + \cdots + P(B|A_k)P(A_k) = \sum_{i=1}^{k} P(B|A_i)P(A_i)$$

이 성립

예 3.11

어떤 공장에 A, B, C 세 명의 기술자가 동일한 품목을 생산하는데, 총 생산량 가운데 A가 50%, B가 30%, C가 20%를 생산하고 이들이 생산한 제품은 하나의 로트(lot)에 들어 있다. 과거의 자료에 따르면 A의 불량률이 5%, B의 불량률이 10%, C의 불량률이 4%라고 한다. 로트에서 제품 한 개를 임의 추출하였을 때, 이것이 불량품일 확률은?

풀이 A, B, C를 세 명의 기술자가 생산하는 사건, D를 불량품일 사건이라 하면

$$P(A) = 0.5,\ P(B) = 0.3,\ P(C) = 0.2,$$

$P(D|A) = 0.05$, $P(D|B) = 0.10$, $P(D|C) = 0.04$이고,

$D = (A \cap D) \cup (B \cap D) \cup (C \cap D)$ [셋은 서로 배반이므로

$$
\begin{aligned}
P(D) &= P[(A \cap D) \cup (B \cap D) \cup (C \cap D)] \\
&= P(A \cap D) + P(B \cap D) + P(C \cap D) \\
&= P(D|A)P(A) + P(D|B)P(B) + P(D|C)P(C) \\
&= (0.05 \times 0.5) + (0.10 \times 0.3) + (0.04 \times 0.2) = 0.063
\end{aligned}
$$

이제, 베이즈 정리를 알아보자. 앞서 설명한 바와 같이 베이즈 정리는 어떤 사건이 일어났을

때, 그 사건이 특정한 조건하에서 일어났을 때의 확률을 계산하고자 할 때 사용한다.

가장 단순한 경우로부터 베이즈 정리를 유도하여 그 과정을 이해하면, 일반화된 베이즈 정리를 어렵지 않게 이해할 수 있게 된다. 사건 B가 일어났을 때, 이것이 사건 A에서 일어났을 확률은 조건부 확률 $P(A|B)$로 표현할 수 있고, 이것은 승법공식과 전확률 공식을 이용하여 다음과 같이 표현할 수 있다.

$$P(A|B) = \frac{P(A \cap B)}{P(B)} = \frac{P(B|A)P(A)}{P(B)}$$
$$= \frac{P(B|A)P(A)}{P(B|A)P(A) + P(B|A^C)P(A^C)}$$

위 내용을 일반화하면 다음 그림과 같이 표현가능하다.

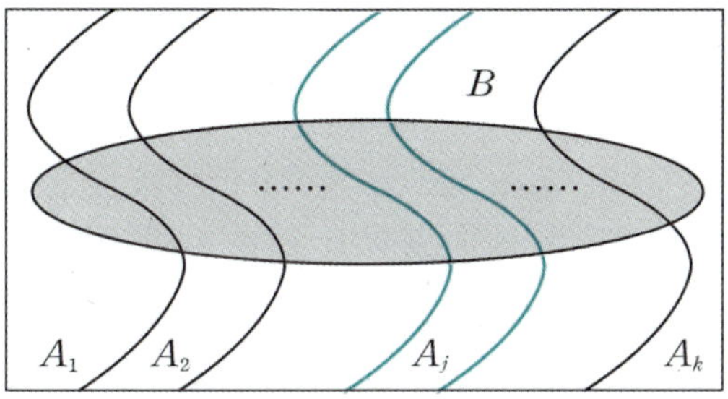

| 그림 3.12 | 베이즈 정리 개념도

즉, 베이즈 정리는 사건 B가 일어났을 때, 이것이 사건 A_j에서 일어났을 확률을 구하는 것이며, 다음과 같다.

■ **베이즈 정리**

표본공간 Ω에 속하는 사건 $A_1, A_2, \cdots, A_k$가 표본공간 Ω를 분할하고 있다. 사건 B가 일어났을 때, 이 사건이 A_j에서 일어났을 확률은 다음과 같다.

$$P(A_j|B) = \frac{P(A_j \cap B)}{P(B)} = \frac{P(B|A_j)P(A_j)}{P(B)}$$
$$= \frac{P(B|A_j)P(A_j)}{\sum_{i=1}^{k} P(B|A_i)P(A_i)}$$

베이즈 정리가 적용되는 가장 간단한 경우는, 다음 **예제 3.12**와 같이 불량품이 발견되었을 때, 이것이 특정한 생산자로부터 만들어진 제품일 확률을 구하는 것이다.

예 3.12

앞서 다뤘던 **예 3.11**의 상황에서, 로트에서 제품 한 개를 임의 추출하여 검사한 것이 불량품이었을 때, 이것을 A가 생산했을 확률은?

풀이 **예 3.11**로부터 $P(A)=0.5$, $P(B)=0.3$, $P(C)=0.2$,

$P(D|A)=0.05$, $P(D|B)=0.10$, $P(D|C)=0.04$이고, 구하고자 하는 확률은

$$P(A|D)=\frac{P(A\cap D)}{P(D)}=\frac{P(D|A)P(A)}{P(D|A)P(A)+P(D|B)P(B)+P(D|C)P(C)}$$

$$=\frac{0.05\times 0.5}{(0.05\times 0.5)+(0.10\times 0.3)+(0.04\times 0.2)}\approx 0.40$$

베이지안 통계학에서 사용하는 용어 가운데 사전확률(prior probability)와 사후확률(posterior probability)라는 것이 있다. 여기서 사전/사후라는 것은 새로운 관찰이 일어나기 전후, 즉 새로운 정보를 얻기 전과 후를 뜻한다. 1장에서 베이지안 통계학을 간략히 설명할 때, 판사가 판결을 내리는 예를 들은 적이 있는데, 다음 예를 통하여 이에 대한 이해의 폭을 넓혀 보자.

예 3.13

C 대학교 통계학과 졸업반인 K양이 A기업에 입사 지원서를 제출하였다. 이 회사는 보통 지원자의 5% 정도를 합격시키는 것으로 알려져 있다. 또한 합격자 가운데 92%는 면접시험을 치른 사람이고, 8%는 면접시험을 받지 않았다고 한다. 한편, 불합격자의 3%가 면접심사를 받았고, 97%가 면접심사를 받지 않았다고 한다. K양이 면접심사 통지를 받았을 때, 이 회사에 합격할 확률을 구하라.

풀이 먼저 두 사건을 다음과 같이 정의하자.

A: 응시자가 합격하는 사건

B: 응시자가 면접심사 통지를 받는 사건

주어진 정보에 따라 다음 확률을 얻을 수 있다.

$$P(A)=0.05,\quad P(A^C)=0.95,\quad P(B|A)=0.92,\quad P(B|A^C)=0.03$$

따라서 구하고자 하는 확률 $P(A|B)$는 베이즈 정리에 따라 다음과 같다.

$$P(A|B)=\frac{P(A\cap B)}{P(B)}=\frac{P(B|A)P(A)}{P(A)P(B|A)+P(A^C)P(B|A^C)}$$

$$=\frac{0.05\times 0.92}{0.05\times 0.92+0.95\times 0.03}=0.62$$

K양이 면접심사 통지를 받았을 때 즉, 새로운 정보가 얻어진 후 K양이 합격할 확률(사후확률)은 62%로 합격률에 대한 사전정보(사전확률)인 5%보다 훨씬 높아진다. 논리적으로 생각해봐도, 면접심사 통지를 받기 전보다 통지를 받은 후에 합격할 가능성이 높아지는 것은 당연하다고 할 수 있다.

3.6 R 실습

```
library("MASS")
```

(1) 합집합, 교집합, 차집합, 여집합

예 3.4에 주어진 집합에 대한 합집합, 교집합, 차집합, 여집합을 구하여 보자.

```
1 # 집합
2 S <- 1:10
3 A <- c(1,2,3,8,9,10)
4 B <- c(2,3,4,5,7)
```

2줄: 전체 집합. 콜론(:) 연산자는 좌변의 값부터 우변의 값까지 1씩 증가하는 수열을 생성한다.
3줄: 집합 A
4줄: 집합 B

```
# 합집합
union(A, B)
```

```
1 2 3 8 9 10 4 5 7
```

```
# 교집합
intersect(A, B)
```

```
2 3
```

```
# 차집합
setdiff(A, B)
```

```
1 8 9 10
```

```
1 # 여집합
2 setdiff(S, A)
```

```
4 5 6 7
```

2줄: 여집합은 전체 집합에서 집합 A의 차집합으로 구할 수 있다.

(2) 확률의 고전적 정의

예 3.6에 주어진 사건 A, B, C에 대한 확률 $P(A \cup B)$, $P(A \cup C)$을 구하여 보자.

```
# 사건
S <- 1:6
A <- c(1,3,5)
B <- c(2,4)
C <- c(1,2)
```

```
1 # A와 B의 합집합에 대한 확률
2 length(union(A, B)) / length(S)
3 fractions(length(union(A, B)) / length(S))
```

0.833333333333333

5/6

2줄: length() 함수는 원소의 개수를 구한다. A와 B의 합집합에 대한 원소의 개수를 전체 집합 S 개수로 나누어 확률을 계산한다.

3줄: 확률을 분수의 형태로 표현하려면, 2줄의 코드를 fractions() 함수에 넣어 준다. 분수로 표현하면 5/6이다.

```
# A와 C의 합집합에 대한 확률
length(union(A, C)) / length(S)
fractions(length(union(A, C)) / length(S))
```

0.666666666666667

2/3

(3) 통계적 독립

예 3.9에 주어진 두 사건이 독립사건인지 확인하여 보자.

```
1 # A의 확률
2 P.A <- 3/5
3 # B의 확률
4 P.B <- 2/5
5 # A와 B의 교집합에 대한 확률
6 P.A.int.B <- 3/25
7 # 통계적 독립 확인
8 P.A.int.B == P.A * P.B
```

FALSE

8줄: A와 B의 교집합에 대한 확률이 A의 확률과 B의 확률의 곱과 같다면 독립사건이며, 같지 않으면 독립사건이 아니다. 비교 결과 FALSE. 즉, 좌변과 우변이 같지 않으므로 두 사건은 독립사건이 아니다.

(4) 전확률 정리와 베이즈 정리

전확률 정리를 이용하여 **예 3.11**에 주어진 확률을 구하고, 베이즈 정리를 이용하여 **예 3.12**의 조건 확률을 구하여 보자.

```
1 ### 예 3.10
2 # A, B, C의 확률
3 P.A <- 0.5
4 P.B <- 0.3
5 P.C <- 0.2
6 # A, B, C가 주어졌을 때 D의 조건 확률
7 P.D.given.A <- 0.05
8 P.D.given.B <- 0.10
9 P.D.given.C <- 0.04
10 # 전확률 정리
11 P.D <- P.D.given.A*P.A + P.D.given.B*P.B + P.D.given.C*P.C
12 P.D
13 ### 예 3.11
14 # D가 주어졌을 때 A의 확률
15 P.A.given.D <- P.D.given.A*P.A / P.D
16 P.A.given.D
```

```
0.063

0.396825396825397
```

3줄~9줄: 문제에서 주어진 확률을 저장한다.
11줄: 전확률 정리를 이용하여 D의 확률을 계산한다.
15줄: D가 주어졌을 때 A의 확률을 계산한다.

3.7 Python 실습

(1) 합집합, 교집합, 차집합, 여집합

예 3.4에 주어진 집합에 대한 합집합, 교집합, 차집합, 여집합을 구하여 보자. 파이썬에서는 세트(set)이라고 하는 자료형을 제공하여 집합을 생성하고 편리하게 집합연산을 수행할 수 있다.

```
1 # 집합
2 S = set([1,2,3,4,5,6,7,8,9,10])
3 A = set([1,2,3,8,9,10])
4 B = set([2,3,4,5,7])
```

2줄: 전체 집합. [ ]를 이용하여 원소의 값을 입력하고 set() 함수로 집합을 만든다.

```
1 # 합집합
2 A.union(B)
3 A | B
```

```
{1, 2, 3, 4, 5, 7, 8, 9, 10}
```

2줄: union() 함수는 A와 B의 합집합을 구한 후 정렬을 한다.
3줄: | 연산자는 union() 함수와 동일한 기능을 제공한다.

```
# 교집합
A.intersection(B)
A & B
```

```
{2, 3}
```

```
# 차집합
A.difference(B)
A - B
```

```
{1, 8, 9, 10}
```

```
# 차집합
A.difference(B)
A - B
```

```
{1, 8, 9, 10}
```

```
# 여집합
S.difference(A)
S - A
```

```
{4, 5, 6, 7}
```

(2) 확률의 고전적 정의

예 3.6에 주어진 사건 A, B, C에 대한 확률 $P(A \cup B)$, $P(A \cup C)$을 구하여 보자.

```
# 사건
S = set([1,2,3,4,5,6])
A = set([1,3,5])
B = set([2,4])
C = set([1,2])
```

```
1 # A와 B의 합집합에 대한 확률
2 len(A | B) / len(S)
```

```
0.8333333333333334
```

2줄: len() 함수는 원소의 개수를 구한다. A와 B의 합집합에 대한 원소의 개수를 전체 집합 S 개수로 나누어 확률을 계산한다.

```
1 # A와 C의 합집합에 대한 확률
2 len(A | C) / len(S)
```

```
0.6666666666666666
```

(3) 통계적 독립

예 3.9에 주어진 두 사건이 독립사건인지 확인하여 보자.

```
1 # A의 확률
2 P_A = 3/5
3 # B의 확률
4 P_B = 2/5
5 # A와 B의 교집합에 대한 확률
6 P_A_int_B = 3/25
7 # 통계적 독립 확인
8 P_A_int_B == P_A * P_B
```

```
False
```

8줄: A와 B의 교집합에 대한 확률이 A의 확률과 B의 확률의 곱과 같다면 독립사건이며, 같지 않으면 독립사건이 아니다. 비교 결과 FALSE. 즉, 좌변과 우변이 같지 않으므로 두 사건은 독립사건이 아니다.

(4) 전확률 정리와 베이즈 정리

전확률 정리를 이용하여 **예 3.11**에 주어진 확률을 구하고, 베이즈 정리를 이용하여 **예 3.12**의 조건 확률을 구하여 보자.

```
1 ### 예 3.10
2 # A, B, C의 확률
3 P_A = 0.5
4 P_B = 0.3
5 P_C = 0.2
6 # A, B, C가 주어졌을 때 D의 조건 확률
7 P_D_given_A = 0.05
8 P_D_given_B = 0.10
9 P_D_given_C = 0.04
10 # 전확률 정리
11 P_D = P_D_given_A*P_A + P_D_given_B*P_B + P_D_given_C*P_C
12 P_D
```

```
0.063
```

3줄 ~ 9줄: 문제에서 주어진 확률을 저장한다.
11줄: 전확률 정리를 이용하여 D의 확률을 계산한다.

```
1 ### 예 3.11
2 # D가 주어졌을 때 A의 확률
3 P_A_given_D = P_D_given_A*P_A / P_D
4 P_A_given_D
```

```
0.3968253968253968
```

3줄: D가 주어졌을 때 A의 확률을 계산한다.

3장 연습문제 EXERCISES

01 주머니에 1부터 5까지 숫자가 적힌 5장의 카드가 있다. 이 상자에서 2장의 카드를 동시에 뽑는 실험을 하고자 한다.

(1) 표본공간을 정의하라.

(2) 뽑힌 2개의 카드의 합이 짝수일 사건을 모두 나열하라.

02 01에서 처음 한 장의 카드를 꺼내어 기록하고 다시 상자에 넣어 잘 섞은 후 다시 한 장을 꺼내는 실험을 한다. 다음 각 경우에 해당하는 확률변수의 표본공간을 정의하라.

(1) $X \equiv$ 두 카드의 숫자의 합이 짝수

(2) $Y \equiv$ 첫 번째와 두 번째 숫자의 차이

03 정상제품 80개와 불량품 20개가 들어 있는 상자에서 2개의 제품을 연속하여 꺼내는 실험을 할 때, 다음의 확률을 구하라. 단, 한번 꺼낸 물품은 다시 상자에 넣지 않는다.

(1) 처음 꺼낸 물품이 불량일 확률

(2) 적어도 한 개의 물품이 불량일 확률

(3) 처음 꺼낸 물품이 정상제품일 때, 두 번째 꺼낸 물품도 정상제품일 확률

04 다음의 실험에서 정의되는 표본공간을 정의하라.

(1) 100원짜리 동전을 세 번 던져 관측된 앞면의 수

(2) 운전면허시험 응시자 20명 가운데 합격자의 수

(3) 두통약을 복용하고 두통이 사라질 때까지 걸리는 시간

05 1에서 12까지의 정수로 구성된 집합 $S=\{1, 2, \cdots, 12\}$가 있다. 이때, S의 부분집합 A, B, C를 각각 다음과 같이 정의하자.

$$A=\{2, 4, 6, 8, 10, 12\}$$
$$B=\{1, 3, 5, 7, 9, 11\}$$
$$C=\{1, 2, 3, 4, 5, 6\}$$

(1) $A \cap B,\ A \cup B,\ A^C \cap C$를 구하라.

(2) 집합 A, B, C 중 서로 배반인 집합은?

(3) 집합 A, B, C는 서로 독립인가?

06 다음을 증명하라

$$P(E \cup F \cup G) = P(E) + P(F) + P(G) - P(E \cap F) - P(E \cap G) - P(F \cap G) + P(E \cap F \cap G)$$

07 네 개의 동전을 던지는 실험에서 사건 A, B, C를 각각 다음과 같이 정의하자.

A: 첫 번째 동전이 앞면이 나오는 사건

B: 네 번째 동전이 앞면이 나오는 사건

C: 동전 네 개 모두 앞면이 나오는 사건

(1) 표본공간을 정의하라.

(2) $P(A)$, $P(B)$, $P(C)$, $P(A \cap C)$를 구하라.

08 사건 A, B가 서로 독립이고 $P(A) = 0.3$, $P(B) = 0.4$이다. 이때, $P(A|B)$, $P(B|A)$, $P(A \cap B)$, $P(A \cup B)$를 각각 구하라.

09 A형 간염 항체에 대한 검사에서, A형 간염에 걸린 사람들 중에서 90%가 양성반응을 보이고 A형 간염에 걸리지 않은 사람들 중에서 10%가 양성반응을 보인다. 전체 사람 중에서 A형 간염에 걸린 사람이 1%일 때, A형 간염 항체 반응 검사에서 양성반응을 보인 사람이 실제로 A형 간염에 걸렸을 확률을 구하라.

10 정형외과에 두 명의 물리치료사 A와 B가 일하는데, A가 전체 환자의 60%를, B가 전체 환자의 40%를 담당한다고 한다. 이 정형외과를 이용하는 환자들에게 설문조사를 한 결과 A에게서 치료를 받은 환자의 10%, B에게서 치료를 받은 환자의 5%가 불만을 나타냈다고 한다. 임의로 환자 한 명에게 만족도를 물어봤을 때, 이 사람이 불만족스러웠다고 대답할 확률은?

11 10의 상황에서, 한 명의 환자가 불만족하다고 했을 때, 이 환자가 A에게서 치료를 받았을 확률은?

12 휴대전화를 판매하는 가게에서 세 회사(A, B, C)에서 생산되는 제품을 판매한다. 각 회사의 시장점유율은 40%, 30%, 20%이며, 1년 이내에 휴대전화기가 고장이 나는 비율은 각각 3%, 10%, 5%이다.

(1) 이 가게에서 A 회사 제품을 사고 1년 이내에 고장이 날 확률은?

(2) 이 가게에서 휴대전화를 사고 1년 이내에 고장이 날 확률을 구하라.

(3) 만약 이 가게에서 휴대전화를 구매하고 1년 이내에 고장이 났을 경우, 그 제품이 A 회사 제품일 확률을 구하라.

04

확률변수와 확률분포

4.1 확률변수와 확률분포
4.2 이산형 확률변수와 확률질량함수
4.3 연속형 확률변수와 확률밀도함수
4.4 누적분포함수
4.5 두 확률변수의 결합분포
4.6 두 확률변수의 독립
4.7 평균, 분산, 공분산, 상관계수
4.8 R 실습
4.9 Python 실습

확률변수(random variable)는 통계학에서 가장 중요한 개념이다. 따라서 확률변수에 대한 정확한 이해 없이 통계학을 잘 익히는 것은 불가능하다고 할 수 있다. 이 장에서는 확률변수의 개념, 종류를 알아보고, 확률변수의 행태(behavior)를 나타내는 확률분포함수에 대하여 익히고, 확률변수가 여러 개 있을 때 이들 사이의 확률적 연관성을 나타내는 결합 확률분포함수와 확률변수의 독립성 등에 대하여 배운다. 또한, 확률변수의 특성치인 평균, 분산을 다루고, 두 확률변수 사이의 공분산, 상관계수에 대하여 학습한다.

4.1 확률변수와 확률분포

수(number)는 분류 기준에 따라 여러 가지로 구분할 수 있는데, 확실성을 기준으로 상수(constant)와 변수(variable)로 나눌 수 있다. '상수'는 말 그대로 늘 일정한 수를 의미하며, 알려져 있으면 기지의 상수(known constant)라 하고, 알려져 있지 않으면 미지의 상수(unknown constant)라 한다.

기지의 상수는 1, 2, 3 등과 이미 알려져 있어 변동의 여지가 없는 수를 의미하며, 미지의 상수는 방정식의 해와 같이 조건에 따라 찾아보면 실직선 상의 고정된 자리에 위치하고 있는 수를 의미한다. 통계학에서 중요한 의미를 갖는 미지의 상수의 대표적인 예는 2장에서 배운 모수이다. 모수는 모집단의 특성치 또는 대푯값으로, 우리가 배우는 프리컨티스트 통계학에서는 알려져 있지 않지만 고정된 상수로 그 속성을 정의하며, 표본의 정보를 근거로 추측하는 통계적 추론의 대상이 되는 수이다.

'변수'는 변하는 수라는 의미인데, 통계학에서는 변수가 취하는 값의 변화를 확률적으로 계산할 수 있는 확률변수의 개념으로 사용한다. 만약, 변수가 변하는 확률을 연구자마다 제각각 다르게 적용한다면 객관적이고 합의된 결론에 도달할 수 없기 때문에 동일한 확률분포를 가정하고 분석을 진행하게 된다.

4.1.1 확률변수

변수는 어떤 조건에 따라 변하는 수를 의미하며, 확률변수는 확률에 따라 변하는 수라고 정의할 수 있다. 즉, 확률변수는 확률이라는 규칙을 가지면서 변하는 사건을 숫자로 표현한 것을 의미한다. 통계학에서는 확률변수를 영문 대문자로 표현하며(예: X, Y, Z, X_1, X_2, $\cdots$), 확률변수의 관측값을 대응하는 영문 소문자로 표현한다(예: x, y, z, x_1, x_2, $\cdots$). 예를 들어, 동전 1개 던지기에서 확률변수 X를 '앞면의 수'로 정의하면 X의 관측값으로 가능한 것은 $x=0, 1$이며, 각 관측값이 발생할 확률은 모두 1/2이다. 다음 예로, 확률변수 X를 '주사위를 던져 나온 눈의

수'라 하면, X의 관찰값으로 가능한 것은 $x=1, 2, 3, 4, 5, 6$이며, 각 관측값이 발생할 확률은 모두 1/6이다.

이를 좀 더 수학적으로 표현하면, 확률변수는 표본공간으로부터 실수값으로의 변환 함수로 정의한다. 이해를 돕기 위하여, 고교 과정에서 배운 함수(function) $y=f(x)$의 의미를 다시 생각해보자. 함수 $y=f(x)$는 정의역 X와 치역 Y를 적용하면 $f: X \rightarrow Y$로 표현할 수 있으며 이를 도시하면 다음과 같다.

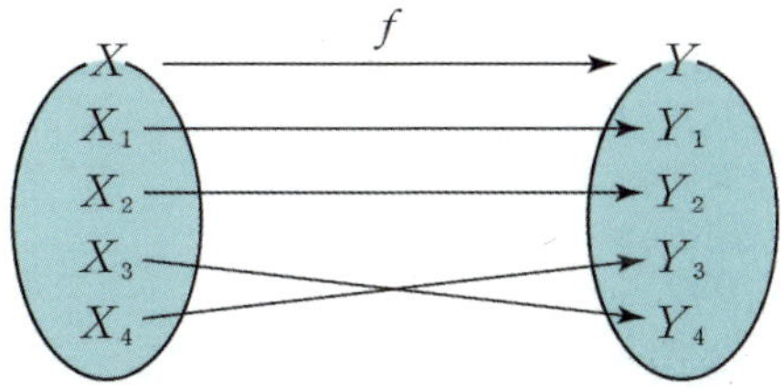

| 그림 4.1 | 함수 $f: X \rightarrow Y$

즉, 표본공간을 Ω, 실수집합을 R, 확률변수를 X라 하면, 확률변수 X는 다음과 같이 정의할 수 있다.

$$X : \Omega \rightarrow R$$

■ 확률변수

확률변수는 표본공간으로부터 실수값으로의 변환 함수이다.
표본공간을 Ω, 실수집합을 R, 확률변수를 X라 하면, 확률변수 X는 다음과 같이 정의할 수 있다.

$$X : \Omega \rightarrow R$$

또한, 확률변수는 그 형태에 따라 이산형(discrete-type)과 연속형(continuous-type)으로 구분하는데 이에 대하여는 다음 절에서 차례로 자세하게 다루기로 한다.

예 4.1

세 개의 동전을 차례로 던지는 실험에서 표본공간 Ω는 다음과 같다.

$$\Omega = \{HHH, HHT, HTH, THH, HTT, THT, TTH, TTT\}$$

여기서 각각의 원소들이 나타날 확률은 $\frac{1}{8}$이며, 확률변수 X를 '앞면의 수'라고 정의하면 X가 가질 수 있는 값은 다음과 같이 0, 1, 2, 3이다.

$$X\{HHH\} = 3$$
$$X\{HHT\} = X\{HTH\} = X\{THH\} = 2$$
$$X\{HTT\} = X\{THT\} = X\{TTH\} = 1$$
$$X\{TTT\} = 0$$

이를 함수의 맵핑(mapping)으로 표현하면 다음과 같다.

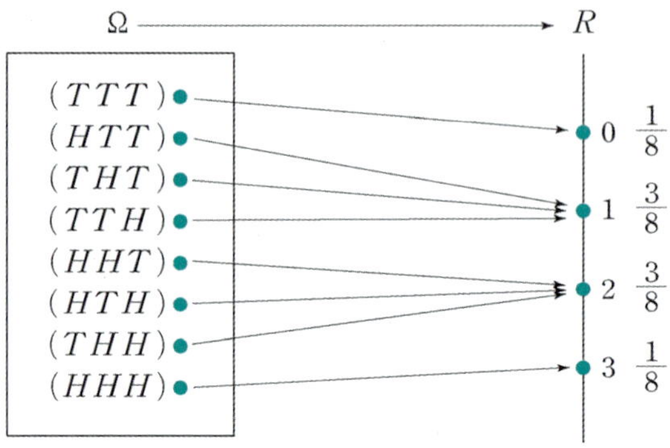

|그림 4.2| 확률변수 생성과정

예 4.2

주사위를 2번 던지는 실험에서 표본공간 Ω는 다음과 같다.

$$\begin{aligned}\Omega = \{&(1,1)(1,2)(1,3)(1,4)(1,5)(1,6)(2,1)(2,2)(2,3)(2,4)(2,5)(2,6)\\&(3,1)(3,2)(3,3)(3,4)(3,5)(3,6)(4,1)(4,2)(4,3)(4,4)(4,5)(4,6)\\&(5,1)(5,2)(5,3)(5,4)(5,5)(5,6)(6,1)(6,2)(6,3)(6,4)(6,5)(6,6)\}\end{aligned}$$

이때, 얻은 짝수의 수를 확률변수 X로 정의하면, 확률변수 X가 가질 수 있는 값은 0, 1, 2이다. 즉, 첫 번째도 홀수이고 두 번째도 홀수인 경우 9가지에 대하여 $X=0$, 두 가지 중 한 가지만 짝수인 경우 18가지에 대하여 $X=1$, 첫 번째도 짝수이고 두 번째도 짝수인 경우 9가지에 대하여 $X=2$의 값을 갖게 된다.

또한, 여기서 각각의 원소들이 나타날 확률은 $1/36$이므로, $X=0$일 확률을 $9/36 = 1/4$, $X=1$일 확률을 $18/36 = 1/2$, $X=2$일 확률을 $9/36 = 1/4$이다.

2장에서 자료의 형태를 이산형 자료와 연속형 자료로 구분한 것과 같이, 확률변수에는 이산형 확률변수와 연속형 확률변수가 있다.

이산형 확률변수는 4.2절에서 자세하게 다루며, 연속형 확률변수는 4.3절에서 자세하게 다루기로 한다.

4.1.2 확률분포

확률분포(probability distribution)는 확률변수가 특정한 값(이산형) 또는 특정한 구간(연속형)에 속할 가능성에 대한 확률을 표 또는 수식 등으로 요약하여 표현한 것을 의미한다. 즉, 확률분포는 확률로 직접 표현, 그래프로 표현, 확률분포표로 표현, 확률함수(probability function)로 표현하는 등 다양한 방법이 있다. 여기서 확률함수는 확률분포를 수식으로 표현한 것을 의미하며, 모든 확률변수에 대하여 확률함수가 존재하는 것은 아니다.

통계학에서는 확률분포를 수식으로 표현할 수 있는 경우에는 확률함수로 표현하는 것을 권장한다. 그 이유는, 수식으로 표현하였을 때, 기댓값, 분산 등 특성치를 계산하는데 더 용이하기 때문이다.

예 4.3

예 4.1의 세 개의 동전을 차례로 던지는 실험에서 '앞면의 수'라고 정의된 확률변수 X가 가질 수 있는 값은 앞서 구한 바와 같이 0, 1, 2, 3이다. X의 확률분포는 다음과 같이 다양한 방법으로 표현 가능하다.

(i) 확률: $P(X=0)=\frac{1}{8}$, $P(X=1)=\frac{3}{8}$, $P(X=2)=\frac{3}{8}$, $P(X=3)=\frac{1}{8}$

(ii) 그래프:

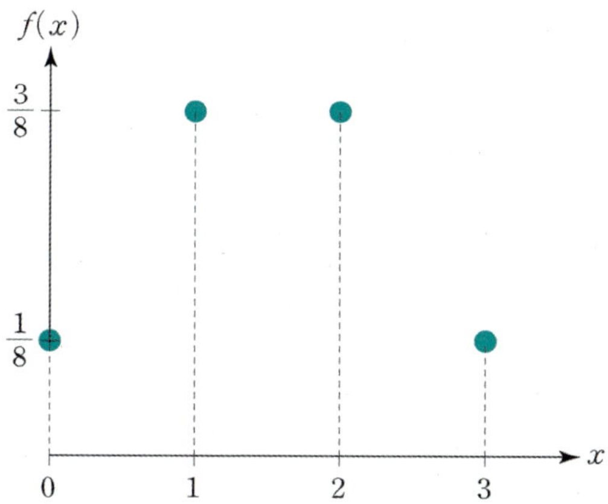

| 그림 4.3 | 확률의 표현

(iii) 확률분포표:

x	0	1	2	3	합
$P(X=x)$	1/8	3/8	3/8	1/8	1

* 위 표와 같이 확률변수가 가질 수 없는 값, 즉 확률이 0인 것은 표에 넣지 않는다.

(iv) 확률함수:

$$P(X=x)=\binom{3}{x}\left(\frac{1}{2}\right)^x, \quad x=0,1,2,3$$

여기서 $\binom{3}{x}$는 고교 과정에서 조합(combination)을 나타내는 기호 ${}_3C_x$와 같은 의미이며, $P(X=x)$는 고교 과정에서 이미 배운 바가 있는 확률질량함수(probability mass function; pmf)를 나타낸다.

즉, 이 경우에 확률분포는 위와 같이 네 가지 방법으로 표현 가능하며, 이 네 가지는 같은 의미를 갖는다. ▩

4.2 이산형 확률변수와 확률질량함수

이산형 확률변수는 동전 던지기, 주사위 던지기 등에서 정의되는 확률변수로 확률변수가 가질 수 있는 값, 즉 발생 가능한 값이 셀 수 있는 확률변수를 말한다. 이산형 확률변수는 다음과 같이 다양하게 정의할 수 있다.

■ 이산형 확률변수

- 확률변수가 가질 수 있는 값(발생가능값)이 셀 수 있는 확률변수
- 각 이산점에서 0이 아닌 확률을 갖는 확률변수
- 가질 수 있는 값의 수가 자연수와 일대일로 대응되는 확률변수

예를 들어, **예 4.3**에서 확률변수 X는 발생 가능한 확률이 0보다 큰 이산점이 셀 수 있으므로 이산형 확률변수이다.

이산형 확률변수 X가 발생 가능한 값 가운데 특정한 값 x를 가질 확률을 $P(X=x)$라고 표현하며, 이를 이산형 확률변수 X의 확률질량함수(pmf)라고 한다. 확률질량함수 $P(X=x)$는 이산형 확률변수 X의 각 이산점(발생가능점)에 대한 확률의 크기를 표현한 함수로서 다음과 같은 조건(특성)을 항상 만족해야 한다. 즉, 어떤 이산형 확률변수의 확률질량함수를 구하였을 때, 먼저 다음 조건을 만족하는지를 반드시 확인해야 한다.

■ 확률질량함수 $P(X=x)$의 조건(특성)

(1) $0 \le P(X=x) \le 1, \ \forall x$　　　(2) $\sum_x P(X=x)=1$

이와 같은 이산형 확률변수의 확률질량함수의 특성의 의미를 살펴 보자.

첫 번째 조건의 의미는, 이산형 확률변수의 특정 값이 가지는 함수 값은 해당 값에 해당하는 확률을 의미하므로, 확률의 성질에 따라 0보다 크거나 같고 1보다 작거나 같아야 함을 의미하는 것이다.

두 번째 조건의 의미는, 이산형 확률변수가 가지는 모든 값들에 해당하는 확률을 전부 더하는 경우, 즉 전체 집단 또는 전체 사건의 확률을 모두 더하면 그 합이 1이 되어야 하는 것을 의미한다.

예 4.4

다음과 같은 확률 분포표와 같이 정의된 확률분포함수가 있다고 가정하면,

x	1	3	5	7	9
$P(X=x)$	1/9	3/9	1/9	1/9	a

이와 같이, 확률변수 X의 9에 해당하는 확률을 모르는 경우 확률함수의 조건을 이용하여 확률의 계산이 가능하다. 즉, 모든 변수값에 해당하는 확률의 합이 1이므로 $a=P(X=9)=3/9$ 이 되는 것을 알 수 있다.

4.3 연속형 확률변수와 확률밀도함수

연속형 확률변수는 사람의 키와 몸무게, 타이어의 수명 등과 같이 확률변수가 가질 수 있는 값이 특정한 실수 구간으로 주어지는 확률변수로, 특정구간에서 0이 아닌 확률을 갖는 확률변수를 의미한다.

■ 연속형 확률변수

확률변수가 가질 수 있는 값이 특정한 실수 구간으로 주어지는 확률변수로, 실수의 조밀성 (compactness) 때문에 한 점에서의 확률은 0이고, 특정 구간에 속할 가능성을 확률로 표현하게 된다.

예를 들어, 사람의 키를 통해 연속형 확률변수를 설명해 보자. 어떤 사람이 자신의 키가 180㎝라고 했을 때, 정말로 이 사람의 키가 정확하게 180㎝일까? 180.001㎝는 아닐까? 180.00000001㎝는 아닐까? 실수는 조밀하기 때문에 실직선 상의 한 점을 정확하게 측정하는 것은 불가능하다. 측정도구의 한계와 소수점 이하 자리의 불필요성 때문에 그냥 180㎝라고 하는 것일 뿐이다. 따라서 자신의 키를 이야기할 때, '내 키는 179.5~180.5㎝입니다.'라고 구간으로 이야기하는 것이 가장 정확한 표현이 된다.

이산형 확률변수 확률질량함수를 갖는 것과 같이, 연속형 확률변수는 확률밀도함수(probability density function; pdf)를 갖는데 이것은 연속형 확률변수가 특정한 구간에 속할 확률을 구하는데 사용된다. 연속형 확률변수 X의 확률밀도함수(pdf)는 $f(x)$라고 표현하며 다음과 같은 조건(특성)을 항상 만족해야 한다. 또한, 확률밀도함수의 특성은 앞서 배운 확률질량함수(pmf)의 특성과 비교하며 이해하는 것이 바람직하다.

■ 확률밀도함수 $f(x)$의 조건(특성)

(1) 모든 x 값에 대하여 $f(x) \geq 0$

(2) X의 모든 가능한 값에 대한 확률: $\int_{-\infty}^{\infty} f(x)dx = 1$

(3) X가 구간 (a, b)에 속할 확률: $P(a \leq X \leq b) = \int_{a}^{b} f(x)dx$

위와 같은 연속형 확률변수의 확률밀도함수의 특성의 의미를 살펴보자.

첫 번째 조건의 의미는, 연속형 확률변수의 특정값이 가지는 함숫값은 0보다 크거나 같아야 함을 의미한다. 여기서 이산형 확률변수의 확률질량함수와 다른 점은 함수의 값이 이산형의 경우에서처럼 확률을 의미하지 않기 때문에 1보다 큰 값을 가질 수 있다는 점이다.

두 번째 조건의 의미는, 연속형 확률변수가 가질 수 있는 값의 범위 전체에 해당하는 확률은 1이 됨을 의미한다. 이산형의 경우에 전체 확률의 합이 1이라는 조건과 같은 의미이다.

세 번째 조건의 의미는, 연속형 확률분포에서 확률의 계산은 적분이라는 계산과정을 통하여 이루어지며, 이는 정의되는 구간의 넓이를 구하는 것과 동일한 의미이다. 이를 그림으로 표현하면 다음과 같다.

$$P(a \le X \le b) = \int_a^b f(x)\,dx$$

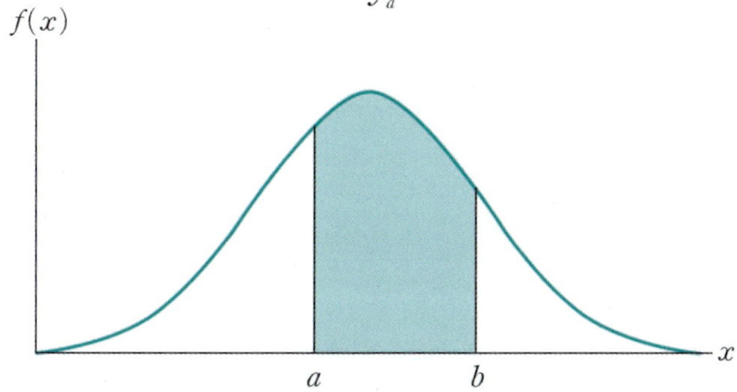

| 그림 4.4 | 연속형 확률변수의 구간 확률

예 4.5

연속형 확률변수 X의 확률밀도함수가 다음과 같을 때,

$$f(x) = \begin{cases} 1, & 0 \le x \le 1 \\ 0, & \text{다른 곳에서} \end{cases}$$

$f(x)$가 확률밀도함수의 조건을 만족하는지 확인하라.

풀이 먼저, 모든 실수값 x에 대하여 $f(x)$는 0 또는 1이므로, 모든 x 값에 대하여 $f(x) \ge 0$이라는 조건을 만족한다. 또한, 전체 확률을 구해 보면

$$\begin{aligned} \int_{-\infty}^{\infty} f(x)dx &= \int_{-\infty}^{0} f(x)dx + \int_0^1 f(x)dx + \int_1^{\infty} f(x)dx \\ &= \int_{-\infty}^{0} 0\,dx + \int_0^1 dx + \int_1^{\infty} 0dx \\ &= \Big[x\Big]_0^1 = 1 \end{aligned}$$

이므로, $f(x)$는 확률밀도함수의 조건을 만족한다.

또한, 확률변수 X가 0.4에서 0.7 사이에 있을 확률은 다음과 같이 계산할 수 있다.

$$P(0.4 \le X \le 0.7) = \int_{0.4}^{0.7} dx = \Big[x\Big]_{0.4}^{0.7} = 0.3$$

연속형 확률변수 X의 확률밀도함수가 위와 같은 경우, '확률변수 X가 구간 0과 1 사이에서 균등하게 분포한다.'고 하며, 확률밀도함수를 그래프로 그리면 다음과 같다.

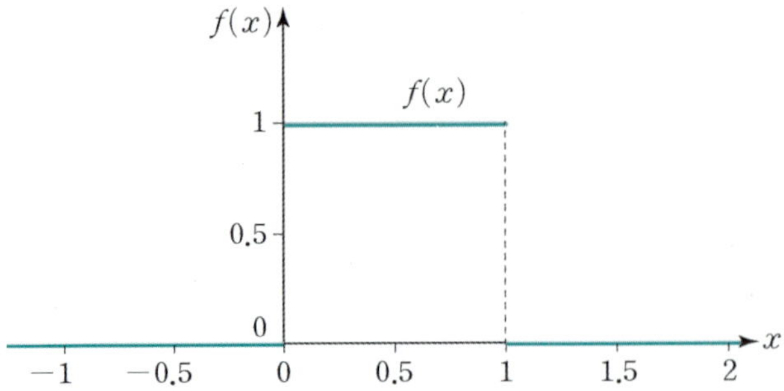

| 그림 4.5 | 확률밀도함수

위 그래프를 통해서도 $f(x)$가 확률밀도함수의 조건을 만족하는 것을 쉽게 알 수 있다. 즉, 모든 실수값 x에 대하여 $f(x) \geq 0$이며, 전체 확률은 양변의 길이가 1인 정사각형의 면적을 나타내므로 전체 확률이 1이 되는 것을 알 수 있다.

이산형 확률분포에서 확률변수가 가질 수 없는 값, 즉 확률이 0인 것은 확률분포표에서 고려하지 않은 것처럼 연속형 확률분포에서도 확률밀도함수가 0인 경우는 표현하지 않아도 무방하다. 즉, 위 확률밀도함수는 다음과 같이 표현 가능하다.

$$f(x) = 1\ ,\ \ 0 \leq x \leq 1$$

예 4.6

연속형 확률변수 X의 확률밀도함수가 다음과 같을 때, 상수 k를 구하라.

$$f(x) = \begin{cases} kx, & 1 \leq x \leq 3 \\ 0, & \text{다른 곳에서} \end{cases}$$

풀이 $\int_{-\infty}^{\infty} f(x)dx = \int_{1}^{3} kx dx = \left[\frac{kx^2}{2}\right]_1^3 = 1$이므로 $k = \frac{1}{4}$이다.

4.4 누적분포함수

누적분포함수(cumulative distribution function; CDF)는 확률변수가 특정값 이하를 가질 확률을 의미하며, 확률변수 X의 누적분포함수(CDF)를 $F(x)$로 표현한다. 즉, $F(x) = P(X \leq x)$이다.

연속형 확률변수에서는 한 점의 확률은 0이기 때문에 특정한 점의 포함 여부가 누적확률의 계산에 영향을 미치지 않지만, 이산형 확률변수에서는 특정한 점의 포함 여부가 누적확률의 계산에 영향을 미치기 때문에 주의하여야 한다.

즉, 확률변수 X가 연속형일 때는 $F(x) = P(X \le x) = P(X < x)$이지만, 확률변수 X가 이산형일 때는 $F(x) = P(X \le x) \neq P(X < x)$인 것에 주의하여야 한다.

■ 누적분포함수 $F(x)$

• 확률변수 X가 이산형: $F(x) = P(X \le x) = \sum_{t \le x} P(X = t)$

여기서 $P(X = x)$는 X의 확률질량함수

• 확률변수 X가 연속형: $F(x) = P(X \le x) = \int_{-\infty}^{x} f(t)dt$

여기서 $f(x)$는 X의 확률밀도함수

확률변수 X의 누적분포함수 $F(x) = P(X \le x)$는 다음과 같은 이론적 특성을 갖는다.

■ 누적분포함수 $F(x)$의 특성

(1) $F(\infty) = P(X \le \infty) = 1$

(2) $F(-\infty) = P(X \le -\infty) = 0$

(3) 모든 $x_1 < x_2$에 대하여,

$$F(x_1) = P(X \le x_1) \le P(X \le x_2) = F(x_2): \text{ 비감소함수}$$

(4) $F(x) = \lim_{\epsilon \to 0} F(x + \epsilon), \ \forall \epsilon > 0$: 우측연속

위 누적분포함수의 특성을 살펴보면, 특성 (1)은 전체 확률은 1이라는 것을 의미하고, 특성 (2)는 공집합의 확률은 0이라는 것과 같은 의미이고, 특성 (3)은 누적분포함수는 음수가 아닌 것을 누적하여 더한다는 것을 나타내며, 특성 (4)는 특성 (3)에 따라 우측으로 연속이라는 수학적 의미를 나타내고 있다.

4.4.1 이산형 확률변수의 누적분포함수

예 4.3의 확률변수 X의 확률분포표는 다음과 같았다.

x	0	1	2	3	합
$P(X=x)$	1/8	3/8	3/8	1/8	1

이를 이용하여 이산형 확률변수 X의 누적분포함수를 구하고, 그래프로 표현하여 보자. 누적분포함수 $F(x)=P(X\le x)=\sum_{t\le x}P(X=t)$의 정의에 따라 X의 누적분포함수를 구하면 다음과 같다.

x	$F(x)=P(X\le x)$
$x<0$	0
$0\le x<1$	1/8
$1\le x<2$	1/2
$2\le x<3$	7/8
$x\ge 3$	1

예를 들어, $F(1)$, $F(2)$의 값을 구해 보면 다음과 같으며

$$F(1)=P(X\le 1)=P(X=0)+P(X=1)=\frac{1}{2}$$
$$F(2)=P(X\le 2)=P(X=0)+P(X=1)+P(X=2)=\frac{7}{8},$$

이러한 예를 통해서 다음과 같은 것도 알 수 있다.

$$P(X=2)=F(2)-F(1)$$

또한, $F(x)$의 그래프를 그려보면 다음과 같다.

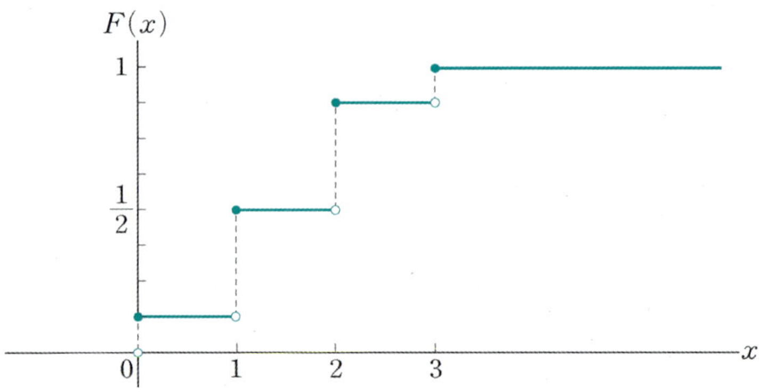

| 그림 4.6 | 이산형 확률변수의 누적분포함수

위 그래프와 같이 이산형 확률변수의 누적분포함수는 형태상 계단함수(step function)의 형태를 갖는다. 즉, 발생 가능한 이산점에서 확률의 크기만큼 계단의 높이를 갖게 된다.

즉, 계단의 높이는 다음과 같다.

$$P(X=0)=F(0)$$
$$P(X=1)=F(1)-F(0)$$
$$P(X=2)=F(2)-F(1)$$
$$P(X=3)=F(3)-F(2)$$

4.4.2 연속형 확률변수의 누적분포함수

이산형 확률변수의 누적분포함수는 이산점의 확률을 누적하여 더해서 구하였으나, 연속형 확률변수의 누적분포함수는 앞서 설명한 바와 같이 적분 계산을 이용하여 구한다.

다음과 같이 쉬운 예를 통하여 연속형 확률변수의 누적분포함수를 구하는 과정을 알아 보고, 누적분포함수와 확률밀도함수의 관계에 대하여 배워보자.

예 4.7

예 4.5에서 다뤘던 연속형 확률변수 X의 누적분포함수를 구하라.

풀이 확률밀도함수가 다음과 같으므로

$$f(x)=\begin{cases}1, & 0 \le x \le 1 \\ 0, & \text{다른 곳에서}\end{cases}$$

누적분포함수 $F(x)$는 다음과 같이 구해진다.

(i) $x<0$; $F(x)=P(X \le x)=\int_{-\infty}^{x} 0\,dt=0$

(ii) $0 \le x < 1$; $F(x)=P(X \le x)=\int_{-\infty}^{0} 0\,dt+\int_{0}^{x} dt=\Big[t\Big]_0^x=x$

(iii) $x \ge 1$; $F(x)=P(X \le x)=\int_{-\infty}^{0} 0\,dt+\int_{0}^{1} dt+\int_{1}^{\infty} 0\,dt=\Big[t\Big]_0^1=1$

또한, **예 4.5**에서 위 확률밀도함수를 $f(x)=1,\ 0 \le x \le 1$와 같이 의미가 있는 구간에서만 표현하는 것이 가능하다고 언급한 것과 같이, 누적분포함수도 의미가 있는 구간에서만 계산하여 정리하는 것도 가능하다. 즉 구간 $0 \le x < 1$에서 다음과 같이 계산하고

$$F(x)=P(X \le x)=\int_{0}^{x} dt=\Big[t\Big]_0^x=x,$$

누적분포함수는 다음과 같이 정리하여 제시하는 것이 더 간단한 방법이다.

$$F(x)=\begin{cases}0, & x<0\\ x, & 0\le x\le 1\\ 1, & x>1\end{cases}$$

예 4.8

연속형 확률변수 X의 확률밀도함수가 다음과 같을 때, 누적분포함수를 구하라.

$$f(x)=\begin{cases}e^{-x}, & x\ge 0\\ 0, & x<0\end{cases}$$

풀이 누적분포함수 $F(x)$를 x가 의미 있는 구간인 $x\ge 0$에서 구하면 다음과 같다.

$$\begin{aligned}F(x) &= P(X\le x)=\int_0^x f(t)dt\\ &=\int_0^x e^{-t}dt=\left[-e^{-t}\right]_0^x\\ &=1-e^{-x},\quad x\ge 0\end{aligned}$$

따라서 $F(x)=\begin{cases}0, & x<0\\ 1-e^{-x}, & x\ge 0\end{cases}$이다.

연속형 확률변수의 누적분포함수는 앞서 정의한 것과 같이 다음과 같다.

$$F(x)=\int_{-\infty}^{x} f(t)dt$$

위 수식의 양변을 x에 관해 미분하면 다음 관계식을 얻을 수 있다.

$$\frac{d}{dx}F(x)=f(x)$$

즉, 연속형 확률변수의 누적분포함수를 x에 관해 미분하면 확률밀도함수와 같아진다. 앞의 두 예제 **예 4.7**, **예 4.8**을 통해 이를 확인해 보자.

예 4.7: $F(x)=x,\ 0\le x\le 1 \Rightarrow f(x)=\dfrac{d}{dx}F(x)=[x]'=1,\ 0\le x\le 1$

예 4.8: $F(x)=1-e^{-x},\ x\ge 0 \Rightarrow f(x)=\dfrac{d}{dx}F(x)=[1-e^{-x}]'=e^{-x},\ x\ge 0$

따라서 연속형 확률변수의 누적분포함수를 구하면. 이를 미분하여 확률밀도함수와 같아지는지를 확인하는 것은 중요하다고 할 수 있다.

4.5 두 확률변수의 결합분포

지금까지는 확률변수가 한 개인 경우에 대하여 살펴보았다. 그러나 실제로 통계학을 적용하는 현실적인 문제에서는 확률변수가 여러 개인 경우가 일반적이므로, 여러 개의 확률변수가 존재할 때 이들 사이의 확률적 관계에 대하여 배우는 것이 필요하다. 이 절에서는 두 확률변수의 결합분포(joint distribution)와 각 확률변수의 주변분포(marginal distribution)에 대하여 배운다.

4.5.1 두 확률변수의 결합분포함수

결합확률분포는 두 개 이상의 확률변수에 대한 분포를 동시에 나타내는 것인데, 여기서는 확률변수가 두 개인 경우에 대하여 배워 보자.

예를 들어, 이산형 확률변수 X, Y가 있을 때, X는 특정한 값 x를 갖고, Y는 특정한 값 y를 갖게 될 확률을 생각해 보자. 이를 수식으로 표현하면 다음과 같으며, 이를 두 확률변수 X, Y의 결합확률질량함수(joint probability mass function; jpmf)라 한다.

$$P(X=x,\ Y=y)$$

위 수식을 통해, 앞서 3.2절에서 "집합이 사건의 개념으로 변환되고, 결국 확률변수로 확장되므로 사건에 대한 이해는 아주 중요하다."고 언급했던 내용을 다시 살펴보자. 즉, 집합 A를 X가 특정한 값 x를 갖는 사건의 집합, 집합 B를 Y가 특정한 값 y를 갖는 사건의 집합이라 하면 위 수식에서 콤마 ','는 'and'의 의미이므로 위 수식은 다음과 같이 표현할 수 있다.

$$P(X=x,\ Y=y)=P(A\cap B)$$

따라서 확률의 공리의 내용과 여러 가지 확률계산 과정을 그대로 적용할 수 있으리라는 것을 어렵지 않게 이해할 수 있다.

이와 같이, 두 확률변수가 이산형일 때는 결합확률질량함수라 하고, 연속형일 때는 결합확률밀도함수(joint probability density function; jpdf)라 하는데, 그 특성을 살펴보면 각각 다음과 같다.

(1) 이산형 확률변수 X, Y

- 결합확률질량함수: $P(X=x,\ Y=y)$
- 모든 x, y에 대하여 $P(X=x,\ Y=y)\geq 0$
- $\sum_x\sum_y P(X=x,\ Y=y)=1$

(2) 연속형 확률변수 X, Y

- 결합확률밀도함수: $f_{X,Y}(x, y)$
- 모든 x, y에 대하여 $f_{X,Y}(x, y) \geq 0$
- $\int_{-\infty}^{\infty}\int_{-\infty}^{\infty} f_{X,Y}(x, y)dxdy = 1$
- $P(a \leq X \leq b,\ c \leq Y \leq d) = \int_{c}^{d}\int_{a}^{b} f_{X,Y}(x, y)dxdy$

즉, 확률변수가 한 개일 때 다뤘던 확률질량함수 $P(X=x)$와 확률밀도함수 $f(x)$의 특성이 확률변수가 두 개인 경우로 확장되었음을 알 수 있다.

이산형인 경우, 확률변수가 한 개인 경우와 같이 두 개의 이산형 확률변수의 결합확률분포가 확률분포표의 형태로 제시될 수 있다. 또한, 이산형 확률변수가 한 개인 경우에 확률분포를 2차원 평면 위에 그래프로 나타냈는데, 이산형 확률변수가 두 개인 경우에는 확률분포를 3차원 공간상에 표현할 수 있다. 다음 예를 통해 이를 살펴보자.

예 4.9

두 이산형 확률변수 X, Y의 결합확률분포표가 다음과 같을 때, 각 셀의 확률값의 의미를 살펴보고, 결합확률분포를 3차원 공간상에 표현하여 보자.

y \ x	0	1	2	3
0	1/8	1/4	1/8	0
1	0	1/8	1/4	1/8

풀이 위 결합확률분포표에서 몇 개 셀의 확률을 설명하면 다음과 같다.

$$P(X=0,\ Y=0) = \frac{1}{8}:\ X=0\text{이고 } Y=0\text{일 확률}$$

$$P(X=0,\ Y=1) = 0:\ X=0\text{이고 } Y=1\text{일 확률}$$

$$P(X=3,\ Y=1) = \frac{1}{8}:\ X=3\text{이고 } Y=1\text{일 확률}$$

또한, 이를 3차원 공간상에 표현하면 다음과 같다. 즉, xy 교차점에 놓인 직선의 길이가 그 점에서의 확률이고, 전체 직선의 길이를 더하면 전체 확률의 합인 1이 된다.

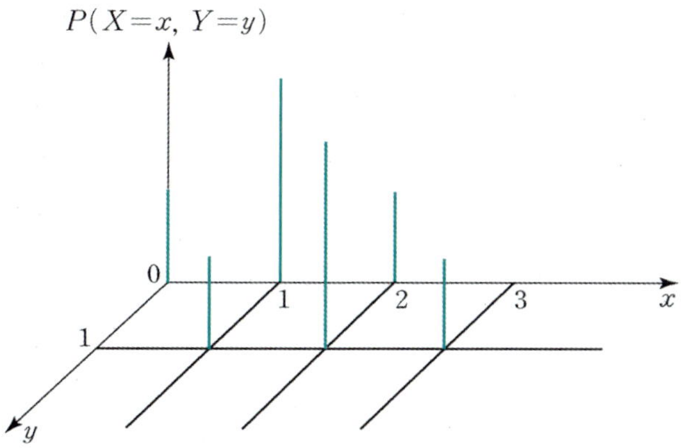

| 그림 4.7 | 결합확률질량함수

예 4.10

두 연속형 확률변수 X, Y의 결합확률밀도함수가 다음과 같을 때, 이를 3차원 공간상에 표현하여 보자.

$$f_{X,Y}(x, y) = \begin{cases} 1, & 0 \le x \le 1,\ 0 \le y \le 1 \\ 0, & \text{다른 곳에서} \end{cases}$$

위 수식을 3차원 공간상에 도시하면 다음과 같다. 즉, 다음 그림의 정육면체에서 윗면에 해당하는 것이 확률변수 X, Y의 결합확률밀도함수의 그래프이다.

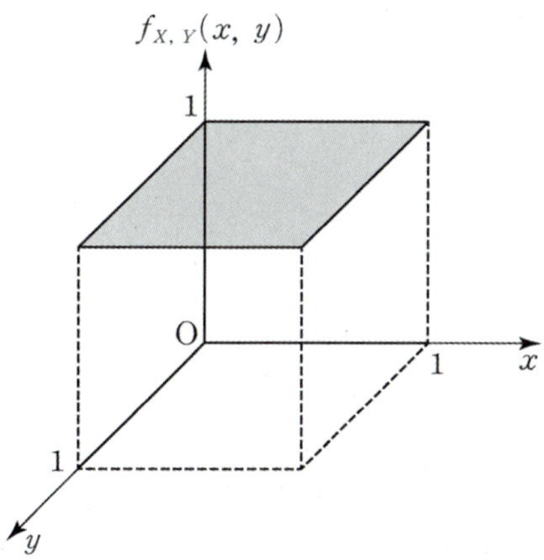

| 그림 4.8 | 결합확률밀도함수

4.5.2 주변확률분포

주변분포함수(marginal distribution function)은 각 확률변수에 대한 분포를 나타내는 것으로, 여기서 '주변(margin)'이라는 것은 한 방향으로 더한다는 의미를 갖는다. 시장에 가면 물건을 판매하시는 어르신들이 "오늘은 마진이 적어."라고 말씀하시는 것을 들어 본 적이 있을 것이다. 이때, '마진(margin)'이 바로 대차대조표의 한 변으로 다 더한 결과를 의미하는 것이고, 주변확률분포에서 사용되는 것과 같은 의미를 갖는 것이다.

주변확률분포함수는 이산형과 연속형에 따라 각각 다음과 같이 정의한다.

(1) 이산형 확률변수: X, Y, 결합확률질량함수: $P(X=x,\ Y=y)$

- $P(X=x) = \sum_y P(X=x,\ Y=y)$: X의 주변확률질량함수
- $P(Y=y) = \sum_x P(X=x,\ Y=y)$: Y의 주변확률질량함수

(여기서 $\sum_y$는 y 의 모든 값에 대하여 더하라는 의미이고, $\sum_x$는 x의 모든 값에 대하여 더하라는 의미이다.)

(2) 연속형 확률변수: X, Y, 결합확률밀도함수: $f_{X,Y}(x,\ y)$

- $f_X(x) = \int_{-\infty}^{\infty} f_{X,Y}(x,y)dy$: X의 주변확률밀도함수
- $f_Y(y) = \int_{-\infty}^{\infty} f_{X,Y}(x,y)dx$: Y의 주변확률밀도함수

다음 예를 통하여 결합확률분포함수로부터 주변확률분포함수가 구해지는 과정을 배워 보자.

예 4.11

두 이산형 확률변수 X, Y의 결합확률분포가 **예 4.9**의 표와 같을 때, X, Y의 주변확률질량함수를 각각 구하여 보자.

- X의 주변확률질량함수 : $P(X=x) = \sum_y P(X=x,\ Y=y)$이므로

$$
\begin{aligned}
P(X=0) &= \sum_y P(X=0,\ Y=y) \\
&= P(X=0,\ Y=0) + P(X=0,\ Y=1) \\
&= \frac{1}{8} + 0 = \frac{1}{8}
\end{aligned}
$$

$$
\begin{aligned}
P(X=1) &= \sum_y P(X=1, Y=y) \\
&= P(X=1, Y=0) + P(X=1,\ Y=1) \\
&= \frac{1}{4} + \frac{1}{8} = \frac{3}{8}
\end{aligned}
$$

$$
P(X=2) = \sum_y P(X=2, Y=y)
$$

$$= P(X=2, Y=0) + P(X=2, Y=1)$$

$$= \frac{1}{8} + \frac{1}{4} = \frac{3}{8}$$

$$P(X=3) = \sum_y P(X=3, Y=y)$$

$$= P(X=3, Y=0) + P(X=3, Y=1)$$

$$= 0 + \frac{1}{8} = \frac{1}{8}$$

- Y의 주변확률질량함수: $P(Y=y) = \sum_x P(X=x, Y=y)$이므로

$$P(Y=0) = \sum_x P(X=x, Y=0)$$

$$= P(X=0, Y=0) + P(X=1, Y=0)$$

$$+ P(X=2, Y=0) + P(X=3, Y=0)$$

$$= \frac{1}{8} + \frac{1}{4} + \frac{1}{8} + 0 = \frac{1}{2}$$

$$P(Y=1) = \sum_x P(X=x, Y=1)$$

$$= P(X=0, Y=1) + P(X=1, Y=1)$$

$$+ P(X=2, Y=1) + P(X=3, Y=1)$$

$$= 0 + \frac{1}{8} + \frac{1}{4} + \frac{1}{8} = \frac{1}{2}$$

따라서 이를 확률분포표에 같이 나타내면 다음과 같다.

y \ x	0	1	2	3	$P(Y=y)$
0	1/8	1/4	1/8	0	1/2
1	0	1/8	1/4	1/8	1/2
$P(X=x)$	1/8	3/8	3/8	1/8	1

예 4.12

한 개의 주사위를 던졌을 때 표면에 나타나는 점의 수를 확률변수 X라 하고, 다시 한번 주사위를 던져 표면에 나타나는 점의 수가 첫 번째 점의 수 X보다 작거나 같으면 확률변수 Y는 1, 아니면 0이라 하는 실험을 생각해 보자. 이 경우의 결합확률함수는 다음과 같이 계산된다.

$$\begin{aligned}\Pr(X=1,\ Y=0) &= \Pr(X=1)\cdot\Pr(Y=0\mid X=1)\\ &= \frac{1}{6}\cdot\frac{5}{6}=\frac{5}{36}\\ \Pr(X=1,\ Y=1) &= \Pr(X=1)\cdot\Pr(Y=1\mid X=1)\\ &= \frac{1}{6}\cdot\frac{1}{6}=\frac{1}{36}\\ \Pr(X=2,\ Y=0) &= \Pr(X=2)\cdot\Pr(Y=0\mid X=2)\\ &= \frac{1}{6}\cdot\frac{4}{6}=\frac{4}{36}\\ \Pr(X=2,\ Y=1) &= \Pr(X=2)\cdot\Pr(Y=1\mid X=2)\\ &= \frac{1}{6}\cdot\frac{2}{6}=\frac{2}{36}\\ &\ \ \vdots\\ \Pr(X=6,\ Y=0) &= \Pr(X=6)\cdot\Pr(Y=0\mid X=6)\\ &= \frac{1}{6}\cdot\frac{0}{6}=\frac{0}{36}\\ \Pr(X=6,\ Y=1) &= \Pr(X=6)\cdot\Pr(Y=1\mid X=6)\\ &= \frac{1}{6}\cdot\frac{6}{6}=\frac{6}{36}\end{aligned}$$

계산된 결합확률분포함수는 주변확률분포함수와 함께 다음 표와 같이 요약할 수 있다. 즉, X의 주변확률분포함수 $P(X=x)$는 주어진 X의 값에서 $y=0,1$에 대한 확률값을 더하면 구할 수 있고, 또한 Y의 주변확률함수 $P(Y=y)$는 주어진 Y의 값에서 $x=1,2,3,4,5,6$에 대한 확률값을 더하면 얻을 수 있다.

y \ x	1	2	3	4	5	6	$P(Y=y)$
0	$\frac{5}{36}$	$\frac{4}{36}$	$\frac{3}{36}$	$\frac{2}{36}$	$\frac{1}{36}$	$\frac{0}{36}$	$\frac{15}{36}$
1	$\frac{1}{36}$	$\frac{2}{36}$	$\frac{3}{36}$	$\frac{4}{36}$	$\frac{5}{36}$	$\frac{6}{36}$	$\frac{21}{36}$
$P(X=x)$	$\frac{1}{6}$	$\frac{1}{6}$	$\frac{1}{6}$	$\frac{1}{6}$	$\frac{1}{6}$	$\frac{1}{6}$	$\frac{36}{36}$

예 4.13

두 연속형 확률변수 X, Y의 결합확률분포가 다음과 같을 때, X, Y의 주변확률밀도함수를 각각 구하여 보자.

$$f_{X,Y}(x,y)=\begin{cases} e^{-x-y}, & x\ge 0,\ y\ge 0\\ 0, & \text{다른 곳에서}\end{cases}$$

풀이 • X의 주변확률밀도함수: $f_X(x) = \int_{-\infty}^{\infty} f_{X,Y}(x, y)dy$이므로

$$f_X(x) = \int_0^{\infty} e^{-x-y}\,dy = e^{-x}\int_0^{\infty} e^{-y}\,dy = e^{-x}\Big[-e^{-y}\Big]_0^{\infty} = e^{-x},\ x \ge 0$$

• Y의 주변확률밀도함수: $f_Y(y) = \int_{-\infty}^{\infty} f_{X,Y}(x, y)dx$이므로

$$f_Y(y) = \int_0^{\infty} e^{-x-y}\,dx = e^{-y}\int_0^{\infty} e^{-x}\,dx = e^{-y}\Big[-e^{-x}\Big]_0^{\infty} = e^{-y},\ y \ge 0$$

예 4.14

연속형 확률변수 X와 Y의 결합확률분포가 다음과 같을 때, X와 Y의 주변확률분포를 구해 보자.

$$f_{X,Y}(x, y) = \begin{cases} \frac{1}{2}, & 0 < y < x < 2 \\ 0, & \text{그렇지 않으면} \end{cases}$$

풀이 확률변수 X의 주변확률밀도함수는 다음과 같다.

$$\begin{aligned} f_X(x) &= \int_{-\infty}^{\infty} f_{(X,Y)}(x, y)\,dy \\ &= \begin{cases} \int_0^{x} \frac{1}{2}dy, & 0 < x < 2\text{일 때} \\ 0, & \text{그렇지 않으면} \end{cases} \\ &= \begin{cases} \frac{x}{2}, & 0 < x < 2\text{일 때} \\ 0, & \text{그렇지 않으면} \end{cases} \end{aligned}$$

확률변수 X의 주변확률밀도함수를 모든 X의 범위에 대해 적분하면

$$\int_{-\infty}^{\infty} f_X(x)dx = \int_0^2 \frac{x}{2}dx = \frac{x^2}{4}\Big]_0^2 = 1$$

이 되어 확률밀도함수의 조건을 만족함을 알 수 있다.

또한 확률변수 Y의 주변확률밀도함수도 유사한 과정을 통해 다음과 같이 구할 수 있다.

$$f_Y(y)dy = \int_y^2 \frac{1}{2}dx = \frac{x}{2}\Big]_y^2 = 1 - \frac{y}{2}$$

$$f_Y(y) = \begin{cases} 1 - \frac{y}{2}, & 0 < y < 2\text{일 때} \\ 0, & \text{그렇지 않으면} \end{cases}$$

4.6 두 확률변수의 독립

확률변수가 여러 개 존재할 때, 가장 중요한 것이 이들 사이의 통계적 관계에 관한 것이다. 예를 들어, 두 확률변수 X, Y가 있을 때, 이들 사이의 관계, 즉 확률적 관계 또는 통계적 관계는 어떻게 정의하고 판단할 수 있을까? 통계학에서는 확률변수들 사이의 관계를 '독립(independent)'과 '종속(dependent)' 두 가지 중 한 가지로 판단한다.

3장에서 사건의 독립을 설명할 때와 마찬가지로, 두 확률변수가 통계적으로 독립이라는 것은 우리의 생각과 직관으로 두 확률변수가 독립이 아닌 것처럼 여겨진다 할지라도, 확률변수의 통계적 독립성을 만족하면 그 확률변수들은 서로 독립이라고 판단한다는 것이다. 먼저, 3장에서 정의했던 두 사건의 독립의 의미를 다시 살펴보자.

■ 사건의 독립

두 사건 A, B가 통계적으로 독립

$$\Leftrightarrow P(A \cap B) = P(A)P(B)$$

확률변수의 독립성을 이해하기 위하여, 이를 이산형 확률변수에 대하여 확장해 보자. 즉, 4.5.1절에서 설명한 바와 같이, 집합 A를 X가 특정한 값 x를 갖는 사건의 집합, 집합 B를 Y가 특정한 값 y를 갖는 사건의 집합이라 하면 위 수식에서 콤마 ','는 'and'의 의미이므로 사건의 독립의 정의는 확률변수에 대하여 다음과 같이 적용할 수 있게 된다.

$P(A \cap B) = P(X=x, Y=y)$, $P(A) = P(X=x)$, $P(B) = P(Y=y)$이므로

$$P(A \cap B) = P(A)P(B) \Rightarrow P(X=x, Y=y) = P(X=x)P(Y=y), \ \forall x, y$$

따라서 확률변수의 독립은 확률변수의 형태에 따라 각각 다음과 같이 정의한다.

■ 이산형 확률변수의 독립

두 이산형 확률변수 X, Y가 통계적으로 독립

$$\Leftrightarrow P(X=x, Y=y) = P(X=x)P(Y=y), \ \forall x, y$$

■ 연속형 확률변수의 독립

두 연속형 확률변수 X, Y가 통계적으로 독립

$$\Leftrightarrow f_{X,Y}(x, y) = f_X(x)f_Y(y), \ \forall x, y$$

이를 통합하여 말로 설명하면, '두 확률변수가 서로 독립'이라는 것은 '두 확률변수의 결합확률함수가 각 확률변수의 주변확률함수의 곱과 같다.'는 의미가 된다. 다음 예를 통하여 확률변수의 독립 여부를 확인해 보자.

예 4.15

두 이산형 확률변수 X, Y의 결합확률분포가 **예 4.9**의 표와 같을 때, X, Y는 서로 독립인가 확인해 보자.

풀이 **예 4.11**의 결과를 보면 다음과 같다.

y \ x	0	1	2	3	$P(Y=y)$
0	1/8	1/4	1/8	0	1/2
1	0	1/8	1/4	1/8	1/2
$P(X=x)$	1/8	3/8	3/8	1/8	1

이산형인 경우에 모든 x, y에 대하여 $P(X=x, Y=y)=P(X=x)P(Y=y)$이 성립해야 두 이산형 확률변수 X, Y가 통계적으로 독립이라고 할 수 있는데

$$P(X=0, Y=1)=0 \neq P(X=0)P(Y=1)=\frac{1}{8}\times\frac{1}{2}$$

이므로, 확률변수 X, Y가 통계적으로 독립이 아니다. 이와 같이, 이산형인 경우에 독립이 아닌 것을 보이기 위해서는 반례(counter example)를 한 개만 제시해도 된다.

예 4.16

두 연속형 확률변수 X, Y의 결합확률밀도함수가 **예 4.13**과 다음과 같을 때, X, Y 서로 독립인가 확인해 보자.

풀이 두 확률변수 X, Y의 결합확률밀도함수는 다음과 같으며

$$f_{X,Y}(x,y)=e^{-x-y},\quad x\geq 0,\ y\geq 0$$

예 4.13의 결과에서 확률변수 X, Y의 주변확률밀도함수는 각각 다음과 같다.

$$f_X(x)=e^{-x},\quad x\geq 0,\quad f_Y(y)=e^{-y},\quad y\geq 0$$

따라서 $f_{X,Y}(x,y)=f_X(x)f_Y(y)$이 성립하므로 두 확률변수 X, Y는 통계적으로 독립이다.

4.7 평균, 분산, 공분산, 상관계수

확률변수의 중심과 퍼진 정도 등 분포의 특성을 수치로 요약하여 나타내는 모수는 평균(mean)과 분산(variance)이다. 여기서 평균은 모집단의 평균인 모평균(population mean)을 의미하고, 분산은 모집단의 분산인 모분산(population variance)을 의미한다. 또한, 통계학에서는 특정 표본에 대한 평균과 분산을, 표본평균과 표본분산이라고 구분하여 용어를 사용한다.

이 절에서는 평균, 분산과 함께 두 확률변수에 대하여 계산되는 특성치인 공분산(covariance)과 상관계수(correlation coefficient)를 배운다. 특히, 두 확률변수 사이의 선형관계의 정도(intensity)를 나타내는 상관계수를 계산하기 위해서는 각 확률변수의 평균과 분산과 함께 두 확률변수의 공분산을 알아야 한다.

4.7.1 평균

평균(mean)은 기댓값(expectation, expected value)이라고도 하며, 통계학에서는 이 두 용어를 혼용하는 것이 일반적이다. 평균은 확률변수의 값들이 가질 수 있는 확률(이산형) 또는 확률변수의 값이 속할 수 있는 구간의 확률(연속형)을 가중치(weight)로 적용하여 계산하는 가중 평균의 개념이다. 통계학에서 평균(모평균)은 그리스어 소문자 μ(영어 소문자 m 에 해당)로 표기한다. 또한, 통계학의 표기법에 비추어 보면 평균 μ는 모수인 것을 알 수 있다. 확률변수 X의 평균 μ는 $E(X)$라고도 표현하며, 확률변수의 형태에 따라 다음과 같이 정의한다.

■ 평균(기댓값)

확률변수 X 의 평균(기댓값) $E(X)$ 는 확률변수의 형태에 따라 다음과 같이 정의한다.

$$\mu = E(X) = \begin{cases} \displaystyle\sum_x x\,P(X=x), & \text{이산형} \\ \displaystyle\int_{-\infty}^{\infty} x\,f(x)dx, & \text{연속형} \end{cases}$$

예 4.17

두 이산형 확률변수 X, Y의 결합확률분포가 **예 4.9**의 표와 같을 때, X, Y의 기댓값을 구하여 보자.

풀이 **예 4.11**의 결과를 두 확률변수의 확률분포표로 나타내면 각각 다음과 같다.

x	0	1	2	3	합
$P(X=x)$	1/8	3/8	3/8	1/8	1

y	0	1	합
$P(Y=y)$	1/2	1/2	1

따라서 X, Y의 기댓값 $E(X)$, $E(Y)$는 다음과 같이 계산된다.

$$E(X)=\sum_x x\,P(X=x)=\left(0\times\frac{1}{8}\right)+\left(1\times\frac{3}{8}\right)+\left(2\times\frac{3}{8}\right)+\left(3\times\frac{1}{8}\right)=\frac{3}{2}$$

$$E(Y)=\sum_y y\,P(Y=y)=\left(0\times\frac{1}{2}\right)+\left(1\times\frac{1}{2}\right)=\frac{1}{2}$$

또한, 이 경우에는 두 확률변수 X, Y의 분포가 모두 좌우 대칭(symmetric)의 형태이므로, 기댓값이 분포의 무게중심이라는 정의를 적용하여 가운데 값이 기댓값인 것을 계산을 통하지 않고도 알 수 있다. 즉, $E(X)$는 1과 2 사이의 값인 3/2이고, $E(Y)$는 0과 1 사이의 값인 1/2이 되는 것을 쉽게 알 수 있다. ▩

예 4.18

연속형 확률변수 X의 확률밀도함수가 다음과 같을 때, $E(X)$를 구하여 보자.

풀이

$$f_X(x)=1,\ \ 0\le x\le 1$$

$$E(X)=\int_{-\infty}^{\infty}x\,f(x)dx=\int_0^1 x\,dx=\left[\frac{x^2}{2}\right]_0^1=\frac{1}{2}$$

또한, 이 경우에도 확률변수 X의 분포가 좌우 대칭의 형태이므로, 기댓값이 분포의 무게중심이라는 정의를 적용하여 가운데 값이 기댓값인 것을 계산을 통하지 않고도 알 수 있다. 즉, $E(X)$는 0과 1 사이의 값 1/2인 것을 쉽게 알 수 있다. ▩

예 4.19

하나의 주사위를 던져서 나온 눈의 종류에 따라 상금이 걸린 게임에서, 철수와 영희 두 사람이 각각 다음과 같은 조건하에서 게임을 하였다고 하자.

> 철수: 1 또는 2가 나오면 100원, 3 또는 4가 나오면 200원
> 5 또는 6이 나오면 300원
> 영희: 짝수가 나오면 100원, 홀수가 나오면 (눈의 수×100)원

이때, 철수와 영희가 받는 상금을 각각 X, Y라 하고, X와 Y의 결합확률분포와 각각의 기댓값을 구하여 보자.

풀이 (1) X, Y의 결합확률분포표

x \ y	100	300	500	$P(X=x)$
100	1/3	0	0	1/3
200	1/6	1/6	0	1/3
300	1/6	0	1/6	1/3
$P(Y=y)$	2/3	1/6	1/6	1

(2) X의 주변분포함수와 기댓값

x	100	200	300	합
$P(X=x)$	1/3	1/3	1/3	1

$$E(X)=\left(100\times\frac{1}{3}\right)+\left(200\times\frac{1}{3}\right)+\left(300\times\frac{1}{3}\right)=200$$

(3) Y의 주변분포함수와 기댓값

y	100	300	500	합
$P(Y=y)$	2/3	1/6	1/6	1

$$E(Y)=\left(100\times\frac{2}{3}\right)+\left(300\times\frac{1}{6}\right)+\left(500\times\frac{1}{6}\right)=200$$

다음으로, 확률변수의 함수의 기댓값에 대하여 알아보자.

■ 확률변수의 함수의 기댓값

확률변수 X의 임의의 함수를 $g(X)$라 하면, $E[g(X)]$는 다음과 같다.

$$E[\,g(X)\,]=\begin{cases}\sum_x g(x)P(X=x), & \text{이산형}\\ \int_{-\infty}^{\infty} g(x)f(x)dx, & \text{연속형}\end{cases}$$

예를 들어, $g(X)=X$이면 위 식은 확률변수 X의 평균을 의미하게 된다. 위 식이 성립하는 것을 다음 예를 통하여 확인해 보자.

예 4.20

이산형 확률변수 X의 확률분포가 다음과 같을 때, X^2의 기댓값을 구하는 과정을 통해서 위 사실을 확인해 보자.

x	-2	-1	1	2	합
$P(X=x)$	1/8	3/8	3/8	1/8	1

풀이 새로운 확률변수를 $T=X^2$이라 하면 확률변수 T가 가질 수 있는 값은 1과 4이다. 즉, $(-1)^2=1^2=1$, $(-2)^2=2^2=4$이며, T의 확률분포표는 다음과 같다.

t	1	4	합
$P(T=t)$	3/4	1/4	1

따라서 $E(T)=E(X^2)$는 다음과 같이 계산된다.

$$E(T)=\sum_t t\,P(T=t)=\left(1\times\frac{3}{4}\right)+\left(4\times\frac{1}{4}\right)=\frac{7}{4}$$

또한, 위 성질을 적용하여 $E(X^2)$을 직접 계산하여 보면 다음과 같다.

$$E(X^2)=\sum_x x^2\,P(X=x)=\left((-2)^2\times\frac{1}{8}\right)+\left((-1)^2\times\frac{3}{8}\right)+\left(1^2\times\frac{3}{8}\right)+\left(2^2\times\frac{1}{8}\right)=\frac{7}{4}$$

즉, 위 수식이 성립하는 것을 확인할 수 있다.

또한 이 특성은 확률변수가 두 개인 경우로 확장할 수도 있다. 두 확률변수 X, Y와 이들의 결합 확률함수를 고려해 보자. 이때, X, Y의 임의의 함수를 $g(X, Y)$라 하면, $E[g(X, Y)]$는 다음과 같다.

$$E[g(X,Y)]=\begin{cases}\displaystyle\sum_x\sum_y g(x,y)\,P(X=x,Y=y), & \text{이산형}\\ \displaystyle\int_{-\infty}^{\infty}\int_{-\infty}^{\infty} g(x,y)\,f_{X,Y}(x,y)\,dx\,dy, & \text{연속형}\end{cases}$$

■ 평균(기댓값)의 특성

X, Y를 확률변수, a, b, c를 상수라고 할 때, 다음이 성립한다.

(1) $E(a)=a$

(2) $E(aX+b)=aE(X)+b$

(3) $E(aX+bY+c)=aE(X)+bE(Y)+c$

이 특성을 살펴보자. 편의상 이산형 확률변수를 가정한다.

먼저 특성 (1)은 상수의 기댓값은 상수 그 자체라는 것이다. 모든 면의 눈이 '1'인 주사위를 던져 나오는 눈의 기댓값을 생각해 보면 이해하기 쉬울 것이다. 그런 주사위는 던질 때마다 늘 '1'의 눈이 나오는 것은 당연한 결과이다.

특성 (2)를 간략히 증명해 보기 위하여 이산형 확률변수 X와 확률질량함수 $P(X=x)$를 고려하자. 확률변수의 함수의 기댓값을 구하는 과정을 적용하기 위하여 $g(X)=aX+b$라 하자. 따라서 다음과 같이 쉽게 그 특성을 확인할 수 있다.

$$
\begin{aligned}
E[\,aX+b\,] &= \sum_x (ax+b)\,P(X=x) \\
&= a\sum_x x\,P(X=x)+b\sum_x P(X=x) \\
&= aE(X)+b
\end{aligned}
$$

특성 (3)을 확인하기 위해 두 이산형 확률변수 X, Y의 결합확률질량함수 $P(X=x,\ Y=y)$와 각각의 주변확률질량함수 $P(X=x)$, $P(Y=y)$를 고려하자. 이때, $g(X,\ Y)=aX+bY+c$라 하면 $E[aX+bY+c]$는 다음과 같다.

$$
\begin{aligned}
E[\,aX+bY+c\,] &= \sum_x\sum_y (ax+by+c)\,P(X=x,\ Y=y) \\
&= a\sum_x x\sum_y P(X=x,\ Y=y)+b\sum_y y\sum_x P(X=x,\ Y=y) \\
&\quad +c\sum_x\sum_y P(X=x,\ Y=y) \\
&= a\sum_x x\,P(X=x)+b\sum_y y\,P(Y=y)+c \\
&= aE(X)+bE(Y)+c
\end{aligned}
$$

다음의 간단한 예를 통하여 위 특성 (3)이 성립하는 것을 확인하여 보자.

예 4.21

두 이산형 확률변수 X, Y의 결합확률분포표가 다음과 같을 때, $E(X+Y)=E(X)+E(Y)$가 성립하는 것을 확인해 보자.

y \ x	0	1	$P(Y=y)$
1	1/4	1/4	1/2
2	1/8	3/8	1/2
$P(X=x)$	3/8	5/8	1

풀이 새로운 확률변수를 $T=X+Y$이라 하면 확률변수 T가 가질 수 있는 값은 1, 2, 3이다. 즉, $1=0+1$, $2=0+2$ 또는 $2=1+1$, $3=1+2$이다. 따라서 T의 확률분포표는

$$P(T=1)=P(X=0,\ Y=1)=\frac{1}{4}$$
$$P(T=2)=P(X=0,\ Y=2)+P(X=1,\ Y=1)=\frac{1}{8}+\frac{1}{4}=\frac{3}{8}$$
$$P(T=3)=P(X=1,\ Y=2)=\frac{3}{8}$$

이므로 다음과 같다.

t	1	2	3	합
$P(T=t)$	1/4	3/8	3/8	1

그러므로

$$E(T)=\sum_t t\,P(T=t)=\left(1\times\frac{1}{4}\right)+\left(2\times\frac{3}{8}\right)+\left(3\times\frac{3}{8}\right)=\frac{17}{8}=E(X+Y)$$

이다. 또한, X와 Y의 확률분포표는 다음과 같고

x	0	1	합
$P(X=x)$	3/8	5/8	1

y	1	2	합
$P(Y=y)$	1/2	1/2	1

$$E(X)=\sum_x x\,P(X=x)=\left(0\times\frac{3}{8}\right)+\left(1\times\frac{5}{8}\right)=\frac{5}{8}$$
$$E(Y)=\sum_y y\,P(Y=y)=\left(1\times\frac{1}{2}\right)+\left(2\times\frac{1}{2}\right)=\frac{3}{2}$$

이므로 $E(X)+E(Y)=\frac{5}{8}+\frac{3}{2}=\frac{17}{8}=E(X+Y)$임을 확인할 수 있다. ▩

4.7.2 분산

확률변수의 분포의 특징을 나타내는 모수로서 평균과 함께 사용되는 것이 분산이다. 분산은 확률변수가 평균을 중심으로 퍼진 정도를 나타내는 척도로서 분산이 크다는 것은 확률변수의 관찰 가능한 값들이 평균을 중심으로 넓게 분포되어 있음을 의미하며, 분산이 작다는 것은 확률변수의 관찰 가능한 값들이 평균을 중심으로 조밀하게 분포되어 있음을 의미한다. 이는 다음의 분산의 정의를 살펴보면 알 수 있는 특성이다.

또한, 하나의 확률변수의 분산을 근거로 분산이 크거나 작다고 말할 수는 없으며, 두 개 이상의 확률변수가 있을 때 분산의 값이 큰 확률변수가 분산이 작은 확률변수에 비해 상대적으로 넓게 분포한다는 것을 의미한다.

■ 분산과 표준편차

확률변수 X의 평균(기댓값)을 $\mu = E(X)$라고 할 때, 분산 $Var(X)$는 $(X-\mu)^2$의 기댓값으로 다음과 같이 정의하며 σ^2이라고 표기한다.

$$\sigma^2 = Var(X) = E[(X-\mu)^2], \quad \mu = E(X)$$

분산의 양의 제곱근 σ를 표준편차(standard deviation)라 하며, 이는 다음과 같다.

$$\sigma = \sqrt{Var(X)}$$

확률변수 X의 분산을 확률변수의 형태에 따라 보다 자세하게 표현하면 $g(X) = (X-\mu)^2$인 경우이므로 다음과 같이 정의할 수 있다.

$$Var(X) = E\left[(X-\mu)^2\right] = \begin{cases} \sum_x (x-\mu)^2 \, P(X=x), & \text{이산형} \\ \int_{-\infty}^{\infty} (x-\mu)^2 \, f(x)dx, & \text{연속형} \end{cases}$$

분산을 구할 때는 다음과 같은 분산의 변형 공식이 자주 이용된다.

$$\begin{aligned} Var(X) &= E[(X-\mu)^2] = E(X^2 - 2\mu X + \mu^2) \\ &= E(X^2) - 2\mu E(X) + \mu^2 \\ &= E(X^2) - 2\mu^2 + \mu^2 \\ &= E(X^2) - \mu^2 \\ &= E(X^2) - [E(X)]^2 \end{aligned}$$

즉, 분산은 '확률변수의 제곱의 기댓값'에서 '확률변수의 기댓값의 제곱'을 뺀 것이 된다.

예 4.22

이산형 확률변수 X의 확률분포표가 다음과 같을 때, X의 분산을 구하여 보자.

x	0	1	2	3	합
$P(X=x)$	1/8	3/8	3/8	1/8	1

풀이 $E(X)$, $E(X^2)$은 각각 다음과 같이 계산되므로

$$E(X)=\sum_x x\,P(X=x)=\left(0\times\frac{1}{8}\right)+\left(1\times\frac{3}{8}\right)+\left(2\times\frac{3}{8}\right)+\left(3\times\frac{1}{8}\right)=\frac{3}{2}$$

$$E(X^2)=\sum_x x^2\,P(X=x)=\left(0^2\times\frac{1}{8}\right)+\left(1^2\times\frac{3}{8}\right)+\left(2^2\times\frac{3}{8}\right)+\left(3^2\times\frac{1}{8}\right)=3,$$

$$Var(X)=E(X^2)-[E(X)]^2=3-\left(\frac{3}{2}\right)^2=\frac{3}{4}$$

이다.

예 4.23

연속형 확률변수 X의 확률밀도함수가 다음과 같을 때, $Var(X)$를 구하여 보자.

$$f_X(x)=1,\quad 0\le x\le 1$$

풀이 $E(X)=\int_0^1 x\,dx=\left[\frac{x^2}{2}\right]_0^1=\frac{1}{2}$, $E(X^2)=\int_0^1 x^2\,dx=\left[\frac{x^3}{3}\right]_0^1=\frac{1}{3}$이므로

$Var(X)=E(X^2)-[E(X)]^2=\frac{1}{3}-\left(\frac{1}{2}\right)^2=\frac{1}{12}$이다.

■ 분산의 특성

X를 확률변수, a, b를 상수라고 할 때, 다음이 성립한다.

$$Var(aX+b)=a^2\,Var(X)$$

위 특성은 확률변수에 상수를 곱하면 상수의 제곱이 원래의 분산에 곱해지며, 상수를 더하는 것은 평행이동을 시킨 셈이므로 분포의 퍼진 정도는 변함이 없으므로 분산의 값에 영향을 미치지 않는다는 것이다. $Y=aX+b$라 하고, $Var(Y)$를 구하여 보자.

기댓값의 특성에 따라 $E(Y)=E(aX+b)=aE(X)+b$이므로 다음을 알 수 있다.

$$\begin{aligned}
Var(Y)&=E(Y^2)-[E(Y)]^2\\
&=E[(aX+b)^2]-[aE(X)+b]^2\\
&=E(a^2X^2+2abX+b^2)-a^2[E(X)]^2-2abE(X)-b^2\\
&=a^2E(X^2)+2abE(X)+b^2-a^2[E(X)]^2-2abE(X)-b^2\\
&=a^2\{E(X^2)-[E(X)]^2\}\\
&=a^2\,Var(X)
\end{aligned}$$

4.7.3 공분산과 상관계수

확률변수가 두 개 있을 때, 이들 사이에는 어떤 통계적 관계가 있는지, 관계가 있다면 그 정도(intensity)는 얼마나 되는지를 살펴볼 필요가 있다. 예를 들면, 키와 몸무게는 어떤 관계를 가지고 있는지, 소득수준과 소비성향은 어떤 관계를 가지고 있는지를 설명해야 하는 것 등이다. 이러한 관계를 설명하고자 할 때 사용하는 통계량이 상관계수(correlation coefficient)이며, 상관계수를 정의하기 위해 먼저 공분산(covariance)을 다음과 같이 정의한다.

■ 공분산

두 확률변수 X, Y의 평균을 $\mu_X = E(X)$, $\mu_Y = E(Y)$라 할 때, 두 편차 $X-\mu_X, Y-\mu_Y$의 곱의 기댓값을 두 확률변수의 공분산이라고 하며 $Cov(X, Y)$로 표현한다. 즉,

$$Cov(X, Y) = E[(X-\mu_X)(Y-\mu_Y)]$$

이다.

위와 같이 정의되는 공분산은 두 확률변수의 결합분포를 알고 있는 경우에 구할 수 있으며, 두 확률변수 사이의 선형(linear) 관계의 정도를 나타내는 상관계수를 구하기 위하여 반드시 알아야 하는 값이다.

공분산은 그 부호가 중요한 의미를 갖는데, 다음과 같이 두 편차 $X-\mu_X$, $Y-\mu_Y$의 부호와 이들의 곱의 부호를 살펴보자.

	$X-\mu_X$	$Y-\mu_Y$	$(X-\mu_X)(Y-\mu_Y)$
(1)	+	+	+
(2)	−	−	
(3)	+	−	−
(4)	−	+	

이를 그림으로 표현하면 다음과 같다.

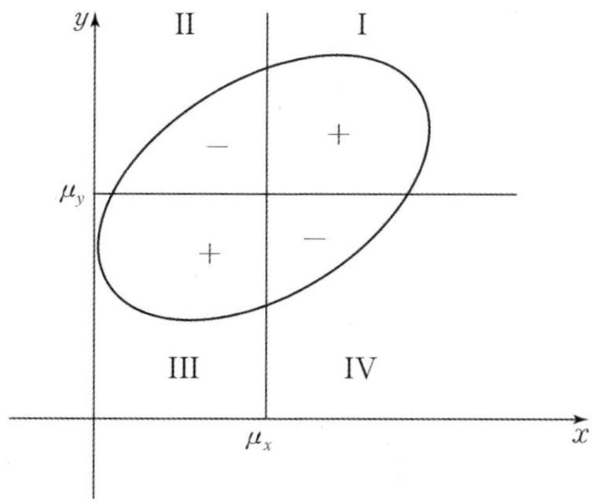

| **그림 4.9** | 공분산 부호의 이해도

앞서 정의한 바와 같이 공분산은 편차의 곱 $(X-\mu_X)(Y-\mu_Y)$에 기댓값을 취한 것이다. 기댓값은 평균의 의미이고, 이를 말로 설명하여 보면 '평균적으로', '대체적으로', 또는 '어떤 경향이 있다' 등으로 나타낼 수 있다. 따라서 위 그림에서 II, IV 사분면에 비해 I, III 사분면에 데이터가 많이 존재하면 공분산의 부호는 양(+)이 되고, 반대의 경우에는 음(−)이 된다. 따라서 두 변수의 관계가 양의 관계인지, 음의 관계인지에 대한 방향성을 파악할 수 있는 척도로 해석할 수 있다.

분산과 마찬가지로, 공분산은 다음과 같이 변형 공식을 사용하여 구하는 것이 편리한 경우가 많다.

$$
\begin{aligned}
Cov(X,Y) &= E[\,(X-\mu_X)(Y-\mu_Y)\,] \\
&= E[\,XY-\mu_X Y-\mu_Y X+\mu_X\mu_Y] \\
&= E(XY)-\mu_X E(Y)-\mu_Y E(X)+\mu_X\mu_Y \\
&= E(XY)-\mu_X\mu_Y-\mu_Y\mu_X+\mu_X\mu_Y \\
&= E(XY)-\mu_X\mu_Y \\
&= E(XY)-E(X)E(Y)
\end{aligned}
$$

여기서 $E(XY)$는 두 확률변수의 함수가 $g(X,Y)=XY$인 경우이므로 확률변수의 형태에 따라 다음과 같이 계산한다.

$$
E(XY)=\begin{cases} \sum_x\sum_y xy\,P(X=x,\,Y=y), & \text{이산형} \\ \int_{-\infty}^{\infty}\int_{-\infty}^{\infty} xy\,f_{X,Y}(x,y)\,dx\,dy, & \text{연속형} \end{cases}
$$

예 4.24

두 확률변수 X, Y의 결합확률분포표가 다음과 같을 때 $Cov(X,\ Y)$를 구하여 보자.

y \ x	1	2	3	$P(Y=y)$
1	1/3	0	0	1/3
2	0	1/3	0	1/3
3	0	0	1/3	1/3
$P(X=x)$	1/3	1/3	1/3	1

풀이 먼저 확률변수 X와 Y의 기댓값을 구하면 다음과 같으며

$$E(X) = \sum_x x\,P(X=x) = 1\times\frac{1}{3} + 2\times\frac{1}{3} + 3\times\frac{1}{3} = 2,$$

마찬가지로 $E(Y) = 2$이다.

또한 위의 표를 이용하여 XY에 대한 확률분포표를 구하면 다음 표와 같다.

(x, y)	(1,1)	(1,2)	(1,3)	(2,1)	(2,2)	(2,3)	(3,1)	(3,2)	(3,3)
xy	1	2	3	2	4	6	3	6	9
확률	1/3	0	0	0	1/3	0	0	0	1/3

따라서 $E(XY) = \frac{1}{3}(1+4+9) = \frac{14}{3}$ 이고, 공분산은 다음과 같다.

$$Cov(X,\ Y) = E(XY) - E(X)E(Y) = \frac{14}{3} - 2\times 2 = \frac{2}{3}$$

두 확률변수의 독립성과 공분산에 대하여 확률변수의 형태에 따라 알아보자.

두 이산형 확률변수 X와 Y가 서로 독립이면, X와 Y의 결합확률질량함수가 각 확률변수의 주변확률질량함수의 곱으로 표현되므로 $E(XY)$는 다음과 같다.

$$\begin{aligned} E(XY) &= \sum_x\sum_y xy\ P(X=x,\ Y=y) \\ &= \sum_x\sum_y xy\ P(X=x(P(Y=y) \\ &= \sum_x x\,P(X=x)\sum_y y\,P(Y=y) \\ &= E(X)E(Y) \end{aligned}$$

또한, 두 연속형 확률변수 X와 Y가 서로 독립이면, X와 Y의 결합확률밀도함수가 각 확률변수의 주변확률밀도함수의 곱으로 표현되므로 $E(XY)$는 다음과 같다.

$$\begin{aligned} E(XY) &= \int_{-\infty}^{\infty}\int_{-\infty}^{\infty} xy\ f_{X,Y}(x, y)dxdy \\ &= \int_{-\infty}^{\infty}\int_{-\infty}^{\infty} xy\ f_X(x)\,f_Y(y)dxdy \\ &= \int_{-\infty}^{\infty} x\,f_X(x)dx \int_{-\infty}^{\infty} y\,f_Y(y)dy \\ &= E(X)E(Y) \end{aligned}$$

따라서 두 경우 모두 $E(XY)=E(X)E(Y)$이므로 공분산 $Cov(X, Y)=E(XY)-E(X)E(Y)=0$이 되는 것을 알 수 있다. 그러나 그 역은 성립하지 않는 것에 주의하여야 한다. 즉, 서로 독립인 두 확률변수의 공분산은 0이지만, 공분산이 0이라고 해서 두 확률변수가 항상 서로 독립이라고는 말할 수 없다. 이 사실을 다음 예를 통하여 알아보자.

예 4.25

두 확률변수 X, Y의 결합확률분포표가 다음과 같다.

x \ y	0	1	2	$P(X=x)$
1	1/4	0	1/4	1/2
3	1/12	1/3	1/12	1/2
$P(Y=y)$	1/3	1/3	1/3	1

위 표에서 $P(X=1,\ Y=1)=0 \neq P(X=1)P(Y=1)=\dfrac{1}{6}$이므로 두 확률변수 X, Y는 서로 독립이 아니다. 이 경우, 두 확률변수의 공분산을 구해 보자.

풀이 먼저 확률변수 X와 Y의 기댓값을 구하면 다음과 같다.

$$E(X)=1\times\frac{1}{2}+3\times\frac{1}{2}=2,\ \ E(Y)=0\times\frac{1}{3}+1\times\frac{1}{3}+2\times\frac{1}{3}=1$$

또한 위의 표를 이용하여 XY에 대한 확률분포표를 구하면 다음 표와 같다.

xy	0	1	2	3	6
확률	1/3	0	1/4	1/3	1/12

따라서 $E(XY)=0\times\dfrac{1}{3}+1\times 0+2\times\dfrac{1}{4}+3\times\dfrac{1}{3}+6\times\dfrac{1}{12}=2$이므로, 공분산은

$$Cov(X, Y)=E(XY)-E(X)E(Y)=0$$

이다. 즉, 두 확률변수의 공분산이 0이지만 두 확률변수는 서로 독립이 아니다.

두 확률변수 X, Y의 합 또는 차에 대한 분산을 구하는 데에 공분산이 사용되는데 그 내용은 다음과 같다.

$$Var(X \pm Y) = Var(X) + Var(Y) \pm 2\,Cov(X, Y)$$

$W = X \pm Y$라 하면, $Var(W) = E(W^2) - [E(W)]^2$이다. 여기서

$$E(W^2) = E[(X \pm Y)^2] = E(X^2) + E(Y^2) \pm 2E(XY)$$
$$[E(W)]^2 = [E(X \pm Y)]^2 = [E(X)]^2 + [E(Y)]^2 \pm 2E(X)E(Y)$$

이므로 다음이 성립한다.

$$\begin{aligned} Var(X \pm Y) &= Var(W) \\ &= E(W^2) - [E(W)]^2 \\ &= \{E(X^2) - [E(X)]^2\} + \{E(Y^2) - [E(Y)]^2\} \pm 2\{E(XY) - E(X)E(Y)\} \\ &= Var(X) + Var(Y) \pm 2\,Cov(X, Y) \end{aligned}$$

또한 두 확률변수 X, Y가 서로 독립이면 공분산 $Cov(X, Y) = 0$이므로 다음이 성립한다.

$$Var(X \pm Y) = Var(X) + Var(Y), \quad X\text{와 } Y\text{가 서로 독립}$$

앞서 언급한 바와 같이 상관계수는 두 확률변수 사이의 선형 관계의 정도를 나타내는 모수이다. 통계학에서 선형 관계라는 것은 변수 변환을 통해서 선형이 되는 것을 모두 포함한다. 예를 들어, $y = ax^2 + bx + c\,(a \neq 0)$는 2차함수이므로 xy 평면상에서는 선형이 아니다. 그러나, 이 수식은 $y = a(x-p)^2 + q\,(a \neq 0)$의 형태로 변환 가능하고, $t = (x-p)^2$이라 하면, 이 식은 $y = at + q\,(a \neq 0)$이 되므로 이는 ty 평면상에서 직선이 된다. 이처럼 통계학에서 선형 관계라는 것은 그 적용 범위가 넓다고 할 수 있으며, 많은 경우 선형 관계를 가정하기도 한다. 따라서 상관계수의 의미가 중요하다.

두 확률변수 X, Y의 상관계수는 다음과 같이 정의한다.

■ 상관계수

두 확률변수 X, Y의 선형 관계의 척도인 상관계수는 $\rho(X, Y)$ 또는 $Corr(X, Y)$라고 표기하며 다음과 같이 정의한다.

$$\begin{aligned} \rho(X, Y) = Corr(X, Y) &= \frac{Cov(X, Y)}{\sqrt{Var(X)}\sqrt{Var(Y)}} \\ &= \frac{Cov(X, Y)}{\sigma_X \sigma_Y} \end{aligned}$$

여기서 $Cov(X, Y)$는 공분산, $\sigma_X^2 = Var(X)$, $\sigma_Y^2 = Var(Y)$는 각 확률변수의 분산을 의미한다.

두 확률변수의 상관계수를 구하기 위해서는 각 확률변수의 평균과 분산, 그리고 두 확률변수의 공분산도 알아야 한다. 또한 공분산이 분자의 자리에 있고, 표준편차는 모두 양(+)의 값이므로 상관계수의 부호는 공분산의 부호와 같아지는 것을 알 수 있다.

상관계수는 다음과 같이 표현할 수도 있다.

$$\begin{aligned}\rho(X, Y) = Corr(X, Y) &= \frac{Cov(X, Y)}{\sqrt{Var(X)}\sqrt{Var(Y)}} = \frac{Cov(X, Y)}{\sigma_X \sigma_Y} \\ &= \frac{E[(X-\mu_X)(Y-\mu_Y)]}{\sigma_X \sigma_Y} \\ &= E\left[\left(\frac{X-\mu_X}{\sigma_X}\right)\left(\frac{Y-\mu_Y}{\sigma_Y}\right)\right], \quad \mu_X = E(X), \quad \mu_Y = E(Y)\end{aligned}$$

여기서 $\frac{X-\mu_X}{\sigma_X}$와 같이 확률변수에서 평균을 빼 준 후, 표준편차로 나누는 과정을 확률변수의 표준화(standardization)라 한다. 표준화된 확률변수는 기댓값과 분산의 특성에 따라 평균 0, 분산 1이므로, 상관계수는 표준화된 두 확률변수의 공분산이라고 설명할 수 있다.

두 확률변수의 선형관계 정도를 나타내는 상관계수는 다음과 같은 의미를 갖는다.

■ 상관계수의 범위와 의미

- 상관계수의 범위: $-1 \le \rho(X, Y) \le 1$
- $\rho(X, Y) \to +1$: 양의 (선형) 상관관계
- $\rho(X, Y) \to -1$: 음의 (선형) 상관관계
- $\rho(X, Y) \to 0$: 무상관(uncorrelated) [독립과는 다른 개념]

위 상관계수의 특성을 살펴보면, 상관계수의 값은 -1과 $+1$ 사이에 존재하며, $+1$에 가까울수록 두 확률변수가 강한 양(+)의 선형관계를 가지고 -1에 가까울수록 두 확률변수가 강한 음(−)의 선형관계를 갖는다는 것이다. 또한 무상관이라는 것은 두 확률변수 사이의 관계를 선형관계로 보기 불가능하다는 것이며, '강한 선형관계'라는 것은 직선에 가깝다는 것을 의미한다. 다음 **그림 4.10**을 보면 이러한 내용을 쉽게 이해할 수 있다.

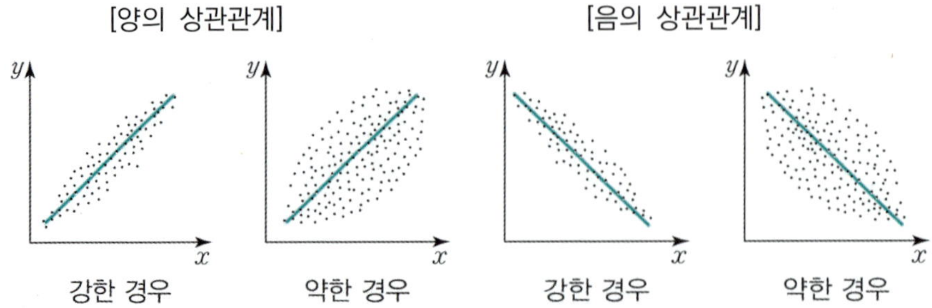

|그림 4.10| 상관계수 공분산 부호의 이해도

예 4.26

예 4.12의 두 확률변수 X와 Y의 상관계수를 구해보자.

먼저 $E(X)=\frac{7}{2}$이고 $E(Y)=\frac{21}{36}$인 것은 쉽게 구할 수 있고, $E(XY)$는 결합확률함수를 이용하여 다음과 같이 구할 수 있다.

$$\begin{aligned} E(XY) &= \sum_{x=1}^{6}\sum_{y=0}^{1} xy \cdot P(X=x, Y=y) \\ &= (1)(0)(\frac{5}{36})+(1)(1)(\frac{1}{36})+(2)(0)(\frac{4}{36})+(2)(1)(\frac{2}{36})+(3)(0)(\frac{3}{36})+(3)(1)(\frac{3}{36}) \\ &\quad +(4)(0)(\frac{2}{36})+(4)(1)(\frac{4}{36})+(5)(0)(\frac{1}{36})+(5)(1)(\frac{5}{36})+(6)(0)(\frac{0}{36})+(6)(1)(\frac{6}{36}) \\ &= \frac{91}{36} \end{aligned}$$

따라서 공분산은 다음과 같다.

$$Cov(X,Y)=E(XY)-E(X)E(Y)=\frac{91}{36}-\frac{7}{2}\cdot\frac{21}{36}=\frac{35}{72}$$

또한 X의 분산은 $Var(X)=\sigma_X^2=\frac{35}{3}$이고 Y의 분산은 $Var(Y)=\sigma_Y^2=\frac{35}{144}$이므로 상관계수는 다음과 같다.

$$\rho(X,\ Y)=\frac{Cov(X,\ Y)}{\sigma_X\cdot\sigma_Y}=\frac{\frac{35}{72}}{\sqrt{\frac{35}{15}}\cdot\sqrt{\frac{35}{144}}}\cong 0.58$$

상관계수의 값으로부터 확률변수 X와 Y는 어느 정도의 양의 선형관계를 가지고 있음을 알 수 있다.

예 4.27

확률변수 X, Y의 결합확률분포표가 **예 4.24**와 같을 때, $Corr(X, Y)$를 구하여 보자.

풀이 **예 4.24**로부터 $E(X)=2$, $E(Y)=2$, $Cov(X, Y)=\frac{2}{3}$임을 알고 있고, $Var(X)$, $Var(Y)$를 구해 보면 다음과 같다.

$$E(X^2)=\sum_x x^2 P(X=x)=1^2\times\frac{1}{3}+2^2\times\frac{1}{3}+3^2\times\frac{1}{3}=\frac{14}{3},$$

마찬가지로 $E(Y^2)=\frac{14}{3}$

$$Var(X)=E(X^2)-[E)X)]^2=\frac{14}{3}-2^2=\frac{2}{3},$$

마찬가지로 $Var(Y)=\frac{2}{3}$

따라서 상관계수는 다음과 같다.

$$Corr(X, Y)=\frac{Cov(X, Y)}{\sqrt{Var(X)}\sqrt{Var(Y)}}=\frac{2/3}{\sqrt{2/3}\sqrt{2/3}}=1$$

즉, 두 확률변수의 관계는 완전한 양(+)의 선형(직선) 관계이다.

상관계수 두 변수의 관계 중에서 선형(linear) 관계의 정도(intensity)만을 나타내는 척도임에 주목하여야 한다. 비선형(nonlinear) 관계를 갖고 있는 두 변수에 대해 상관계수를 구하면 어떤 결과가 나타나는지 알아보자.

확률변수 X가 다음과 같은 이산형 분포를 따른다고 하자.

$$\Pr(X=x)=\frac{1}{3},\quad x=-1,\ 0,\ 1$$

만일 확률변수 Y가 $Y=X^2$라는 관계에 의해 완전히 결정된다고 하면 Y는 다음과 같은 이산형 확률분포를 가진다.

$$\Pr(Y=y)=\begin{cases}\frac{2}{3}, & y=1\text{일 때}\\ \frac{1}{3}, & y=0\text{일 때}\end{cases}$$

위 확률분포로부터

$$E(X)=-1\times\frac{1}{3}+0\times\frac{1}{3}+1\times\frac{1}{3}=0$$

$$E(Y) = 1 \times \frac{2}{3} + 0 \times \frac{1}{3} = \frac{2}{3}$$

$$E(XY) = -1 \times 1 \times \frac{1}{3} + 0 \times 0 \times \frac{1}{3} + 1 \times 1 \times \frac{1}{3} = 0$$

이 되어

$$Cov(X, Y) = E(XY) - E(X)E(Y) = 0 - 0 \cdot \frac{2}{3} = 0$$

이다. 따라서 공분산이 0이므로 상관계수의 값은 $\rho(X, Y) = 0$이 된다. 이와 같이 Y는 X에 의해 완전히 결정되는 극단적인 관계에 있지만 이는 선형관계에 의한 것이 아니기 때문에 $\rho(X, Y) = 0$이 되는 경우를 보여주고 있다. 즉, $\rho(X, Y) = 0$이라고 해서 두 확률변수 사이에 아무 관계가 없다고 함부로 결론을 내리는 것은 옳지 않은 것을 알 수 있다.

이 장에서 배운 평균, 분산, 공분산, 상관계수의 성질을 이용하면 다음과 같이 공분산과 상관계수의 성질을 유도할 수 있다.

■ 공분산과 상관계수의 특성

X, Y를 확률변수, a, b, c, d를 상수라고 할 때, 다음이 성립한다.

1. $Cov(aX+b,\ cY+d) = acCov(X,\ Y)$
2. $Corr(aX+b,\ cY+d) = \begin{cases} Corr(X,\ Y) & \text{if } ac > 0 \\ -Corr(X,\ Y) & \text{if } ac < 0 \end{cases}$

4.8 R 실습

```r
library("MASS")
```

4.8.1 확률분포

(1) 이산형 확률분포

예 4.3에서 표현한 이산형 확률분포 그래프를 그려보자.

```
1 # 확률변수 X의 값
2 X <- 0:3
3 # 확률변수 X의 확률
4 P.X <- c(1/8, 3/8, 3/8, 1/8)
5 # 이산형 확률분포 그래프
6 plot(X, P.X, type="h", lty=2, ylim=c(0,0.5))
7 points(X, P.X, pch=19)
```

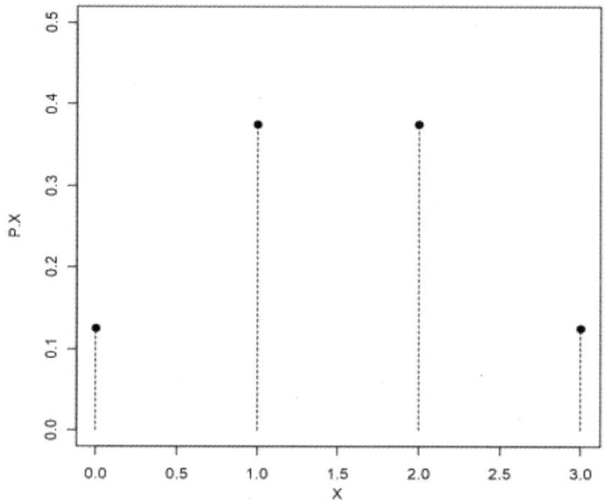

6줄: plot() 함수는 기본 값으로 산점도를 그린다. 확률변수의 값과 확률을 입력하고 type="h" 옵션을 사용하면, 이산형 확률분포 그래프를 그릴 수 있다. lty=2는 확률의 높이를 점선으로 그리며, ylim=c(0,0.5)은 y축의 범위를 0에서 0.5로 표현한다.

7줄: 6줄에서 그린 그래프 위에 확률변수의 값과 확률을 점으로 표시한다. pch=19는 점의 종류를 설정한다.

(2) 연속형 확률분포

예 4.5의 연속형 확률분포 그래프를 그려보자.

```
# x의 범위 설정
x <- seq(-1, 2, 0.001)
# 균등분포 그림
plot(x, dunif(x, 0, 1), type="l")
```

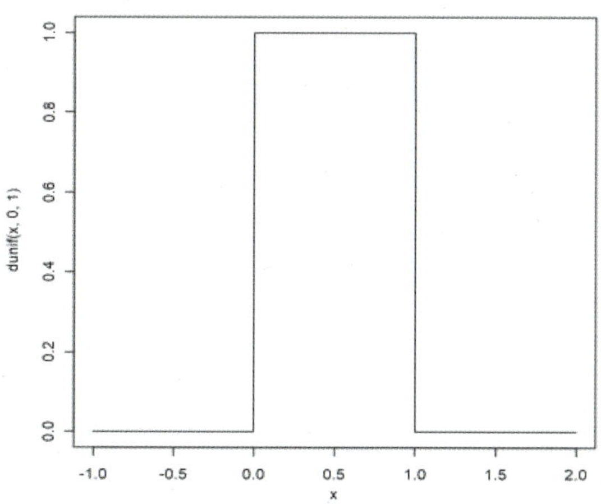

2줄: 그래프에 표현할 x의 값들을 저장한다. 범위는 -1부터 2까지 설정한다.

4줄: 주어진 확률밀도함수는 균등분포이다. R에서 제공하는 균등분포의 확률밀도함수 dunif()를 이용하여 그래프를 그린다. plot() 함수는 그림을 그리는 대표 함수로, type="l"을 설정하면 선으로 그래프를 표현한다.

(3) 연속형 확률변수의 확률 계산

예 4.5에서 주어진 확률밀도 함수를 정의하고, 주어진 구간의 적분을 통하여 확률을 계산할 수 있다.

```
1 # 확률밀도함수 f(x)
2 f <- function(x) ifelse(x>0 & x<1, 1, 0)
3 # 주어진 구간에서 적분
4 result <- integrate(f, 0.4, 0.7)
5 # 확률
6 result$value
```

0.3

2줄: 확률밀도함수를 f() 함수로 생성한다.

4줄: integrate() 함수를 사용하여 확률밀도함수 f(x)를 0.4에서 0.7 구간의 적분을 수행한다. 유한 구간인 경우 Wynn's Epsilon 알고리즘(algorithm)을 사용하여 수렴된 값과 오차를 함께 저장한다.

6줄: integrate() 함수로 구한 result 변수는 실제로 여러 가지 값을 가지고 있다. 그 중에서 하나의 값을 선택하려면 $ 기호를 사용한다. result$value의 의미는 "result 변수의 값 중 value에 해당하는 값"으로, 적분의 결과 값을 선택한다.

4.8.2 두 확률변수의 결합분포

(1) 결합확률분포표

예 4.25에 주어진 두 확률변수 X, Y의 결합확률분포표를 구하여 보자.

```
1 ### X, Y의 결합 확률분포표
2 X.value <- c(1,3)
3 Y.value <- 0:2
4 prob <- c(1/4,1/12,0,1/3,1/4,1/12)
5 prob.mat <- matrix(prob, length(X.value))
6 rownames(prob.mat) <- X.value
7 colnames(prob.mat) <- Y.value
8 prob.mat
```

A matrix: 2 × 3 of type dbl

	0	1	2
1	0.25000000	0.0000000	0.25000000
3	0.08333333	0.3333333	0.08333333

2줄: 확률변수 X의 값을 저장한다.

3줄: 확률변수 Y의 값을 저장한다.

4줄: 주어진 확률을 상하, 좌우의 방향으로 입력한다.
5줄: matrix() 함수를 사용하여 확률을 행렬로 저장한다. matrix(*값, 행의_개수, 열의_개수*) 형식으로 사용한다. *열의_개수*를 입력하지 않으면 자동으로 계산하여 실행한다.
6줄: 행렬의 행의 이름을 확률변수 X의 값으로 저장한다.
7줄: 행렬의 열의 이름을 확률변수 Y의 값으로 저장한다.
8줄: 생성한 확률분포표를 확인한다.

(2) 주변 확률분포표와 기댓값

확률변수 X의 주변 확률분포표와 기댓값을 구하여 보자.

```
1 # X의 주변 확률분포표
2 X.marginal <- apply(prob.mat, 1, sum)
3 fractions(X.marginal)
```

```
1   1/2
3   1/2
```

2줄: 확률변수 X의 주변 확률은 각 행의 값을 더하여 구해진다. apply() 함수는 apply(**행렬, 방향**(1=행, 2=열), **적용할_함수명**)의 형식으로 사용한다. 여기서는 apply() 함수를 사용하여 prob.mat(=**행렬**)을 행의 방향(=1)으로 더하는(=sum) 기능을 수행한다.
3줄: 구해진 확률을 분수로 나타낸다.

```
1 # X의 기댓값
2 E.X <- sum(X.value * X.marginal)
3 E.X
```

```
2
```

2줄: 확률변수 X의 기댓값은 X의 각 값과 그 값에 대응하는 주변 확률을 곱한 후 모두 더하여 계산한다.

확률변수 Y의 주변 확률분포표와 기댓값을 구하여 보자.

```
1 # Y의 주변 확률분포표
2 Y.marginal <- apply(prob.mat, 2, sum)
3 fractions(Y.marginal)
```

```
0   1/3
1   1/3
2   1/3
```

2줄: 확률변수 Y의 주변 확률은 각 행의 값을 더하여 구해진다. 여기서는 apply() 함수를 사용하여 prob.mat(=**행렬**)을 열의 방향(=2)으로 더하는(=sum) 기능을 수행한다.

```
1 # Y의 기댓값
2 E.Y <- sum(Y.value * Y.marginal)
3 E.Y
```

```
1
```

2줄: 확률변수 Y의 기댓값은 Y의 각 값과 그 값에 대응하는 주변 확률을 곱한 후 모두 더하여 계산한다.

(3) 공분산

공분산을 계산하기 위한 XY의 확률분포표와 기댓값을 구하여 보자

```
1 # XY의 확률분포표
2 XY.value <- outer(X.value, Y.value, function(x,y) x*y)
3 XY.prob <- tapply(prob.mat, XY.value, sum)
4 fractions(XY.prob)
```

```
  0    1    2    3    6
1/3    0  1/4  1/3 1/12
```

2줄: **outer()** 함수는 outer product를 계산하며 그 결과는 함수를 지정하여 원하는 작업을 가능하게 한다. 여기서는 xy를 구하기 위해 지정 함수로 x 곱하기 y를 사용하였다.

3줄: XY에 대응하는 확률을 계산하기 위하여 **tapply()** 함수를 사용하여 확률을 XY 별로 더하는 기능을 수행하였다.

```
1 # XY의 기댓값
2 XY.value <- as.integer(names(XY.prob))
3 E.XY <- sum(XY.value * XY.prob)
4 E.XY
```

```
2
```

2줄: 확률변수 XY의 기댓값은 XY의 각 값과 그 값에 대응하는 확률을 곱한 후 모두 더하여 계산한다.

공분산 계산 공식을 $Cov(X, Y) = E(XY) - E(X)E(Y)$을 이용하여 공분산을 구하여 보자.

```
1 # 공분산
2 XY.cov <- E.XY - E.X * E.Y
3 fractions(XY.cov)
```

```
0
```

2줄: 앞서 저장한 X의 기댓값, Y의 기댓값, XY의 기댓값을 이용하여 공분산을 계산한다.

(4) 상관계수

공분산이 0이므로 상관계수는 당연히 0이지만, 두 확률변수의 분산과 상관계수를 계산하여 보자.

```
1 # X의 분산
2 E.X.sq <- sum(X.value^2 * X.marginal)
3 X.var <- E.X.sq - E.X^2
4 fractions(X.var)
```

1

2줄: X^2의 기댓값을 계산한다.
3줄: 분산을 계산하는 공식을 이용하여 확률변수 X의 분산을 계산한다.

```
1 # Y의 분산
2 E.Y.sq <- sum(Y.value^2 * Y.marginal)
3 Y.var <- E.Y.sq - E.Y^2
4 fractions(Y.var)
```

2/3

2줄: Y^2의 기댓값을 계산한다.
3줄: 분산을 계산하는 공식을 이용하여 확률변수 Y의 분산을 계산한다.

```
1 # 상관계수
2 XY.cor <- XY.cov / sqrt(X.var) / sqrt(Y.var)
3 fractions(XY.cor)
```

0

2줄: X와 Y의 공분산을 X의 표준편차와 Y의 표준편차로 나누어 상관계수를 계산한다. 표준편차는 분산의 양의 제곱근이므로, 두 확률변수의 분산에 **sqrt()** 함수를 사용하여 표준편차를 구할 수 있다.

4.9 Python 실습

```
### 라이브러리
import pandas as pd
import numpy as np
from scipy import stats, integrate
from matplotlib import pyplot as plt
import itertools
```

4.9.1 확률분포

(1) 이산형 확률분포

예 4.3에서 표현한 이산형 확률분포 그래프를 그려보자.

```
1 # 확률변수 X의 값
2 X = [0,1,2,3]
3 # 확률변수 X의 확률
4 P_X = [1/8, 3/8, 3/8, 1/8]
5 # 이산형 확률분포 그래프
6 prob = pd.Series(P_X, index=X)
7 prob.plot.bar()
```

```
<matplotlib.axes._subplots.AxesSubplot at 0x213cfe823c8>
```

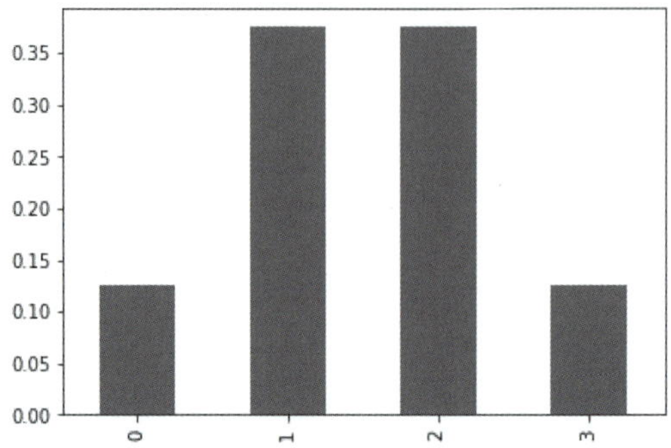

6줄: 확률변수 X의 확률에 인덱스를 X로 설정하여 **prob** 변수에 저장한다.
7줄: **plot.bar()** 함수를 이용하여 막대 그림으로 확률분포를 표현한다.

(2) 연속형 확률분포

예 4.5의 연속형 확률분포 그래프를 그려보자.

```
1 # x의 범위 설정
2 x = np.linspace(-1, 2, 1000)
3 # 균등분포 그림
4 dist=stats.uniform(0,1)
5 plt.plot(x, dist.pdf(x))
```

```
[<matplotlib.lines.Line2D at 0x213d1c0bec8>]
```

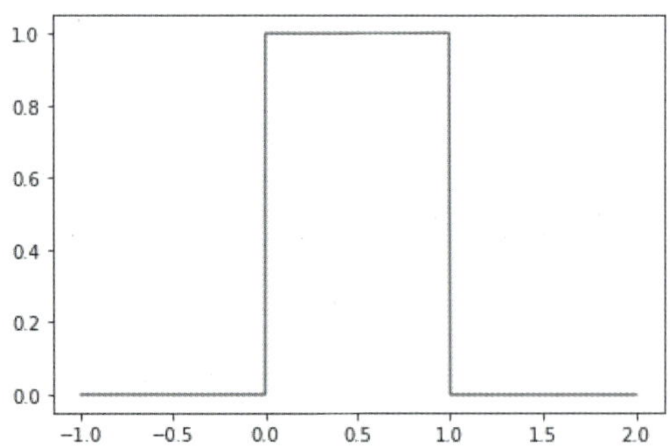

2줄: 그래프에 표현할 x의 값들을 저장한다. 범위는 -1부터 2까지 설정한다.
4줄: 주어진 확률밀도함수는 균등분포 $U(0,1)$이다. 파이썬에서 제공하는 균등분포의 확률밀도함수를 저장한다.
5줄: x의 값과 균등분포의 확률로 그래프를 그린다.

(3) 연속형 확률변수의 확률 계산

예 4.5에서 주어진 확률밀도 함수를 정의하고, 주어진 구간의 적분을 통하여 확률을 계산할 수 있다.

```
1 # 확률밀도함수 f(x)
2 def f(x):
3     return 1
4 # 주어진 구간에서 적분
5 ans, err = integrate.quad(f, 0.4, 0.7)
6 # 확률
7 round(ans, 4)
```

```
0.3
```

2줄~3줄: 확률밀도함수를 f() 함수로 생성한다.
5줄: integrate 라이브러리의 quad() 함수를 사용하여 적분을 계산한다. 계산된 결과의 값과 오차는 각각 ans, err 변수에 저장된다.
7줄: 부동 소수점의 문제를 해결하기 위해 round() 함수를 사용하여 소수점 5자리에서 반올림한 결과를 확인한다.

4.9.2 두 확률변수의 결합분포

(1) 결합확률분포표

예 4.25에 주어진 두 확률변수 X, Y의 결합확률분포표를 구하여 보자.

```
1  ### X, Y의 결합 확률분포표
2  X = [1,3]
3  X = pd.Series(X, index=X)
4  Y = [0,1,2]
5  Y = pd.Series(Y, index=Y)
6  pmf = pd.DataFrame(
7      [[ 1/4,    0,  1/4],
8       [1/12, 1/3, 1/12]
9      ], index=X, columns=Y)
10 pmf.index.name = "X"
11 pmf.columns.name = "Y"
12 pmf
```

Y X	0	1	2
1	0.250000	0.000000	0.250000
3	0.083333	0.333333	0.083333

2줄~3줄: X의 값을 저장한다.
4줄~5줄: Y의 값을 저장한다.
6줄~9줄: 주어진 확률을 입력하고, 인덱스와 열의 값을 저장한다.
10줄~11줄: 확률분포표의 인덱스와 열의 이름을 저장한다.

(2) 주변 확률분포표와 기댓값

확률변수 X의 주변 확률분포표와 기댓값을 구하여 보자.

```
1  # X의 주변 확률분포표
2  X_marginal = pmf.sum(axis=1)
3  X_marginal
```

```
X
1    0.5
3    0.5
dtype: float64
```

2줄: sum() 함수의 axis=1 옵션을 사용하여 확률분포표의 행에 대한 합을 계산한다.

```
1  # X의 기댓값
2  E_X = X*X_marginal
3  E_X = E_X.sum()
4  round(E_X, 4)
```

2줄: 확률변수 X의 값과 주변 확률을 각각 곱한 후 더하여 기댓값을 계산한다.

확률변수 Y의 주변 확률분포표와 기댓값을 구하여 보자.

```
1  # Y의 주변 확률분포표
2  Y_marginal = pmf.sum(axis=0)
3  Y_marginal
```

```
Y
0    0.333333
1    0.333333
2    0.333333
dtype: float64
```

2줄: sum() 함수의 axis=0 옵션을 사용하여 확률분포표의 열에 대한 합을 계산한다.

```
# Y의 기댓값
E_Y = Y * Y_marginal
E_Y = E_Y.sum()
round(E_Y, 4)
```

```
1.0
```

(3) 공분산

공분산을 계산하기 위한 XY의 확률분포표와 기댓값을 구하여 보자

```
1 # XY의 확률분포표
2 Z = pd.DataFrame(list(itertools.product(X,Y)))
3 Z.columns = ["X","Y"]
4 Z["XY"] = Z["X"] * Z["Y"]
5 Z["P"] =  pd.DataFrame(pmf.stack()).values
6 Z
```

	X	Y	XY	P
0	1	0	0	0.250000
1	1	1	1	0.000000
2	1	2	2	0.250000
3	3	0	0	0.083333
4	3	1	3	0.333333
5	3	2	6	0.083333

2줄: itertools 라이브러리에서 제공하는 product() 함수로 확률변수 X, Y의 곱으로 나타날 수 있는 모든 XY의 값을 구한다. 결과는 데이터프레임으로 저장한다.
3줄: 데이터프레임 열의 이름을 설정한다.
4줄: 두 확률변수 X, Y를 이용하여 XY의 값을 구한다.
5줄: 두 확률변수 X, Y의 결합확률분포표를 이용하여 X와 Y의 값에 대응하는 확률을 추출한다. 추출된 값은 데이터프레임에 "P" 이름으로 새로운 열을 생성한다.

```
1 # XY의 기댓값
2 Z["XY_P"] = Z["XY"] * Z["P"]
3 E_XY = Z["XY_P"].sum()
4 E_XY
```

```
2.0
```

2줄: XY의 값과 확률을 곱한 값을 데이터프레임에 "XY_P" 이름으로 새로운 열을 생성한다.
3줄: sum() 함수로 "XY_P"를 모두 더하여 XY의 기댓값을 계산한다.

공분산 계산 공식을 $Cov(X, Y) = E(XY) - E(X)E(Y)$을 이용하여 공분산을 구하여 보자.

```
1 # 공분산
2 XY_cov = E_XY - E_X * E_Y
3 round(XY_cov, 4)
```

```
0.0
```

(4) 상관계수

두 확률변수의 분산과 상관계수를 구하는 코드를 알아보자.

```
1 # X의 분산
2 E_X_sq = sum(X.values**2 * X_marginal)
3 X_var = E_X_sq - E_X**2
4 X_var
```

```
1.0
```

2줄: X^2의 기댓값을 계산한다.
3줄: 분산을 계산하는 공식을 이용하여 확률변수 X의 분산을 계산한다.

```
1 # Y의 분산
2 E_Y_sq = sum(Y.values**2 * Y_marginal)
3 Y_var = E_Y_sq - E_Y**2
4 Y_var
```

```
0.6666666666666665
```

2줄: Y^2의 기댓값을 계산한다.
3줄: 분산을 계산하는 공식을 이용하여 확률변수 Y의 분산을 계산한다.

```
1 # 상관계수
2 XY_cor = XY_cov / np.sqrt(X_var) / np.sqrt(Y_var)
3 round(XY_cor, 4)
```

```
0.0
```

2줄: X와 Y의 공분산을 X의 표준편차와 Y의 표준편차로 나누어 상관계수를 계산한다. 표준편차는 두 확률변수의 분산에 numpy 라이브러리의 **sqrt()** 함수를 사용하여 표준편차를 계산한다.

4장 연습문제 EXERCISES

01 확률변수 X의 확률분포가 다음과 같을 때, $E(X)$, $Var(X)$ 를 구하라. 또한 누적분포함수 $F(x)$를 구하고, 이를 그래프로 표현하라.

x	-1	0	2	5	합
$P(X=x)$	1/8	3/8	3/8	1/8	1

02 어떤 상자에 검은색 공 8개, 흰색 공 2개가 들어 있다. 이때 확률변수 X를 '처음으로 흰색 공을 뽑을 때까지 공을 뽑은 횟수'라고 하자.

(1) 확률변수 X의 확률질량함수 $P(X=x)$를 구하라.

(2) 확률변수 X의 누적분포함수 $F(x)$를 구하고, 이를 그래프로 표현하라.

03 주사위를 두 번 던져서 나타나는 눈금의 합을 확률변수 X라 할 때, X의 확률 분포를 구하고, 이를 그래프로 표현하라. 또한 평균과 분산을 구하라.

04 확률변수 X의 확률밀도함수 $f(x)$가 다음과 같을 때 물음에 답하라.

$$f(x) = \begin{cases} k(1-x)^2, & 0 < x < 1 \\ \quad 0 \quad , & \text{그 외에서} \end{cases}$$

(1) $f(x)$가 연속형 확률변수 X의 확률밀도함수가 되도록 상수 k를 결정하라.

(2) 누적분포함수 $F(x)$를 구하라.

(3) 확률변수 X의 평균과 분산을 구하라.

05 확률변수 X의 확률함수 $f(x)$가 다음과 같을 때 물음에 답하라.

$$f(x) = \begin{cases} kx^2, & 0 < x < 2 \\ 0 \ , & \text{그 외에서} \end{cases}$$

(1) $f(x)$가 연속형 확률변수 X의 확률밀도함수가 되도록 상수 k를 결정하라.

(2) 확률 $P(X \geq 1/2)$을 구하라.

(3) $E[2(X+1)^2]$를 구하라.

(4) 누적분포함수 $F(x)$를 구하라.

06 확률변수 X와 Y의 결합확률분포가 다음과 같을 때, 다음 물음에 답하라.

X \ Y	0	1	2
0	0.1	0.0	0.1
1	0.1	0.2	0.2
2	0.0	0.1	0.2

(1) $P(X=1,\ Y=1)$

(2) $P(X \le 1,\ Y \le 1)$

(3) $P(X=x)$

(4) $P(Y=y)$

(5) $P(X \le 1)$

(6) $P(X+Y \le 3)$

07 확률변수 X와 Y의 결합확률분포가 06과 같을 때, 다음 물음에 답하라.

(1) X와 Y의 평균, 표준편차를 구하라.

(2) X와 Y의 공분산, 상관계수를 구하라.

(3) X와 Y의 두 확률변수는 독립인가?

08 두 확률변수 X와 Y의 결합확률분포가 다음과 같을 때, 다음 물음에 답하라.

$$f(x, y) = \begin{cases} \frac{6}{5}(x^2+y), & 0<x<1,\ 0<y<1 \\ 0 \quad\quad\quad\ , & \text{그 외에서} \end{cases}$$

(1) 확률변수 X의 주변확률밀도함수를 구하라.

(2) 확률 $P(0<X<0.5,\ 0<Y<0.5)$을 구하라.

(3) 두 확률변수의 상관계수를 구하라.

(4) 두 확률변수는 독립인가? 그 이유는?

09 두 확률변수 X, Y의 결합확률분포가 다음과 같을 때, X, Y의 주변 확률분포함수를 구하라.

$$f_{X,Y}(x, y) = \frac{1}{2},\quad 0<y<x<2$$

10 X와 Y가 이산형 확률변수일 때 다음이 성립함을 보여라.

(1) $E(3X) = 3E(X)$

(2) $E(2X-3) = 2E(X)-3$

(3) $E(3X-2Y) = 3E(X)-2E(Y)$

(4) $Var(X-2Y) = Var(X)+4Var(Y)-4Cov(X, Y)$

11 빨간색 공(R) 3개, 파란색 공(B) 4개, 흰색 공(W)이 5개 들어 있는 항아리에서 임의로 두 개의 공을 선택한다. 다음 물음에 답하라.

(1) 확률변수 X를 뽑힌 공 가운데 빨간색 공의 수, 확률변수 Y를 뽑힌 공 가운데 흰색 공의 수라고 할 때, 확률변수 X와 Y의 결합확률분포를 구하라.

(2) (1)의 결과를 이용하여, 확률변수 X와 확률변수 Y의 주변확률분포를 구하라.

(3) $P(X+Y=2)$를 구하라.

(4) $E(X)$, $E(Y)$를 구하라.

(5) 확률변수 X와 Y가 독립인지 확인하라.

12 확률변수 X와 Y의 결합분포가 다음과 같다.

X \ Y	-1	0	1
0	1/3	0	1/3
1	0	1/3	0

(1) $Corr(X, Y)$를 구하라.

(2) 두 확률변수 X와 Y는 서로 독립인가?

05

이산형 확률분포

4장에서 설명한 바와 같이 확률변수는 통계학에서 가장 중요한 개념이며, 확률변수의 정의로부터 통계학이 시작된다고 할 수 있다. 이러한 확률변수에는 관측 가능한 값의 특성에 따라 이산형 확률변수와 연속형 확률변수가 있는 것도 4장에서 이미 다루었다.

확률변수는 고유의 유일한 확률분포를 갖기 때문에, 통계학에서는 확률변수와 확률분포라는 용어를 혼용하여 사용하는 것이 일반적이다. 여기서 확률분포라는 것은 확률분포표로 주어지거나 수식으로 요약하여 제시되는 것을 모두 포함한다. 그러나 앞서 설명한 바와 같이 확률분포를 수식으로 표현 가능한 경우에는, 수식의 형태로 제시하는 것이 이후 다양한 계산 과정에서 편리하다.

5장에서는 대표적인 이산형 확률분포를 정의하고, 각 분포의 특성을 알아보기로 한다. 여기서, 확률분포를 배워 본다고 하지 않고 '정의'한다고 한 이유는, 하나의 확률변수가 정의되면 그 정의로부터 자연스럽게 그 확률변수의 확률분포함수를 수리적으로 유도할 수 있기 때문이다. 즉, 확률변수의 확률분포함수는 암기의 대상이 아닌 것이며, 확률변수의 정의를 정확하게 이해하면 확률분포함수를 암기하고 있을 필요가 없다. 이 책에서는 특정 확률변수의 분포함수는 '이것이다'라고 제시하여 주입시키는 것을 지양하고, 가능하면 확률변수의 정의로부터 확률분포함수를 함께 유도해보기로 한다.

이 장에서 다루는 대표적인 이산형 확률분포는 모두 고유의 이름을 갖는 분포이다. 즉, 통계학을 배운 사람들끼리는 분포의 이름을 이야기하면, 그 분포가 갖고 있는 다양한 통계적 특성들을 서로 알고 있기 때문에 굳이 설명할 필요가 없다. 일반적인 모수 통계학에서는 모집단이 특정한 확률분포를 따르는 것을 가정하기 때문에, 확률분포의 정의와 특성을 잘 알고 있는 것은 매우 중요하다. 또한 전체 관심 대상 집단인 모집단의 특정 분포를 가정하게 되면, 모수가 모집단에 가정된 특정 분포를 결정하게 되므로, 분석자는 모수에 관심을 갖게 되며, 모수는 통계적 추론의 대상이 된다.

이제부터 대표적인 이산형 확률분포에 대하여 알아보자.

5.1 베르누이 분포

스위스 바젤 대학의 교수였던 야콥 베르누이(Jacob Bernoulli, 1654~1705)에 의해 만들어진 베르누이 분포(Bernoulli distribution)는 이산형 확률분포의 가장 기본이 되는 분포로서, 베르누이 시행(Bernoulli trial)의 결과에 대한 분포이다. 베르누이 시행은 성공(success)과 실패(failure), 양호(nondefective)와 불량(defective) 또는 앞면(head)과 뒷면(tail) 등과 같이 시행(trial)의 가능한 결과가 단 두 가지인 시행을 의미한다. 즉, 표본공간의 원소의 수가 두 개이다. 일반적으로 베르누이 시행의 결과는 '성공(s)'과 '실패(f)'로 표현하여 표본공간을 $\Omega=\{s, f\}$로 나타낸다. 여기서 '성공'과 '실패'라는 단어에 따옴표를 붙인 것은 사전적인 의미의 성공과 실패와는 다른 의미가 될 수 있다는 것을 나타내기 위함이다. 즉, '성공'은 관찰자가 관심을 갖는 결과로서, 세고 싶은 사건이 일어난 것을 의미하고, '실패'는 그 반대이다. 예를 들어, 동전 던지기에서 앞면이 나오는 것에 관심이 있는 경우에는, 앞면이 '성공', 뒷면이 '실패'가 된다. 다른 예로는, 어떤 시험의 탈락률에 관심이 있는 경우에는 시험에 탈락한 것이 '성공', 시험에 합격한 것이 '실패'가 되는 것이다.

그렇다면, 베르누이 분포에서 관심이 있는 모수는 무엇일까? 베르누이 분포는 베르누이 시행에서 '성공'에 관심이 있기 때문에 '성공'의 확률이 관심을 갖는 모수가 되며, 이 확률이 베르누이 분포함수를 유도하는 데 중요한 단서가 된다. 베르누이 시행에서 '성공'의 확률을 $p\,(0 \le p \le 1)$라 하고 확률분포함수를 찾아보자.

표본공간이 '성공'과 '실패' 단 두 가지로 구성되어 있는 경우를 고려해 보자. 즉, $\Omega=\{s, f\}$이다. 4장에서 설명한 바와 같이, 확률변수는 표본공간으로부터 실수값으로의 변환함수이고, 이산형 확률변수 X가 '성공'의 확률이 $p\,(0 \le p \le 1)$인 베르누이 분포를 따른다고 하면, 이를 통계학에서는 $X \sim Bernoulli(p),\ 0 \le p \le 1$이라고 표현한다. 관찰자는 '성공'의 횟수를 세는 것에 관심이 있으므로 '성공'이면 1, '실패'이면 0의 값을 확률변수의 값으로 부여하는 것이 합리적이다.

즉, 이산형 확률변수 X가 '성공'의 확률이 $p\,(0 \le p \le 1)$인 베르누이 분포를 따르면

$$P(\{\text{'성공'}\}) = P(X=1) = p,\ \ 0 \le p \le 1$$
$$P(\{\text{'실패'}\}) = P(X=0) = 1-p,\ \ 0 \le p \le 1$$

와 같이 나타낼 수 있고, 이를 확률분포표로 나타내면 다음과 같으며,

x	0	1	합
$P(X=x)$	p	$1-p$	1

이는 다음과 같이 표현할 수도 있다.

$$P(X=x) = \begin{cases} 1-p, & x=0 \\ \ \ p\ \ \ , & x=1 \end{cases}$$

이러한 내용을 바탕으로, '성공'의 확률이 $p\,(0 \le p \le 1)$인 베르누이 분포를 따르는 이산형 확률변수 X의 확률분포함수, 즉 확률질량함수를 구하여 보자.

앞서 언급한 바와 같이, 이처럼 가능한 경우를 나열하거나 확률분포표로 나타낸 것을 수식으로 표현할 수 있다면 수식의 형태로 제시하는 것이 이후 다양한 계산 과정에서 편리하다. 위 내용을 수식으로 표현하면 다음과 같다.

$$P(X=x)=p^x(1-p)^{1-x},\quad x=0,1$$

이를 베르누이 확률변수의 확률질량함수라고 한다. 위 식이 확률질량함수의 특성을 만족하는지를 살펴보면 다음과 같이 성립하는 것을 알 수 있다.

(i) $P(X=x)\ge 0$, 모든 x에 대하여 성립

(ii) $\sum_x P(X=x)=\sum_{x=0}^{1}P(X=x)=\sum_{x=0}^{1}p^{x(1-p)^{1-x}}=(1-p)+p=1$

다음으로 베르누이 분포의 평균과 분산을 구해 보자.

$$E(X)=\sum_{x=0}^{1}x\,P(X=x)=\sum_{x=0}^{1}x\,p^x(1-p)^{1-x}=p$$

$$E(X^2)=\sum_{x=0}^{1}x^2\,P(X=x)=\sum_{x=0}^{1}x^2\,p^x(1-p)^{1-x}=p$$

$$Var(X)=E(X^2)-[E(X)]^2=p-p^2=p(1-p)$$

따라서 베르누이 분포를 요약하면 다음과 같다.

■ $X\sim Bernoulli(p),\quad 0\le p\le 1$

$$P(X=x)=p^x(1-p)^{1-x},\quad x=0,1$$

$$E(X)=p$$

$$Var(X)=p(1-p)$$

5.2 이항분포

이항분포(Binomial distribution)는 성공의 확률이 $p\,(0\le p\le 1)$인 베르누이 시행을 독립적으로 n번 반복했을 때 얻은 성공의 횟수에 대한 분포이다. 이처럼 같은 분포를 따르는 것이 독립적으로 반복되는 것을 통계학에서는 '동일독립분포를 따른다(identically independently distributed).'고 하고 'iid'라고 표현한다. 즉, 이항 확률변수는 다음과 같이 서로 독립이고 성공의 확률이 같은 n개의 베르누이 확률변수를 고려하여 정의할 수 있다. 먼저 베르누이 확률변수를 다음과 같이 정의하자.

$$Y_i\sim iid\ Bernoulli(p),\quad i=1,2,\cdots,n$$

위와 같이 정의된 베르누이 확률변수를 사용하여 이항분포의 정의에 따라 이항 확률변수 X는 다음과 같이 표현할 수 있다.

$$X = \sum_{i=1}^{n} Y_i = Y_1 + \cdots + Y_n$$

다음 예를 통하여 이항분포의 확률질량함수를 유도하는 과정을 이해하여 보자.

예 5.1

성공의 확률이 $p\,(0 \le p \le 1)$이고 실패의 확률이 $1-p$ 인 베르누이 시행을 독립적으로 3 번 반복하여 시행하였을 때 얻은 성공의 횟수를 확률변수 X라 하자. 성공의 확률이 동일하고 각 시행은 서로 독립이므로 각 경우에 대한 확률은 각 시행의 결과에 대한 확률의 곱과 같아지므로 다음과 같다.

실험 결과			x	확률
1차	2차	3차		
s	s	s	3	p^3
s	s	f	2	$p^2(1-p)$
s	f	s	2	$p^2(1-p)$
f	s	s	2	$p^2(1-p)$
s	f	f	1	$p(1-p)^2$
f	s	f	1	$p(1-p)^2$
f	f	s	1	$p(1-p)^2$
f	f	f	0	$(1-p)^3$
합				1

위의 표에 X의 확률분포를 다음과 같이 얻을 수 있다.

$$P(X=3) = p^3,\ P(X=2) = 3p^2(1-p)$$
$$P(X=1) = 3p(1-p)^2,\ P(X=0) = (1-p)^3$$

이를 일반화하여 n번 시행해서 s가 x번 나오는 것은, x개의 s와 $n-x$개의 f가 배열되는 경우의 수인 중복순열과 같아진다. 즉, $\frac{n!}{x!(n-x)!} = \binom{n}{x} = {}_nC_x$가 된다. 따라서 성공의 확률이 $p\,(0 \le p \le 1)$인 베르누이 시행을 독립적으로 n번 반복했을 때 얻은 성공이 x번 얻을 확률은

$$P(X=x) = \binom{n}{x} p^x (1-p)^{n-x},\quad x = 0, 1, \cdots, n$$

이며, 이것이 이항 확률변수의 확률질량함수이다.

이항 확률변수는 $X \sim B(n, p)$라 표현하며, n은 일반적으로 미리 주어지므로, 모수는 매 시행에서의 성공의 확률 p, 즉 베르누이 시행에서의 성공의 확률 p이다.

위 식이 확률질량함수의 특성을 만족하는지를 살펴보면 다음과 같이 성립하는 것을 알 수 있다.

(i) $P(X=x) \geq 0$, 모든 x에 대하여 성립

(ii) 이항정리에 따라 $\sum_{x=0}^{n} P(X=x) = \sum_{x=0}^{n} \binom{n}{x} p^x (1-p)^{n-x} = [p+(1-p)]^n = 1$

다음으로 이항분포의 평균과 분산을 구해 보자. 이항분포의 평균과 분산을 구하는 방법으로는, 이산형 확률변수의 평균과 분산을 구하는 방법, 이항 확률변수의 정의를 이용하는 방법, 적률생성함수(moment generating function)를 이용하는 방법 등 세 가지가 있는데, 여기서는 앞의 두 가지 방법에 대하여 알아보자. **방법 1**은 다소 계산과정이 길어 보일 수 있으나, 이러한 계산과정에서 배울 것이 많이 있기 때문에 익혀 두는 것이 중요하다.

[방법 1] 이산형 확률변수의 평균과 분산을 구하는 방법

$$
\begin{aligned}
E(X) &= \sum_{x=0}^{n} xP(X=x) = \sum_{x=0}^{n} x \binom{n}{x} p^x (1-p)^{n-x} \\
&= \sum_{x=0}^{n} x \frac{n!}{x!\,(n-x)!} p^x (1-p)^{n-x} \\
&= \sum_{x=1}^{n} x \frac{n!}{x!\,(n-x)!} p^x (1-p)^{n-x} \\
&= np \sum_{x=1}^{n} \frac{(n-1)!}{(x-1)!\,(n-x)!} p^{x-1} (1-p)^{(n-1)-(x-1)}
\end{aligned}
$$

여기서 $y=x-1$, $m=n-1$이라 하고 다시 정리하여 계산하면 다음과 같다.

$$
\begin{aligned}
E(X) &= np \sum_{x=1}^{n} \frac{(n-1)!}{(x-1)!\,(n-x)!} p^{x-1} (1-p)^{(n-1)-(x-1)} \\
&= np \sum_{y=0}^{m} \frac{m!}{y!\,(m-y)!} p^y (1-p)^{m-y} \\
&= np \sum_{y=0}^{m} \binom{m}{y} p^y (1-p)^{m-y} \\
&= np
\end{aligned}
$$

분산을 구하기 위해서는 $E(X^2)$을 구하여야 하는데 이를 직접 구하는 것은 계산과정이 복잡

하기 때문에, 이처럼 확률질량함수에 $\binom{n}{x} = \dfrac{n!}{x!(n-x)!}$ 와 같이 팩토리얼(factorial)이 있는 경우 팩토리얼의 특성을 이용하여 $E[(X(X-1)]$을 먼저 구하고 분산을 구하는 것이 좋은 방법이다. 즉, 이 경우에 $E[(X(X-1)] = E(X^2) - E(X) = E(X^2) - np$ 인 것을 이용한다.

$$
\begin{aligned}
E[X(X-1)] &= \sum_{x=0}^{n} x(x-1)P(X=x) \\
&= \sum_{x=0}^{n} x(x-1)\binom{n}{x} p^x (1-p)^{n-x} \\
&= \sum_{x=0}^{n} x(x-1)\frac{n!}{x!\,(n-x)!} p^x (1-p)^{n-x} \\
&= \sum_{x=2}^{n} x(x-1)\frac{n!}{x!\,(n-x)!} p^x (1-p)^{n-x} \\
&= n(n-1)p^2 \sum_{x=2}^{n} \frac{(n-2)!}{(x-2)!\,(n-x)!} p^{x-2}(1-p)^{(n-2)-(x-2)}
\end{aligned}
$$

여기서 $y = x-2$, $m = n-2$이라 하고 다시 정리하여 계산하면 다음과 같다.

$$
\begin{aligned}
E[X(X-1)] &= n(n-1)p^2 \sum_{x=2}^{n} \frac{(n-2)!}{(x-2)!\,(n-x)!} p^{x-2}(1-p)^{(n-2)-(x-2)} \\
&= n(n-1)p^2 \sum_{y=0}^{m} \frac{m!}{y!\,(m-y)!} p^{y}(1-p)^{m-y} \\
&= n(n-1)p^2 \sum_{y=0}^{m} \binom{m}{y} p^{y}(1-p)^{m-y} \\
&= n(n-1)p^2
\end{aligned}
$$

따라서

$$
E[(X(X-1)] = E(X^2) - E(X) = E(X^2) - np = n(n-1)p^2
$$

이므로

$$
E(X^2) = n(n-1)p^2 + np
$$

이다. 따라서 분산은 다음과 같다.

$$
Var(X) = E(X^2) - E(X) = n(n-1)p^2 + np - (np)^2 = np(1-p)
$$

[방법 2] 이항 확률변수의 정의를 이용하는 방법

$$
Y_i \sim iid\ Bernoulli(p),\ \ i = 1, 2, \cdots, n
$$

이라 하면 $E(Y_i) = p$, $Var(Y_i) = p(1-p)$이고, Y_i 들은 서로 독립이므로 $Cov(Y_i, Y_j) = 0$,

$\forall i \neq j$이다. 이항 확률변수를 X라 하면

$$X = \sum_{i=1}^{n} Y_i = Y_1 + \cdots + Y_n$$

이므로, 이항 확률변수를 X 평균과 분산은 각각 다음과 같이 구할 수 있다.

$$E(X) = E\left(\sum_{i=1}^{n} Y_i\right) = E(Y_1 + \cdots + Y_n) = E(Y_1) + \cdots + E(Y_n) = np$$

$$\begin{aligned} Var(X) &= Var\left(\sum_{i=1}^{n} Y_i\right) = Var(Y_1 + \cdots + Y_n) \leftarrow \text{독립} \\ &= Var(Y_1) + \cdots + Var(Y_n) = np(1-p) \end{aligned}$$

따라서 이항분포를 요약하면 다음과 같다.

■ $X \sim B(n, p)$, $0 \leq p \leq 1$

$$P(X = x) = \binom{n}{x} p^x (1-p)^{n-x}, \quad x = 0, 1, \cdots, n$$

$$E(X) = np$$

$$Var(X) = np(1-p)$$

예 5.2

야구 선수가 매번 타석에서 얻은 결과가 안타 또는 아웃 두 가지라고 하자. 평균 타율이 3할인 야구 선수가 10번 타석에 들어갔을 때, 이 선수가 때린 안타 수의 분포를 구하고, 안타를 3개 때릴 확률과 4개 이하를 때릴 확률, 그리고 이 선수가 때린 안타의 수의 평균과 분산은?

풀이 확률변수 X를 '10번 타석에서 이 선수가 때린 안타의 수'라고 하면, $X \sim B(10, 0.3)$이므로

확률질량함수: $P(X = x) = \binom{10}{x} (0.3)^x (0.7)^{10-x}, \quad x = 0, 1, \cdots, 10$

안타를 3개 때릴 확률: $P(X = 3) = \binom{10}{3} (0.3)^3 (0.7)^7 = 0.267$

안타를 4개 이하를 때릴 확률: $P(X \leq 4) = \sum_{x=0}^{4} \binom{10}{x} 0.3^x \, 0.7^{10-x} = 0.850$

평균: $E(X) = np = 10 \times 0.3 = 3$

분산: $Var(X) = np(1-p) = 10 \times 0.3 \times 0.7 = 2.1$

또한 확률질량함수를 그려보면 다음과 같다.

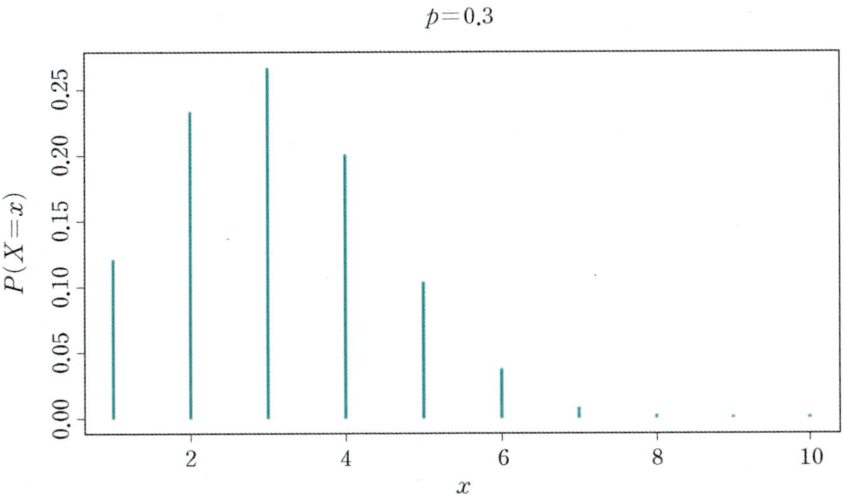

| 그림 5.1 | $X \sim B(10, 0.3)$의 확률질량함수

예 5.3

어떤 전자 부품의 불량률은 3%라고 한다. 생산된 제품 중에서 임의로 30개를 선정하여 조사하였을 때 발견되는 불량품의 개수를 X라 하면, 확률변수 X는 $B(30, 0.03)$을 따른다. 이때, 다음 경우의 확률을 계산해 보자(부록의 누적 이항 확률분포표를 사용해도 된다).

풀이 (1) 불량품이 하나도 없을 확률: $P(X=x)=\binom{30}{x}(0.03)^x(0.97)^{30-x}$, $x=0, 1, \cdots, 30$ 이므로

$$P(X=0)=\binom{30}{0}(0.03)^0(0.97)^{30}=0.4010$$

(2) 불량품이 1개 있을 확률:

$$P(X=1)=\binom{30}{1}(0.03)^1(0.97)^{29}=0.3721$$

(3) 불량품이 2개 이상일 확률:

$$\begin{aligned} P(X \geq 2) &= 1-P(X \leq 1)=1-P(X=0)-P(X=1) \\ &= 1-0.4010-0.3721=0.2269 \end{aligned}$$

예 5.4

비행기의 각 엔진은 독립적으로 $(1-p)$의 확률로 고장이 난다고 가정하자. 또한 이들 엔진 가운데 적어도 50%가 작동되면 안전하게 비행할 수 있다고 한다. 이때, 엔진이 네 개인 '4발 엔진 비행기'가 엔진이 두 개인 '2발 엔진 비행기'보다 더 안전하다고 할 수 있는 확률 p의 범위를 구하여 보자.

풀이 4발 엔진 비행기가 안전하게 비행할 확률은 다음과 같다.

$$1-\binom{4}{0}p^0(1-p)^4-\binom{4}{1}p(1-p)^3 = 1-(1-p)^4-4p(1-p)^3$$

또한 2발 엔진 비행기가 안전하게 비행할 확률은 다음과 같다.

$$1-\binom{2}{0}p^0(1-p)^2 = 1-(1-p)^2$$

따라서 4발 엔진 비행기가 2발 엔진 비행기보다 더 안전하다는 것은 다음과 같이 표현할 수 있으므로

$$1-(1-p)^4-4p(1-p)^3 > 1-(1-p)^2$$

이 부등식을 정리하면 $p(1-p)^2(3p-2)>0$이고 $0 \le p \le 1$이므로 $p > \frac{2}{3}$이다.

5.3 포아송 분포

프랑스의 수학자 시메옹 드니 포아송(Simeon Denis Poisson, 1781~1840)에 의해 처음 제안된 포아송 분포(Poisson distribution)는 이항분포를 근사시키는 과정에서 만들어진 분포이다. 다음 예를 살펴보자.

예 5.5

S 생명보험회사의 조사에 따르면 어떤 특정 질병으로 인하여 생명보험 가입자 한 명이 1년 이내에 사망할 확률이 0.00001이라고 한다. 만약 이 보험회사의 생명보험 가입자가 10만 명이라면, 어느 해에 이 병으로 사망할 사람에게 보험금이 지급되는 건수가 5건 이상일 확률을 구하여 보자.

풀이 확률변수 X를 '보험금 지급건수'라고 하면, $X \sim B(100000,\ 0.00001)$이다. 따라서

$$P(X \ge 5) = 1-P(X \le 4) = 1-\sum_{x=0}^{4}\binom{100000}{x}0.00001^x 0.99999^{100000-x} = ?$$

으로 표현되므로 지금은 계산기를 사용하거나 통계 프로그램을 통하여 쉽게 구할 수 있으나, 포아송이 살던 그 옛날에는 이를 손으로 직접 계산하는 것은 결코 간단한 일이 아니었다. 포아송은 이러한 경우에 정확한 확률값에 가까운 근사 확률을 어떻게 하면 구할 수 있을까를 연구하였고, 그 결과가 바로 포아송 분포이다.

포아송 분포는 단위구간(시간) 내에 발생하는 특정한 변화의 수에 대한 분포로 알려져 있다. 즉, 단위구간 내에 어떤 사건이 평균 λ번 발생한다면, 그 구간 내에서 발생하는 사건의 수 X는 모수가 λ인 포아송 분포를 따른다고 하며, $X \sim Poisson(\lambda)$라 표현하고 확률질량함수는 다음과 같으며, 이항분포로부터 이것이 유도되는 과정은 나중에 설명하기로 한다.

$$P(X=x) = \frac{e^{-\lambda}\lambda^x}{x\,!}, \quad x=0,\,1,\,2,\,\cdots$$

평균 λ 값의 변화에 따라 포아송 분포의 확률질량함수를 그려 보면 다음과 같다.

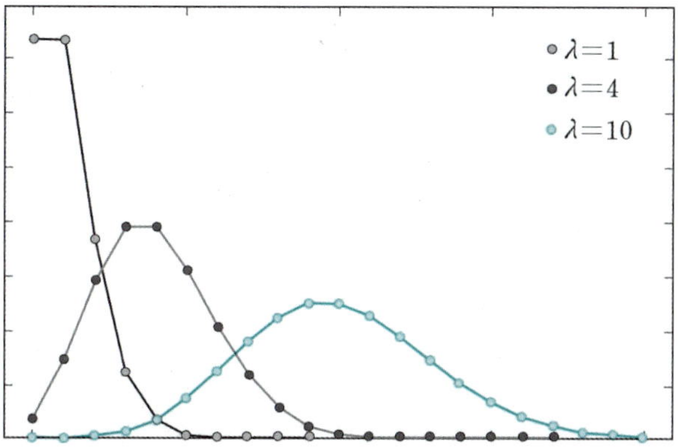

| 그림 5.2 | λ 값의 변화에 따른 포아송 분포

또한 포아송 분포가 적용되는 실생활의 예는 다음과 같이 다양하다.

■ 포아송 분포가 적용되는 실생활의 예

- 매 시간당 은행 창구를 방문하는 고객 수
- 주어진 일정 생산시간 동안 발생하는 불량품 수
- 하루 동안 발생하는 출생자 수
- 한 시간 동안 톨게이트를 통과하는 노란색 자동차의 수
- 책 페이지마다 발생하는 오타의 수
- 특정량의 방사선을 DNA에 쬐였을 때 발생하는 돌연변이의 수
- 특정 면적의 반도체 웨이퍼에 발생하는 결점의 수

다음으로 식 $P(X=x) = \dfrac{e^{-\lambda}\lambda^x}{x\,!}, \quad x=0,\,1,\,2,\,\cdots$이 확률질량함수의 특성을 만족하는지를

$\sum_{x=0}^{\infty} \frac{\lambda^x}{x\,!} = e^{\lambda}$를 이용하여 살펴보자.

(i) $P(X=x) = \frac{e^{-\lambda}\lambda^x}{x\,!} \geq 0$

(ii) $\sum_{x=0}^{\infty} P(X=x) = \sum_{x=0}^{\infty} \frac{e^{-\lambda}\lambda^x}{x\,!} = e^{-\lambda}\sum_{x=0}^{\infty}\frac{\lambda^x}{x\,!} = e^{-\lambda}e^{\lambda} = 1$

다음으로 포아송 분포의 평균과 분산을 구해 보자.

$$\begin{aligned} E(X) &= \sum_{x=0}^{\infty} x\,\frac{e^{-\lambda}\lambda^x}{x\,!} = \sum_{x=1}^{\infty} x\,\frac{e^{-\lambda}\lambda^x}{x\,!} \\ &= \lambda\sum_{x=1}^{\infty}\frac{e^{-\lambda}\lambda^{x-1}}{(x-1)\,!} = \lambda\sum_{z=0}^{\infty}\frac{e^{-\lambda}\lambda^z}{z\,!} = \lambda e^{-\lambda}\sum_{z=0}^{\infty}\frac{\lambda^z}{z!} = \lambda \end{aligned}$$

분산은 이항분포에서 사용했던 방법을 사용하여 다음과 같이 구한다.

$$\begin{aligned} E[X(X-1)] &= \sum_{x=0}^{\infty} x(x-1)\cdot\frac{e^{-\lambda}\lambda^x}{x\,!} \\ &= \lambda^2\sum_{x=2}^{\infty}\frac{e^{-\lambda}\lambda^{x-2}}{(x-2)\,!} = \lambda^2\sum_{z=0}^{\infty}\frac{e^{-\lambda}\lambda^z}{z\,!} = \lambda^2 e^{-\lambda}\sum_{z=0}^{\infty}\frac{\lambda^z}{z!} = \lambda^2 \\ &= E(X^2 - X) = E(X^2) - E(X) = E(X^2) - \lambda \end{aligned}$$

$$Var(X) = E(X^2) - [E(X)]^2 = (\lambda^2 + \lambda) - \lambda^2 = \lambda$$

따라서 포아송 분포를 요약하면 다음과 같다.

■ $X \sim Poisson(\lambda),\ \lambda > 0$

$$P(X=x) = \frac{e^{-\lambda}\lambda^x}{x\,!},\quad x = 0, 1, 2, \cdots$$

$$E(X) = \lambda$$

$$Var(X) = \lambda$$

여기서 알 수 있는 흥미로운 사실은, 포아송 분포의 평균과 분산이 서로 같다는 것이며, 알려진 이산형 확률분포에서 이러한 특성을 갖는 것은 포아송 분포가 유일하다,

이제 이항분포로부터 포아송 분포가 유도되는 과정을 살펴보자. 즉, 이항분포의 확률질량함수가 n이 커지고 p가 작으며 $np \approx \lambda$인 경우에 다음과 같이 변형 가능하고

$$\binom{n}{x}p^x(1-p)^{n-x} = \frac{1}{x!}n\cdot(n-1)\cdots(n-x+1)\left(\frac{\lambda}{n}\right)^x\left(1-\frac{\lambda}{n}\right)^{n-x}$$
$$= \frac{\lambda^x}{x!}\left(1-\frac{\lambda}{n}\right)^n\left(1-\frac{\lambda}{n}\right)^{-x}\cdot 1\cdot\left(1-\frac{1}{n}\right)\cdots\left(1-\frac{x-1}{n}\right)$$

n이 충분히 클 때 $\left(1-\frac{\lambda}{n}\right)^n \approx e^{-\lambda}$이므로 다음이 성립함을 알 수 있다.

$$\binom{n}{x}p^x(1-p)^{n-x} \approx \frac{e^{-\lambda}\lambda^x}{x!}$$

따라서 이항분포의 확률질량함수가 포아송 분포의 확률질량함수에 근사하는 것을 알 수 있다. 즉, $X \sim B(n,p) \approx Poisson(\lambda)$, $\lambda = np$가 되는 것이며 이 경우 확률질량함수는 다음과 같이 표현한다.

$$P(X=x) = \frac{e^{-np}(np)^x}{x!},\quad x=0,\ 1,\ 2,\ \cdots$$

참고로, p가 0.5 근처의 값을 갖는 경우, 즉 이항분포가 어느 정도 좌우대칭의 형태를 갖는 경우에는 고교과정에서 배운 바와 같이 이항분포는 나중에 배울 정규분포에 근사하게 되며, 이 내용은 정규분포를 배운 후에 다시 설명하기로 한다.

예 5.6

휴대폰 통화 서비스에 가입한 20대 사용자들은 시간당 평균 2회 통화를 한다고 하자. 즉, 20대 사용자들의 시간당 통화 횟수를 확률변수 X라 하면 $X \sim Poisson(2)$를 따른다. 이때, 다음 경우의 확률을 계산해 보자.

풀이 (1) 시간 당 한 번도 통화하지 않을 확률:

$$P(X=x) = \frac{e^{-2}2^x}{x!},\ x=0,\ 1,\ 2,\ \cdots \text{이므로}$$
$$P(X=0) = \frac{e^{-2}2^0}{0!} = 0.1353$$

(2) 시간 당 1번 통화할 확률: $P(X=1) = \frac{e^{-2}2^1}{1!} = 0.2707$

(3) 시간 당 2번 이상 통화할 확률:

$$P(X \geq 2) = 1 - P(X=0) - P(X=1) = 1 - 0.1353 - 0.2707 = 0.5940$$

만일 **예 5.6**에서 해당 서비스에 가입한 20대 사용자가 10만 명이라면, 20대 사용자에 의한 시간당 평균 통화 횟수는 20만 통화가 된다.

예 5.7

불량품을 생산하는 확률이 0.01인 어떤 기계가 있다. 이 기계가 하루에 300개의 물건을 생산하였을 때 발생하는 불량품의 수를 확률변수 X라고 하자. $P(X=4)$의 정확한 값을 구하고, 포아송 분포에 근사하여 얻어지는 근사확률을 구하여 비교하여 보라.

풀이 $X \sim B(300, 0.01)$이므로 $P(X=4)$의 정확한 확률값은 다음과 같다.

$$P(X=4)=\binom{300}{4}0.01^4(1-0.01)^{296}=0.1689$$

또한 평균 $\lambda=300\times 0.01=3$이므로, X는 근사적으로 $Poisson(3)$을 따르는 것을 알 수 있고, 포아송 근사를 통해 근사확률을 구해보면 다음과 같다.

$$P(X=4)=\frac{e^{-3}3^4}{4!}=0.1680$$

따라서 $n=300$과 같이 n이 큰 경우에 이항분포를 통해 얻어지는 정확한 확률과 포아송 분포를 사용하여 얻어지는 근사확률이 거의 비슷한 것을 알 수 있다.

5.4 기하분포

‘성공’의 확률이 p인 베르누이 시행을 독립적으로 반복 시행하는 것을 바탕으로 만들어지는 기하분포(geometric distribution)는 다음과 같은 두 가지 방법으로 정의할 수 있다.

(i) 처음 ‘성공’까지 시도한 총 시행 횟수에 대한 분포

(ii) 처음 ‘성공’까지 ‘실패’한 횟수에 대한 분포

두 가지 방법에 따라 정의역이 달라지므로 유의하여야 한다. 이 책에서는 첫 번째 정의를 따라 설명하기로 한다.

독립적으로 베르누이 시행을 반복했을 때 처음 ‘성공’까지 시도한 총 시행 횟수가 x라는 것은 이전의 $x-1$번은 계속 ‘실패’한 것을 의미한다. 또한 ‘성공’의 확률이 p이고 ‘실패’의 확률은 $1-p$이므로, 기하분포를 따르는 확률변수 X의 확률질량함수는 다음과 같아짐을 쉽게 알 수 있다.

$$P(X=x)=p(1-p)^{x-1},\quad x=1,2,\cdots$$

‘성공’의 확률 p값의 변화에 따라 기하분포의 확률질량함수를 그려 보면 **그림 5.3**과 같다.

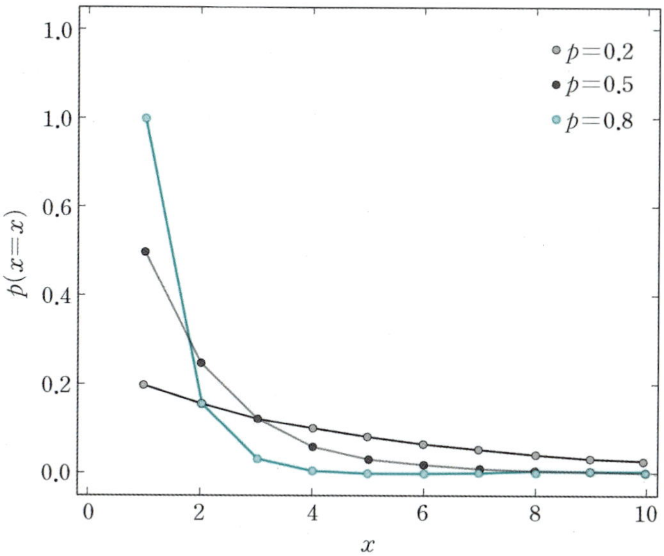

| 그림 5.3 | p 값의 변화에 따른 기하분포

기하분포라는 이름을 갖게 된 것은, 고교과정에서 배운 등비수열의 일반항이 ar^{n-1}이고 등비수열을 다른 말로 기하수열이라고 하는데, 위와 같은 기하분포의 확률질량함수가 등비수열(기하수열)의 일반항과 형태가 같기 때문이다.

위 식이 확률질량함수의 특성을 만족하는지를 살펴보면 다음과 같다.

(i) $P(X=x) \geq 0$, 모든 x에 대하여 성립

(ii) $\sum_{x=1}^{\infty} P(X=x) = p\sum_{x=0}^{\infty}(1-p)^{x-1} = p\frac{1}{1-(1-p)} = 1$

다음으로 기하분포의 평균과 분산을 구해 보자. 기하분포의 평균과 분산을 구하는 계산과정은 복잡하여 일반적으로 이 책과 같은 수준의 책에서는 다루지 않는 것이 보통이다. 따라서 그 결과만을 알고 있어도 충분하다고 할 수 있다. 평균과 분산을 구하는 과정에는 다음과 같은 수학적 사실을 이용한다.

(1) $\sum_{n=0}^{\infty} ar^n = \frac{a}{1-r}$

(2) $\sum_{n=1}^{\infty} anr^{n-1} = \frac{a}{(1-r)^2}$

(3) $\sum_{n=2}^{\infty} an(n-1)r^{n-2} = \dfrac{2a}{(1-r)^3}$

위에서 (1)은 무한 등비급수에 관한 내용이고, (2)는 (1)의 양변을 r에 관하여 미분하면 얻어지며, (3)은 (2)의 양변을 r 에 관하여 미분하면 얻는다.

위 식 (2)에 $x \to n$, $a \to p$, $q \to r$를 대입하면 평균은 다음과 같음을 알 수 있다.

$$\begin{aligned} E(X) &= \sum_{x=1}^{\infty} xP(X=x) = \sum_{x=1}^{\infty} xp(1-p)^{x-1} = \sum_{x=1}^{\infty} xpq^{x-1} \\ &= \frac{p}{(1-q)^2} = \frac{p}{p^2} = \frac{1}{p} \end{aligned}$$

또한 (3)을 이용하면

$$\begin{aligned} E[X(X-1)] &= \sum_{x=1}^{\infty} x(x-1)P(X=x) \\ &= \sum_{x=1}^{\infty} x(x-1)pq^{x-1} = \sum_{x=2}^{\infty} x(x-1)pq^{x-1} \\ &= q\sum_{x=2}^{\infty} x(x-1)pq^{x-2} \\ &= q\frac{2p}{(1-q)^3} = q\frac{2p}{p^3} = \frac{2q}{p^2} \end{aligned}$$

이므로, $E(X^2) = E[X(X-1)] + E(X) = \dfrac{2q}{p^2} + \dfrac{1}{p} = \dfrac{2-p}{p^2}$ 임을 알 수 있다. 따라서 분산은 다음과 같다.

$$Var(X) = E(X^2) - [E(X)]^2 = \frac{1-p}{p^2}$$

기하분포를 요약하면 다음과 같다.

■ $X \sim$ **Geometric**(p), $0 \le p \le 1$

$$P(X=x) = p(1-p)^{x-1}, \quad x = 1, 2, \cdots$$

$$E(X) = \frac{1}{p}$$

$$Var(X) = \frac{1-p}{p^2}$$

예 5.8

주사위 1개를 6의 눈이 나올 때까지 던질 때, 다음을 구하라.

풀이 (1) 5번째에 처음으로 6의 눈이 나올 확률: 확률변수 X를 처음 6의 눈이 나올 때까지의 실행 횟수라 하면 $X \sim \text{Geometric}\left(\frac{1}{6}\right)$이므로

$$P(X=x) = \frac{1}{6}\left(\frac{5}{6}\right)^{x-1}, \quad x=1, 2, \cdots$$

$$\therefore P(X=5) = \frac{1}{6}\left(\frac{5}{6}\right)^{4}$$

(2) 6의 눈이 나올 때까지 평균 실행 횟수: $E(X) = \frac{1}{p} = 6$

5.5 이산형 균등분포

이산형 균등분포(discrete-type uniform distribution)는 서로 다른 n개의 이산점(discrete points)에서의 발생확률이 $1/n$로 동일한 확률분포를 의미한다. $X \sim DU(1, n)$이라고 표현하며 확률질량함수는 다음과 같다.

$$P(X=x) = \frac{1}{n}, \quad x=1, 2, \cdots, n$$

이산형 균등분포의 평균과 분산은 다음과 같이 쉽게 구할 수 있다.

$$E(X) = \sum_{x=1}^{n} x\frac{1}{n} = \frac{1}{n}\sum_{x=1}^{n} x = \frac{1}{n}\frac{n(n+1)}{2} = \frac{n+1}{2}$$

$$E(X^2) = \sum_{x=1}^{n} x^2\frac{1}{n} = \frac{1}{n}\sum_{x=1}^{n} x^2 = \frac{1}{n}\frac{n(n+1)(2n+1)}{6} = \frac{(n+1)(2n+1)}{6}$$

$$Var(X) = E(X^2) - [E(X)]^2 = \frac{(n-1)(n+1)}{12}$$

5.6 R 실습

```
library("MASS")
```

5.6.1 확률분포

R의 {stat} 패키지에는 통계학에서 자주 사용하는 확률분포를 함수로 포함하고 있다. 각 확률분포에 대한 확률밀도(질량)함수, 누적분포함수, 누적분포함수의 역함수, 난수를 생성하는 함수를 이용할 수 있다. 각각의 기능은 분포의 이름 ____에 접두어 d____, p____, q____, r____을 사용하여 구분하고 있다. 예로 이항분포는 binom이라는 이름을 사용한다. 이항분포에 대한 확률질량함수는 dbinom(), 누적분포함수는 pbinom(), 누적분포함수의 역함수는 qbinom(), 난수를 생성하는 함수는 rbinom()이다. 누적분포함수의 역함수는 누적분포가 주어졌을 때 확률변수의 값을 구할 때 사용한다.

| 표 5.1 | R의 {stat} 패키지에서 제공하는 확률분포 함수

확률분포	확률분포의 이름	확률밀도함수/확률질량함수	누적분포 함수	누적분포함수의 역함수	난수를 생성하는 함수
beta	beta	dbeta	pbeta	qbeta	rbeta
binomial	binom	dbinom	pbinom	qbinom	rbinom
Cauchy	cauchy	dcauchy	pcauchy	qcauchy	rcauchy
chi-squared	chisq	dchisq	pchisq	qchisq	rchisq
exponential	exp	dexp	pexp	qexp	rexp
F	f	df	pf	qf	rf
gamma	gamma	dgamma	pgamma	qgamma	rgamma
geometric	geom	dgeom	pgeom	qgeom	rgeom
hypergeometric	hyper	dhyper	phyper	qhyper	rhyper
log-normal	lnorm	dlnorm	plnorm	qlnorm	rlnorm
multinomial	multinom	dmultinom	pmultinom	qmultinom	rmultinom
negative binomial	nbinom	dnbinom	pnbinom	qnbinom	rnbinom
normal	norm	dnorm	pnorm	qnorm	rnorm
Poisson	pois	dpois	ppois	qpois	rpois
Student's t	t	dt	pt	qt	rt
uniform	unif	dunif	punif	qunif	runif
Weibull	weibull	dweibull	pweibull	qweibull	rweibull

5.6.2 이항분포

예 5.2에 주어진 확률변수 X의 확률과 평균, 분산을 구하여 보자.

```
1 ### 예 5.2
2 n <- 10
3 p <- 0.3
4 # 안타를 3개 때릴 확률
5 dbinom(3, n, p)
```

0.266827932

5줄: dbinom() 함수를 이용하여 $P(X=3)$의 확률을 계산한다.

```
1 # 안타를 4개 이하를 때릴 확률
2 pbinom(4, n, p)
```

0.8497316674

2줄: pbinom() 함수로 누적확률을 구한다.

```
# 평균
n*p
```

3

```
# 분산
n*p*(1-p)
```

2.1

```
### 그림 5.1 확률질량함수
x <- 1:n
x.prob <- dbinom(x, n, p)
plot(x, x.prob, type="h", col="blue",
     xlab="Number of Successes", ylab="Probability Mass")
points(x, x.prob, col="blue", pch=19)
```

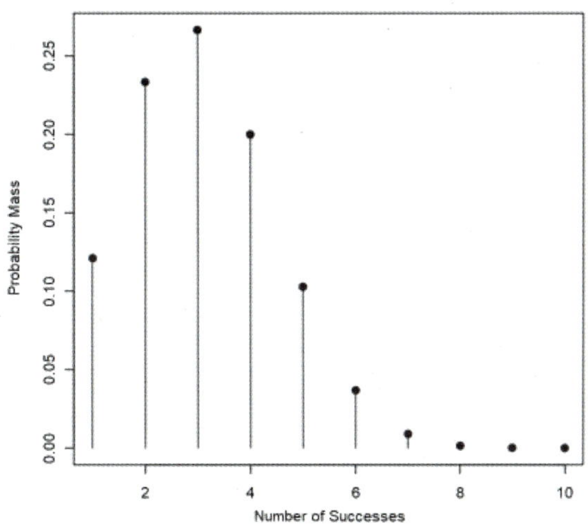

2줄: 1부터 n까지 수열을 생성한다.
3줄: dbinom() 함수로 각 확률을 계산한다.
4줄: plot() 함수에서 type="h"로 확률질량함수를 그린다. 색은 "blue"로 지정한다.
5줄: plot() 함수에서 xlab은 x축의 이름, ylab는 y축의 이름을 설정한다.
6줄: points() 함수로 각 확률을 점으로 표시한다. points() 함수는 기존에 plot() 함수로 그려진 그림에 추가로 점을 출력한다.

5.6.3 포아송 분포

예 5.6에 주어진 확률변수 X의 확률을 구하여 보자.

```
# 시간당 평균 통화 회수
lambda <- 2
# (1) 시간 당 한번도 통화하지 않을 확률
dpois(0, lambda)
```

0.135335283236613

```
# (2) 시간 당 1번 통화할 확률
dpois(1, lambda)
```

0.270670566473225

```
1 # (3) 시간 당 2번 이상 통화할 확률
2 1-ppois(1, lambda)
```

0.593994150290162

2줄: 2번 이상 통화할 확률은 전체 확률 1에서 1번 이하로 통화할 누적확률을 빼서 구한다.

5.6.4 기하분포

예 5.8에 주어진 확률변수 X의 확률을 구하여 보자.

```
# 6의 눈이 나올 확률
p <- 1/6
# 5번째에 처음으로 6의 눈이 나올 확률
x <- 5
dgeom(x-1, p)
```

0.0803755144032922

5.7 Python 실습

```
### library
import pandas as pd
import numpy as np
from scipy import stats
from matplotlib import pyplot as plt
```

5.7.1 확률분포

Scipy의 stats 라이브러리는 확률분포에 대한 다양한 기능을 제공한다. 확률분포를 사용하려면 확률분포의 객체를 생성한 후에 확률밀도(질량)함수, 누적분포함수, 누적분포함수의 역함수, 난수를 생성하는 함수 등에 해당하는 함수를 사용한다. **표 6.1**은 자주 사용하는 분포를 정리하였다. 자세한 내용은 https://docs.scipy.org/doc/scipy/reference/stats.html에서 확인할 수 있다.

| **표 6.1** | Python의 Scipy.stats 라이브러리에서 제공하는 확률분포 함수

확률분포	확률분포의 이름	확률밀도함수/확률질량함수	누적분포 함수	누적분포함수의 역함수	난수를 생성하는 함수
beta	beta	beta.pdf	beta.cdf	beta.ppf	beta.rvs
binomial	binom	binom.pmf	binom.cdf	binom.ppf	binom.rvs
Cauchy	cauchy	cauchy.pdf	cauchy.cdf	cauchy.ppf	cauchy.rvs
chi-squared	chi2	chi2.pdf	chi2.cdf	chi2.ppf	chi2.rvs
exponential	expon	expon.pdf	expon.cdf	expon.ppf	expon.rvs
F	f	f.pdf	f.cdf	f.ppf	f.rvs
gamma	gamma	gamma.pdf	gamma.cdf	gamma.ppf	gamma.rvs
geometric	geom	geom.pmf	geom.cdf	geom.ppf	geom.rvs
hypergeometric	hypergeom	hypergeom.pmf	hypergeom.cdf	hypergeom.ppf	hypergeom.rvs
log-normal	lognorm	lognorm.pdf	lognorm.cdf	lognorm.ppf	lognorm.rvs
multinomial	multinomial	multinomial.pmf	multinomial.cdf	multinomial.ppf	multinomial.rvs
negative binomial	nbinom	nbinom.pmf	nbinom.cdf	nbinom.ppf	nbinom.rvs
normal	norm	norm.pdf	norm.cdf	norm.ppf	norm.rvs
Poisson	poisson	poisson.pmf	poisson.cdf	poisson.ppf	poisson.rvs
Student's t	t	t.pdf.pmf	t.cdf	t.ppf	t.rvs
uniform	uniform	uniform.pdf	uniform.cdf	uniform.ppf	uniform.rvs

5.7.2 이항분포

예 5.2에 주어진 확률변수 X의 확률과 평균, 분산을 구하여 보자.

```
1 ### 예 5.2
2 n = 10
3 p = 0.3
4 # 안타를 3개 때릴 확률
5 rv = stats.binom(n, p)
6 rv.pmf(3)
```

0.26682793200000016

5줄: 이항분포 객체를 생성하여 rv변수에 저장한다.
6줄: pmf() 함수로 $P(X=3)$의 확률을 계산한다.

```
1 # 안타를 4개 이하를 때릴 확률
2 stats.binom(n, p).cdf(4)
```

0.8497316674

2줄: 객체를 저장하지 않고 "."을 이용하여 cdf() 함수를 사용할 수 있다.

```
1 # 평균
2 n*p
```

3.0

```
1 # 분산
2 round(n*p*(1-p),4)
```

2.1

```
1 ### 그림 5.1 확률질량함수
2 rv = stats.binom(n, p)
3 x = np.arange(0, 11)
4 plt.plot(x, rv.pmf(x), 'bo')
5 plt.vlines(x, 0, rv.pmf(x), colors='b')
6 plt.show()
```

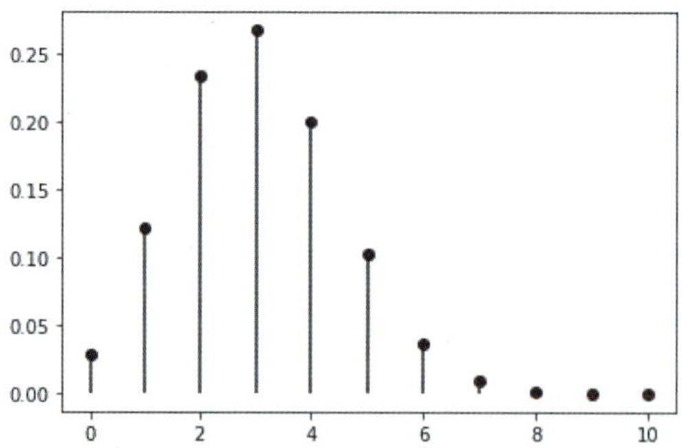

3줄: 0부터 10까지 값을 생성한다.
4줄: plot() 함수로 각 확률을 점으로 표시한다.
5줄: vlines() 함수로 세로 선을 그린다.

5.7.3 포아송 분포

예 5.6에 주어진 확률변수 X의 확률을 구하여 보자.

```
# 시간당 평균 통화 회수
lamb = 2
# (1) 시간 당 한번도 통화하지 않을 확률
stats.poisson(lamb).pmf(0)
```

```
0.1353352832366127
```

```
# (2) 시간 당 1번 통화할 확률
stats.poisson(lamb).pmf(1)
```

```
0.2706705664732254
```

```
1 # (3) 시간 당 2번 이상 통화할 확률
2 1-stats.poisson(lamb).cdf(1)
```

```
0.593994150290162
```

2줄: 2번 이상 통화할 확률은 전체 확률 1에서 1번 이하로 통화할 누적확률을 빼서 구한다.

5.7.4 기하분포

예 5.8에 주어진 확률변수 X의 확률을 구하여 보자.

```
# 6의 눈이 나올 확률
p = 1/6
# 5번째에 처음으로 6의 눈이 나올 확률
x = 5
stats.geom(p).pmf(x)
```

```
0.08037551440329219
```

5장 연습문제 EXERCISES

01 이항분포 $B(n, p)$를 따르는 확률변수 X에 대하여 n과 p가 다음과 같을 때, 관측값 x에 대한 확률값을 계산하라. 또한 필요한 경우 누적 이항 확률분포표를 사용하라.

(1) $n=10$, $p=0.6$, $x=2$ (2) $n=5$, $p=0.2$, $x=3$

(3) $n=20$, $p=0.5$, $x=10$ (4) $n=100$, $p=0.8$

02 이항분포 $B(n, p)$에서 n과 p가 다음과 같을 때, 평균과 분산을 구하라.

(1) $n=1000$, $p=0.3$ (2) $n=500$, $p=0.01$

(3) $n=300$, $p=0.5$ (4) $n=200$, $p=0.8$

03 두루미가 낳은 알이 정상적으로 부화되는 확률은 0.2이다. 두루미가 낳은 알의 부화는 서로 독립이고 정상적으로 부화하는 것을 '성공'이라 하자. 20개의 두루미 알에 대하여 다음에 답하라.

(1) 정상적으로 부화되는 알의 수 X의 분포를 구하라

(2) X의 평균과 분산을 구하라.

(3) 20개의 알 가운데 10개 이상이 정상적으로 부화될 확률은?

04 위궤양의 치료에 80%의 완치율을 보이는 약이 있다. 위궤양을 앓고 있는 20명의 환자에게 이 약을 투여하려고 한다.

(1) 20명 중 완치된 사람 수를 X라고 할 때, X의 분포는?

(2) 한 명도 완치되지 않을 확률과 모두 완치될 확률을 구하라.

05 경부고속도로에서 발생하는 교통사고의 수는 하루 평균 20건이라고 한다.

(1) 확률변수 X를 경부고속도로에서 발생하는 교통사고의 수라고 정의할 때, X의 확률함수를 제시하라.

(2) (1)에서 제시한 확률함수를 이용하여 $P(X=0)$, $P(X=3)$, $P(X=20)$을 구하라.

06 어떤 가전제품의 각 부품이 정상적으로 작동할 확률이 $p\,(0 \le p \le 1)$이고, 각 부품은 서로 독립적으로 작동된다. 가전제품의 부품 중에서 적어도 50% 이상이 정상적으로 작동되면 가전제품이 사용가능하다고 할 때, 다섯 개 부품으로 구성된 제품이 세 개의 부품으로 구성된 제품보다 사용가능할 확률이 더 큰 p 값의 범위를 구하라.

07 서울 시청의 인터넷 홈페이지에는 1시간에 평균 120명이 접속한다.

(1) 10분 동안에 접속한 사람이 한 명도 없을 확률을 구하라.

(2) 30분 동안에 60명 이상이 홈페이지에 접속할 확률을 구하라.

08 전단지를 제작하는 회사의 불량률이 0.01이라고 한다. 500장의 전단지를 제작하는 경우 제작된 전단지의 불량품 수를 X라 할 때, 다음의 물음에 답하라.

(1) $P(X \leq 2)$의 확률을 이항분포를 이용하여 계산하라.

(2) $\Pr(X \leq 2)$의 확률을 포아송 근사를 이용하여 계산하라.

(3) (1)과 (2)를 비교하여, 포아송 근사의 정확성을 확인하라.

09 $n = 100$일 때 다음의 p 값에 대한 이항분포의 평균과 표준편차를 계산하여 아래 표를 완성하고 표준편차를 가장 크게 하는 p를 결정하라.

p	0.1	0.3	0.5	0.7	0.8	0.9
평균						
표준편차						

10 A출판사에서 출판하고 있는 책의 초안에는 페이지 당 평균 3개의 오타가 있다고 한다.

(1) 어느 페이지에 오타가 하나도 없을 확률을 구하라.

(2) 한 페이지 당 오타가 3개 미만일 확률을 구하라.

(3) 한 페이지 당 오타가 10개 이상 있을 확률을 구하라.

11 사격선수가 표적을 맞출 확률이 95%라고 한다.

(1) 이 선수가 사격을 시작하여 네 번째 사격 이내에 처음 표적을 맞출 확률은?

(2) 이 선수가 표적을 처음으로 맞출 때까지 필요한 사격횟수의 평균은?

12 이항분포와 포아송 분포가 실제 적용되는 사례 또는 사용할 수 있는 사례를 본문의 설명에서 예로 들은 것과 다르게 제시하여 보라.

06

연속형 확률분포

6장에서는 대표적인 연속형 확률분포를 배운다. 가장 기초적인 연속형 확률분포인 균등분포의 정의와 확률적 특성을 이해하고, 통계학에서 가장 중요한 분포인 정규분포에 대하여 자세히 배우고 그 통계적 특성 및 사용방법에 대하여 배운다. 또한 이항분포가 정규분포로 근사하는 것을 배우고, 통계학에서 중요한 분포로 알려져 있는 지수분포를 익히고 정규분포로부터 파생된다고 할 수 있는 카이제곱분포, t-분포, F-분포에 대하여 배운다.

6.1 균등분포

균등분포(uniform distribution; 균일분포)는 가장 단순한 형태의 연속형 확률분포로서 길이가 같은 특정 구간 내에 속할 가능성이 같은 확률변수에 대한 분포이다. 통계학에서 균등분포라고 하면 여기서 논하는 연속형 균등분포를 의미하며, 이산형 균등분포에 대하여는 앞장에서 다루었다.

확률변수 X가 실수 구간 a와 $b(a<b)$ 사이에서 균등하게 분포하는 경우를 생각해 보자. 앞서 배운 바와 같이 연속형 확률변수 X가 어떤 구간에 속할 확률은 X의 확률밀도함수(probability density function) $f(x)$를 그 구간에서 적분한 값으로 정의된다. 따라서 길이가 같은 특정 길이의 구간에 확률변수 X가 속할 가능성이 항상 같기 위해서는 확률밀도함수 $f(x)$가 $f(x)=c$와 같이 상수함수(constant function)의 형태가 되어야 하는 것은 어렵지 않게 이해할 수 있다. 여기서 상수 c의 값은 전체 확률의 합이 1이라는 특성을 이용하면 $c=\frac{1}{b-a}$이 되는 것을 쉽게 알 수 있다. 또한 연속형 확률변수의 특성에 따라 양 끝 값의 포함 여부는 계산과정에 아무 영향을 미치지 못하므로 무시하여도 된다.

확률변수 X가 구간 $[a, b]$에서 균등하게 분포하는 경우, $X \sim U(a, b)$라고 표현하며 확률밀도함수는 다음과 같다.

$$f(x)=\frac{1}{b-a}, \quad a \le x \le b$$

다음 **그림 6.1**은 이에 대한 그래프이다.

균등분포는 가장 단순한 형태의 연속형 확률분포이지만 널리 사용되는 중요한 분포이며, 특히 최근 들어 각광을 받고 있는 베이지안 통계학에서의 사용으로 더욱 주목받고 있는 분포이다. 균등분포의 평균과 분산을 구해 보자.

$$E(X)=\int_a^b xf(x)\,dx=\int_a^b x\frac{1}{b-a}\,dx=\frac{1}{b-a}\left[\frac{x^2}{2}\right]_a^b=\frac{a+b}{2}$$

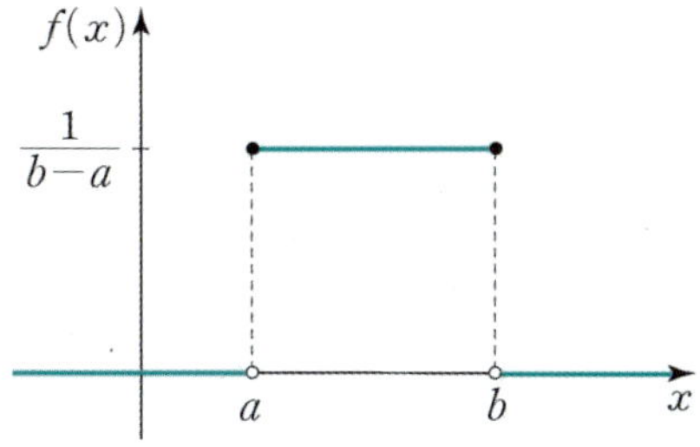

| 그림 6.1 | $X \sim U(a, b)$의 확률밀도함수

$$E(X^2) = \int_a^b x^2 f(x)\,dx = \int_a^b x^2 \frac{1}{b-a}\,dx = \frac{1}{b-a}\left[\frac{x^3}{3}\right]_a^b = \frac{a^2+ab+b^2}{3}$$

$$Var(X) = E(X^2) - [E(X)]^2 = \frac{a^2+ab+b^2}{3} - \frac{(a+b)^2}{4} = \frac{(b-a)^2}{12}$$

따라서 균등분포를 요약하면 다음과 같다.

■ $X \sim U(a,\ b)$

$$f(x) = \frac{1}{b-a}, \quad a \le x \le b$$

$$E(X) = \frac{a+b}{2}$$

$$Var(X) = \frac{(b-a)^2}{12}$$

예 6.1

$X \sim U(0,\ 1)$일 때의 평균과 분산을 구하여 보자.

풀이 $E(X) = \frac{a+b}{2} = \frac{1}{2}$, $Var(X) = \frac{(b-a)^2}{12} = \frac{1}{12}$

예 6.2

확률변수 X가 구간 $[5, 10]$에서 균등하게 분포할 때, 확률변수 X의 평균과 분산을 구하고, $P(6 \le X \le 7)$을 계산하여 보자.

풀이 $f(x) = \frac{1}{10-5} = \frac{1}{5}$, $5 \le x \le 10$ (즉, $a = 5$, $b = 10$인 경우)

$$E(X) = \frac{a+b}{2} = \frac{5+10}{2} = \frac{15}{2},$$

$$Var(X) = \frac{(b-a)^2}{12} = \frac{(10-5)^2}{12} = \frac{25}{12}$$

$$P(6 \le X \le 7) = \frac{1}{5}$$

▩

예 6.3

어떤 역에 지하철이 8시부터 15분 간격으로 역에 도착한다. 어떤 학생이 등교를 위하여 이 역에 도착하는 시간이 8시부터 8시 30분 사이에 균등하게 분포한다고 할 때, 이 학생이 지하철을 5분 이상 기다릴 확률을 구하여 보라.

풀이 이 학생이 지하철역에 도착하는 시간을 8시 X분이라고 하면 $X \sim U(0, 30)$이다. 지하철이 15분 간격으로 역에 도착하므로, 이 학생이 5분 이상 지하철을 기다린다는 것은 이 학생이 8시에서 8시 10분 사이 또는 8시 15분에서 8시 25분 사이에 도착하는 것을 의미하므로 구하고자 하는 확률은 다음과 같다.

$$P(0 < X < 10) + P(15 < X < 25) = \int_0^{10} \frac{1}{30} dx + \int_{15}^{25} \frac{1}{30} dx = \frac{2}{3}$$

▩

6.2 정규분포

통계학을 배운 사람에게 통계학에서 가장 중요한 분포가 무엇이냐고 물어 본다면 누구든지 정규분포(normal distribution)라고 답할 것이다. 그만큼 정규분포는 통계학에서 가장 널리 사용되는 분포이며, 나중에 배우게 될 표본분포 이론의 근거를 제시한다는 측면에서도 중요하다고 할 수 있다.

정규분포는 프랑스의 수학자 드무아브르(Abraham de Moivre, 1667~1754)에 의해 수학적 모형이 처음으로 제시되었다. 드무아브르는 1733년에 오늘날 '이항분포의 정규 근사'라고 부르는 것을 확률이 1/2인 경우에 대하여 제안하였는데, 이러한 근사 과정에서 만들어진 것이 정규분포의 확률밀도함수의 시작이라고 할 수 있다. 드무아브르가 확률밀도함수의 개념을 만든 것은 아니었지만, 영국의 통계학자 피어슨(Karl Pearson, 1857~1933)은 이러한 근사 과정을 '정규 곡선'을 최초로 만든 원조라고 하였고, 1812년 프랑스의 수학자 라플라스(Pierre-Simon Laplace, 1749~1827)가 중심극한정리를 증명하는 과정에서 드무아브르의 근사식을 확률이 다른 경우에도 적용할 수 있는 것을 증명하면서 정규분포의 확률밀도함수가 도출되었다. 한편, 정규분포는 독일의 수학자 가우스(Carl Gauss, 1777~1855)에 의해 다양한 분야에서 폭넓게 사용되기 시작하였기 때문에 정규분포를 가우스분포(Gaussian distribution)라고도 한다.

가우스가 다양한 분야에 적용한 것처럼, 정규분포는 자연 현상에서 발생하는 데이터에 가장 폭 넓게 적용 가능한 분포로 알려져 있으며, 정규분포를 따르는 확률변수 X의 확률밀도함수는 다음과 같다.

$$f(x) = \frac{1}{\sigma\sqrt{2\pi}} \exp\left\{-\frac{(x-\mu)^2}{2\sigma^2}\right\}, \quad -\infty < x < \infty$$

여기서 μ는 평균, σ^2은 분산을 의미하며 $X \sim N(\mu,\ \sigma^2)$이라고 표현한다. 정규분포의 확률밀도함수는 다음 **그림 6.2**와 같이 평균 μ를 중심으로 단봉(unimodal)이고 좌우대칭의 종모양(bell-shape)을 가지며 퍼진 정도는 분산 σ^2의 크기에 따라 달라진다.

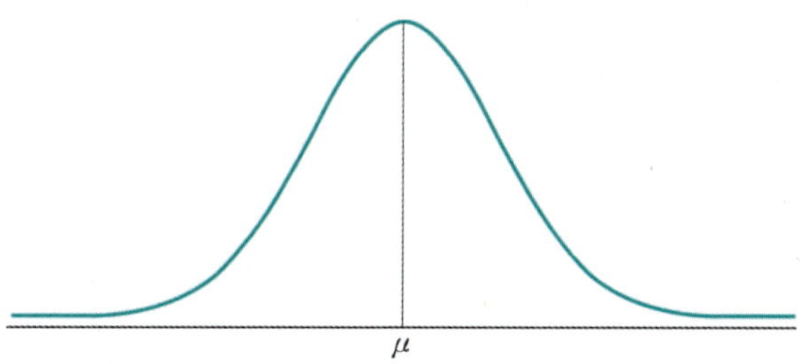

| 그림 6.2 | $X \sim N(\mu,\ \sigma^2)$의 확률밀도함수

정규분포를 요약하면 다음과 같다.

■ $X \sim N(\mu,\ \sigma^2)$

$$f(x) = \frac{1}{\sigma\sqrt{2\pi}} \exp\left\{-\frac{(x-\mu)^2}{2\sigma^2}\right\}, \quad -\infty < x < \infty$$

$$E(X) = \mu$$

$$Var(X) = \sigma^2$$

분산이 동일하고 평균이 다른 경우는 중심의 위치만 평균에 따라 좌우로 평행 이동하는 것이므로 다음 **그림 6.3**과 같이 표현할 수 있으며, 반대로 평균이 동일하고 분산이 다른 경우를 그려보면 다음 **그림 6.4**와 같다.

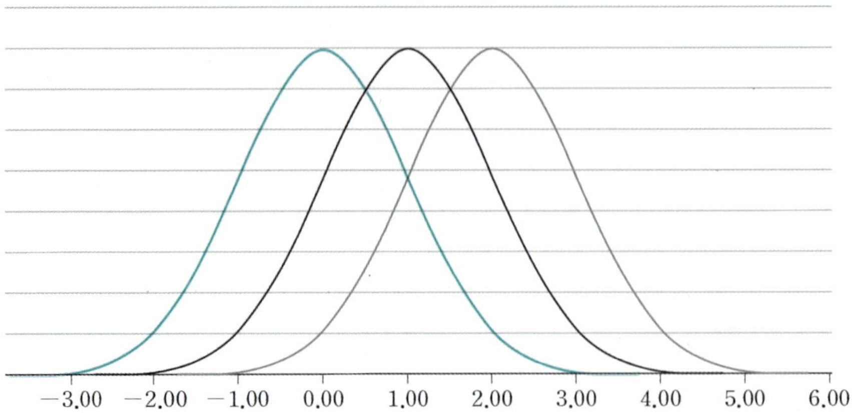

| 그림 6.3 | 분산이 같고 평균이 다른 정규분포의 확률밀도함수

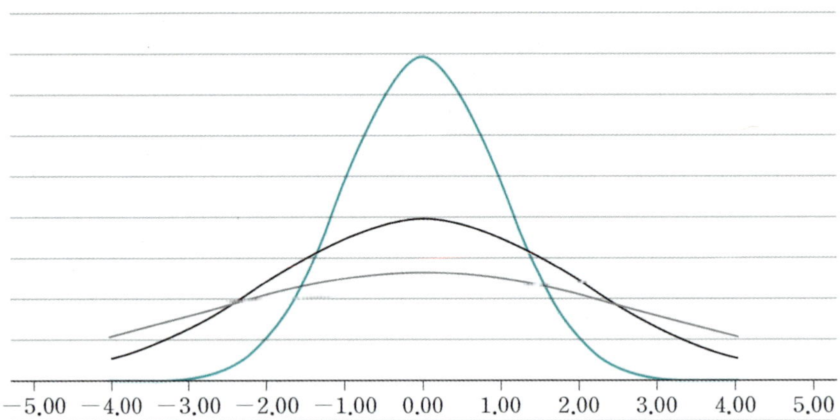

| 그림 6.4 | 평균은 같고 분산이 다른 정규분포의 확률밀도함수

정규분포에서의 대표적인 확률값은 다음과 같다.

$$P(X \le \mu) = P(X \ge \mu) = 0.5$$
$$P(\mu - 1.645\sigma \le X \le \mu + 1.645\sigma) = 0.90$$
$$P(\mu - 1.96\sigma \le X \le \mu + 1.96\sigma) = 0.95$$

그러나 정규분포의 확률을 계산할 때는 가능한 μ와 σ의 모든 조합에 대하여 계산하는 것이 번거롭기 때문에 다음에 설명하는 표준 정규분포를 이용하여 계산한다.

6.2.1 표준 정규분포

임의의 평균 μ와 분산 σ^2을 갖는 정규분포는 표준화 과정을 거쳐 표준 정규분포(standard normal distribution)로 변환하는 것이 가능하다. 먼저, 통계학에서 논하는 표준화가 무엇인지 살펴보자.

확률변수 X의 평균이 μ이고 분산이 σ^2이라 하자. 즉, $E(X)=\mu$, $Var(X)=\sigma^2$이다. 이때, 다음과 같이 확률변수에서 평균 μ를 빼고, 분산의 양의 제곱근인 표준편차 σ로 나누는 것을 표준화 과정이라고 한다. 즉, 다음과 같은 확률변수를 표준화된 확률변수라고 한다.

$$\frac{X-\mu}{\sigma} \text{ : 표준화 확률변수}$$

표준화된 확률변수는 평균과 분산의 특성을 적용하면 다음과 같이 평균 0, 분산 1이 된다.

$$E\left(\frac{X-\mu}{\sigma}\right) = \frac{1}{\sigma}[E(X)-\mu] = 0$$

$$Var\left(\frac{X-\mu}{\sigma}\right) = \frac{1}{\sigma^2}Var(X) = 1$$

이와 같이 표준화 과정은 임의의 평균과 분산을 갖는 확률변수가 평균 0, 분산 1과 같이 고정된 상수값을 평균과 분산으로 갖게 하는 강력한 변환과정이다. 이러한 표준화 과정을 정규분포를 따르는 확률변수에 적용하여 만들어지는 것이 표준 정규분포이다. 즉, 표준 정규확률변수를 Z라 하면, Z는 다음과 같이 정의되며 표준 정규분포 $N(0, 1)$을 따른다.

$$X \sim N(\mu, \sigma^2) \Rightarrow Z = \frac{X-\mu}{\sigma} \sim N(0, 1)$$

또한, 표준 정규분포를 따르는 확률변수 Z의 확률밀도함수는 다음과 같다.

$$f(z) = \frac{1}{\sqrt{2\pi}} e^{-z^2/2}, \quad -\infty < z < \infty$$

존재 가능한 모든 정규분포는 표준화 과정을 통하여 표준 정규분포 $N(0, 1)$을 따르게 되므로, 다음 표와 같이 $N(0, 1)$에 대한 구간 확률을 알고 있으면 모든 정규분포의 확률계산이 가능하게 된다. **표 6.1**에서 확률값은 빗금 친 부분의 면적 $P(0 \le Z \le z)$를 나타낸다.

표준 정규분포가 평균 0을 중심으로 좌우대칭인 것을 이용하면 **표 6.1**로부터 다음과 같은 확률을 구할 수 있다.

$$P(Z \le 0) = 0.5, \ P(Z \ge 0) = 0.5$$

$$P(Z \le -1.645) = P(Z \ge 1.645) = 0.05$$

$$P(Z \le -1.96) = P(Z \ge 1.96) = 0.025$$

$$P(Z \le -2.57) = P(Z \ge 2.57) = 0.005$$

$$P(-1.645 \le Z \le 1.645) = 0.90$$

$$P(-1.96 \le Z \le 1.96) = 0.95$$

$$P(-2.576 \le Z \le 2.576) = 0.99$$

예를 들어, 위에서 다음과 같은 확률 계산과정을 적용하여 구하는 것을 이해할 수 있다.

$$
\begin{aligned}
P(Z \le -1.96) &= P(Z \ge 1.96) \\
&= P(Z \ge 0) - P(0 \le Z \le 1.96) \\
&= 0.5 - 0.475 = 0.025
\end{aligned}
$$

| 표 6.1 | 표준 정규분포표

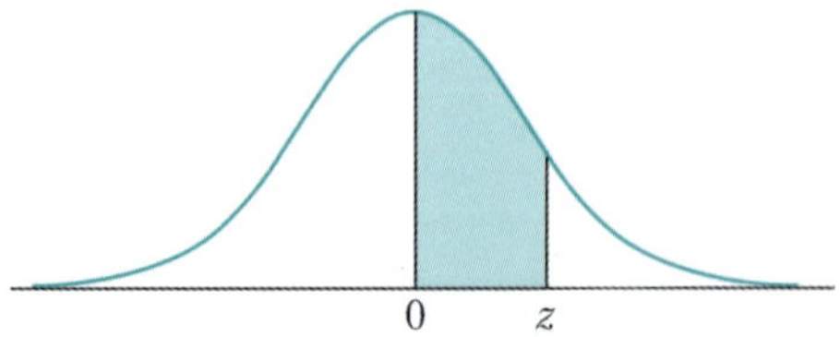

z	0.00	0.01	0.02	0.03	0.04	0.05	0.06	0.07	0.08	0.09
0.0	0.0000	0.0040	0.0080	0.0120	0.0160	0.0199	0.0239	0.0279	0.0319	0.0359
0.1	0.0098	0.0438	0.0478	0.0517	0.0557	0.0596	0.0636	0.0675	0.0714	0.0753
0.2	0.0793	0.0832	0.0871	0.0910	0.0948	0.0987	0.1026	0.1064	0.1103	0.1141
0.3	0.1179	0.1217	0.1255	0.1293	0.1331	0.138	0.1406	0.1443	0.1480	0.1517
0.4	0.1554	0.1591	0.1628	0.1664	0.1700	0.1736	0.1772	0.1808	0.1844	0.1879
0.5	0.1915	0.1950	0.1985	0.2019	0.2054	0.2088	0.2123	0.2157	0.2190	0.2224
0.6	0.2257	0.2291	0.2324	0.2357	0.2389	0.2422	0.2454	0.2486	0.2517	0.2549
0.7	0.2580	0.2611	0.2642	0.2673	0.2704	0.2734	0.2764	0.2794	0.2823	0.2852
0.8	0.2881	0.2910	0.2939	0.2967	0.2995	0.3023	0.3051	0.3078	0.3106	0.3133
0.9	0.3159	0.3186	0.3212	0.3238	0.3264	0.3289	0.3315	0.3340	0.3365	0.3389
1.0	0.3413	0.3438	0.3461	0.3485	0.3508	0.3531	0.3554	0.3577	0.3599	0.3621
1.1	0.3643	0.3665	0.3686	0.3708	0.3729	0.3749	0.3770	0.3790	0.3810	0.3830
1.2	0.3849	0.3869	0.3888	0.3907	0.3925	0.3944	0.3962	0.3980	0.3997	0.4015
1.3	0.4032	0.4049	0.4066	0.4082	0.4099	0.4115	0.4131	0.4147	0.4162	0.4177
1.4	0.4192	0.4207	0.4222	0.4236	0.4251	0.4265	0.4279	0.4292	0.4306	0.4319
1.5	0.4332	0.4345	0.4357	0.4370	0.4382	0.4394	0.4406	0.4418	0.4429	0.4441
1.6	0.4452	0.4463	0.4474	0.4484	0.4495	0.4505	0.4515	0.4525	0.4535	0.4545
1.7	0.4554	0.4564	0.4573	0.4582	0.4591	0.4599	0.4608	0.4616	0.4625	0.4633
1.8	0.4641	0.4649	0.4656	0.4664	0.4671	0.4678	0.4686	0.4696	0.4699	0.4706
1.9	0.4713	0.4719	0.4726	0.4732	0.4738	0.4744	0.4750	0.4756	0.4761	0.4767
2.0	0.4772	0.4778	0.4786	0.4788	0.4793	0.4798	0.4803	0.4808	0.4812	0.4817
2.1	0.4821	0.4826	0.4830	0.4834	0.4838	0.4842	0.4846	0.4850	0.4854	0.4857
2.2	0.4861	0.4864	0.4868	0.4871	0.4875	0.4878	0.4881	0.4884	0.4887	0.4890
2.3	0.4893	0.4896	0.4898	0.4901	0.4904	0.4906	0.4909	0.4911	0.7913	0.4916
2.4	0.4918	0.4920	0.4922	0.4925	0.4927	0.4929	0.4931	0.4932	0.4934	0.4936
2.5	0.4938	0.4940	0.4943	0.4943	0.4945	0.4946	0.4948	0.4949	0.4951	0.4952
2.6	0.4953	0.4955	0.4957	0.4957	0.4959	0.4960	0.4961	0.4962	0.4963	0.4964
2.7	0.4962	0.4966	0.4968	0.4968	0.4969	0.4970	0.4971	0.4972	0.4973	0.4974
2.8	0.4974	0.4975	0.4977	0.4977	0.4977	0.4978	0.4979	0.4979	0.4980	0.4981
2.9	0.4981	0.4982	0.4983	0.4983	0.4984	0.4984	0.4985	0.4985	0.4986	0.4986
3.0	0.4987	0.4987	0.4988	0.4988	0.4988	0.4989	0.4989	0.4989	0.4990	0.4990
3.1	0.4990	0.4991	0.4991	0.4991	0.4992	0.4992	0.4992	0.4992	0.4993	0.4993
3.2	0.4993	0.4993	0.4994	0.4994	0.4994	0.4994	0.4994	0.4995	0.4995	0.4995
3.3	0.4995	0.4995	0.4996	0.4996	0.4996	0.4996	0.4996	0.4996	0.4996	0.4997
3.4	0.4997	0.4997	0.4997	0.4997	0.4997	0.4997	0.4997	0.4997	0.4997	0.4998

좀 더 일반적으로 이 표를 이용하여 다음과 같은 확률도 구할 수 있다(표에는 1.645가 없으므로 보간법을 적용하여 계산한다).

$$\begin{aligned} P(-1 \le Z \le 1.645) &= P(-1 \le Z \le 0) + P(0 \le Z \le 1.645) \\ &= P(0 \le Z \le 1) + P(0 \le Z \le 1.645) \\ &= 0.3413 + 0.45 = 0.8913 \end{aligned}$$

표준 정규분포를 사용하여 통계적 추론(statistical inference)을 전개할 때 배우는 용어 중에 상위 α-분위수(upper α-percentile) z_α가 있는데, 여기서 그 의미를 살펴보자. 또한 특정한 분포에 대한 상위 α-분위수의 정의는 같은 방법이 적용되므로 이를 잘 익혀 놓아야 한다.

■ 표준 정규분포의 상위 α-분위수

$Z \sim N(0,\ 1)$일 때, 상위 α-분위수를 z_α라 하면 다음이 성립한다.

$$P(Z \ge z_\alpha) = \alpha$$

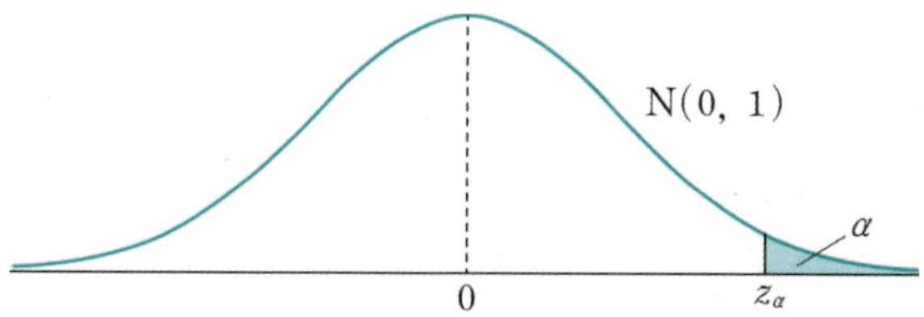

즉, 표준 정규분포를 따르는 확률변수 Z가 z_α보다 클 확률이 α라는 것이므로 우측 꼬리 확률을 의미하며 다음과 같은 대표적 임계치(critical value)가 자주 사용된다.

$$z_{0.05} = 1.645, \quad z_{0.025} = 1.96$$

또한 표준 정규분포는 평균 0을 중심으로 좌우대칭이므로 $z_\alpha = -z_{1-\alpha}$이다. 따라서 다음이 성립하는 것을 알 수 있다.

$$z_{0.95} = -1.645, \quad z_{0.975} = -1.96$$

6.2.2 정규분포의 확률계산

$X \sim N(\mu,\ \sigma^2)$일 때 확률밀도함수는

$$f(x) = \frac{1}{\sigma\sqrt{2\pi}} \exp\left\{-\frac{(x-\mu)^2}{2\sigma^2}\right\}, \quad -\infty < x < \infty$$

이므로, 확률변수 X가 특정 실수구간 $(a,\ b)$에 속할 확률 $P(a \le X \le b)$는 다음과 같이 표현하는 것이 가능하지만

$$P(a \le X \le b) = \int_a^b f(x)dx = \frac{1}{\sigma\sqrt{2\pi}}\int_a^b \exp\left\{-\frac{(x-\mu)^2}{2\sigma^2}\right\}dx$$

적분 계산과정이 복잡하기 때문에, 앞서 배운 표준화 과정을 통하여 표준 정규분포로 변환하고 **표 6.1** 또는 부록에 제공되어 있는 표준 정규분포의 확률분포표를 사용하여 확률을 구한다. 앞서 배운 정규분포의 표준화 과정을 다시 살펴보자.

■ 정규분포의 표준화 (표준 정규분포)

$X \sim N(\mu,\ \sigma^2)$일 때 $Z = \dfrac{X-\mu}{\sigma}$라 하면, Z는 평균 0, 분산 1인 표준 정규분포 $N(0,\ 1)$을 따른다. 즉, $Z \sim N(0,\ 1)$이다.

즉, $X \sim N(\mu,\ \sigma^2)$일 때, $P(a \le X \le b)$는 다음과 같이 구한다.

$$\begin{aligned} P(a \le X \le b) &= P\left(\frac{a-\mu}{\sigma} \le \frac{X-\mu}{\sigma} \le \frac{b-\mu}{\sigma}\right) \\ &= P\left(\frac{a-\mu}{\sigma} \le Z \le \frac{b-\mu}{\sigma}\right) \\ &= \Phi\left(\frac{b-\mu}{\sigma}\right) - \Phi\left(\frac{a-\mu}{\sigma}\right) \end{aligned}$$

여기서 $\Phi(\cdot)$는 표준 정규분포의 누적분포함수(cumulative distribution function; CDF)이다.

예 6.4

$X \sim N(20,\ 25)$일 때, X가 구간 $(15,\ 30)$에 속할 확률을 구해 보자.

풀이 $\mu = 20$, $\sigma = 5$이므로, 구하고자 하는 확률은 다음과 같다.

$$\begin{aligned} P(15 \le X \le 30) &= P\left(\frac{15-20}{5} \le \frac{X-\mu}{\sigma} \le \frac{30-20}{5}\right) \\ &= P(-1 \le Z \le 2) \\ &= P(-1 \le Z \le 0) + P(0 \le Z \le 2) \\ &= P(0 \le Z \le 1) + P(0 \le Z \le 2) \\ &= 0.3413 + 0.4772 = 0.8185 \end{aligned}$$

예 6.5

시험성적을 나타내는 확률변수 X는 $N(200, 400)$을 따른다고 한다. 한 학생을 임의로 선택하였을 때, 다음 확률을 구하라.

풀이 (1) 이 학생의 성적이 200점 이상일 확률

$$P(X \geq 200) = P\left(\frac{X-\mu}{\sigma} \geq \frac{200-200}{20}\right) = P(Z \geq 0) = 0.5$$

(2) 이 학생의 성적이 164 점에서 240점 사이일 확률

$$\begin{aligned} P(164 \leq X \leq 240) &= P\left(\frac{164-200}{20} \leq \frac{X-\mu}{\sigma} \leq \frac{240-200}{20}\right) \\ &= P(-1.8 \leq Z \leq 2.0) \\ &= P(-1.8 \leq Z \leq 0) + P(0 \leq Z \leq 2) \\ &= P(0 \leq Z \leq 1.8) + P(0 \leq Z \leq 2) \\ &= 0.4641 + 0.4772 = 0.9413 \end{aligned}$$

(3) 이 학생의 성적이 170점 이하 또는 240점 이상일 확률

$$\begin{aligned} &P(X \leq 170) + P(X \geq 240) \\ &= P\left(\frac{X-\mu}{\sigma} \leq \frac{170-200}{20}\right) + P\left(\frac{X-\mu}{\sigma} \geq \frac{240-200}{20}\right) \\ &= P(Z \leq -1.5) + P(Z \geq 2) \\ &= P(Z \geq 1.5) + P(Z \geq 2) \\ &= 0.0668 + 0.0228 = 0.0896 \end{aligned}$$

예 6.6

앞 문제에서 주어진 시험성적 분포에 대하여 다음을 구하라.

(1) 상위 5% 학생들의 성적은 몇 점 이상인가?

(2) 상위 40% 학생들의 점수는 몇 점 이상인가?

풀이 (1) $0.05 = P(X \geq a) = P\left(\frac{X-\mu}{\sigma} \geq \frac{a-\mu}{\sigma}\right) = P\left(Z \geq \frac{a-200}{20}\right)$

따라서 $\frac{a-200}{20} = 1.645$이므로, $a = 232.9$

즉, 상위 5% 학생들의 성적은 약 233점 이상이다.

(2) $0.40 = P(X \geq b) = P\left(\frac{X-\mu}{\sigma} \geq \frac{b-\mu}{\sigma}\right) = P\left(Z \geq \frac{b-200}{20}\right)$

따라서 $\frac{b-200}{20} = 0.253$(보간법 사용)이므로, $b = 205.06$ 즉, 205점 이상인 학생들이 상위 40%에 속한다. ▩

끝으로 정규분포의 중요한 성질 두 가지를 소개하기로 한다. 이 성질은 4장에 다루었던 평균과 분산의 특성을 참고하여 살펴보기 바란다.

■ 정규분포의 성질-I

$X \sim N(\mu, \sigma^2)$일 때, 상수 a, b에 대하여 다음이 성립한다.

$$aX+b \sim N(a\mu+b,\ a^2\sigma^2)$$

■ 정규분포의 성질-II

$X \sim N(\mu_X, \sigma_X^2)$, $Y \sim N(\mu_Y, \sigma_Y^2)$이고 X와 Y가 서로 독립

$$\Rightarrow X+Y \sim N(\mu_X+\mu_Y,\ \sigma_X^2+\sigma_Y^2)$$

예 6.7

어떤 고등학생의 수학점수는 $N(80, 9)$를 따르고 영어점수는 $N(70, 16)$을 따른다고 한다. 이 학생의 두 과목 점수의 합이 140점 이상일 확률을 구하여 보라.

풀이 이 학생의 수학점수를 확률변수 X라 하고 영어점수를 확률변수 Y라고 하면, $X \sim N(80, 3^2)$, $Y \sim N(70, 4^2)$이다. 따라서 $X+Y \sim N(150, 5^2)$이므로 구하고자 하는 확률은 다음과 같다.

$$P(X+Y \geq 140) = P\left(Z \geq \frac{140-150}{5}\right)$$
$$= P(Z \geq -2) = 0.9772$$

▩

6.3 지수분포

어떤 식당이 영업하는 시간당 평균 20명의 손님이 식사를 하러 온다고 할 때, 한 명의 손님이 들어온 후 다음 손님이 들어올 때까지 거리는 시간은 평균적으로 얼마나 걸릴까를 생각해 보자. 이런 간단한 경우에 누구나 $\frac{1}{20}$ 시간, 즉 3분이라고 답할 수 있을 것이다. 이와 같이 단위 시간당 특정 사건이 발생하는 횟수와 다음 사건이 발생할 때까지 걸리는 시간 사이에는 밀접한 관계가 있다.

지수분포(exponential distribution)는 어떤 사건의 발생이 포아송 분포를 따라 발생할 때, 특정 시점으로부터 사건이 처음 발생될 때까지 걸리는 시간에 대한 확률분포이다.

어떤 사건이 단위 구간(시간)에서 평균이 λ인 포아송 분포를 따를 때, 확률변수 X가 길이가 t인 구간에서 발생하는 이 사건의 수라고 하면 확률변수 X는 평균이 λt인 포아송 분포를 따르게 된다. 즉, $X \sim Poisson(\lambda t)$이므로 X의 확률질량함수는 다음과 같다.

$$P(X=x) = \frac{(\lambda t)^x e^{-\lambda t}}{x\,!}, \quad x = 0, 1, 2, \cdots$$

확률변수 T를 지정된 시점$(t=0)$으로부터 사건이 처음 발생할 때까지 걸리는 시간이라 하면, 처음 사건이 발생할 때까지 거리는 시간이 $t(>0)$ 이상일 확률, 즉 시간 $(0, t)$에서는 사건이 발생하지 않을 확률은 앞서 정의한 확률변수 X가 시간 $(0, t)$에서는 0의 값을 갖는 경우와 같으므로 $P(T \ge t)$는 다음과 같아지는 것을 알 수 있다.

$$P(T \ge t) = P(X=0) = e^{-\lambda t}, \quad t > 0$$

따라서 확률변수 T의 누적분포함수(cumulative distribution function)은 다음과 같으므로

$$F_T(t) = P(T \le t) = 1 - P(T \ge t) = 1 - e^{-\lambda t}, \quad t > 0$$

연속형 확률변수의 누적분포함수를 1차 미분하면 확률 밀도함수가 얻어지는 특성을 적용하여 확률변수 T의 확률 밀도함수를 다음과 같이 얻을 수 있다.

$$f_T(t) = \frac{d}{dt} F_T(t) = \frac{d}{dt}(1 - e^{-\lambda t}) = \lambda e^{-\lambda t}, \quad t > 0$$

이와 같은 확률 밀도함수를 갖는 확률변수 T를 $T \sim \exp(\lambda)$라고 표현하며, 다음 **그림 6.5**는 평균 λ에 따른 지수분포의 확률 밀도함수를 보여준다.

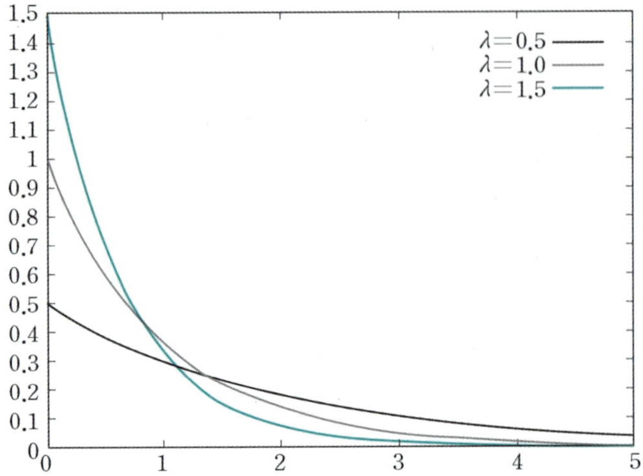

| 그림 6.5 | 평균 λ 에 따른 지수분포의 확률 밀도함수

다음으로, 지수분포의 평균과 분산을 구해 보자.

$T \sim \exp(\lambda)$이면 $f_T(t) = \lambda e^{-\lambda t},\ t > 0,\ \lambda > 0$이므로 평균은 다음과 같다.

$$\begin{aligned} E(T) &= \int_0^{\infty} t\lambda e^{-\lambda t} dt \quad \leftarrow \quad u = t,\ v' = \lambda e^{-\lambda t} \\ &= \left[-te^{-\lambda t}\right]_0^{\infty} - \int_0^{\infty} (-e^{-\lambda t}) dt \\ &= 0 + \int_0^{\infty} e^{-\lambda t} dt = \left[-\frac{1}{\lambda} e^{-\lambda t}\right]_0^{\infty} = \frac{1}{\lambda} \end{aligned}$$

이와 유사한 과정을 통해 $E(T^2) = \dfrac{2}{\lambda^2}$가 되는 것을 알 수 있으므로, $Var(T) = \dfrac{1}{\lambda^2}$이 된다. 지수분포를 요약하면 다음과 같다.

■ $T \sim \exp(\lambda),\ \lambda > 0$

$$f_T(t) = \lambda e^{-\lambda t}, \quad t > 0, \quad \lambda > 0$$

$$E(T) = \frac{1}{\lambda}, \quad Var(T) = \frac{1}{\lambda^2}$$

예 6.8

어떤 회사의 고객 불만 콜센터에 평균 10분에 5통의 전화가 걸려 온다. 이 콜센터에 전화가 한 번 걸려온 때부터 그 다음 전화가 걸려올 때까지 걸리는 시간에 대한 확률분포를 구하여 보자.

풀이 평균 10분에 5통의 전화가 걸려오므로 단위 시간을 1분(minute)이라고 하면, 1분에 평균적으로 0.5통의 전화가 걸려오는 것이므로 $\lambda = 0.5$가 된다. 따라서, 전화가 한번 걸려온 때부터 다음 전화가 걸려 올 때까지 걸리는 시간을 확률변수 T라고 하면, T는 $\lambda = 0.5$인 지수분포를 따른다. 즉, 확률변수 T 확률 밀도함수는 다음과 같다.

$$f_T(t) = 0.5e^{-0.5t}, \quad t > 0$$

예 6.9

앞의 예에서 전화가 한번 걸려온 후에 다음 전화가 올 때까지 걸리는 시간이 3분 이내일 확률과 5분 이상일 확률을 구하라.

풀이 지수분포의 누적분포함수를 이용하면 이러한 확률은 다음과 같이 구할 수 있다.

$$P(T \le 3) = 1 - e^{-0.5 \times 3} = 0.7769$$
$$P(T \ge 5) = 1 - P(T \le 5) = 1 - (1 - e^{-0.5 \times 5}) = 0.082$$

예 6.10

어떤 기계가 1시간에 평균 3번씩 고장을 일으킨다. 기계가 한번 고장이 나서 고친 후 3시간 이내에는 고장이 없을 확률을 구하라.

풀이 기계가 고장이 나서 고친 후에 다시 고장이 발생하는 데까지 걸리는 시간을 T라 하면, $T \sim \exp(3)$이므로, 지수분포의 누적분포함수를 이용하여 확률을 구할 수 있다.

$$P(T \ge 3) = 1 - P(T \le 3) = e^{-3 \times 3} = 0.0001234$$

6.4 이항분포의 정규근사

앞서 포아송 분포와 정규분포에 대한 설명에서 언급한 바와 같이, 이항분포 $B(n, p)$에서 n이 클 때 계산 과정의 편의를 위해 이를 근사시키는 방법이 고안되었다. 특히, 확률 p가 1/2과 가까울 때 적용되는 것이 정규근사(normal approximation)이며, 고교 수학교과과정에서도 다루고 있는 내용이다. 이항분포를 정규분포에 근사시켜 얻은 근사확률은 이항분포의 확률질량함수를 사용하여 직접 구하는 정확한 확률(exact probability)과의 오차를 피할 수 없는 것에 유의하여야 하며, 확률 p가 1/2에 가까울수록 실제 확률과의 오차는 줄어든다. 이 절에서는 이항분포의 정규근사에 대하여 알아보고, 근사의 정밀도를 높이기 위한 '연속성 수정(continuity correction)'에 대하여 배워 보기로 한다.

확률변수 X가 이항분포 이항분포 $B(n,\ p)$를 따를 때, $E(X)=np$, $Var(X)=np(1-p)$인 것은 이미 배운 바 있다. 또한 정규분포의 모수는 평균과 분산이므로, n이 크고 p가 1/2과 가까울 때 $B(n,\ p)$는 $N(\mu,\ \sigma^2) \equiv N(np, np(1-p))$에 근사하게 된다. 또한, 정규분포는 표준화 과정을 통하여 표준 정규분포로 변환하여야 표준 정규분포표를 사용하여 확률을 구할 수 있으므로 다음 과정을 이해하여야 한다.

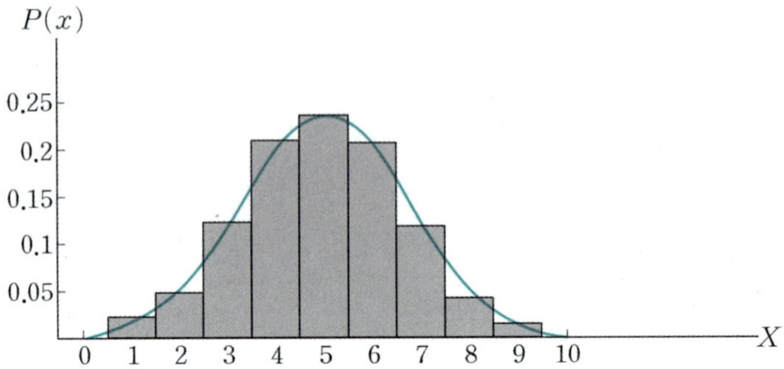

(a) $B\left(10,\ \frac{1}{2}\right)$과 $N\left(5,\ \frac{5}{2}\right)$

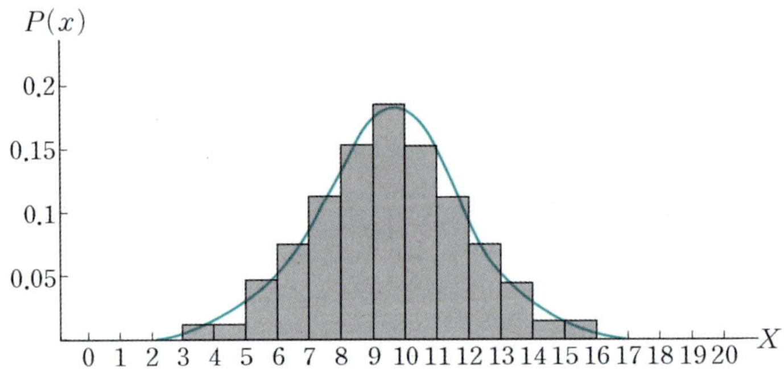

(b) $B\left(20,\ \frac{1}{2}\right)$과 $N(10,\ 5)$

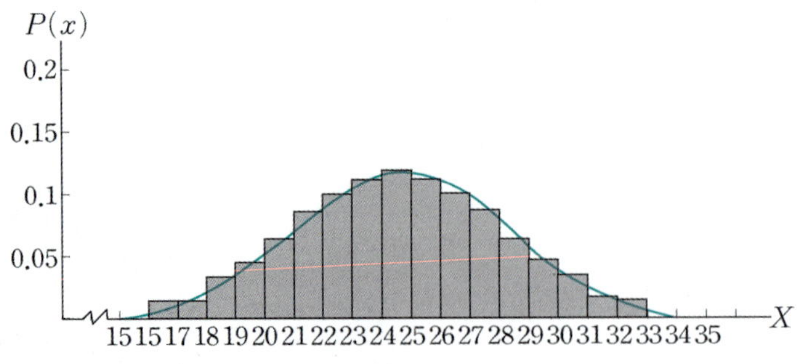

(c) $B\left(50,\ \frac{1}{2}\right)$과 $N\left(25,\ \frac{25}{2}\right)$

| 그림 6.6 | 이항분포의 정규근사 예

$$Z = \frac{X - E(X)}{\sqrt{Var(X)}} = \frac{X - np}{\sqrt{np(1-p)}} \sim N(0,\, 1)$$

참고로, 이항분포의 정규근사의 정확도(precision)는 $np > 5$이고, $n(1-p) > 5$일 때 매우 높은 것으로 알려져 있다. 다음 **그림 6.6**은 $p = 1/2$인 이항분포 $B(n,\, 1/2)$에서 n 값의 변화에 따른 이항분포의 정규근사를 보여준다. **그림 6.6**을 보면, n이 커질수록 근사가 잘 되는 것을 확인할 수 있다.

예 6.11

어떤 정책에 대하여 성인의 60%가 찬성한다고 하자. 이때, 성인 150명을 임의로 추출하여 이에 대한 찬반을 묻는다면, 이 표본가운데 78명 미만이 찬성할 확률을 구해 보자.

풀이 확률변수 X를 찬성자의 수라고 하면 $X \sim B(150,\, 0.6)$이다. 표본 $n = 150$이 충분히 크고, $p = 0.6$이므로 정규근사를 이용하여 근사확률을 구하면 다음과 같다.

$np = 90$, $np(1-p) = 36$이므로, X는 근사적으로 $N(90,\, 36)$을 따르므로

$$P(X < 78) = P\left(\frac{X-90}{6} < \frac{78-90}{6}\right) \approx P(Z < -2) = 0.0228$$

이다.

이제, 연속성 수정에 대하여 배워 보자.

이항분포는 이산형분포이고 정규분포는 연속형분포이므로 근사계산의 정확도를 높이기 위하여 연속성 수정의 절차가 필요하다.

예를 들어 $X \sim B(30, 1/2)$일 때, $P(X = 10)$은 다음과 같이 구할 수 있다.

$$P(X = 10) = \binom{30}{10}\left(\frac{1}{2}\right)^{10}\left(\frac{1}{2}\right)^{20}$$

이 경우에 $\mu = np = 30 \times 0.5 = 15$, $\sigma^2 = np(1-p) = 30 \times 0.5 \times 0.5 = 7.5$이므로 이항분포의 정규근사에 따라 X는 근사적으로 정규분포 $N(15, 7.5)$를 따른다. 그런데, 연속형 확률변수에 대하여 한 점에서의 확률은 0이므로 정규근사를 사용하면 근사확률 $P(X = 10) = 0$이다. 이러한 오류를 방지하고 근사계산의 정확도를 높이기 위하여 다음과 같은 절차를 도입하는데 이것이 연속성 수정이다.

즉, $N(15,\, 7.5)$를 사용하여 구하는 근사확률은 다음과 같이 변형하여 사용한다.

$$
\begin{aligned}
P(X=10) &= P(10-0.5 \le X \le 10+0.5) \\
&= P(9.5 \le X \le 10.5) \\
&= P\left(\frac{9.5-15}{\sqrt{7.5}} \le Z \le \frac{10.5-15}{\sqrt{7.5}}\right)
\end{aligned}
$$

연속성 수정은 $X \sim B(n, p)$일 때, $X \simeq N(np, np(1-p))$이므로 다음과 같이 적용한다.

$$
P(a \le X \le b) \approx P\left(\frac{a-0.5-np}{\sqrt{np(1-p)}} \le Z \le \frac{b+0.5-np}{\sqrt{np(1-p)}}\right)
$$

또한, 분산 $np(1-p)$의 값이 크면 $\dfrac{0.5}{\sqrt{np(1-p)}}$의 값이 작아지므로 연속성 수정의 효과는 미미해지는 것을 알 수 있다.

예 6.12

$X \sim B(10, 0.5)$일 때 다음 확률을 구해 보자.

(1) $X=5$일 정확한 확률

풀이 $P(X=5) = \binom{10}{5} 0.5^5 (1-0.5)^5 = 0.246$

(2) $X=5$일 정규근사 확률

풀이 $E(X) = np = 5,\ \ Var(X) = np(1-p) = 2.5$이므로

$$
\begin{aligned}
P(X=5) &= P(5 \le X \le 5) \\
&\approx P\left(\frac{5-0.5-5}{\sqrt{2.5}} \le Z \le \frac{5+0.5-5}{\sqrt{2.5}}\right) \\
&= P(-0.316 \le Z \le 0.316) \\
&= 2 \times P(0 \le Z \le 0.316) = 0.2472
\end{aligned}
$$

(3) $P(X \ge 7)$일 정규근사 확률

풀이 $P(X \ge 7) \approx P\left(Z \ge \dfrac{7-0.5-5}{\sqrt{2.5}}\right) = P(Z \ge 0.95 = 0.1711$ (근사확률)

(4) $P(2 \le X \le 8)$일 정규근사 확률

풀이 $P(2 \le X \le 8) \approx P\left(\dfrac{2-0.5-5}{\sqrt{2.5}} \le Z \le \dfrac{8+0.5-5}{\sqrt{2.5}}\right)$ (근사확률)

$$
\begin{aligned}
&= P(-2.21 \le Z \le 2.21) \\
&= 2 \times P(0 \le Z \le 2.21) = 0.9728
\end{aligned}
$$

6.5 카이제곱분포

카이제곱분포(Chi-squared distribution; χ^2-distribution)는 정규분포로부터 만들어지는 연속형 확률분포로서 분산에 대한 통계적 추론 과정에서 사용된다. 여기서는 카이제곱분포의 정의와 특성을 간단히 살펴보고, 통계적 추론을 배울 때 더 자세하게 배워 보기로 한다. 또한 카이제곱분포는 수리통계학에서 다루는 감마분포(Gamma distribution)의 특수한 형태로 알려져 있다.

확률변수 X가 $N(\mu, \sigma^2)$을 따를 때, 이를 표준화하면 다음과 같은 표준 정규분포가 되는 것을 다룬 바 있다.

$$Z = \frac{X-\mu}{\sigma} \sim N(0, 1)$$

위의 Z와 같이 $N(0, 1)$을 따르는 확률변수를 제곱하여 얻은 비대칭의 연속형 양(+)의 확률변수를 자유도(degree of freedom)가 1인 카이제곱 확률변수라고 정의하며, χ_1^2이라고 표현한다. 즉, 자유도가 r인 카이제곱 확률변수는 χ_r^2이라고 표현한다. χ^2-분포의 모수는 자유도이며, 여기서 자유도는 표본으로부터 특정 함숫값을 계산할 때 임의로 자유롭게 결정할 수 있는 표본의 수를 의미한다. 예를 들어, 크기가 $n=5$인 표본을 뽑을 때, 만약 $\bar{x}=3$을 만족하여야 한다면, 자유롭게 뽑을 수 있는 표본의 수는 $n-1=5-1=4$이다. 왜냐하면, 먼저 4개의 표본으로 1, 2, 3, 4를 뽑았다고 하면 나머지 하나의 표본은 표본평균 $\bar{x}=3$을 만족시키기 위하여 5가 될 수밖에 없기 때문이다. 수리통계학과 같이 통계학의 어려운 이론을 다루는 과정에서는 자유도를 '전체 표본의 수 - 제약식의 수' 또는 '전체 표본의 수 - 추정해야 하는 모수의 수'와 같이 난해하게 정의하기도 하는데, 이 책의 수준을 배우는 학생들은 앞의 예를 통하여 자유도의 개념을 이해하는 것이 쉽고 충분하다고 할 수 있다.

χ^2-분포는 다음과 같은 가법성(additivity property)이라는 특성을 갖는다. 이에 대한 증명은 이 책의 수준을 상회하므로 생략하기로 하고, 그 특성만 기억하여 사용하기로 한다.

■ χ^2-분포의 가법성

서로 독립인 k개의 χ^2-확률변수 $W_1 \sim \chi_{r_1}^2$, $W_2 \sim \chi_{r_2}^2$, $\cdots$, $W_k \sim \chi_{r_k}^2$가 있을 때, 이들의 합으로 만들어지는 확률변수는 χ^2-분포를 따르며 자유도는 모든 자유도의 합이 된다. 즉, 다음이 성립한다.

$$W = \sum_{i=1}^{k} W_i \sim \chi_r^2, \quad \text{여기서 } r = \sum_{i=1}^{k} r_i$$

χ^2-분포의 가법성을 이용하여 자유도가 k 인 χ^2-확률변수는 다음과 같이 정의한다.

■ 자유도가 k 인 χ^2-확률변수와 평균, 분산

서로 독립인 k개의 $N(0, 1)$ 확률변수 $Z_1,\ Z_2,\ \cdots,\ Z_k$가 있을 때, 이들의 제곱합으로 만들어지는 확률변수 W는 자유도가 k인 χ^2-분포를 따른다.

$$W = \sum_{i=1}^{k} Z_i^2 \sim \chi_k^2,\quad E(W) = k,\ Var(W) = 2k$$

χ^2-확률변수의 평균은 자유도와 같으며, 다음과 같은 과정을 통해 쉽게 증명할 수 있다. $Z_1,\ Z_2,\ \cdots,\ Z_k$가 각각 $N(0,1)$을 따를 때

$$E(Z_1) = E(Z_2) = \cdots = E(Z_k) = 0$$

$$Var(Z_1) = Var(Z_2) = \cdots = Var(Z_k) = 1$$

$$E(Z_1^2) = E(Z_2^2) = \cdots = E(Z_k^2) = 1$$

이므로, $E(W) = E\left(\sum_{i=1}^{k} Z_i^2\right) = \sum_{i=1}^{k} E(Z_i^2) = k$이다.

$X_1,\ X_2,\ \cdots,\ X_n \sim iid\ N(\mu,\ \sigma^2)$일 때, 표본분산을 $S^2 = \frac{1}{n-1}\sum_{i=1}^{n}(X_i - \overline{X})^2$이라 하면 $\frac{(n-1)S^2}{\sigma^2} = \frac{1}{\sigma^2}\sum_{i=1}^{n}(X_i - \overline{X})^2 \sim \chi_{n-1}^2$인 것은 앞서 배운 카이제곱분포의 가법성을 사용하여 다음과 같이 보일 수 있다. (다음 증명과정은 이 책의 수준을 상회하므로 생략하여도 되나, 그 결과는 반드시 기억하여야 한다.)

$$\begin{aligned}
(n-1)S^2 &= \sum_{i=1}^{n}(X_i - \overline{X})^2 \\
&= \sum_{i=1}^{n}\left\{(X_i - \mu) - (\overline{X} - \mu)\right\}^2 \\
&= \sum_{i=1}^{n}(X_i - \mu)^2 - 2(\overline{X} - \mu)\sum_{i=1}^{n}(X_i - \mu) + n(\overline{X} - \mu)^2 \\
&= \sum_{i=1}^{n}(X_i - \mu)^2 - n(\overline{X} - \mu)^2
\end{aligned}$$

따라서

$$\frac{(n-1)S^2}{\sigma^2} = \sum_{i=1}^{n}\left(\frac{X_i-\mu}{\sigma}\right)^2 - \left(\frac{\overline{X}-\mu}{\sigma/n}\right)^2$$

이다. 즉

$$\sum_{i=1}^{n}\left(\frac{X_i-\mu}{\sigma}\right)^2 = \left(\frac{\overline{X}-\mu}{\sigma/n}\right)^2 + \frac{(n-1)S^2}{\sigma^2}$$

이고, 여기서 $\sum_{i=1}^{n}\left(\frac{X_i-\mu}{\sigma}\right)^2 \sim \chi_n^2$, $\left(\frac{\overline{X}-\mu}{\sigma/n}\right)^2 \sim \chi_1^2$ 이므로 카이제곱분포의 가법성에 따라 $\frac{(n-1)S^2}{\sigma^2} = \frac{1}{\sigma^2}\sum_{i=1}^{n}(X_i-\overline{X})^2 \sim \chi_{n-1}^2$ 임을 알 수 있다.

표준 정규분포에서 상위 α-분위수(upper α-percentile) z_α를 배웠는데, $W \sim \chi_k^2$에 대하여도 같은 방법으로 상위 α-분위수 $\chi_{k,\alpha}^2$를 다음과 같이 정의하며, 이는 통계적 추론에서 사용되는 것이므로 알아 두어야 한다.

■ 자유도가 k인 χ^2-분포의 상위 α-분위수

$W \sim \chi_k^2$ 일 때, 상위 α-분위수를 $\chi_{k,\alpha}^2$라 하면 다음이 성립한다.

$$P(W \geq \chi_{k,\alpha}^2) = \alpha$$

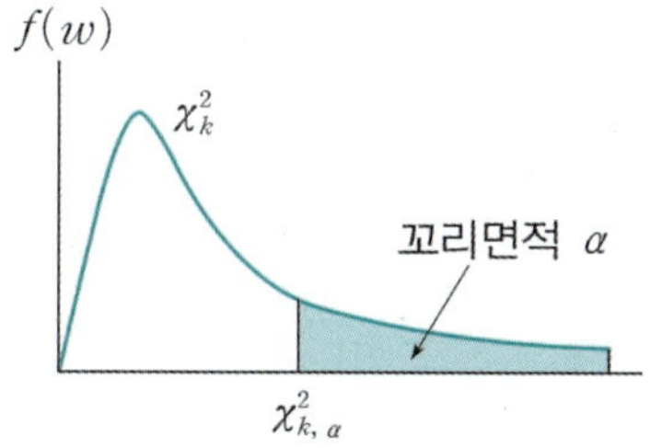

앞서 설명한 바와 같이 χ^2-분포는 표준 정규분포의 제곱합으로 만들어지므로 양(+)의 값을 갖는 분포이고 비대칭의 형태를 띠는데, 자유도가 커질수록 좌우대칭의 형태를 띠게 된다.

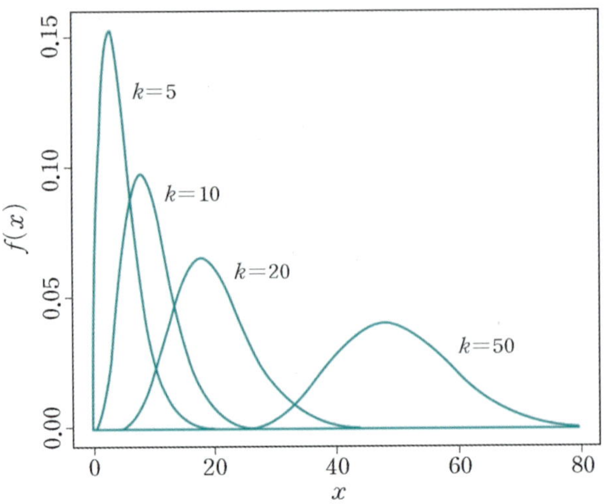

| 그림 6.7 | 자유도에 따른 카이제곱분포

6.6 t-분포

t-분포(t-distribution)는 영국의 수학자 고셋(William Gosset, 1876~1937)에 의해 1908년에 제시되었다. 고셋은 1899년에 기네스 맥주회사의 양조장에 취직하여, 통계 지식을 양조와 농업에 적용하면서 실제적인 연구를 거듭했다. 당시 기네스 사에서는 영업 비밀 문제로 직원이 논문을 발행하는 것을 금지하고 있었기 때문에, 고셋은 'Student'(스튜던트)라는 필명으로 논문을 발표하였기 때문에 스튜던트 t-분포로 불리며 평균에 대한 통계적 추론 과정에서 사용된다.

t-분포는 서로 독립인 표준 정규분포와 χ^2-분포로부터 생성되는 연속형 확률분포이며, 표준 정규분포와 같이 평균 0을 중심으로 좌우대칭인 종모양의 분포이다. t-분포의 모수는 t-분포의 정의에 사용되는 χ^2-분포의 자유도(degree of freedom)이다. 확률변수 T가 다음과 같이 정의될 때, T는 자유도가 n인 t-분포를 따른다고 한다.

■ **자유도가 n인 t-분포**

$Z \sim N(0, 1)$, $W \sim \chi_n^2$이고 확률변수 Z와 W가 서로 독립일 때, 다음과 같이 정의되는 확률변수 T는 자유도가 n인 t-분포를 따른다.

$$T = \frac{Z}{\sqrt{W/n}} \sim t_n$$

이 책의 수준에서는 t-분포의 확률 밀도함수를 알 필요는 없으며, t-분포가 어떤 형태로 만들어지는가를 익혀 놓으면 통계적 추론을 전개하는데 충분하다. 또한 **그림 6.8**에서 알 수 있듯이, t-분포는 자유도가 커질수록 표준 정규분포와 비슷해진다.

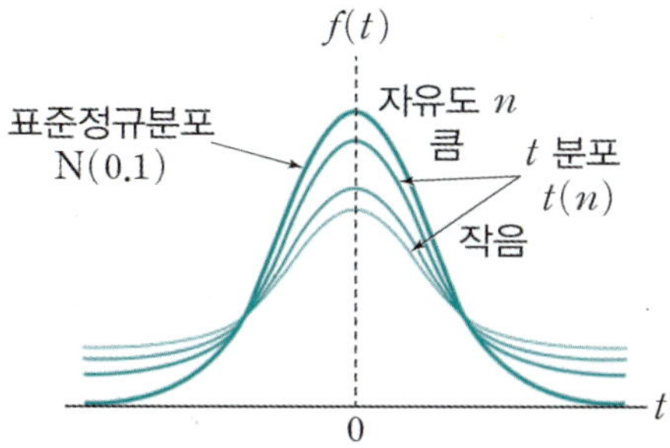

| 그림 6.8 | 자유도에 따른 t-분포

또한 자유도가 n 인 t-분포의 상위 α-분위수(upper α-percentile)를 $t_{n,\alpha}$로 나타낸다. 즉, $T \sim t_n$일 때, $P(T \geq t_{n,\alpha}) = \alpha$가 성립한다. 또한 $T \sim t_n$일 때, 평균과 분산은 다음과 같다.

$$E(T) = 0, \quad V(T) = \frac{n}{n-2}$$

이를 통해 알 수 있는 것은, t-분포의 분산은 표준 정규분포의 분산 1보다 항상 크며 n 이 증가할수록 표준정규분포의 분산인 1에 근사하는 것을 알 수 있다.

표준 정규분포와 같이 t-분포의 확률계산은 **표 6.2**와 같은 확률분포표를 사용하여 구하는 것이 일반적이다.

6.7 F-분포

F-분포(F-distribution)는 서로 독립인 두 개의 카이제곱 확률변수의 비(ratio)에 관한 분포로서, 두 정규모집단의 분산(variance)의 동일성검정과 회귀분석(regression analysis), 분산분석(analysis of variance; ANOVA) 등 다양한 통계분석 분야에서 자주 사용되는 양(+)의 연속형 확률분포이다.

F-분포는 이 분포를 완성한 학자의 이름을 따서 '스네데커(George Snedecor, 1882~1974)의 F-분포' 또는 '피셔(Ronald Fisher, 1890~1962)-스네데커의 F-분포'로 불린다. 분포의 이름을 'F'라고 한 것은 통계학사에서 가장 위대했던 통계학자인 피셔를 기념하기 위한 것이었다. 스네데커가 1931년 피셔와 논의하여 미국 최초의 통계학과인 아이오와 주립대학(Iowa State University)

| 표 6.2 | t-분포표 $P(T \geq t_n)$

n	0.25	0.20	0.15	0.10	0.05	0.025	0.01	0.005	0.0005
1	1.000	1.376	1.963	3.078	6.314	12.706	31.821	63.657	636.619
2	0.816	1.061	1.386	1.886	2.920	4.303	6.965	9.925	31.598
3	0.765	0.978	1.250	1.638	2.353	3.182	4.541	5.841	12.941
4	0.741	0.941	1.190	1.533	2.132	2.776	3.747	4.604	8.610
5	0.727	0.920	1.156	1.476	2.015	2.571	3.365	4.032	6.859
6	0.718	0.906	1.134	1.440	1.943	2.447	3.143	3.707	5.959
7	0.711	0.896	1.119	1.415	1.895	2.365	2.998	3.499	5.405
8	0.706	0.889	1.108	1.397	1.860	2.306	2.896	3.355	5.041
9	0.703	0.883	1.100	1.383	1.833	2.262	2.821	3.250	4.781
10	0.700	0.879	1.093	1.372	1.812	2.228	2.764	3.169	4.587
11	0.697	0.876	1.088	1.363	1.796	2.201	2.718	3.106	4.437
12	0.695	0.873	1.083	1.356	1.782	2.179	2.681	3.055	4.318
13	0.694	0.870	1.079	1.350	1.771	2.160	2.650	3.012	4.221
14	0.692	0.868	1.076	1.345	1.761	2.145	2.624	2.977	4.140
15	0.691	0.866	1.074	1.341	1.753	2.131	2.602	2.947	4.073
16	0.690	0.865	1.071	1.337	1.746	2.120	2.583	2.921	4.015
17	0.689	0.863	1.069	1.333	1.740	2.110	2.567	2.898	3.965
18	0.688	0.862	1.067	1.330	1.734	2.101	2.552	2.878	3.922
19	0.688	0.861	1.066	1.328	1.729	2.093	2.539	2.861	3.883
20	0.687	0.860	1.064	1.325	1.725	2.086	2.528	2.845	3.850
21	0.686	0.859	1.063	1.323	1.721	2.080	2.518	2.831	3.819
22	0.686	0.858	1.061	1.321	1.717	2.074	2.508	2.819	3.792
23	0.685	0.858	1.060	1.319	1.714	2.069	2.500	2.807	3.767
24	0.685	0.857	1.059	1.318	1.711	2.064	2.492	2.797	3.745
25	0.684	0.856	1.058	1.316	1.708	2.060	2.485	2.787	3.725
26	0.684	0.856	1.058	1.315	1.706	2.056	2.479	2.779	3.707
27	0.684	0.855	1.057	1.314	1.703	2.052	2.473	2.771	3.690
28	0.683	0.855	1.056	1.313	1.701	2.048	2.467	2.763	3.674
29	0.683	0.854	1.055	1.311	1.699	2.045	2.462	2.756	3.659
30	0.683	0.854	1.055	1.310	1.697	2.042	2.457	2.750	3.646
∞	0.674	0.842	1.036	1.282	1.645	1.960	2.326	2.576	3.291

의 통계학과를 만든 것은 통계학사에서 기념비적인 일이었다.

서로 독립인 두 개의 확률변수의 비(ratio)와 관계있는 F-분포를 따르는 확률변수는 다음과 같이 정의한다.

■ 자유도가 a, b인 F-확률변수

$U \sim \chi_a^2$, $V \sim \chi_b^2$ 이고 U와 V가 서로 독립일 때, 다음과 같이 정의되는 확률변수 F는 분자의 자유도 a, 분모의 자유도 b인 F-분포를 따른다.

$$F = \frac{U/a}{V/b} \sim F_{a,b}$$

위 정의를 보면 F-분포는 서로 독립인 두 개의 카이제곱 확률변수로부터 만들어지는데, 카이제곱 확률변수가 표준 정규분포로부터 만들어지고, 표준 정규분포는 정규분포로부터 만들어지므로, 원론적으로 F-분포는 정규분포로부터 생성된다고 할 수 있다.

이 책의 수준에서는 F-분포의 확률 밀도함수를 알 필요는 없으며, F-분포가 어떤 형태로 만들어지는가를 익혀 놓으면 통계적 추론을 전개하는 데 충분하다.

그림 6.9는 분자, 분모의 자유도 변화에 따른 F-분포의 확률 밀도함수를 보여준다. 또한 F-분포의 확률계산은 부록에 있는 F-분포의 확률분포표를 사용하여 구하면 된다.

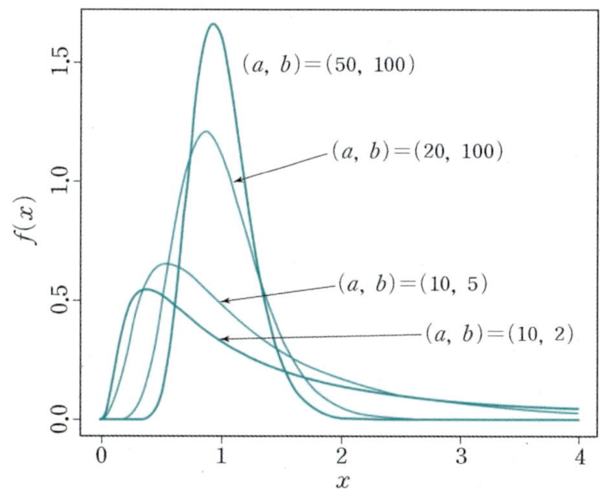

| 그림 6.9 | 분자, 분모의 자유도에 따른 F-분포

또한 분자, 분모의 자유도가 각각 a와 b인 F-분포의 상위 α-분위수(upper α-percentile)를 $F_{a,b,\alpha}$로 나타낸다. 즉, $F \sim F_{a,b}$일 때, $P(F \geq F_{a,b,\alpha}) = \alpha$가 성립한다. 또한 $F \sim F_{a,b}$일 때, 평균은 다음과 같다.

$$E(F) = \frac{b}{b-2} \ (b > 2)$$

또한 $F \sim F_{a,b}$이므로, $\frac{1}{F}$의 분포는 다음과 같이 구할 수 있다.

$$\frac{1}{F} = \frac{V/b}{U/a} \sim F_{b,\,a}$$

또한 $P(F \geq F_{a,\,b,\,\alpha}) = \alpha$이므로 $P\left(\frac{1}{F} \leq \frac{1}{F_{a,\,b,\,\alpha}}\right) = \alpha$이고, $P\left(\frac{1}{F} \geq \frac{1}{F_{a,\,b,\,\alpha}}\right) = 1-\alpha$이다. 따라서 다음 관계가 성립한다.

$$F_{b,\,a,\,1-\alpha} = \frac{1}{F_{a,\,b,\,\alpha}}$$

위 관계식은 부록으로 제공되는 F-분포의 확률분포표에서 분자의 자유도가 분모의 자유도보다 큰 경우에 대하여만(또는 그 반대 경우에만) 확률값이 제공되는 경우에 유용하게 사용할 수 있는 식이다.

6.8 R 실습

```r
### library
library("MASS")
```

6.8.1 균등분포

예 6.2에 주어진 확률변수 X의 평균과 분산을 구하여 보자.

```r
1 # 모수 설정
2 a <- 5
3 b <- 10
4 # 평균
5 (a+b)/2
6 fractions((a+b)/2)
```

7.5

15/2

2줄~3줄: 모수값을 저장한다.
5줄: 균등분포의 평균을 계산하는 식을 이용하여 구한다.

```
1 # 분산
2 (b-a)^2/12
3 fractions((b-a)^2/12)
```

2.08333333333333

25/12

2줄: 균등분포에서 분산을 계산하는 식을 이용하여 구한다.

```
1 # P(6<X<7)
2 p <- punif(7, a, b) - punif(6, a, b)
3 p
4 fractions(p)
```

0.2

1/5

2줄: $P(6 \le X \le 7) = P(X \le 7) - P(X \le 6)$으로 누적확률의 차를 이용하여 구한다. 연속형 확률분포에서 확률변수 X가 특정한 값 a를 가질 확률은 0이다. $P(X = a) = 0$.

6.8.2 정규분포

예 6.4에 주어진 확률변수 X의 확률을 구하여 보자.

```
1 # 모수 설정
2 x.mean <- 20
3 x.sd <- sqrt(25)
4 # P(15<X<30)
5 pnorm(30, x.mean, x.sd) - pnorm(15, x.mean, x.sd)
```

0.818594614120364

2줄~3줄: R에서 사용하는 정규분포 함수의 매개변수는 평균과 표준편차이다.
5줄: pnorm() 함수로 누적확률을 구하여 그 차로 구간의 확률을 계산한다.

예 6.5에 주어진 확률변수 X의 확률을 구하여 보자.

```
1 # 모수 설정
2 x.mean <- 200
3 x.sd <- sqrt(400)
4 # (1) 이 학생의 성적이 200 점 이상일 확률
5 1-pnorm(200, x.mean, x.sd)
```

0.5

5줄: 200점 이상일 확률은 전체 확률 1에서 200점까지의 누적확률의 차로 구한다.

```
1 # (2) 이 학생의 성적이 164 점에서 240 점 사이일 확률
2 pnorm(240, x.mean, x.sd) - pnorm(164, x.mean, x.sd)
```

0.941319548938895

2줄: 구간의 확률은 누적확률의 차로 구한다.

```
1 # (3) 이 학생의 성적이 170 점 이하 또는 240 점 이상일 확률
2 pnorm(170, x.mean, x.sd) + (1-pnorm(240, x.mean, x.sd))
```

0.0895573332170373

2줄: 두 개의 구간이 주어진 경우 각각의 확률을 계산하여 합으로 구한다.

예 6.6에 주어진 시험성적 분포에서 학생의 성적 a, b을 구하여 보자.

```
1 # 모수 설정
2 x.mean <- 200
3 x.sd <- sqrt(400)
4 # (1) 상위 5% 학생들의 성적은 몇 점 이상인가?
5 qnorm(1-0.05, x.mean, x.sd)
```

232.897072539029

5줄: 누적확률이 주어진 경우에는 누적분포함수의 역함수인 qnrom()을 이용하여 확률변수 X의 값을 구할 수 있다. 상위 5%에 대한 누적확률은 $1-0.05$이다.

```
1 # (2) 상위 40% 학생들의 점수는 몇 점 이상인가?
2 qnorm(1-0.4, x.mean, x.sd)
```

205.066942062716

2줄: 상위 40%에 대한 누적확률은 $1-0.4=0.6$이다. qnorm() 함수로 해당 점수를 구한다.

6.8.3 지수분포

예 6.9에 주어진 지수분포에서 확률을 구하여 보자.

```
1 # 모수 설정
2 lambda <- 5/10
3 # 3분 이내일 확률
4 pexp(3, lambda)
```

0.77686983985157

2줄: 평균 10분에 5통의 전화가 오는 경우, 1분에는 평균적으로 $5/10=0.5$통의 전화가 온다는 것을 알 수 있다.
4줄: pexp() 함수로 지수분포의 누적확률을 구한다.

```
1 # 5분 이상일 확률
2 1-pexp(5, lambda)
```

0.0820849986238988

2줄: 5분 이상일 확률은 전체 확률에서 5분까지의 누적확률의 차로 구한다.

6.8.4 카이제곱분포

자유도가 $k=10$인 카이제곱분포를 따르는 확률변수 X의 확률을 구하여 보자.

```
# P(X<18), 자유도=10
k <- 10
pchisq(18, k)
```

0.945036358504895

```
# P(X>18)
1-pchisq(18, k)
```

0.0549636414951049

```
# P(X>a)=0.05를 만족하는 a
qchisq(1-0.05, k)
```

18.3070380532751

6.8.5 t-분포

자유도가 $n=10$인 t-분포를 따르는 확률변수 X의 확률을 구하여 보자.

```
# P(X<1.8), 자유도=10
n <- 10
pt(1.8, n)
```

0.94897387843266

```
# P(X>1.8)
1-pt(1.8, n)
```

0.0510261215673395

```
# P(X>a)=0.05를 만족하는 a
qt(1-0.05, n)
```

1.81246112281168

6.8.6 F-분포

분자의 자유도가 $a=5$, 분포의 자유도가 $b=10$인 F-분포를 따르는 확률변수 X의 확률을 구하여 보자.

```
# P(X<3.33), 분자의 자유도=5, 분모의 자유도=10
a <- 5
b <- 10
pf(3.33, a, b)
```

0.950168724202779

```
# P(X>3.33)
1-pf(3.33, a, b)
```

0.0498312757972214

```
# P(X>a)=0.05를 만족하는 a
qf(1-0.05, a, b)
```

3.32583453041301

6.9 Python 실습

```
### library
import pandas as pd
import numpy as np
from scipy import stats
```

6.9.1 균등분포

예 6.2에 주어진 확률변수 X의 평균과 분산을 구하여 보자.

```
1 # 모수 설정
2 loc = 5; scale = 5;
3 a = loc; b = loc + scale
4 # 평균
5 (a+b)/2
```

7.5

2줄: Python에서 균등분포의 구간은 [loc, loc + scale]로 표현한다. 따라서 loc=5, scale=5이다.
3줄: 본문에서 사용한 표현식으로 모수 a, b을 저장한다.
5줄: 균등분포의 평균을 계산하는 식을 이용하여 구한다.

```
1 # 분산
2 (b-a)**2/12
```

```
2.0833333333333335
```

2줄: 균등분포에서 분산을 계산하는 식을 이용하여 구한다.

```
1 # P(6<X<7)
2 rv = stats.uniform(loc, scale)
3 rv.cdf(7) - rv.cdf(6)
```

```
0.2
```

2줄: loc=5, scale=5를 사용하여 균등분포 객체를 rv에 저장한다.
3줄: $P(6 \le X \le 7) = P(X \le 7) - P(X \le 6)$으로 누적확률의 차를 이용하여 구한다.

6.9.2 정규분포

예 6.4에 주어진 확률변수 X의 확률을 구하여 보자.

```
1 # 모수 설정
2 x_mean = 20
3 x_sd = np.sqrt(25)
4 rv = stats.norm(x_mean, x_sd)
5 # P(15<X<30)
6 rv.cdf(30) - rv.cdf(15)
```

```
0.8185946141203637
```

6줄: cdf() 함수로 누적확률을 구하여 그 차로 구간의 확률을 계산한다.

예 6.5에 주어진 확률변수 X의 확률을 구하여 보자.

```
1 # 모수 설정
2 x_mean = 200
3 x_sd = np.sqrt(400)
4 rv = stats.norm(x_mean, x_sd)
5 # (1) 이 학생의 성적이 200 점 이상일 확률
6 1-rv.cdf(200)
```

```
0.5
```

6줄: 200점 이상일 확률은 전체 확률 1에서 200점까지의 누적확률의 차로 구한다.

```
1 # (2) 이 학생의 성적이 164 점에서 240 점 사이일 확률
2 rv.cdf(240) - rv.cdf(164)
```

```
0.9413195489388895
```

2줄: 구간의 확률은 누적확률의 차로 구한다.

```
1 # (3) 이 학생의 성적이 170 점 이하 또는 240 점 이상일 확률
2 rv.cdf(170) + (1-rv.cdf(240))
```

```
0.08955733321703728
```

2줄: 두 개의 구간이 주어진 경우 각각의 확률을 계산하여 합으로 구한다.

예 6.5에 주어진 시험성적 분포에서 학생의 성적 a, b을 구하여 보자.

```
1 # 모수 설정
2 x_mean = 200
3 x_sd = np.sqrt(400)
4 rv = stats.norm(x_mean, x_sd)
5 # (1) 상위 5% 학생들의 성적은 몇 점 이상인가?
6 rv.ppf(1-0.05)
```

```
232.89707253902944
```

6줄: 누적확률이 주어진 경우에는 누적분포함수의 역함수인 ppf()을 이용하여 확률변수 X의 값을 구할 수 있다. 상위 5%에 대한 누적확률은 $1-0.05$이다.

```
1 # (2) 상위 40% 학생들의 점수는 몇 점 이상인가?
2 rv.ppf(1-0.4)
```

```
205.06694206271598
```

2줄: 상위 40%에 대한 누적확률은 $1-0.4=0.6$이다. qnorm() 함수로 해당 점수를 구한다.

6.9.3 지수분포

예 6.7에 주어진 지수분포에서 확률을 구하여 보자.

```
1 # 모수 설정
2 lamb = 5/10
3 rv = stats.expon(0, 1/lamb)
4 # 3분 이내일 확률
5 rv.cdf(3)
```

```
0.7768698398515702
```

3줄: expon() 함수는 loc과 scale을 매개변수로 사용한다. 여기서 loc는 X축으로 평행 이동하는 값을 나타내며, scale은 지수분포의 모수 λ의 역수(=$1/\lambda$)이다.

```
# 5분 이상일 확률
1 - rv.cdf(5)
```

0.08208499862389884

2줄: 5분 이상일 확률은 전체 확률에서 5분까지의 누적확률의 차로 구한다.

6.9.4 카이제곱분포

자유도가 $k = 10$인 카이제곱분포를 따르는 확률변수 X의 확률을 구하여 보자.

```
# P(X<18), 자유도=10
k = 10
rv = stats.chi2(k)
rv.cdf(18)
```

0.945036358504895

```
# P(X>18)
1 - rv.cdf(18)
```

0.054963641495105502

```
# P(X>a)=0.05를 만족하는 a
rv.ppf(1-0.05)
```

18.307038053275146

6.9.5 t-분포

자유도가 $n = 10$인 t-분포를 따르는 확률변수 X의 확률을 구하여 보자.

```
# P(X<1.8), 자유도=10
n = 10
rv = stats.t(n)
rv.cdf(1.8)
```

0.9489738784326605

```
# P(X>1.8)
1 - rv.cdf(1.8)
```

0.051026121567339544

```
# P(X>a)=0.05를 만족하는 a
rv.ppf(1-0.05)
```

1.8124611228107335

6.9.6 F-분포

분자의 자유도가 $a = 5$, 분포의 자유도가 $b = 10$인 F-분포를 따르는 확률변수 X의 확률을 구하여 보자.

```
# P(X<3.33), 분자의 자유도=5, 분모의 자유도=10
a = 5
b = 10
rv = stats.f(a, b)
rv.cdf(3.33)
```

```
0.9501687242027786
```

```
# P(X>3.33)
1 - rv.cdf(3.33)
```

```
0.04983127579722135
```

```
# P(X>a)=0.05를 만족하는 a
rv.ppf(1-0.05)
```

```
3.3258345304130112
```

6장 연습문제 EXERCISES

01 확률변수 Z가 표준정규분포를 따른다고 할 때, 다음을 만족하는 z값을 구하라.

(1) $P(Z< z) = 0.65$

(2) $P(-z < Z < z) = 0.90$

(3) $P(Z> z) = 0.001$

(4) $P(Z<-z) = 0.001$

02 어느 대학의 학생식당에서는 아침식사로 크림스프와 감자샐러드를 제공한다. 이 학생식당에서 제공하는 크림스프의 열량은 평균이 $164kcal$이고 표준편차는 $5kcal$인 정규분포를 따르고, 감자샐러드의 열량은 평균이 $183kcal$이고 표준편차는 $4kcal$인 정규분포를 따른다고 가정하자. 두 분포는 서로 독립이다.

(1) 이 학생식당에서 아침식사로 1인당 섭취하는 열량의 평균과 표준편차를 구하라.

(2) 이 학생식당에서 1회 제공하는 아침식사의 열량이 $360kcal$ 이상일 확률을 구하라.

03 생수회사에서 $300ml$ 생산할 때, 양이 적은 경우 발생할 수 있는 고객 불만을 고려하여 $310ml$를 생수양의 기준으로 하여 생산한다고 한다. 이 회사에서 생산하는 생수가 평균이 $310ml$이고 표준편차가 $3ml$인 정규분포를 따른다고 가정하고 다음 물음에 답하라.

(1) 이 회사에서 생산된 생수가 $300ml$ 이하일 확률을 구하라.

(2) 이 회사에서 생산된 생수가 $300ml$ 이하일 확률이 0.03 이하가 되기 위한 최소한의 기준을 결정하라.

04 기초통계학 과목의 성적은 평균이 75, 그리고 표준편차가 5인 정규분포를 따른다고 한다. 다음 물음에 답하여라.

(1) 60점 이하가 F학점을 받는다고 할 때, F학점을 받는 학생의 비율은 얼마인가?

(2) 만일 50명이 수강한다면, F학점을 받는 학생은 몇 명인가?

05 어느 공장에서 생산되는 제품의 무게를 X라 할 때, $X \sim N(20, 2^2)$을 따른다고 한다. 다음 물음에 답하라.

(1) 이 공장의 품질관리 부서에서는 제품의 무게가 10 이하이거나 26 이상이면 불량품으로 판정한다. 생산되는 제품 중에서 불량품의 비율은 어느 정도 되겠는가?

(2) 제품 500개를 한 상자에 넣는다고 할 때, 한 상자를 검사하면 몇 개의 불량품이 나타나겠는가?

06 확률변수 W가 χ_r^2 분포를 따를 때, 다음 확률을 계산하라.

(1) $r = 1$, $P(W \le 0.5)$

(2) $r = 5$, $P(2.180 \le W \le 7.344)$

(3) $r = 20$, $P(30.144 \le W \le 36.191)$

(4) $r = 80$, $P(W \le 46.520) + \Pr(W \ge 124.839)$

07 확률변수 W가 χ_{15}^2 분포를 따를 때, 다음을 만족하는 w를 구하라.

(1) $P(W > w) = 0.5$

(2) $P(W > w) = 0.1$

(3) $P(W > w) = 0.05$

(4) $P(W > w) = 0.01$

08 확률변수 T가 t_n 분포를 따를 때, 다음 확률을 계산하라.

(1) $n = 1$, $P(T \le 31)$

(2) $n = 12$, $P(T \ge 0.695)$

(3) $n = 40$, $P(T \le 1.96)$

(4) $n = 160$, $P(1 \le T \le 1.845)$

09 확률변수 X가 $X \sim \exp(\lambda)$일 때,

(1) 평균과 분산은?

(2) X가 2 이상일 확률은?

(3) X가 5 이하일 확률은?

10 어떤 지역에서 교통사고가 평균 10분에 2건 발생한다고 한다.

(1) 교통사고가 발생한 이후, 다음 사고가 발생할 때까지 걸리는 평균 시간은?

(2) 교통사고가 발생한 후, 10분 동안 사고가 없을 확률은?

11 확률변수 X가 $B(100,\ 0.4)$를 따를 때, 다음 확률을 계산하라.

(1) $P(X \le 40)$

(2) $P(X \le 80)$

(3) $P(20 \le X \le 50)$

07

확률표본과 추정

통계학은 확률변수를 다루는 '확률분포론'과 추출된 표본이 갖고 있는 정보를 바탕으로 관심이 있는 집단인 모집단에 대한 추론(inference)을 전개하는 '통계적 추론'으로 구분할 수 있다. 2장에서 설명한 바와 같이 통계 분석의 신뢰도를 높이기 위해서는 모집단의 특성을 잘 나타내는, 즉 모집단 전체를 총조사한 것과 같은 정보를 제공하는 대표성이 있는 표본의 추출이 아주 중요하다는 것은 다시 강조하여도 지나치지 않는다.

이 장에서는 통계적 추론의 출발점이라고 할 수 있는 확률표본(random sample)의 개념과 확률표본으로부터 만들어지는 통계량과 중심극한정리(Central Limit Theorem; CLT)를 배우고 주요 모수인 평균, 분산, 비율에 대한 점추정(point estimation)과 구간추정(interval estimation)에 대하여 알아본다. 또한, 신뢰수준의 개념을 익힌 뒤, 추정오차한계와 표본크기의 결정에 대하여 알아본다.

7.1 확률표본과 통계량

7.1.1 확률표본

확률변수와 확률분포를 다뤘던 제5장과 제6장에서 배운 바와 같이 모집단의 분포를 결정하는 특성치가 모수이다. 통계학에서 관심의 대상은 전체 집단, 즉 모집단이고 모집단에 대한 추론을 하는 것이 통계 분석의 최종 목적이며 이를 위하여 정보가 필요하므로 모집단 특성과 연구 목적에 따라 적절한 방법을 사용하여 표본을 추출하게 된다.

통계학에서는 모집단에 대한 추론을 전개하는 것을, 모집단에 대하여 가정된 분포(underlying distribution)를 결정하는 특성치인 모수에 대한 추론을 전개하는 것으로 대신한다.

확률표본은 모집단에 가정된 특정한 확률분포로부터 정해진 표본수 n개를 반복하여 독립적으로 추출한 것을 의미한다. 즉, 각 표본들은 동일한 통계적 특성을 가지며 서로 독립이다. 이와 같이, 통계적 특성이 동일하며 서로 독립인 것을 통계학에서는 '동일독립분포를 따른다(identically independently distributed; iid).'라고 한다.

예를 들어, 평균이 μ이고 분산이 σ^2인 모집단으로부터 추출한 n개의 확률표본을 X_1, X_2, $\cdots$, X_n이라고 하면 이들은 다음과 같은 특성을 갖는다.

$$E(X_1) = E(X_2) = \cdots = E(X_n) = \mu$$

$$Var(X_1) = Var(X_2) = \cdots = Var(X_n) = \sigma^2$$

$$Cov(X_i, X_j) = 0, \ \forall i \neq j$$

7.1.2 통계량과 추정량

통계량(statistic)은 표본 $X_1, X_2, \cdots, X_n$의 함수로 정의된다. 따라서 표본 $X_1, X_2, \cdots, X_n$으로 만들어지는 통계량은 무수히 많다고 할 수 있으며 확률변수의 속성을 갖는다. 예를 들어, $n=5$인 확률표본 X_1, X_2, X_3, X_4, X_5을 사용하여 다음과 같은 통계량 $T(X_1, X_2, X_3, X_4, X_5)$을 만들었다고 가정해 보자.

$$T(X_1, X_2, X_3, X_4, X_5) = X_1 + \frac{X_2}{X_3} + X_4 X_5$$

위와 같이 만들어진 $T(X_1, X_2, X_3, X_4, X_5)$은 통계량인 것은 맞으나 이것이 갖는 의미가 무엇인지는 알 수가 없다. 즉, 여러 가지 재료를 사용하여 어떤 도구를 만든다고 할 때, 만들어진 도구의 사용처가 불분명하다면 도구로서 의미가 없는 것이다. 이와 같이 통계량이 의미가 있기 위해서는 그것을 사용하여 알 수 있는 정보가 있어야 한다. 앞서 설명한 바와 같이 통계적 추론에서는 모집단의 특성치인 모수에 대한 추론을 전개하는데, 추정하고자 하는 모수에 대한 정보를 담고 있는 통계량을 추정량(estimator)이라고 한다. 즉, 추정량은 통계량 가운데 모수의 추정에 직접 사용되는 것을 의미한다. 또한, 추정량에 특정한 표본의 관찰값을 대입하여 얻은 값을 추정치(estimate)라고 한다.

확률표본 $X_1, X_2, \cdots, X_n$으로 만들어지는 대표적인 추정량은 다음과 같다.

최솟값: $X_{(1)} = \min(X_1, X_2, \cdots, X_n)$

최댓값: $X_{(n)} = \max(X_1, X_2, \cdots, X_n)$

표본평균: $\bar{X} = \dfrac{X_1 + X_2 + \cdots + X_n}{n} = \dfrac{1}{n}\sum_{i=1}^{n} X_i$

표본분산: $S^2 = \dfrac{1}{n-1}\sum_{i=1}^{n}(X_i - \bar{X})^2$

위와 같이 대표적인 통계량을 잘 살펴보면 모두 영문 대문자로 표현되어 있는 것을 알 수 있다. 즉, 통계량의 속성이 확률변수인 것을 의미하고 있다. 또한, 통계학에서는 관심이 있는 모수가 θ일 때, θ의 추정량을 $\hat{\theta}$이라고 표현한다.

7.2 중심극한정리

통계학을 배운 사람에게 통계학에서 가장 중요한 정리가 무엇이냐고 물어보면, 대부분 중심극한정리(CLT)라고 답할 것이다. 이처럼 통계학에서, 특히 통계적 추론에서 가장 중요한 정리가 중심극한정리인 것이다.

중심극한정리를 살펴보기 전에 먼저 알아야 할 것이 대수의 약법칙(the weak law of large numbers)이다. 이를 처음 제안한 베르누이는 베르누이 시행을 n번 독립적으로 반복하여 시행하여 얻은 성공의 수를 확률변수 X라고 할 때, 상대도수 $\frac{X}{n}$가 실제 '성공'의 확률 p와 비슷해진다고 하였다. 중심극한정리는 베르누이가 베르누이 확률변수에 대하여 대수의 약법칙을 증명한 이후, 포아송과 체비세프에 의해 발전되었고 러시아의 수학자 킨친(Aleksandr Khintchin, 1894~1959)에 의해 완성되었다.

대수의 약법칙은 표본의 크기가 증가하면 표본평균은 모평균에 수렴한다는 것이다. 즉, 평균이 μ이고 분산이 σ^2인 모집단으로부터 추출한 n개의 확률표본 $X_1, X_2, \cdots, X_n$에 대하여 $\bar{X}$를 표본평균이라 할 때, $\bar{X}$의 평균과 분산이 각각 $E(\bar{X})=\mu$, $Var(\bar{X})=\frac{\sigma^2}{n}$가 되고, n이 커질수록 분산 $Var(\bar{X})$가 작아지므로 $\bar{X}$가 μ에 가까워질 확률이 1에 수렴한다는 것이다. 따라서 표본의 크기가 커지면 표본의 정보가 갖고 있는 위험성이 작아진다는 의미로 해석할 수 있다.

통계분석 또는 통계적 추론을 위하여 표본을 추출하고 나면, 추정하고자 모수의 추정량을 찾아야 하는데, 이러한 추정 과정에서 알아야 하는 것이 추정량의 확률분포이다. 왜냐하면 분포를 모르면 확률을 계산할 수 없고 의사 결정을 내릴 수가 없기 때문이다. 그러나 모집단의 분포를 모르는 경우가 대부분이기 때문에 모수의 추정량이 가지는 분포를 통하여 확률을 구하는 것이 필요하며, 이때 중요한 역할을 담당하는 것이 표본평균이고, 이와 관련된 이론이 중심극한정리이다.

앞서 설명한 바와 같이, 평균이 μ이고 분산이 σ^2인 모집단으로부터 추출한 n개의 확률표본을 $X_1, X_2, \cdots, X_n$이라고 하면 $E(X_1)=\cdots=E(X_n)=\mu$, $Var(X_1)=\cdots=Var(X_n)=\sigma^2$이고, $X_1, X_2, \cdots, X_n$들은 서로 독립이다. 따라서 다음이 성립하는 것을 쉽게 알 수 있다.

$$E(\bar{X}) = \frac{1}{n}\sum_{i=1}^{n}E(X_i) = \frac{1}{n}\sum_{i=1}^{n}\mu = \mu$$

$$Var(\bar{X}) = \frac{1}{n^2}\sum_{i=1}^{n}Var(X_i) = \frac{1}{n}\sum_{i=1}^{n}\sigma^2 = \frac{\sigma^2}{n}$$

중심극한정리는 $\bar{X}$의 이러한 특성에 근사적인 분포를 더하여 제공함으로써 확률계산을 가능하도록 해주는 중요한 정리이다.

■ 중심극한정리

평균이 μ, 분산이 σ^2인 임의의 모집단으로부터 크기가 n인 확률표본 $X_1, X_2, \cdots, X_n$을 추출하면, 표본크기 n이 충분히 클 때 표본평균 $\bar{X} = \frac{1}{n}\sum_{i=1}^{n} X_i$는 모집단의 분포에 관계없이 평균 μ, 분산 $\frac{\sigma^2}{n}$인 정규분포에 근사한다. 즉,

$$\bar{X} \sim N\left(\mu, \frac{\sigma^2}{n}\right), \quad n \geq 30 \text{ (또는 20)}$$

그림 7.1은 각 확률분포의 표본이 많아질수록 표본평균의 분포가 정규분포에 근사하는 것을 보여준다.

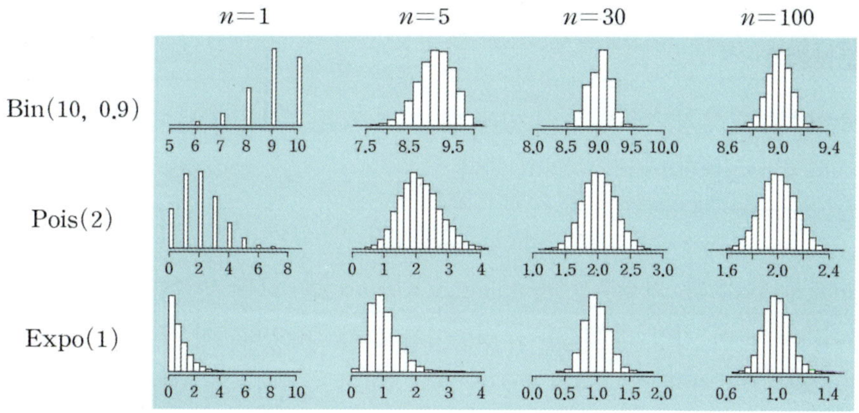

| 그림 7.1 | 다양한 분포의 표본크기에 따른 표본평균의 분포

7.3 점추정

통계적 추론은 추정(estimation)과 검정(testing)으로 구분할 수 있으며, 추정은 점추정(point estimation)과 구간추정(interval estimation)으로 나뉜다. 여기서는 먼저 점추정에 대하여 알아보자.

우리가 배우는 일반적인 프리컨티스트 통계학에서는 모집단의 특성치인 모수를 미지의 상수(unknown constant)로 간주하기 때문에 점추정은 '모수가 특정값일 것이다.'라고 추정하게 된다. 또한 앞서 언급한 바와 같이 모집단에 대한 추론을 모수에 대한 추론으로 대체하므로 모수에 대한 추론의 출발점이 되는 모수의 점추정 과정은 통계적 추론에서 아주 중요한 과정이다. 앞에서 추정량에 특정한 표본의 관찰값을 대입하여 얻은 값을 추정치라고 설명한 것처럼, 점추정량에 표본값을 대입하여 얻은 것을 점추정치라고 한다.

추정량은 통계량이고, 통계량은 표본의 함수이므로 관심 있는 모수가 θ일 때, θ의 추정량으로 제시될 수 있는 것은 무수히 많다고 할 수 있다. 따라서 모수 θ의 추정량으로 여러 개가 제시되었을 때 어느 것이 가장 좋은 추정량인지 합리적인 기준에 따라 선별하여야 하는데, 추정량도 확률변수이기 때문에 통계적 특성치를 갖는 것에 근거하여 다음 두 가지 기준을 적용하는 것을 고려할 수 있다.

■ 불편성

임의의 모수 θ의 추정량 $\hat{\theta}$의 기댓값이 θ일 때, $\hat{\theta}$은 불편성을 갖는다고 하며, $\hat{\theta}$을 모수 θ의 불편추정량(unbiased estimator)이라고 한다. 즉, $E(\hat{\theta}) = \theta$이면 $\hat{\theta}$은 θ의 불편추정량이다.

■ 최소분산성

임의의 모수에 대한 추정량이 여러 개 있을 때, 가장 작은 분산을 갖는 추정량을 최소분산추정량(minimum variance estimator)이라고 한다.

불편성(unbiasedness)과 최소분산성(minimum variance)을 모두 만족하는 추정량을 최소분산불편추정량이라고 하며 가장 바람직한 추정량이라고 할 수 있다. 이 두 가지 특성을 이해하기 위하여 자주 사용되는 것이 다음 **그림 7.2**와 같이 4명의 사격선수가 사격한 결과를 보여주는 그림이다.

그림 7.2를 보면 (a)는 평균이 가운데 근처이고 서로 큰 차이가 없으므로 불편성과 최소분산성(효율성)을 만족하는 결과이고, (b)는 평균은 가운데를 벗어나 있으나 서로 큰 차이가 없으므로 불편성은 만족하지 못하나 최소분산성(효율성)을 만족하는 결과이며, (c)는 평균은 가운데 근처이지만 서로 큰 차이가 있으므로 분산이 큰 결과이고, (d)는 평균도 가운데를 벗어나 있고 서로 큰 차이가 있으므로 분산이 큰 결과인 것을 알 수 있다.

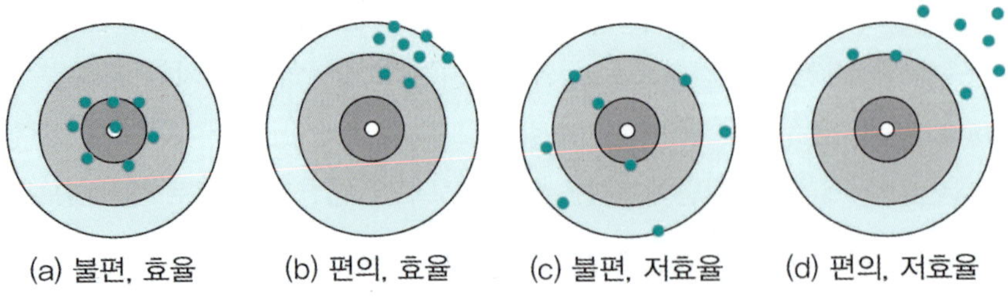

| 그림 7.2 | 네 가지 사격 결과

따라서 (a)가 가장 좋은 결과라는 것은 이론의 여지가 없으며, 이것이 바로 최소분산 불편추정량의 우수성을 잘 나타내고 있는 예라고 할 수 있다.

이제 대표적인 모수인 평균 μ, 분산 σ^2, 비율 p의 추정량에 대하여 자세하게 알아보자.

7.3.1 평균의 추정량

평균은 통계학에서 가장 자주 다루는 모수이다. 예를 들어, X_1, X_2, X_3이 평균이 μ, 분산이 σ^2인 모집단으로부터 추출한 확률표본이라고 할 때, 네 사람 A, B, C, D에게 평균 μ의 추정량 $\hat{\mu}$을 제안하고 간단하게 그 이유를 말해보라고 하였더니, A, B, C, D가 제안한 평균 μ의 추정량과 그 이유가 각각 다음과 같았다고 하자.

A: $\hat{\mu}_A = \bar{X}$ [표본평균이 다들 좋다고 하니까]

B: $\hat{\mu}_B = X_1$ [표본을 잘 뽑으면 어차피 모두 평균 근처에서 뽑힐 확률이 가장 크니까]

C: $\hat{\mu}_C = \dfrac{X_1 + X_3}{2}$ [첫 번째와 세 번째에 좋은 표본이 뽑힐 듯해서]

D: $\hat{\mu}_D = \dfrac{X_1 + 2X_2 + X_3}{4}$ [두 번째 표본이 평균 근처에서 뽑힐 듯해서]

위와 같이 A, B, C, D가 제안한 평균 μ의 추정량 가운데 어느 것이 가장 좋은 추정량인지 불편성과 최소분산성의 측면에서 살펴보자.

$$E(\hat{\mu}_A) = E(\bar{X}) = \mu$$

$$E(\hat{\mu}_B) = E(X_1) = \mu$$

$$E(\hat{\mu}_C) = E\left(\frac{X_1 + X_3}{2}\right) = \frac{E(X_1) + E(X_3)}{2} = \mu$$

$$E(\hat{\mu}_D) = E\left(\frac{X_1 + 2X_2 + X_3}{4}\right) = \frac{E(X_1) + 2E(X_2) + E(X_3)}{4} = \mu$$

즉, 네 가지 추정량은 모두 평균 μ의 불편추정량이므로 불편성의 기준으로는 우열을 비교할 수 없다. 다음으로 네 가지 추정량의 분산을 살펴보자.

$$Var(\hat{\mu}_A) = Var(\bar{X}) = \frac{\sigma^2}{3}$$

$$Var(\hat{\mu}_B) = Var(X_1) = \sigma^2$$

$$Var(\hat{\mu}_C) = Var\left(\frac{X_1 + X_3}{2}\right) = \frac{Var(X_1) + Var(X_3)}{2^2} = \frac{\sigma^2}{2}$$

$$Var(\hat{\mu}_D) = Var\left(\frac{X_1 + 2X_2 + X_3}{4}\right) = \frac{Var(X_1) + 2^2\,Var(X_2) + Var(X_3)}{4^2} = \frac{3}{8}\sigma^2$$

즉, 네 가지 추정량 가운데 분산이 가장 작은 것은 A가 제안한 $\hat{\mu}_A$이다. 따라서 $\hat{\mu}_A$가 최소분산 불편추정량이며 네 가지 추정량 중에서 가장 좋은 추정량이다.

평균 $\mu = E(X)$, 즉 확률변수 X의 일차식의 기댓값이므로 평균 μ의 추정량 $\hat{\mu}$은 다음과 같이 표본 $X_1, X_2, \cdots, X_n$의 일차함수로 만들어질 것으로 예상할 수 있다.

$$\hat{\mu} = \sum_{i=1}^{n} a_i X_i$$

위와 같이 표본들의 선형결합으로 만들어진 $\hat{\mu}$이 불편추정량이 되기 위한 조건을 알아보면

$$E(\hat{\mu}) = E\left(\sum_{i=1}^{n} a_i X_i\right) = \sum_{i=1}^{n} a_i E(X_i) = \mu \sum_{i=1}^{n} a_i = \mu$$

이므로 $\sum_{i=1}^{n} a_i = 1$이 되어야 하는 것을 알 수 있다. 또한 $\hat{\mu}$의 분산은 다음과 같으며

$$Var(\hat{\mu}) = Var\left(\sum_{i=1}^{n} a_i X_i\right) = \sum_{i=1}^{n} a_i^2\, Var(X_i) = \sigma^2 \sum_{i=1}^{n} a_i^2$$

이것이 최솟값을 갖는 것은 $a_i = 1/n,\ i = 1, 2, \cdots, n$인 경우이다. 따라서 평균 μ의 최소분산 불편추정량은 다음과 같이 표본평균이 되며 표본평균 $\bar{X}$는 평균 μ의 가장 좋은 추정량으로 알려져 있다.

$$\hat{\mu} = \frac{1}{n}\sum_{i=1}^{n} X_i = \bar{X}$$

참고로, 통계적 추론에서는 어떤 모수의 가장 좋은 추정량에는 모수의 이름 앞에 '표본'이라는 단어를 붙이는 것이 일반적이다. 즉, 평균의 가장 좋은 추정량은 표본평균, 분산의 가장 좋은 추정량은 표본분산, 비율의 가장 좋은 추정량은 표본비율과 같은 명칭을 부여한다.

7.3.2 분산의 추정량

평균과 함께 모집단의 모수로 가장 자주 언급되고 사용되는 것이 분산이다.

표본 $X_1, X_2, \cdots, X_n$이 평균이 μ, 분산이 σ^2인 모집단으로부터 추출한 확률표본이고 모평균 μ를 모르는 경우에 분산의 점추정량이 어떻게 유도될지를 논의해 보자. 이 책과 유사한 수준의 대부분 서적에서는 분산의 추정량을 먼저 제시하고 그것이 좋은 추정량이라는 것을 입증하는 방법으로 논의를 이끌어 가지만, 근원적으로 분산의 추정량이 어떻게 만들어지는가를 생각해보는 것은 큰 의미가 있는 과정이라 할 것이다.

분산의 점추정량에 대한 논의는 평균 μ의 추정량이 표본평균 $\bar{X} = \frac{1}{n}\sum_{i=1}^{n} X_i$인 것으로부터 이끌어 낼 수 있다. $\mu = E(X)$이므로 확률변수 X와 통계적 특성이 같은 표본을 n개 독립적으로 추출하여, 즉 동일독립분포를 따르는 표본 $X_1, X_2, \cdots, X_n$을 추출하여, '평균=기댓값'의 의

미에 따라 이들을 모두 더하고 개수로 나눈 것이 바로 평균의 추정량인 표본평균 $\bar{X}$인 것이다.

이 과정을 이해하였다면, 분산의 점추정량으로 가능한 것은 어떻게 만들 수 있을까를 생각해 보자.

먼저 분산의 정의를 살펴보자. 앞서 배운 바와 같이 분산은 다음과 같이 정의한다.

$$\sigma^2 = Var(X) = E[(X-\mu)^2]$$

즉, 분산은 확률변수 X의 함수 $g(X) = (X-\mu)^2$의 기댓값이다. $Y = g(X)$라 하면 분산은 $\sigma^2 = E(Y)$라 표현할 수 있으므로, 평균 μ의 추정량을 구한 것과 같은 방법으로 분산의 추정량은 다음과 같이 표현해 볼 수 있다. 물론 이것은 모평균 μ를 알고 있는 경우에 분산 σ^2의 측정량으로 쓸 수 있다.

$$\bar{Y} = \frac{1}{n}\sum_{i=1}^{n} Y_i = \frac{1}{n}\sum_{i=1}^{n}(X_i-\mu)^2$$

앞서 가정한 것과 같이 일반적으로 평균 μ가 알려져 있지 않으므로, 위 식에서 미지의 상수 μ 대신에 이것의 추정량인 $\bar{X}$를 사용하여 다음과 같은 분산의 추정량을 얻을 수 있다.

$$\frac{1}{n}\sum_{i=1}^{n}(X_i-\bar{X})^2$$

여기서 카이제곱 확률변수를 설명할 때 다루었던 자유도(degrees of freedom)를 고려해야 한다는 주장이 제기된 것을 살펴보자. 즉, 표본평균의 제약식 $\bar{X} = \frac{1}{n}\sum_{i=1}^{n} X_i$이 있기 때문에 만약에 표본평균의 값이 $\bar{x} = 3$과 같이 정해지면 실제로 자유롭게 뽑을 수 있는 표본의 수가 1개 줄어들어 자유도가 $n-1$이 되는 것이 타당하다는 것이다. 즉, 위의 수식에서 분모를 n 대신 $n-1$로 바꾸게 되고, 통계학에서는 분산의 추정량으로 표본분산 S^2을 다음과 같이 정의한 것을 사용한다.

$$S^2 = \frac{1}{n-1}\sum_{i=1}^{n}(X_i-\bar{X})^2$$

또한 다음과 같이 분모를 바꾸지 않은 것을 사용하기도 하는데, 이를 S^{*2}이라 구분하여 표기한다.

$$S^{*2} = \frac{1}{n}\sum_{i=1}^{n}(X_i-\bar{X})^2$$

표본의 수가 커지게 되면, 분모가 n과 $n-1$인 경우가 거의 차이가 나지 않겠지만, 이론적 속성으로 S^2은 분산의 불편추정량이고 S^{*2}은 분산의 최대 가능도추정량(maximum likelihood estimator; MLE)이다(단, MLE는 이 책의 수준을 상회하므로 설명하진 않는다).

• 표본 $X_1, X_2, \cdots, X_n$이 평균이 μ, 분산이 σ^2인 임의의 모집단으로 추출된 확률표본이라 할 때, 표본분산 S^2가 분산 σ^2의 불편추정량이 되는 것을 증명하여 보자. 즉, $E(S^2)=\sigma^2$을 증명하여 보자.

증명

$$\begin{aligned}(n-1)S^2 &= \sum_{i=1}^{n}(X_i-\bar{X})^2 = \sum_{i=1}^{n}[(X_i-\mu)-(\bar{X}-\mu)]^2 \\ &= \sum_{i=1}^{n}(X_i-\mu)^2 - 2(\bar{X}-\mu)\sum_{i=1}^{n}(X_i-\mu) + n(\bar{X}-\mu)^2 \\ &= \sum_{i=1}^{n}(X_i-\mu)^2 - 2(\bar{X}-\mu)\cdot n(\bar{X}-\mu) + n(\bar{X}-\mu)^2 \\ &= \sum_{i=1}^{n}(X_i-\mu)^2 - n(\bar{X}-\mu)^2\end{aligned}$$

$$\begin{aligned}\therefore E[(n-1)S^2] &= E\left\{\sum_{i=1}^{n}(X_i-\mu)^2\right\} - nE[(\bar{X}-\mu)^2] \\ &= \sum_{i=1}^{n}E\{(X_i-\mu)^2\} - nE[(\bar{X}-\mu)^2] \\ &= n\sigma^2 - n\left(\frac{\sigma^2}{n}\right) = (n-1)\sigma^2\end{aligned}$$

따라서 $E(S^2)=\sigma^2$이므로 표본분산 S^2은 분산 σ^2의 불편추정량이다.

또한, 만약 모집단의 분포가 평균이 μ, 분산이 σ^2인 정규분포라면, 즉 $X_1, X_2, \cdots, X_n \sim iid\ N(\mu, \sigma^2)$이면, 앞서 배운 바와 같이 $\frac{(n-1)S^2}{\sigma^2} \sim \chi^2_{n-1}$이고 카이제곱 확률변수의 기댓값은 자유도와 같으므로 즉,

$$E\left[\frac{(n-1)S^2}{\sigma^2}\right] = n-1$$

이므로 $E(S^2)=\sigma^2$인 것을 간단하게 보일 수 있다. ▩

7.3.3 비율의 추정량

설문 조사와 같은 데이터 분석에서 특정 안건에 대한 찬성비율과 같은 모집단의 비율 p에 대한 추론을 전개할 필요가 있는 경우가 많이 있다. 어떤 설문 조사에서 한 사람에게 '찬성' 또는 '반대' 여부를 물었을 때, 이 사람에게 행하는 시행이 앞서 배운 베르누이 시행이고, n명에게 물어 몇 명이 찬성하는가를 세는 것이 이항분포이다. 따라서 비율 p는 베르누이 시행의 '성공'의 확률 또는 이항분포의 모수 p와 같다.

예를 들어, 모집단을 대표하는 100명을 추출하여 '찬성' 또는 '반대' 여부를 물었을 때, 만약 30명이 '찬성'하였다면, 우리는 전체 모집단의 약 30%가 '찬성'할 것이라고 추측할 수 있을 것이

다. 이와 같이 n 명에게 '찬성' 또는 '반대' 여부를 물었을 때 얻은 '찬성자의 수'의 비율을 표본비율(sample proportion) 또는 상대도수(relative frequency)라고 한다.

즉, $X_1, X_2, \cdots, X_n \sim Bernoulli(p),\ 0 \le p \le 1$일 때, $Y = \sum_{i=1}^{n} X_i$라 하면 p의 추정량은

$$\hat{p} = \frac{1}{n}\sum_{i=1}^{n} X_i = \frac{Y}{n} = \overline{X}$$

이며, $\hat{p}$을 표본비율이라고 한다. 또한 $Y \sim B(n, p)$이므로

$$E(\hat{p}) = \frac{1}{n}E(Y) = \frac{1}{n}np = p,$$

$$Var(\hat{p}) = \frac{1}{n^2}Var(Y) = \frac{1}{n^2}np(1-p) = \frac{p(1-p)}{n}$$

인 것을 쉽게 알 수 있다. 따라서 표본비율 $\hat{p}$은 비율 p의 불편추정량이고, 표본크기 n이 충분히 크면 중심극한정리(CLT)에 의하여

$$\hat{p} = \overline{X} \sim N\left(p, \frac{p(1-p)}{n}\right)$$

와 같이 근사적으로 정규분포를 따르게 된다.

7.4 구간추정

7.3절 점추정에서 다룬 점추정량(point estimator)의 중요성은 점추정량에 관측치(observation)를 대입하여 얻어지는 점추정치(point estimate)의 값이 모수와 정확하게 같아져서가 아니라, 통계적 추론의 출발점, 즉 관심이 있는 모수에 대한 구간추정과 가설검정의 단초를 제공한다는 것이라 할 수 있다. 이 절에서는 앞서 배운 점추정의 내용을 바탕으로 주요 모수인 평균, 분산, 비율의 구간추정에 대하여 알아보자.

관심이 있는 모수에 대한 구간추정을 통하여 얻은 구간을 신뢰구간(confidence interval)이라 하고, 구간의 경계인 상한(upper limit)과 하한(lower limit)을 구간추정량(interval estimators)이라고 한다. 이와 같이 구간추정량이라는 표현에서, 구간추정 결과 얻은 신뢰구간의 상한, 하한은 그 속성이 확률변수라는 것에 유념할 필요가 있다.

먼저, 관심이 있는 임의의 모수를 θ라고 할 때, 'θ의 95% 신뢰구간'의 의미를 살펴보자. 예를 들어, 특정 표본에 대하여 구한 평균 μ의 신뢰구간이 $(10, 30)$이었다고 하자. 이 신뢰구간의 의미는 무엇일까?

이것의 의미를 '평균 μ가 신뢰구간이 $(10, 30)$에 속할 확률이 95%이다.'라고 하는 것이 가장

적절하지 않은 해석이다. 그 이유를 살펴보면 다음과 같다.

'평균 μ가 신뢰구간이 (10, 30)에 속할 확률이 95%이다.'라는 것을 수식으로 표현하여 보자.

$$P(10 \le \mu \le 30) = 0.95$$

여러 차례 언급한 바와 같이 평균 μ의 속성은 미지의 상수이다. 따라서 위와 같은 수식은 옳지 않은 것을 쉽게 알 수 있다. 만약 평균 μ의 참값이 15였다면

$$P(10 \le \mu \le 30) = P(10 \le 15 \le 30) = 1.0 \ne 0.95$$

이고, 만약 평균 μ의 참값이 40이었다면

$$P(10 \le \mu \le 30) = P(10 \le 40 \le 30) = 0.0 \ne 0.95$$

이기 때문이다. 따라서 확률 $P(10 \le \mu \le 30)$은 0 또는 1인 것이다.

따라서 특정 표본에 대하여 구한 평균 μ의 신뢰구간은 그 자체로는 큰 의미는 없다고도 할 수 있으며, 나중에 배우게 될 가설검정에서 양측검정(two-sided test)의 기각역(critical region)을 찾는데 논리적 아이디어를 제공하는 측면이 더 중요하다고 할 수 있다.

그렇다면 'θ의 95% 신뢰구간'의 정확한 의미를 알아보자. 그 의미는 다음과 같다.

■ 모수 θ의 95% 신뢰구간

같은 모집단에서 크기가 같은 100개의 서로 다른 표본을 추출하였을 때, 이 방법에 따라 100개의 신뢰구간을 구하면, 이 가운데 약 95개의 신뢰구간이 모수 θ의 참값을 포함

그림 7.3은 평균 μ에 대하여 구한 여러 개의 신뢰구간이 평균 μ의 참값을 포함하거나 포함하지 않는 경우를 보여준다.

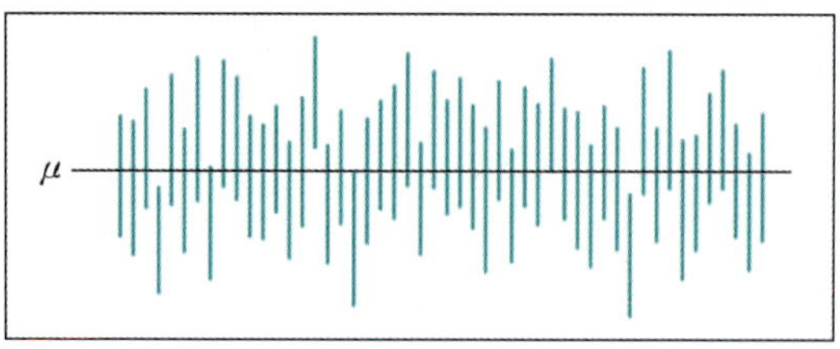

| **그림 7.3** | 모평균 μ에 대하여 구한 여러 개의 신뢰구간

이제 대표적인 모수인 평균 μ, 분산 σ^2, 비율 p의 추정량에 대하여 자세하게 알아보자.

7.4.1 평균의 신뢰구간

$X_1, X_2, \cdots, X_n \sim iid\ N(\mu, \sigma^2)$일 때, 평균 μ의 가장 좋은 점추정량은 표본평균 $\bar{X}$이므로 평균 μ의 신뢰구간의 구축은 표본평균 $\bar{X}$에 근거한 확률분포로 시작된다.

이미 배운 바와 같이 표본평균 $\bar{X}$의 분포는 다음과 같다.

$$\bar{X} \sim N\left(\mu, \frac{\sigma^2}{n}\right)$$

[만약 모집단의 분포를 정규분포로 가정하지 않고 $X_1, X_2, \cdots, X_n \sim iid\ (\mu, \sigma^2)$이라고 하면 중심극한정리(CLT)에 의해 표본평균 $\bar{X}$의 분포는 근사적으로 정규분포를 따르게 되고 이후의 신뢰구간을 구축하는 과정이 같기 때문에, 학습의 수월성을 위하여 모집단의 분포를 정규분포로 가정하는 것이 일반적이다.]

이때, 표본평균 $\bar{X}$의 분포에 모수가 두 개 있는 것을 알 수 있다. 즉, 관심이 있는 모수인 평균 μ와 관심은 없지만 모수로 여기는 분산 σ^2이 존재한다. 통계학에서는 모수가 여러 개일 때, 이처럼 관심이 있는 모수(the parameter of interest)와 관심이 없는 모수(the nuisance parameter)로 구분한다. 또한 관심이 없는 모수가 관심이 있는 모수의 추론에 영향을 미치기 때문에 이에 대한 고려가 반드시 필요하다. 따라서 우리의 관심이 평균 μ일 때, 관심이 없는 모수인 분산 σ^2을 알고 있는 경우(가정할 수 있는 경우)와 모르는 경우로 나누어 다음과 같이 구간추정을 진행한다.

[1] 분산 σ^2을 알고 있는 경우 (가정할 수 있는 경우)

관심이 있는 모수가 평균 μ일 때, 분산 σ^2을 알고 있다고 가정하는 것은 현실적으로 강한 가정(assumption)이라고 할 수 있다. 왜냐하면, $\sigma^2 = E[(X-\mu)^2]$이므로 분산을 알기 위해서는 평균 μ를 알아야 하는데 μ를 모르는 상황에서 σ^2을 알고 있다고 가정하는 것은 말이 되지 않기 때문이다. 그럼에도 불구하고 분산을 알고 있는 경우를 먼저 고려하는 이유는 크게 다음과 같이 두 가지 이유 때문이다.

- 분산을 알고 있다고 가정하면 상황이 단순해지기 때문에 학습의 수월성에 도움이 된다.
- 동일한 부품을 반복하여 생산하는 컨베이어 시스템과 같은 경우, 평균은 계속 변하지만 분산은 100, 98, 103, ⋯ 등과 같이 어느 정도 일정한 수준을 유지하는 경우 분산을 100이라고 가정하는 것은 합리적이라고 할 수 있다.

따라서 여기서는 분산을 알고 있다고 가정하고 신뢰구간을 구축하여 보기로 한다. 표본평균의 분포를 표준화하면, 다음과 같이 표준 정규확률변수가 만들어진다.

$$Z = \frac{\bar{X} - \mu}{\sigma / \sqrt{n}} \sim N(0,\ 1)$$

이렇게 정의된 표준 정규확률변수 Z의 확률밀도함수(pdf) 그래프를 그리고 좌우 양 끝에 $\alpha/2$의 확률을 빼면 남는 확률은 $1-\alpha$ 또는 $100(1-\alpha)\%$가 되며, 이를 신뢰수준(confidence level)이라고 한다. **그림 7.4**는 이러한 것을 보여주고 있으며, 여기서 $z_{\alpha/2}$는 6장에서 배운 표준정규분포의 상위 $\alpha/2$ 분위수를 의미한다.

즉, $\alpha = 0.05$이면 $z_{\alpha/2} = z_{0.025} = 1.96$이고 $\alpha = 0.10$이면 $z_{\alpha/2} = z_{0.05} = 1.645$이다.

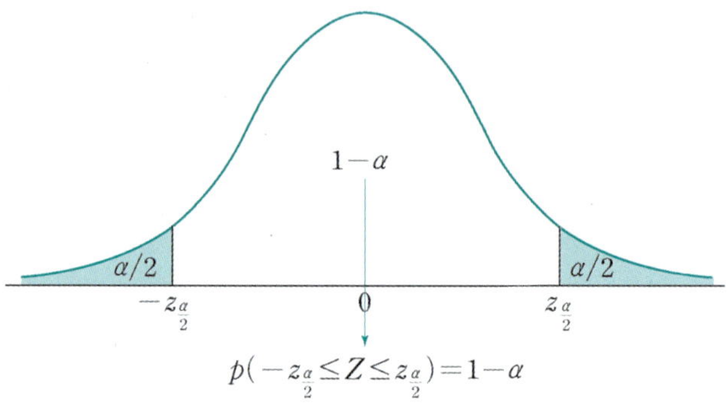

| 그림 7.4 | 표준정규분포에서 신뢰수준 $1-\alpha$인 영역

이와 같이 좌우대칭인 분포에서 양쪽 꼬리확률(tail probability)을 같게 하여 구하는 이유는, 같은 신뢰수준하에서 이렇게 하는 것이 신뢰구간의 길이가 가장 짧기 때문이며, 이렇게 구한 신뢰구간을 정확하게는 등꼬리 신뢰구간(equal tail confidence interval)이라고 한다.

그림 7.4를 수식으로 표현하면 다음과 같으며

$$1-\alpha = P(-z_{\alpha/2} \le Z \le z_{\alpha/2}),$$

이를 평균 μ에 대하여 정리하면 다음과 같다.

$$\begin{aligned} 1-\alpha &= P(-z_{\alpha/2} \le Z \le z_{\alpha/2}) \\ &= P\left(-z_{\alpha/2} \le \frac{\bar{X}-\mu}{\sigma/\sqrt{n}} \le z_{\alpha/2}\right) \\ &= P\left(\bar{X} - z_{\alpha/2}\frac{\sigma}{\sqrt{n}} \le \mu \le \bar{X} + z_{\alpha/2}\frac{\sigma}{\sqrt{n}}\right) \end{aligned}$$

즉, 평균 μ의 $100(1-\alpha)\%$ 신뢰구간은 다음과 같이 구축된다.

$$\left(\bar{X} - z_{\alpha/2}\frac{\sigma}{\sqrt{n}},\quad \bar{X} + z_{\alpha/2}\frac{\sigma}{\sqrt{n}}\right)$$

예를 들어, 평균 μ의 95% 신뢰구간을 그려보면 다음과 같다.

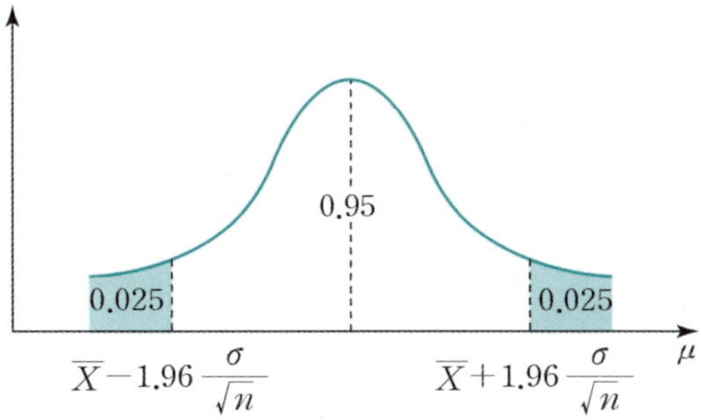

| 그림 7.5 | 평균 μ의 95% 신뢰구간

여기서 신뢰구간의 상한과 하한에 확률변수 $\bar{X}$가 포함되어 있으므로, 상한과 하한을 구간추정량(interval estimators)이라고도 부르는 것이다. 만약, 신뢰수준이 95%, 표본수 $n=30$, $\sigma^2=25$이고 실제 표본이 관측되어 $\bar{x}=10$을 얻었을 때, 위 신뢰구간은 다음과 같이 상한과 하한의 값이 숫자값으로 관측된다.

$$\left(10-1.96\frac{5}{\sqrt{30}},\ \ 10+1.96\frac{5}{\sqrt{30}}\right)$$

[2] 분산 σ^2을 모르는 경우

앞서 설명한 바와 같이 분산을 모르는 경우가 현실적인 상황이라고 할 수 있다. 분산을 알고 있다고 가정한 경우에 구한 신뢰구간에서 분산 σ^2을 모른다면 미지수가 포함된 신뢰구간이 되므로 사용할 수가 없다. 따라서 다른 대안을 고려해봐야 한다.

이때 생각할 수 있는 것은, 모르는 모수가 있으면 그것의 추정량을 대체하는 통계학의 일반적인 접근 방법을 생각해 보는 것이다.

$X_1, X_2, \cdots, X_n \sim iid\ N(\mu, \sigma^2)$일 때, 분산 σ^2을 알고 있던지, 모르고 있던지에 관계없이 다음은 성립한다.

$$\frac{\bar{X}-\mu}{\sigma/\sqrt{n}}=\frac{\bar{X}-\mu}{\sqrt{\sigma^2/n}}\sim N(0,\ 1)$$

여기서 분산 σ^2을 모르기 때문에 분산 σ^2의 추정량인 표본분산 S^2으로 대체하면 다음과 같은 통계량을 얻을 수 있다.

$$\frac{\bar{X}-\mu}{\sqrt{\widehat{\sigma}^2/n}}=\frac{\bar{X}-\mu}{\sqrt{S^2/n}}=\frac{\bar{X}-\mu}{S/\sqrt{n}}$$

위와 같은 통계량의 분포는 우리가 이미 배운 확률분포를 이용하여 구할 수 있다. 즉,

$$\frac{\bar{X}-\mu}{S/\sqrt{n}} = \frac{\dfrac{\bar{X}-\mu}{\sigma/\sqrt{n}}}{\sqrt{\dfrac{(n-1)S^2}{\sigma^2}/(n-1)}}$$

과 같이 변형할 수 있으며, $\dfrac{\bar{X}-\mu}{\sigma/\sqrt{n}} \sim N(0,\,1)$, $\dfrac{(n-1)S^2}{\sigma^2} \sim \chi^2_{n-1}$이고 두 확률변수는 서로 독립이므로 6장에서 배운 t-분포의 정의에 정확하게 들어맞는다. 즉, 이와 같이 정의된 확률변수를 T라 하면 다음이 성립함을 알 수 있다.

$$T = \frac{\bar{X}-\mu}{S/\sqrt{n}} \sim t_{n-1}$$

이후의 신뢰구간 구축과정은 분산을 아는 경우와 동일하다. 즉, 위와 같이 정의된 자유도가 $n-1$인 t-분포의 확률밀도함수(pdf) 그래프를 그리고 좌우 양 끝에 $\alpha/2$의 확률을 빼면 남는 확률은 $1-\alpha$ 또는 $100(1-\alpha)\%$가 된다. **그림 7.6**은 이러한 내용을 보여주고 있으며, 여기서 $t_{n-1,\,\alpha/2}$는 6장에서 배운 바와 같이 자유도가 $n-1$인 t-분포의 상위 $\alpha/2$ 분위수이다.

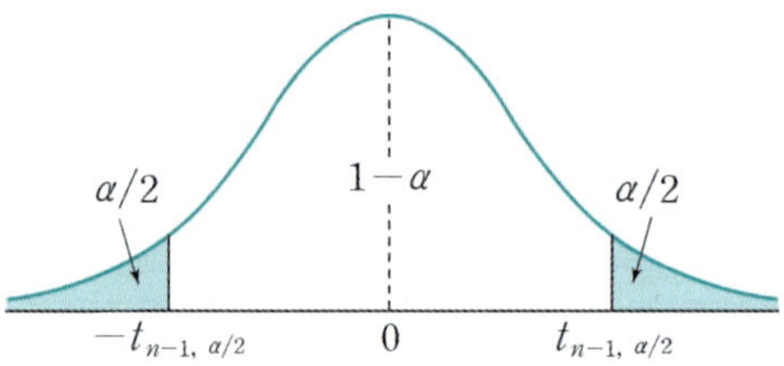

| 그림 7.6 | t-분포에서 신뢰수준 $1-\alpha$인 영역

t-분포도 좌우대칭이므로 등꼬리 신뢰구간을 구하면, 같은 신뢰수준하에서 신뢰구간의 길이가 가장 짧아지게 된다.

그림 7.6을 수식으로 표현하면 다음과 같으며

$$1-\alpha = P(-t_{n-1,\,\alpha/2} \le T \le t_{n-1,\,\alpha/2}),$$

이를 평균 μ에 대하여 정리하면 다음과 같다.

$$\begin{aligned} 1-\alpha &= P\left\{-t_{n-1,\,\alpha/2} \le \frac{\bar{X}-\mu}{S/\sqrt{n}} \le t_{n-1,\,\alpha/2}\right\} \\ &= P\left\{\bar{X} - t_{n-1,\,\alpha/2}\frac{S}{\sqrt{n}} \le \mu \le \bar{X} + t_{n-1,\,\alpha/2}\frac{S}{\sqrt{n}}\right\} \end{aligned}$$

즉, 평균 μ의 $100(1-\alpha)\%$ 신뢰구간은 다음과 같이 구축된다.

$$\left(\bar{X}-t_{n-1,\alpha/2}\frac{S}{\sqrt{n}},\ \bar{X}+t_{n-1,\alpha/2}\frac{S}{\sqrt{n}}\right)$$

또한 자유도가 증가하면 t-분포는 표준 정규분포에 근사하므로, 대표본의 경우($n \geq 30$) 평균 μ의 $100(1-\alpha)\%$ 신뢰구간은 다음과 같이 표준 정규분포의 임계치를 사용하여 구해도 된다.

$$\left(\bar{X}-z_{\alpha/2}\frac{S}{\sqrt{n}},\ \bar{X}+z_{\alpha/2}\frac{S}{\sqrt{n}}\right)$$

■ 평균 μ의 $100(1-\alpha)\%$ 신뢰구간

$X_1, X_2, \cdots, X_n \sim iid\ N(\mu, \sigma^2)$일 때, 평균 μ의 $100(1-\alpha)\%$ 신뢰구간은 다음과 같다.

[1] 분산 σ^2을 알고 있는 경우

$$\left(\bar{X}-z_{\alpha/2}\frac{\sigma}{\sqrt{n}},\ \bar{X}+z_{\alpha/2}\frac{\sigma}{\sqrt{n}}\right)$$

[2] 분산 σ^2을 모르는 경우

$$\left(\bar{X}-t_{n-1,\alpha/2}\frac{S}{\sqrt{n}},\ \bar{X}+t_{n-1,\alpha/2}\frac{S}{\sqrt{n}}\right),$$

대표본의 경우($n \geq 30$) : $\left(\bar{X}-z_{\alpha/2}\frac{S}{\sqrt{n}},\ \bar{X}+z_{\alpha/2}\frac{S}{\sqrt{n}}\right)$

예 7.1

분산이 알려져 있는 정규모집단 $N(\mu, 16)$으로부터 추출한 크기 $n=10$인 확률표본이 다음과 같을 때, 평균 μ의 점추정량과 95% 신뢰구간을 구해 보자.

5.9　6.8　10.2　14.0　17.3　10.1　4.6　9.5　7.5　9.8

풀이 평균 μ의 점추정량은 표본평균이므로, 위와 같은 표본에 대하여 표본평균의 값을 구하면 $\bar{x}=9.57$이다. 또한, 분산이 알려져 있는 정규모집단이고 신뢰수준이 95%이므로 사용되는 임계치의 값은 $z_{0.025}=1.96$이다. 따라서 평균 μ의 95% 신뢰구간은 다음과 같다.

$$\left(\bar{x}-z_{\alpha/2}\frac{\sigma}{\sqrt{n}},\ \bar{x}+z_{\alpha/2}\frac{\sigma}{\sqrt{n}}\right)=\left(9.57-1.96\frac{4}{\sqrt{10}},\ 9.57+1.96\frac{4}{\sqrt{10}}\right)$$
$$=(6.96,\ 11.92)$$

예 7.2

예 7.1의 표본이 대하여 분산이 알려져 있지 않은 정규모집단 $N(\mu, \sigma^2)$으로부터 추출되었다고 할 때, 평균 μ의 95% 신뢰구간을 구해 보자.

풀이 **예 7.1**에서 구한 바와 같이 표본평균의 값은 $\bar{x} = 9.57$이고 분산의 추정치인 표본분산의 값은 $s^2 = \frac{1}{10-1}\sum_{i=1}^{10}(x_i - 9.57)^2 = 14.47$이다. 또한, $n = 10$으로 대표본이 아니므로 자유도가 $n-1 = 10-1 = 9$인 t-분포를 사용하며 신뢰수준이 95%이므로 임계치는 $t_{9,\,0.025} = 2.262$ 이다. 따라서 평균 μ의 95% 신뢰구간은 다음과 같다.

$$\left(\bar{x} - t_{n-1,\,\alpha/2}\frac{s}{\sqrt{n}},\ \bar{x} + t_{n-1,\,\alpha/2}\frac{s}{\sqrt{n}}\right) = \left(9.57 - 2.262\frac{3.8}{\sqrt{10}},\ 9.57 + 2.262\frac{3.8}{\sqrt{10}}\right)$$

$$= (6.72\ ,\ 12.16)$$

7.4.2 분산의 신뢰구간

$X_1, X_2, \cdots, X_n \sim iid\ N(\mu, \sigma^2)$일 때 표본분산을 $S^2 = \frac{1}{n-1}\sum_{i=1}^{n}(X_i - \bar{X})^2$이라 하면, 다음과 같은 통계량이 자유도가 $n-1$인 카이제곱분포를 따르는 것을 다룬 바 있다.

$$\frac{(n-1)S^2}{\sigma^2} \sim \chi^2_{n-1}$$

또한 카이제곱분포는 양(+)의 분포로 정규분포나 t-분포처럼 좌우대칭이 아닌 것도 이미 다룬 바 있으며, 자유도가 $n-1$인 카이제곱분포의 상위 α-분위수를 $\chi_{n-1,\,\alpha}$라고 하면 다음 그림과 같이 신뢰수준이 $1-\alpha$ 또는 $100(1-\alpha)\%$인 영역을 표현하는 것이 가능하다.

그림 7.7을 수식으로 표현하면 다음과 같으며

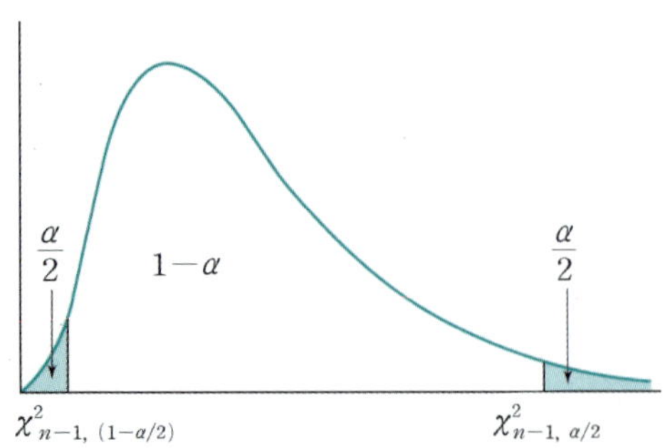

| 그림 7.7 | 카이제곱분포에서 신뢰수준 $1-\alpha$인 영역

$$1-\alpha = P\left\{\chi^2_{n-1,1-\frac{\alpha}{2}} \le \frac{(n-1)S^2}{\sigma^2} \le \chi_{n-1,\frac{\alpha}{2}}\right\}$$

이를 분산 σ^2에 대하여 정리하면 다음과 같다.

$$1-\alpha = P\left\{\frac{(n-1)S^2}{\chi^2_{n-1,\frac{\alpha}{2}}} \le \sigma^2 \le \frac{(n-1)S^2}{\chi_{n-1,1-\frac{\alpha}{2}}}\right\}$$

따라서 분산 σ^2의 $100(1-\alpha)\%$ 신뢰구간은 다음과 같이 구축되며

$$\left(\frac{(n-1)S^2}{\chi^2_{n-1,\frac{\alpha}{2}}},\ \frac{(n-1)S^2}{\chi^2_{n-1,1-\frac{\alpha}{2}}}\right) \equiv \left(\frac{\sum_{i=1}^{n}(X_i-\overline{X})^2}{\chi^2_{n-1,\frac{\alpha}{2}}},\ \frac{\sum_{i=1}^{n}(X_i-\overline{X})^2}{\chi^2_{n-1,1-\frac{\alpha}{2}}}\right)$$

카이제곱분포는 좌우대칭이 아니기 때문에 이와 같이 구해지는 신뢰구간은 구간의 길이가 가장 짧은 신뢰구간은 아니며 양쪽 꼬리 확률이 같은 등꼬리 신뢰구간이다.

또한 표준편차 σ의 $100(1-\alpha)\%$ 근사 신뢰구간은 다음과 같다.

$$\left(\sqrt{\frac{(n-1)S^2}{\chi^2_{n-1,\frac{\alpha}{2}}}},\ \sqrt{\frac{(n-1)S^2}{\chi^2_{n-1,1-\frac{\alpha}{2}}}}\right)$$

■ 분산 σ^2의 $100(1-\alpha)\%$ 신뢰구간

$X_1, X_2, \cdots, X_n \sim iid\ N(\mu, \sigma^2)$일 때, 분산 σ^2의 $100(1-\alpha)\%$ 신뢰구간은 다음과 같다.

$$\left(\frac{(n-1)S^2}{\chi^2_{n-1,\frac{\alpha}{2}}},\ \frac{(n-1)S^2}{\chi^2_{n-1,1-\frac{\alpha}{2}}}\right)$$

단, $S^2 = \frac{1}{n-1}\sum_{i=1}^{n}(X_i-\overline{X})^2$

예 7.3

예 7.2의 경우에 분산 σ^2의 95% 신뢰구간을 구해 보자.

풀이 표본분산의 값은 $s^2 = 14.47$이고, $n = 10$이므로 자유도가 9인 카이제곱분포를 사용하며 신뢰수준이 95%이므로 임계치는 $\chi^2_{0.025} = 19.023$, $\chi^2_{0.975} = 2.7$이다. 따라서 분산 σ^2의 95% 신뢰구간은 다음과 같다.

$$\left(\frac{(n-1)s^2}{\chi^2_{n-1,\frac{\alpha}{2}}},\ \frac{(n-1)s^2}{\chi^2_{n-1,1-\frac{\alpha}{2}}}\right) = \left(\frac{9\times 14.47}{19.023},\ \frac{9\times 14.47}{2.7}\right) = (6.846,\ 48.233)$$

7.4.3 비율의 신뢰구간

앞서 비율의 점추정에서 배운 것을 요약하면 다음과 같다.

$X_1, X_2, \cdots, X_n \sim iid\ Bernoulli(p),\ 0 \le p \le 1$일 때, $Y = \sum_{i=1}^{n} X_i$라 하면 $\hat{p} = \frac{1}{n}\sum_{i=1}^{n} X_i = \frac{Y}{n} = \bar{X}$이다. 또한, $Y \sim B(n, p)$이므로 다음을 쉽게 알 수 있다.

$$E(\hat{p}) = \frac{1}{n}E(Y) = \frac{1}{n}np = p,$$

$$Var(\hat{p}) = \frac{1}{n^2}Var(Y) = \frac{1}{n^2}np(1-p) = \frac{p(1-p)}{n}$$

표본크기 n이 충분히 크면 중심극한정리(CLT)에 의하여 다음이 성립한다.

$$\hat{p} \sim N\left(p,\ \frac{p(1-p)}{n}\right)$$

여기서 $\hat{p}$의 분산에 모수 p가 있으므로 이를 p의 추정량인 $\hat{p}$로 대체하고 표준화하면 다음과 같은 표준 정규확률변수를 얻는다.

$$\frac{\hat{p}-p}{\sqrt{\hat{p}(1-\hat{p})/n}} \sim N(0,\ 1)$$

따라서 이후의 신뢰구간 구축과정은 정규모집단에서 분산을 알 때 평균 μ의 신뢰구간 구축과정과 공동일하다. 즉, 다음과 같이 신뢰구간을 구할 수 있으므로,

$$\begin{aligned} 1-\alpha &= P\left(-z_{\alpha/2} \le \frac{\hat{p}-p}{\sqrt{\hat{p}(1-\hat{p})/n}} \le z_{\alpha/2}\right) \\ &= P\left(\hat{p}-z_{\alpha/2}\sqrt{\frac{\hat{p}(1-\hat{p})}{n}} \le p \le \hat{p}+z_{\alpha/2}\sqrt{\frac{\hat{p}(1-\hat{p})}{n}}\right) \end{aligned}$$

비율 p의 $100(1-\alpha)\%$ 신뢰구간은 다음과 같다.

$$\left(\hat{p}-z_{\alpha/2}\sqrt{\frac{\hat{p}(1-\hat{p})}{n}},\ \hat{p}+z_{\alpha/2}\sqrt{\frac{\hat{p}(1-\hat{p})}{n}}\right)$$

■ 비율 p의 $100(1-\alpha)\%$ 신뢰구간

$X_1, X_2, \cdots, X_n \sim iid\ Bernoulli(p),\ 0 \le p \le 1$일 때, 비율 p의 $100(1-\alpha)\%$ 신뢰구간은 다음과 같다.

$$\left(\hat{p} - z_{\alpha/2}\sqrt{\frac{\hat{p}(1-\hat{p})}{n}},\ \hat{p} + z_{\alpha/2}\sqrt{\frac{\hat{p}(1-\hat{p})}{n}}\right)$$

예 7.4

어느 도시에서 지방선거를 앞두고 1,000명의 유권자에게 특정 후보에 대한지지 여부를 조사하였더니 540명이 지지 의사를 밝혔다. 이 후보의 지지율 p에 대한 95% 신뢰구간을 구해 보자.

풀이 비율의 추정치인 표본비율의 값은 $\hat{p} = \dfrac{540}{1000} = 0.54$이다. 표본 수가 크므로 이 후보의지지율에 대한 95% 신뢰구간은 정규 근사를 통해 임계치 $z_{0.025} = 1.96$을 사용하면 다음과 같다.

$$\left(0.54 - 1.96\sqrt{\frac{0.54 \times 0.46}{1000}},\ 0.54 + 1.96\sqrt{\frac{0.54 \times 0.46}{1000}}\right) = (0.51,\ 0.57)$$

7.5 추정오차한계와 표본크기 결정

모집단에 대한 조사를 설계하는 단계에서 조사목적과 추론결과에 대한 신뢰수준에 따라 표본의 크기를 가장 먼저 결정해야 한다. 표본크기를 결정하는 내용은 2장에서 설명할 수도 있었으나, 추정오차한계와 신뢰수준의 개념을 이해하고 배우는 것이 더 낫다고 판단되어 여기서 설명한다.

추정오차는 모수와 모수의 점추정량의 차를 의미한다. 즉, 임의의 모수를 θ라 하고, θ의 점추정량을 $\hat{\theta}$라 하면, 추정오차는 $|\hat{\theta} - \theta|$로 표현한다. 여기서는 평균과 비율의 추정에서 표본 크기를 어떻게 결정하는지를 알아본다.

7.5.1 평균의 추정에서 표본크기 결정

$X_1, X_2, \cdots, X_n \sim iid\ N(\mu, \sigma^2)$일 때, 관심이 있는 모수인 평균 μ의 가장 좋은 점추정량은 표본평균 $\bar{X}$이다. 이 경우, 표본 크기의 결정은 구간추정에서와 같이 분산 σ^2을 알고 있는 경우

와 알지 못하는 경우로 나누어 살펴봐야 한다.

■ **모분산 σ^2이 알려져 있는 경우**

$Z = \dfrac{\bar{X} - \mu}{\sigma / \sqrt{n}} \sim N(0,\ 1)$이므로 모평균 μ의 $100(1-\alpha)\%$ 신뢰구간은 다음과 같다.

$$\begin{aligned} 1-\alpha &= P(-z_{\alpha/2} \le Z \le z_{\alpha/2}) \\ &= P\left(-z_{\alpha/2} \le \frac{\bar{X}-\mu}{\sigma/\sqrt{n}} \le z_{\alpha/2}\right) = P\left(|\bar{X}-\mu| \le z_{\alpha/2}\frac{\sigma}{\sqrt{n}}\right) \end{aligned}$$

여기서 추정오차는 $|\bar{X}-\mu|$이므로 추정오차한계는 $z_{\alpha/2}\dfrac{\sigma}{\sqrt{n}}$ 이다. 따라서 추정오차한계를 d 이하로 하기 위한 표본의 크기는

$$z_{\alpha/2}\frac{\sigma}{\sqrt{n}} \le d,\ \text{즉}\ n \ge \left(z_{\alpha/2}\frac{\sigma}{d}\right)^2$$

을 만족하는 최소정수 n이며, 이것은 모평균 μ의 $100(1-\alpha)\%$ 신뢰구간의 길이를 $2d$ 이하로 하는 것과 동일한 표본의 크기이다.

■ **모분산 σ^2이 알려져 있지 않은 경우**

$T = \dfrac{\bar{X} - \mu}{S / \sqrt{n}} \sim t_{n-1}$이므로 모평균 μ의 $100(1-\alpha)\%$ 신뢰구간을 구할 때 임계치 $t_{n-1,\alpha/2}$을 사용하였으나, 지금은 표본의 크기가 아직 결정되지 않았으므로 이를 사용할 수 없는 문제가 발생한다. 따라서 이 경우에는 먼저 소표본을 추출하여 $\hat{\sigma}^2 = S^2$을 구하고 앞의 조건을 이용하여 표본크기를 결정한다. 즉,

$$n \ge \left(z_{\alpha/2}\frac{S}{d}\right)^2$$

을 만족하는 최소정수 n을 표본크기로 결정한다.

7.5.2 비율의 추정에서 표본크기 결정

대표본일 때, 모비율 p의 추정오차한계는 $z_{\alpha/2}\sqrt{\dfrac{p(1-p)}{n}}$ 이다. 따라서 추정오차한계를 d 이하로 하기 위한 표본의 크기는

$$z_{\alpha/2}\sqrt{\frac{p(1-p)}{n}} \le d, \quad \text{즉},\ n \ge p(1-p)\left(\frac{z_{\alpha/2}}{d}\right)^2$$

를 만족하는 최소정수 n이다. 그러나 p는 모르는 값이므로, 다음과 같이 나누어 표본크기를 결정한다.

■ p에 대한 정보가 전혀 없는 경우

$p = 1 - p = 1/2$을 적용

$$n \geq \frac{1}{4}\left(\frac{z_{\alpha/2}}{d}\right)^2 \text{인 최소정수 } n$$

■ $p = p^*$라고 예상(가정)되는 경우

$$n \geq p^*(1-p^*)\left(\frac{z_{\alpha/2}}{d}\right)^2 \text{인 최소정수 } n$$

예 7.5

어떤 고교의 흡연자 비율 p를 추정하고자 한다. 95%의 확신을 갖고 추정오차가 0.05 이하가 되게 할 때, 필요한 최소의 표본크기를 구해 보자. 단, 근처 고교의 예로 보아 $p = 0.3$ 정도일 것으로 예상된다.

풀이

$$n \geq p^*(1-p^*)\left(\frac{z_{\alpha/2}}{d}\right)^2 = 0.3 \times 0.7\left(\frac{1.96}{0.05}\right)^2 = 322.69$$

즉, 필요한 표본의 크기는 약 323명이다.

예 7.6

어떤 심리학 실험에서 각 개인이 흥분하는 경우의 반응으로 A, B 두 가지 중 하나를 택하게 한다. A라는 반응을 나타내는 사람들의 비율을 p라 하자. 다음 각 경우에 추정오차가 0.04 이내라고 90%의 확신을 가지려면 필요한 표본의 크기를 구해 보자.

풀이 (1) 기존의 연구 결과인 $p = 0.2$를 사용할 때

$$n \geq 0.2 \times 0.8\left[\frac{z_{0.05}}{0.04}\right]^2 = 270.60, \quad \text{즉 } n = 271\text{명}$$

(2) p 값에 대한 아무런 정보가 없을 때

$$n \geq \frac{1}{4}\left[\frac{z_{0.05}}{0.04}\right]^2 = 422.82, \quad \text{즉 } n = 423\text{명}$$

따라서 아무 정보가 없을 때 더 많은 표본이 필요한 것을 알 수 있다.

예 7.7

각종 여론조사에서 무한모집단을 가정하고 표본이 1,000명일 때, 95% 신뢰수준하에서 추정오차한계가 ±3.1%P라고 발표하는 것을 자주 보았을 것이다. 그 근거를 살펴보자.

풀이 $d^2 = (z_{\alpha/2})^2 \dfrac{p(1-p)}{n}$ 에서 $p = 0.5,\ \alpha = 0.05,\ n = 1000$ 이라 하면 $d = 0.031$

따라서, 표본크기와 추정오차한계는 서로 함수관계에 있기 때문에 한 가지 정보만 제공하여도 되지만, 이해하기 쉽도록 두 가지 정보를 모두 제공하는 것이다.

7.6 R 실습

```
### library
library(BSDA)
library(EnvStats)
```

7.6.1 점추정량과 신뢰구간

예 7.1에 주어진 자료에서 모집단의 분산이 알려져 있는 경우, 평균 μ에 대한 점추정량과 95% 신뢰구간을 구해 보자.

```
1 ### 예 7-1
2 pop.var <- 16
3 x <- c(5.9, 6.8, 10.2, 14.0, 17.3, 10.1, 4.6, 9.5, 7.5, 9.8)
4 # 평균의 점추정량
5 mean(x)
```

9.57

2줄: 모집단의 분산을 저장한다.
3줄: 주어진 자료를 c() 함수를 이용하여 변수 x에 저장한다. 각 값은 콤마 ","로 구분한다.
5줄: mean() 함수로 표본평균을 계산한다.

```
1 # 95% 신뢰구간
2 alpha <- 0.05
3 n <- length(x)
4 c.025 <- qnorm(1-alpha/2)
5 pop.sd <- sqrt(pop.var)
6 err <- c.025*pop.sd/sqrt(n)
7 CI.95 <- c(mean(x)-err, mean(x)+err)
8 round(CI.95, 2)
```

```
7.09  12.05
```

2줄: α값을 저장한다.
3줄: length() 함수로 자료의 개수를 구한다.
4줄: 모집단의 분산을 알고 있으므로, 정규분포를 이용하여 임계치를 구한다.
5줄: 모집단의 표준편차를 저장한다.
6줄: 평균의 표준오차를 구한다.
7줄: 평균과 평균의 표준오차를 이용하여 신뢰구간을 구한다.
8줄: round() 함수를 이용하여 소수점 2자리까지 구한다.

문제에서 자료와 모집단의 표준편차가 주어진 경우에는 z.test() 함수로 Z-검정을 할 수 있다. 검정을 수행하는 경우 점추정량과 구하려는 신뢰구간을 계산하여 출력한다. Z-검정의 내용은 8장에서 다루기로 한다. {BSDA} 패키지에서 제공하는 z.test() 함수의 사용법은 다음과 같다.

```
1 # 평균의 점추정량과 95% 신뢰구간 - 자료가 주어진 경우 Z-검정을 이용
2 pop.var <- 16
3 data <- c(5.9, 6.8, 10.2, 14.0, 17.3, 10.1, 4.6, 9.5, 7.5, 9.8)
4 z.test(x=data, sigma.x=sqrt(pop.var), conf.level=0.95)
```

```
        One-sample z-Test

data:  data
z = 7.5657, p-value = 3.856e-14
alternative hypothesis: true mean is not equal to 0
95 percent confidence interval:
 7.09082 12.04918
sample estimates:
mean of x
     9.57
```

2줄: 모집단의 분산을 저장한다.
3줄: 주어진 자료를 저장한다.
4줄: z.test() 함수에 x=**'자료'**와 sigma.x='모집단의 표준편차', conf.level=**'신뢰수준'**을 입력하면 검정의 결과로 점추정량인 표본의 평균과 신뢰구간을 계산하여 출력한다.

예 7.1에 주어진 자료에서 모집단의 분산이 알려져 있지 않은 경우에 대한 평균 μ의 95% 신뢰구간을 구해 보자.

```
1 # 95% 신뢰구간
2 alpha <- 0.05
3 n <- length(x)
4 c.025 <- qt(1-alpha/2, n-1)
5 x.sd <- sd(x)
6 err <- c.025*x.sd/sqrt(n)
7 CI.95 <- c(mean(x)-err, mean(x)+err)
8 round(CI.95, 2)
```

```
6.85   12.29
```

2줄: α값을 저장한다.
3줄: **length()** 함수로 자료의 개수를 구한다.
4줄: 모집단의 분산이 알려져 있지 않으므로, t-분포를 이용하여 임계치를 구한다.
5줄: 표본의 표준편차를 저장한다.
6줄: 평균의 표준오차를 구한다.
7줄: 평균과 평균의 표준오차를 이용하여 신뢰구간을 구한다.
8줄: **round()** 함수를 이용하여 소수점 2자리까지 구한다.

모집단의 분산을 모르는 경우에는 t-검정을 수행하는 함수를 이용하면 평균 μ에 대한 점추정량과 신뢰구간을 구할 수 있다.

```
1 # 평균의 점추정량과 95% 신뢰구간 - 자료가 주어진 경우 t-검정을 이용
2 data <- c(5.9, 6.8, 10.2, 14.0, 17.3, 10.1, 4.6, 9.5, 7.5, 9.8)
3 t.test(x=data, conf.level=0.95)
```

```
        One Sample t-test

data:  data
t = 7.9554, df = 9, p-value = 2.315e-05
alternative hypothesis: true mean is not equal to 0
95 percent confidence interval:
  6.848707 12.291293
sample estimates:
mean of x
     9.57
```

2줄: 주어진 자료를 저장한다.
3줄: **t.test()** 함수에 **x='자료'와 conf.level='신뢰수준'**을 입력하면 검정의 결과로 점추정량인 표본의 평균과 신뢰구간을 계산하여 출력한다.

예 7.1에 주어진 자료에서 모집단의 분산이 알려져 있지 않은 경우에 대한 분산 σ^2의 95% 신뢰구간을 구해 보자.

```
1 # 분산의 95% 신뢰구간
2 alpha <- 0.05
3 n <- length(x)
4 x.var <- var(x)
5 c.025 <- qchisq(1-alpha/2, n-1)
6 c.975 <- qchisq(alpha/2, n-1)
7 CI.95 <- c((n-1)*x.var/c.025, (n-1)*x.var/c.975)
8 round(CI.95, 2)
```

```
6.85  48.23
```

2줄: α값을 저장한다.
3줄: length() 함수로 자료의 개수를 구한다.
4줄: 표본의 분산을 저장한다.
5줄~6줄: 분산에 대한 임계치는 카이스퀘어분포를 이용하여 계산한다. 카이스퀘어분포는 비대칭분포이므로 좌/우 임계치를 각각 계산한다.
7줄: 신뢰구간을 구한다.
8줄: round() 함수를 이용하여 소수점 2자리까지 구한다.

자료가 주어진 경우 {EnvStats} 패키지에서 제공하는 **varTest()** 함수를 사용하여 분산 σ^2의 점추정량과 신뢰구간을 구할 수 있다.

```
1 # 분산의 95% 신뢰구간 - 자료가 주어진 경우
2 data <- c(5.9, 6.8, 10.2, 14.0, 17.3, 10.1, 4.6, 9.5, 7.5, 9.8)
3 varTest(x=data, conf.level=0.95)
```

```
        Chi-Squared Test on Variance

data:  data
Chi-Squared = 130.24, df = 9, p-value < 2.2e-16
alternative hypothesis: true variance is not equal to 1
95 percent confidence interval:
  6.846585 48.230450
sample estimates:
variance
14.47122
```

3줄: varTest() 함수에 x='**자료**'와 conf.level='**신뢰수준**'을 입력하면 검정의 결과로 점추정량과 신뢰구간을 계산하여 출력한다.

예 7.4에 주어진 정보를 이용하여 지지율 p에 대한 95% 신뢰구간을 구해 보자.

```
1 ### 예 7-4
2 n <- 1000
3 p.hat <- 540/n
4 # p에 대한 95% 신뢰구간
5 alpha <- 0.05
6 c.025 <- qnorm(1-alpha/2)
7 err <- c.025*sqrt(p.hat*(1-p.hat)/n)
8 CI.95 <- c(p.hat-err, p.hat+err)
9 round(CI.95, 2)
```

```
0.51  0.57
```

3줄: 비율의 추정치인 표본비율의 값을 저장한다.
6줄: 임계치는 정규분포를 이용하여 구한다.

비율에 대한 정보가 주어진 경우 **prop.test()** 함수를 사용하여 지지율 p에 대한 점추정량과 신뢰구간을 구할 수 있다.

```
1 # p에 대한 95% 신뢰구간
2 prop.test(x=540, n=1000, conf.level=0.95)
```

```
        1-sample proportions test with continuity correction

data:  540 out of 1000, null probability 0.5
X-squared = 6.241, df = 1, p-value = 0.01248
alternative hypothesis: true p is not equal to 0.5
95 percent confidence interval:
 0.5085147 0.5711742
sample estimates:
   p
0.54
```

2줄: prop.test() 함수에 x='**성공의 수**'와 n='**조사의 수**', conf.level='**신뢰수준**'을 입력하여 점추정량과 신뢰구간을 구한다.

7.6.2 비율의 추정에서 표본크기

예 7.6에 주어진 정보를 이용하여 표본의 크기를 구해 보자.

```
# 기존의 연구 결과인 p=0.2를 사용할 때
p <- 0.2
err.est <- 0.04
c.05 <- qnorm(1-0.05)
s.size <- p*(1-p)*(c.05/err.est)^2
round(s.size, 2)
```

```
270.55
```

```
# p값에 대한 아무런 정보가 없을 때, p*(1-p)의 값이 가장 큰 p=0.5를 사용
p <- 0.5
err.est <- 0.04
c.05 <- qnorm(1-0.05)
s.size <- p*(1-p)*(c.05/err.est)^2
round(s.size, 2)
```

422.74

7.7 Python 실습

```
### library
import pandas as pd
import numpy as np
from scipy import stats
```

7.7.1 점추정량과 신뢰구간

예 7.1에 주어진 자료에서 모집단의 분산이 알려져 있는 경우에 대한 점추정량과 평균 μ의 95% 신뢰구간을 구해 보자.

```
1 ### 예 7-1
2 pop_var = 16
3 x = pd.Series([5.9, 6.8, 10.2, 14.0, 17.3, 10.1, 4.6, 9.5, 7.5, 9.8])
4 # 평균의 점추정량
5 round(x.mean(), 4)
```

9.57

2줄: 모집단의 분산을 저장한다.
3줄: 주어진 자료를 리스트 [ ]와 Series() 함수를 이용하여 변수 x에 저장한다.
5줄: mean() 함수로 표본평균을 계산한다.

```
1 # 95% 신뢰구간
2 alpha = 0.05
3 n = x.size
4 c_025 = stats.norm.ppf(1-alpha/2)
5 pop_sd = np.sqrt(pop_var)
6 err = c_025 * pop_sd / np.sqrt(n)
7 CI_95 = pd.Series([np.mean(x)-err, np.mean(x)+err])
8 CI_95.round(2)
```

```
0     7.09
1    12.05
dtype: float64
```

2줄: α값을 저장한다.
3줄: size로 자료의 개수를 구한다.
4줄: 모집단의 분산을 알고 있으므로, 정규분포를 이용하여 임계치를 구한다.
5줄: 모집단의 표준편차를 저장한다.
6줄: 평균의 표준오차를 구한다.
7줄: 평균과 평균의 표준오차를 이용하여 신뢰구간을 구한다.
8줄: round() 함수를 이용하여 소수점 2자리까지 구한다.

예 7.1에 주어진 자료에서 모집단의 분산이 알려져 있지 않은 경우에 대한 평균 μ의 95% 신뢰구간을 구해 보자.

```
1 # 95% 신뢰구간
2 alpha = 0.05
3 n = x.size
4 c_025 = stats.t(n-1).ppf(1-alpha/2)
5 x_sd = x.std()
6 err = c_025 * x_sd / np.sqrt(n)
7 CI_95 = pd.Series([np.mean(x)-err, np.mean(x)+err])
8 CI_95.round(2)
```

```
0     6.85
1    12.29
dtype: float64
```

2줄: α값을 저장한다.
3줄: size로 자료의 개수를 구한다.
4줄: 모집단의 분산이 알려져 있지 않으므로, t-분포를 이용하여 임계치를 구한다.
5줄: 표본의 표준편차를 저장한다.
6줄: 평균의 표준오차를 구한다.
7줄: 평균과 평균의 표준오차를 이용하여 신뢰구간을 구한다.
8줄: round() 함수를 이용하여 소수점 2자리까지 구한다.

예 7.1에 주어진 자료에서 모집단의 분산이 알려져 있지 않은 경우에 대한 분산 σ^2의 95% 신뢰구간을 구해 보자.

```
1 # 분산의 95% 신뢰구간
2 alpha = 0.05
3 n = x.size
4 x_var = x.var()
5 c_025 = stats.chi2(n-1).ppf(1-alpha/2)
6 c_975 = stats.chi2(n-1).ppf(alpha/2)
7 CI_95 = pd.Series([(n-1)*x_var/c_025, (n-1)*x_var/c_975])
8 CI_95.round(2)
```

```
0     6.85
1    48.23
dtype: float64
```

2줄: α 값을 저장한다.
3줄: length() 함수로 자료의 개수를 구한다.
4줄: 표본의 분산을 저장한다.
5줄~6줄: 분산에 대한 임계치는 카이스퀘어분포를 이용하여 계산한다. 카이스퀘어분포는 비대칭분포이므로 좌/우 임계치를 각각 계산한다.
7줄: 신뢰구간을 구한다.
8줄: round() 함수를 이용하여 소수점 2자리까지 구한다.

예 7.4에 주어진 정보를 이용하여 지지율 p에 대한 95% 신뢰구간을 구해 보자.

```
1 ### 예 7-4
2 n = 1000
3 p_hat = 540/n
4 # p에 대한 95% 신뢰구간
5 alpha = 0.05
6 c_025 = stats.norm.ppf(1-alpha/2)
7 err = c_025 * np.sqrt(p_hat*(1-p_hat)/n)
8 CI_95 = pd.Series([p_hat-err, p_hat+err])
9 CI_95.round(2)
```

```
0    0.51
1    0.57
dtype: float64
```

3줄: 비율의 추정치인 표본비율의 값을 저장한다.
6줄: 임계치는 정규분포를 이용하여 구한다.

7.6.2 비율의 추정에서 표본크기

예 7.6에 주어진 정보를 이용하여 표본의 크기를 구해 보자.

```
# 기존의 연구 결과인 p=0.2를 사용할 때
p = 0.2
err_est = 0.04
c_05 = stats.norm.ppf(1-0.05)
s_size = p*(1-p)*(c_05/err_est)**2
round(s_size, 2)
```

```
270.55
```

```
# p값에 대한 아무런 정보가 없을 때, p*(1-p)의 값이 가장 큰 p=0.5를 사용
p = 0.5
err_est = 0.04
c_05 = stats.norm.ppf(1-0.05)
s_size = p*(1-p)*(c_05/err_est)**2
round(s_size, 2)
```

```
422.74
```

7장 연습문제 EXERCISES

01 정규분포 $N(\mu, \sigma^2)$를 따르는 모집단으로부터 크기 25인 확률표본을 추출하였다. 다음 확률을 구하라.

(1) $\sigma = 5$일 때 $P(-2 \le \bar{X} - \mu \le 2)$

(2) $\sigma = 10$일 때 $P(-2 \le \bar{X} - \mu \le 2)$

02 정규분포 $N(30, 4)$를 따르는 모집단으로부터 크기 36인 확률표본을 추출하였다. 이때의 표본평균이 $\bar{X}$라고 할 때, 다음에 답하라.

(1) $P(\bar{X} \ge 30)$의 값은?

(2) $P(\bar{X} \ge a) = 0.05$를 만족하는 a의 값은?

(3) $P(-b \le \bar{X} - 30 \le b) = 0.95$를 만족하는 b의 값은?

03 정규분포 $N(0, \sigma^2)$를 따르는 모집단으로부터 크기가 36인 표본을 추출하였다. 다음 물음에 답하라.

(1) $P(-1.96 \le \bar{X} \le 1.96) = 0.95$를 만족하는 모집단의 분산은?

(2) (1)을 만족하는 표준편차로부터 $P(-a \le \bar{X} \le a) = 0.90$을 만족하는 a의 값은?

04 비행기 승객 1인당 평균 짐의 무게가 20kg이고, 표준편차는 5kg이라고 한다. 어느 날 임의로 추출한 36명의 승객들의 평균 짐의 무게가 23kg 이상일 확률은 얼마인가?

05 다음 각 경우에 대하여 모평균 μ의 95% 신뢰구간을 구하라. 단, $\sigma = 1$이다.

(1) $n = 36$, $\bar{X} = 15$

(2) $n = 64$, $\bar{X} = 20$

(3) (1)과 (2)에서 구한 모평균 μ의 95% 신뢰구간의 의미를 설명하라.

06 다음 각 경우에 대하여 모비율 p의 95% 근사 신뢰구간을 구하라.

(1) $n = 25$, $\hat{p} = 0.6$

(2) $n = 36$, $\hat{p} = 0.5$

(3) $n = 36$, $\hat{p} = 0.1$

(4) $n = 49$, $\hat{p} = 0.8$

07 기초통계학 수강생 36명의 기말고사 점수를 조사해보니 평균이 70점이고 표준편차가 5점이었다. 기말고사 점수가 정규분포를 따른다고 할 때, σ^2에 대한 99% 신뢰구간을 구하라.

08 국회의원 후보자가 투표일에 앞서 자신의 지지율을 알아보기 위하여 선거구민 300명을 대상으로 조사한 결과 90명이 지지한다고 응답하였다. 이 후보자에 대한 지지율의 95% 신뢰구간을 구하라.

09 모평균에 대한 95% 신뢰구간을 구할 때, 추정오차한계가 2를 넘지 않도록 다음 각 경우에 대한 표본크기를 결정하라.

(1) $\sigma = 5$인 경우

(2) σ가 알려져 있지 않고 사전조사에 의해 구한 표본표준편차가 7인 경우

10 어떤 고교의 흡연율을 추정하고자 한다. 이때 신뢰수준 95%하에서 오차한계가 0.05 이하가 되기 위한 최소 표본의 크기를 결정하라. 단, 근처 고교의 예로 볼 때 흡연율은 0.3 정도가 될 것으로 예상된다.

11 성인 남자의 고혈압 환자 비율에 대한 조사를 하고자 한다. 신뢰수준 95%하에서 오차한계는 0.02를 넘지 않기 위해서, 다음 각 경우에 대해 얼마나 많은 표본을 추출해야 하는지를 결정하라.

(1) 실제 고혈압 보유 비율을 알 수 없는 경우

(2) 예년의 조사에 따라 고혈압 환자 비율이 0.07이라고 판단되는 경우

(3) (1)과 (2)의 결과에 따라 어떤 결론을 내릴 수 있는가?

08

가설검정

통계적 추론은 추정과 가설검정(testing hypothesis)으로 나눌 수 있으며, 7장에서 추정을 배운 바 있다. 7장에서 설명한 바와 같이 관심이 있는 모수에 대한 추론은 그 모수의 점추정량으로부터 시작된다. 이 장에서 배울 가설검정은 모수에 대한 상반된 두 가지 주장 가운데 한 가지를 채택하는 과정으로서 모든 통계분석의 마지막 단계에서 하는 의사 결정의 수단이기 때문에 그 중요성은 아무리 강조하여도 지나치지 않는다.

통계 자료분석(statistical data analysis)의 두 가지 중요한 목적은 현상 파악과 추론 전개이다. 즉, 관측된 데이터를 분석하여 현상을 파악하는 것과 데이터로부터 얻은 정보를 바탕으로 미지의 사실에 대한 추론을 전개하여 과학적이고 합리적인 의사 결정을 내리는 것이 통계분석의 목적이다. 이 장에서는 앞서 배운 확률변수와 분포, 추정의 지식을 유기적으로 사용하여 관심이 있는 미지의 상수인 모수에 대하여 의사 결정을 내리는 가설검정 절차를 배우기로 한다. 7장에서와 같이 관심이 있는 주요 모수로 평균 μ, 분산 σ^2, 비율 p를 다루게 되며, 모집단이 한 개인 경우 모수에 대한 가설검정과 모집단이 두 개인 경우 두 모집단의 모수를 비교하는 가설검정 절차를 익히기로 한다.

먼저 다음과 같은 예를 생각해보자.

(1) 새로운 공정에 따라 생산된 전구의 수명이 기존 제품의 수명보다 길어졌다고 할 수 있나?
(2) 연구를 통해 새로 개발된 진통제의 진통시간이 기존 진통제보다 빨라졌다고 할 수 있나?
(3) 어느 대학교의 여학생과 남학생의 토익 성적이 다르다고 할 수 있나?

이러한 의문점에 대하여 데이터 수집과 요약 절차를 거쳐 통계적 결론을 내리는 것을 가설검정이라 한다. 위 세 가지에 대하여 의사 결정을 내리기 위해서 각각 다음과 같은 절차를 생각해 볼 수 있을 것이다.

(1) 기존 제품의 평균수명이 10,000시간이라 할 때, 새로운 공정에 따라 생산된 전구 100개를 임의 추출하여 평균을 구해 비교해 본다.
(2) 기존 진통제의 평균 진통시간이 5시간이라고 할 때, 새로 개발된 진통제를 100명의 환자에게 복용시킨 후 평균 진통시간을 측정하여 비교해 본다.
(3) 이 대학교의 여학생과 남학생 각 100명을 임의 추출하여 성별에 따른 평균 토익 점수를 비교해 본다.

여기서 한 가지 더 살펴볼 수 있는 것은 세 가지 경우가 각각 보이고자 하는 것이 다음과 같이 형태가 다르다는 것이다.

(1) 새로 개발된 전구의 평균 수명을 μ라고 하면, $\mu > 10,000$을 알아보고자 하는 것

(2) 새로 개발된 진통제의 평균 진통시간을 μ 라고 하면, $\mu < 5$를 알아보고자 하는 것

(3) 성별에 따른 평균 토익 점수를 각각 μ_F와 μ_M이라고 $\mu_F \neq \mu_M$를 알아보고자 하는 것

이러한 통계적 가설검정 상황이 앞에서 배운 확률변수와 분포, 점추정 등의 지식과 가설검정의 개념 및 용어의 정의를 통해 수리적으로 전개되는 것을 배워 보자.

8.1 가설검정의 기초 이해

8.1.1 가설 설정

가설검정은 서로 상반된 가설(hypothesis)을 설정하고 어느 것이 맞는지를 표본의 정보를 근거로 판단하는 과정이다. 가설의 종류에는 다음과 같이 영가설과 대립가설이 있다.

■ 가설의 종류

- **영가설**(null hypothesis: H_0)
  - 이미 알려져 있는 사실 또는 현재의 사실로 인정되는 것
  - 관심이 있는 모수의 목표값
  - 귀무가설이라고도 함.
- **대립가설**(alternative hypothesis: H_1, H_a)
  - 새로운 연구(실험, 조사 등)의 결과로부터의 주장
  - 주로 연구자가 채택되기를 원하는 경우가 많아 연구가설이라고도 함.

앞에서 예로 들었던 세 가지 경우를 가설로 표현하면 다음과 같다.

(1) 새로 개발된 전구의 평균 수명을 μ 라고 하면, $H_0 : \mu = 10{,}000$, $H_1 : \mu > 10{,}000$

(2) 새로 개발된 진통제의 평균 진통시간을 μ 라고 하면, $H_0 : \mu = 5$, $H_1 : \mu < 5$

(3) 대학생의 성별에 따른 평균 토익 점수를 각각 μ_F와 μ_M이라고 하면,
$H_0 : \mu_F = \mu_M$, $H_1 : \mu_F \neq \mu_M$

통계적 가설검정은 표본으로부터의 정보를 이용하여 위와 같은 경우에 대하여 영가설 H_0와 대립가설 H_1 가운데 하나를 선택하는 의사 결정 과정인데, 그 방법이 대립가설의 형태에 따라

달라지므로 대립가설의 형태가 중요하다. 또한, 대립가설은 연구목적에 맞도록 적절하게 세워야 하며, 그 형태는 다음과 같다.

■ 대립가설의 형태

(1) 우측 단측대립가설 (예) $H_1 : \mu > 10{,}000$

(2) 좌측 단측대립가설 (예) $H_1 : \mu < 5$

(3) 양측대립가설 (예) $H_1 : \mu_F \neq \mu_M$

즉, 우측 단측대립가설은 '모수가 어떤 값보다 크다($>$)'고 설정하는 것이고, 좌측 단측대립가설은 '모수가 어떤 값보다 작다($<$)'고 설정하는 것이며, 양측대립가설은 '모수가 어떤 값과 같지 않다($\neq$)'고 설정하는 것이다. 전술한 바와 같이 대립가설의 형태는 연구목적에 따라 합리적으로 결정해야 한다. 또한 영가설은 $H_0 : \mu = 5$와 같이 단순 가설(simple hypothesis)의 형태로 세우는 것이 일반적이며, 이에 대응하는 대립가설의 형태에 따라 검정의 형태가 결정된다. 즉, 대립가설이 우측 단측대립가설이면 우측 단측검정, 대립가설이 좌측 단측대립가설이면 좌측 단측검정, 대립가설이 양측대립가설이면 양측검정이 된다.

대립가설과 검정의 형태에 따라 추후 설명할 기각역의 위치가 결정된다. 즉, 우측 단측검정이면 기각역이 우측에 한 개, 좌측 단측검정이면 기각역이 좌측에 한 개, 양측검정이면 기각역이 좌우측에 각각 한 개씩 존재하게 되며 그 이유는 나중에 자세하게 배우기로 한다.

8.1.2 검정통계량

검정통계량(test statistic)은 통계적 가설검정에서 의사 결정을 내리는 도구의 역할을 하는 것이다. 검정통계량도 통계량이므로 속성은 확률변수이다. 따라서 검정통계량은 고유의 유일한 분포를 갖게 되며, 분포가 잘 알려져 있고 확률계산이 쉬운 것을 만들어 사용하는 것이 일반적인 방법이다.

검정통계량은 T라고 표현하며, 확률표본 $X_1, \cdots, X_n$의 함수이다. 즉, $T \equiv T(X_1, \cdots, X_n)$이다. 또한 영가설이 옳다는 전제(가정)하에서의 검정통계량을 T_0라고 표현하기로 한다. 통계적 가설검정에서는 영가설이 옳다는 전제하에서 구한 검정통계량 T_0의 값이 나타날 가능성이 크면 영가설을 채택하고 나타날 가능성이 작으면 영가설을 기각하게 된다.

검정통계량의 유도(검정절차의 구축)는 관심모수의 점추정량으로부터 시작한다. 다음 예를 통하여 검정통계량이 어떻게 만들어지는지를 알아보자.

예 8.1

7장의 구간추정에서 가장 처음 다뤘던 상황을 가정하고 검정통계량이 만들어지는 과정을 살펴보자. 즉, 분산이 알려진 정규모집단에서 평균에 관한 가설검정에 사용되는 검정통계량을 찾아보자. 여기서는 검정통계량을 구하는 것만 다루고 자세한 검정절차는 추후 배우기로 한다.

풀이 $X_1, X_2, \cdots, X_n \sim iid\ N(\mu, \sigma_0^2)$ (σ_0^2은 알려져 있음)일 때, 대립가설이 다음과 같이 우측 단측대립가설이라고 하자.

$$H_0 : \mu = 100, \quad H_1 : \mu > 100$$

이미 배운 바와 같이 모평균 μ의 가장 좋은 추정량은 표본평균 $\bar{X}$이므로, 만약 대립가설이 사실이어서 영가설을 기각하게 되는 경우에는 $\bar{X}$의 관측값이 100 보다 큰 값일 것이다. 즉, $\bar{X}$의 관측값이 100보다 크면 클수록 영가설을 기각할 확률이 커지게 될 것이다. 따라서 이 경우에 검정통계량을 구하는 출발점은 $\bar{X}$의 분포를 고려하는 것이 타당하다. 앞서 배운 바와 같이 $\bar{X}$의 분포와 이를 표준화하여 얻은 분포는 다음과 같다.

$$\bar{X} \Rightarrow \frac{\bar{X} - \mu}{\sigma_0 / \sqrt{n}} \sim N(0, 1)$$

즉, 위와 같은 가설을 검정하기 위한 검정통계량은 $T = \dfrac{\bar{X} - \mu}{\sigma / \sqrt{n}} \sim N(0, 1)$이고, 영가설 하에서의 검정통계량은 $T_0 = \dfrac{\bar{X} - 100}{\sigma_0 / \sqrt{n}}$이다.

■ 검정통계량

검정통계량은 통계적 가설검정에서 의사 결정을 내리는 도구로서, 확률표본 $X_1, \cdots, X_n$의 함수이다. 검정통계량은 확률변수로서 고유의 분포를 가지며, 영가설이 옳다는 가정하에서 구한 검정통계량의 값이 나타날 가능성이 크면 영가설을 채택하고 나타날 가능성이 작으면 영가설을 기각한다.

8.1.3 제1종 오류와 제2종 오류

가장 바람직한 상황은 모집단을 잘 대표하는 '좋은 표본(good sample)'을 추출하여 표본의 정보로부터 사실이 무엇인지를 정확하게 판단하는 것이다. 그러나, 가설검정에서 내리게 되는 결론은 표본의 정보에만 근거하기 때문에 오류(error)를 범할 가능성은 늘 존재한다. 즉, 표본 채집 방법을 최대한 합리적으로 설계하여 표본을 추출한다고 할지라도 모집단을 대표하지 못하는 표본이 뽑힐 가능성이 존재하기 때문이다.

표본의 정보에만 근거하여 영가설 H_0와 대립가설 H_1 중에서 한 가지를 선택하는 가설검정에서는 다음과 같은 상황이 발생하게 되는 것을 쉽게 예상할 수 있다.

검정결과	사실	
	H_0 사실	H_1 사실
H_0 기각	제1종 오류	옳은 결정
H_0 채택	옳은 결정	제2종 오류

이러한 내용을 다시 요약하면 다음과 같다.

■ **제1종 오류와 제2종 오류**

- 제1종 오류: 영가설이 옳은데 이를 기각하는 오류
- 제2종 오류: 영가설이 옳지 않은데 이를 채택하는 오류

가장 이상적인 상황은 영가설 H_0가 사실이면 H_0를 채택(accept)하고, 대립가설 H_1이 사실이면 영가설 H_0를 기각(reject)하는 것이다. 이와 반대의 의사 결정을 내리는 두 가지 경우를 가설검정에서 제1종 오류(type-I error)와 제2종 오류(type-II error)라고 하며 이러한 오류를 범할 확률에 관심을 갖게 된다. 또한 이러한 오류를 범하는 이유는 분석자 또는 연구자의 잘못이 아니라 모집단을 대표하지 못하는 왜곡된 표본이 추출된 것이기 때문에, 통계적 가설검정에서는 이러한 오류를 범할 확률을 허용하게 된다.

8.1.4 유의수준과 기각역의 설정

가설검정에서 가장 중요한 개념에는 검정통계량, 유의수준(significance level), 기각역, p-값(p-value) 등이 있다. 여기서는 유의수준과 기각역에 대하여 배워 보고, 가설검정의 의사 결정 방법도 알아본다.

유의수준은 영가설 H_0가 사실일 때 이를 기각하는 오류를 범할 확률(또는 확률의 최대허용한계)를 의미하며 α라고 표기한다. 즉, 유의수준은 제1종 오류를 범할 확률(또는 확률의 최대허용한계)를 의미한다. 7장에서 배운 구간추정에서 $100(1-\alpha)\%$ 신뢰구간이라는 용어를 사용하였는데, 이때 사용한 α가 바로 유의수준이다. 즉, 유의수준과 신뢰수준의 합은 1이며, 유의수준이 α이면 신뢰수준은 $1-\alpha$가 된다.

일반적으로 유의수준을 정의할 때, '최대허용한계'라는 것은 잘 언급하지 않는데, 그 이유는 대다수 가설검정에서 중심극한정리를 사용하거나 모집단 분포의 연속형을 자주 사용하기 때문

이다. 그러나 표본의 크기가 크지 않아 중심극한정리의 적용이 곤란한 이산형의 경우에는 '최대 허용한계'의 의미를 반드시 알고 적용하여야 한다. 이와 관련된 예제는 추후 다루기로 한다.

또한 제2종 오류를 범할 확률을 β라고 표기한다. α와 β는 모두 오류를 범할 확률이기 때문에 두 값이 작아지는 것이 바람직하지만, α를 작게 하면 β가 커지고, β를 작게 하면 α가 커진다(이는 수리적으로 증명할 수도 있으나 그 내용이 이 책의 수준을 상회하므로 여기서는 기각역을 배운 후에 예제와 그림을 통해 이해하도록 한다). 즉, α와 β를 동시에 작게 할 수 없기 때문에, 통계적 가설검정에서는 α의 값을 고정하고 β를 최소화하는 검정절차를 구축하게 된다. 따라서 가설검정의 예제를 보면, '유의수준이 0.05일 때 검정을 시행하라.'고 하는 것이다.

통계적 가설검정에서는 영가설이 옳다는 전제하에서 검정절차를 진행하여 표본의 정보가 이를 뒷받침하면 옳다고 가정한 영가설을 채택하고, 반대로 표본의 정보가 이를 뒷받침하지 않으면 옳다고 가정한 영가설을 기각하게 된다. 또한 영가설을 채택하는 것이 대립가설을 기각하는 것과 마찬가지이고, 영가설을 기각하는 것이 대립가설을 채택하는 것과 마찬가지이지만, 가설검정의 결론은 '영가설을 채택한다.' 또는 '영가설을 기각한다.'와 같이 영가설을 기준으로 내리는 것이 일반적이다.

기각역은 영가설 H_0가 옳다는 전제하에서 구한 검정통계량 T_0의 분포에서 영가설을 기각하게 되는 영역을 의미하며 C라고 표기한다. 기각역은 유의수준과 밀접한 관계에 있으므로 이 책에서는 유의수준이 α일 때의 기각역을 C_α로 표기하도록 한다.

기각역이 우측에 한 개 존재하는지, 좌측에 한 개 존재하는지, 또는 양쪽에 한 개씩 존재하는지에 대한 것은 대립가설의 형태에 의해 결정된다. 즉, 대립가설이 우측 단측대립가설의 형태인 우측 단측검정의 경우 기각역은 우측에 한 개, 대립가설이 좌측 단측대립가설의 형태인 좌측 단측검정의 경우 기각역은 좌측에 한 개, 대립가설이 양측대립가설의 형태인 양측검정의 경우 기각역은 좌측과 우측에 한 개씩 존재한다.

예를 들어, **예 8.1**과 같이 대립가설이 $H_1 : \mu > 100$인 우측 단측검정의 경우, 모평균 μ의 추정량인 표본평균 $\bar{X}$의 값이 클수록 대립가설이 사실이므로 영가설을 기각할 가능성이 커지게 되는데, $\bar{X}$의 값이 커지면 영가설 H_0가 옳다는 전제하에서 구한 검정통계량 T_0의 값도 커지게 되므로 영가설을 기각할 수 있는 T_0의 영역이 우측에 존재하는 것을 이해할 수 있다.

기각역의 범위가 어느 정도 되는 것인지는 주어진 유의수준 α에 의해 결정되는데, 다음 **그림 8.1**은 정규모집단의 모평균의 검정에서 영가설하의 검정통계량의 분포가 $T_0 \sim N(0, 1)$이고 유의수준이 $\alpha = 0.05$일 때, 검정의 형태에 따른 기각역을 예로 보여준다. 이러한 기각역의 이론적인 구축과정은 검정하고자 하는 모수에 따라 상세하게 나누어 배우기로 한다.

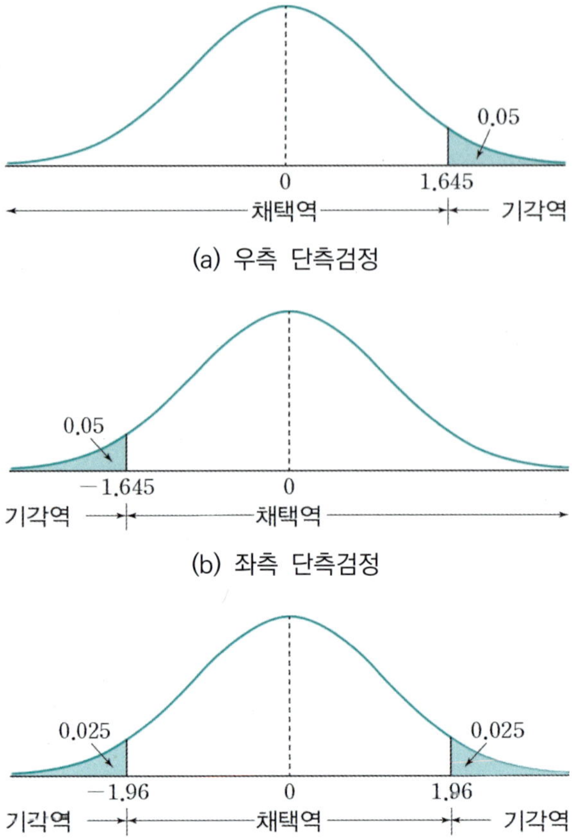

(a) 우측 단측검정

(b) 좌측 단측검정

(c) 양측검정

| 그림 8.1 | 대립가설과 기각역($\alpha=0.05$)의 예

■ 유의수준 α와 기각역 C_α

유의수준은 영가설 H_0가 사실일 때 이를 기각하는 오류를 범할 확률(또는 확률의 최대허용한계)를 의미하며 α라고 표기한다. 기각역은 영가설 H_0가 옳다는 전제하에서 구한 검정통계량 H_0의 분포에서 영가설을 기각하는 영역으로 유의수준이 α일 때의 기각역을 C_α로 표기한다. 기각역의 위치는 대립가설의 형태에 따라 결정되고, 범위는 유의수준 α의 크기에 따라 결정된다.

지금까지 가설검정의 중요 개념인 유의수준, 기각역을 배웠으므로, 앞서 설명했던 바와 같이 제1종 오류를 범할 확률을 α, 제2종 오류를 범할 확률을 β라고 할 때, α를 작게 하면 β가 커지고, β를 작게 하면 α가 커지게 되어 두 값을 동시에 작게 하는 것이 불가능하다는 것을 예를 통해 이해하여 보자.

예 8.2

$X_1, X_2, \cdots, X_n \sim iid\ N(\mu, \sigma_0^2)$ (σ_0^2은 알려져 있음)일 때, 대립가설이 다음과 같이 우측 단측대립가설인 우측 단측검정의 예를 살펴보자.

$$H_0 : \mu = \mu_0, \quad H_1 : \mu > \mu_0$$

풀이 이해를 돕기 위하여, 위의 대립가설을 만족하는 평균 μ 가운데 한 점을 μ_1이라 하면, 대립가설은 $H_1 : \mu = \mu_1\,(\mu_1 > \mu_0)$이라 표현할 수 있다. 다음 **그림 8.2**의 첫 번째 그림은 α를 작게 하면 β가 커지는 것을 보여주고 있으며, 두 번째 그림은 β를 작게 하면 α가 커지는 것을 보여준다.

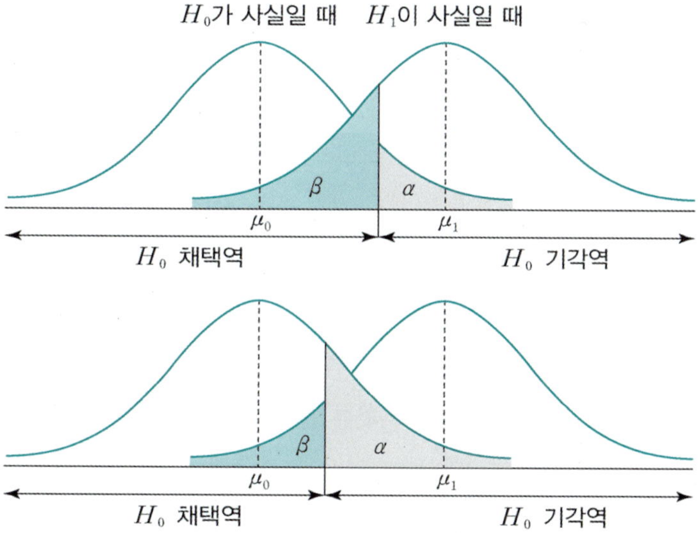

그림 8.2 α와 β의 관계

가설검정에서 유의수준의 크기가 정해지고 영가설하에서 검정통계량 T_0의 분포에 따른 기각역 C_α가 정해지면, 추출된 표본값을 T_0에 대입하여 얻은 T_0의 실현치가 기각역에 속하는지를 확인하고 의사 결정을 내리게 된다. 즉, 표본값을 T_0에 대입하여 얻은 T_0의 값이 유의수준이 α일 때의 기각역 C_α에 속하면 영가설 H_0을 기각하고, 그렇지 않으면 채택한다.

가설검정 절차를 요약하면 다음과 같다.

■ **가설검정 절차**

1. 가설 설정: H_0, H_1
2. 유의수준 설정: α
3. 표본관측: $X_1, \cdots, X_n$
4. 검정통계량 선정 및 영가설하에서 계산: T_0
5. 유의수준 α인 기각역 설정: C_α
6. 의사 결정: $T_0 \in C_\alpha$이면 영가설을 기각, 아니면 영가설 채택

8.2 단일 모집단에 대한 가설검정

이 절에서는 8.1절에서 가설검정의 여러 가지 개념들을 적용하여 주요 관심 모수인 모평균, 모분산, 비율에 관한 가설검정 방법을 배워 본다. 또한 이 절에서는 모집단이 한 개인 경우를 다루며 모집단이 두 개인 경우는 다음 절에서 배우기로 한다.

8.2.1 정규모집단의 모평균 μ의 검정

가설검정에서 가장 먼저 관심을 갖게 되고 자주 사용되는 것이 모집단의 모평균 μ에 대한 것이다. 원론적으로는 표본 $X_1, X_2, \cdots, X_n$이 평균 μ, 분산 σ^2인 임의의 모집단으로부터 추출되었다고 가정하는 것이 옳다고 할 수 있다. 그러나 모평균의 추론이 표본평균 $\bar{X}$로부터 시작되고, 표본 크기가 충분히 크면 중심극한정리(CLT)에 의해 표본평균 $\bar{X}$의 분포가 근사적으로 정규분포를 따르므로 학습의 수월성을 위하여 모집단의 분포를 정규분포로 가정하고 모평균에 대한 가설검정 절차를 배워 보기로 한다. 즉, $X_1, X_2, \cdots, X_n \sim iid\ N(\mu, \sigma^2)$을 가정한다.

앞서 설명한 바와 같이 모수가 선택되고 모수에 대한 영가설과 대립가설을 세우면 이를 검정하기 위한 검정통계량과 그 분포를 알아야 한다. 다음 예를 통하여 그 과정을 이해하여 보자. 다음 **예 8.3**을 잘 이해하면 이후 다루게 될 가설검정 과정을 잘 이해할 수 있으므로 **예 8.3**은 가장 중요한 예제라고 할 수 있다.

예 8.3

$X_1, X_2, \cdots, X_n \sim iid\ N(\mu, \sigma^2)$($\sigma^2$은 알려져 있음)일 때, 대립가설이 다음과 같이 우측 단측대립가설인 우측 단측검정의 검정절차를 구축하여 보자.

$$H_0 : \mu = \mu_0,\ H_1 : \mu > \mu_0$$

풀이 만약 대립가설 $H_1 : \mu > \mu_0$이 사실이어서 영가설 H_0을 기각할 수 있다면, 우리가 다루는 표본 $X_1, X_2, \cdots, X_n$은 모집단의 특성을 잘 나타내는 좋은 표본(good sample)이고 표본평균 $\bar{X}$가 모평균 μ의 좋은 추정량이므로 일반적으로(또는 평균적으로) $\bar{X} > \mu_0$일 것이다. 만약 대립가설 $H_1 : \mu > \mu_0$이 사실이라 할지라도, 가끔 $\bar{X} \leq \mu_0$이라서 잘못된 의사결정을 내릴 수 있으나, 이것은 표본의 오류이기 때문에 이러한 오류를 범할 확률을 유의수준 α로 허용한다.

따라서 다음과 같이 논리를 전개하는 것이 합리적이다.

만약 $\bar{X} - \mu_0 > c_1$이면 영가설 H_0을 기각

$\Rightarrow \dfrac{\bar{X} - \mu_0}{\sigma / \sqrt{n}} > c$이면 영가설 H_0을 기각

$\Rightarrow H_0$ 하에서 $\dfrac{\bar{X} - \mu_0}{\sigma / \sqrt{n}} \sim N(0, 1)$이므로

H_0하에서의 검정통계량은 $T_0 = \dfrac{\bar{X} - \mu_0}{\sigma / \sqrt{n}}$

영가설하에서의 검정통계량과 그 분포를 알았으므로 유의수준이 α일 때의 기각역 C_α를 설정하여 보자.

$$\begin{aligned} \alpha &= P(\ H_0\text{가 사실일 때 } H_0\text{를 기각}) \\ &= P(\ H_0\text{를 기각} \mid H_0\text{가 사실}) \\ &= P(T_0 > c \mid \mu = \mu_0) = P(T_0 > c \mid T_0 \sim N(0,1)) \end{aligned}$$

따라서 표준정규분포 $N(0, 1)$의 상위 α-분위수 z_α의 정의에 의해 $c = z_\alpha$이고, 유의수준이 α일 때의 기각역은 $C_\alpha = \{T_0 > z_\alpha\}$임을 알 수 있다. 즉, 관측된 표본값으로부터 얻어진 영가설하에서의 검정통계량의 값이 $T_0 > z_\alpha$이면 영가설 H_0를 기각한다. ▩

예 8.3에서 기각역을 구축해 나가는 과정의 중요성은 다시 강조해도 지나치지 않는다. 만약 이후의 가설검정 과정에 대한 이해가 부족할 때는 **예 8.3**의 내용을 다시 살펴보는 것이 바람직하다.

모평균 μ 에 대한 가설검정에서는 다음을 가정한다.

- 표본분포: $X_1, X_2, \cdots, X_n \sim iid\ N(\mu, \sigma^2)$
- 영가설 $H_0 : \mu = \mu_0$ (μ_0은 상수)

- 대립가설 $H_1 : \mu > \mu_0$ 또는 $H_1 : \mu < \mu_0$ 또는 $H_1 : \mu \neq \mu_0$
- 유의수준: α

정규모집단의 모평균 μ에 대한 구간추정에서와 같이, 모평균 μ에 대한 가설검정에서도 분산 σ^2을 알고 있는 경우와 모르는 경우로 나누어 그 절차를 배워 보자.

[1] 분산 σ^2을 알고 있는 경우 (가정할 수 있는 경우)

이 경우에 사용되는 검정통계량은 **예 8.3**에서 유도한 것과 동일하다. 즉, 검정통계량 T는

$$T = \frac{\bar{X} - \mu}{\sigma/\sqrt{n}} \sim N(0,\ 1)$$

이고, 영가설 $H_0 : \mu = \mu_0$하에서의 검정통계량 T_0는 다음과 같다.

$$T_0 = \frac{\bar{X} - \mu_0}{\sigma/\sqrt{n}} \sim N(0,\ 1)$$

예 8.2에서 유의수준이 α이고 우측 단측대립가설에 대한 기각역을 구하는 과정을 적용하면 기각역 C_α는 대립가설의 형태에 따라 각각 다음과 같이 구해진다.

■ **대립가설 H_1의 형태에 따른 기각역 C_α의 위치와 의사 결정**

(1) 우측 단측대립가설 $H_1 : \mu > \mu_0$

$$C_\alpha = \{T_0 > z_\alpha\} \Rightarrow T_0 > z_\alpha \text{이면 } H_0 \text{를 기각}$$

[H_1이 사실이라면, 즉 $\mu > \mu_0$라면 μ의 추정량인 $\bar{X}$의 값이 커지는 경향이 있고, 따라서 T_0의 값도 커지는 경향을 가지므로 기각역은 T_0의 값이 어떤 값보다 큰 범위로 설정됨.]

(2) 좌측 단측대립가설 $H_1 : \mu < \mu_0$

$$C_\alpha = \{T_0 < -z_\alpha\} \Rightarrow T_0 < -z_\alpha \text{이면 } H_0 \text{를 기각}$$

[H_1이 사실이라면, 즉 $\mu < \mu_0$라면 μ의 추정량인 $\bar{X}$의 값이 작아지는 경향이 있고, 따라서 T_0의 값도 작아지는 경향을 갖게 되므로 기각역은 T_0의 값이 어떤 값보다 작은 범위로 설정됨.]

(3) 양측대립가설 $H_1 : \mu \neq \mu_0$

$$C_\alpha = \{|T_0| > z_{\alpha/2}\} \Rightarrow |T_0| > z_{\alpha/2} \text{이면 } H_0 \text{를 기각}$$

[H_1이 사실이라면, 즉 $\mu > \mu_0$ 또는 $\mu < \mu_0$라면 μ의 추정량인 $\bar{X}$의 값이 커지거나 작아지는 경향이 있고,

따라서 T_0의 값도 커지거나 작아지는 경향을 갖게 되므로 기각역은 $|T_0|$의 값이 어떤 값보다 큰 작은 범위로 설정됨. 단, 주어진 유의수준은 α이므로 임계치를 구할 때 z_α대신 $z_{\alpha/2}$ 를 사용하는 것에 주의하여야 함.]

[2] 분산 σ^2을 모르는 경우

이 경우에 구간추정에서와 마찬가지로 **예 8.3** 또는 앞서 설명한 분산을 아는 경우의 검정통계량을 사용할 수 없다. 이 경우에는, 정규모집단의 모평균 μ에 대한 구간추정에서 분산 σ^2을 모르는 경우에 사용한 통계량을 검정통계량으로 사용하며, 그 이후 절차는 분산을 아는 경우와 동일하다. 즉, 검정통계량 T는

$$T = \frac{\bar{X} - \mu}{S/\sqrt{n}} \sim t_{n-1}$$

이고, 영가설 $H_0 : \mu = \mu_0$하에서의 검정통계량 T_0는 다음과 같다.

$$T_0 = \frac{\bar{X} - \mu_0}{S/\sqrt{n}} \sim t_{n-1}$$

따라서 기각역 C_α는 H_1의 형태에 따라 각각 다음과 같이 구해진다.

■ 대립가설 H_1의 형태에 따른 기각역 C_α와 의사 결정

(1) 우측 단측대립가설 $H_1 : \mu > \mu_0$

$$C_\alpha = \{T_0 > t_{n-1,\alpha}\} \Rightarrow T_0 > t_{n-1,\alpha}\text{이면 } H_0\text{를 기각}$$

(2) 좌측 단측대립가설 $H_1 : \mu < \mu_0$

$$C_\alpha = \{T_0 < -t_{n-1,\alpha}\} \Rightarrow T_0 < -t_{n-1,\alpha}\text{이면 } H_0\text{를 기각}$$

(3) 양측대립가설 $H_1 : \mu \neq \mu_0$

$$C_\alpha = \{|T_0| > t_{n-1,\alpha/2}\} \Rightarrow |T_0| > t_{n-1,\alpha/2}\text{이면 } H_0\text{를 기각}$$

또한, 표본크기 n이 충분히 크면 t-분포의 임계치 대신 표준정규분포의 임계치를 사용하여도 된다.

정규모집단의 모평균에 대한 가설검정 절차를 요약하여 보자. 즉, $X_1, X_2, \cdots, X_n \sim iid$ $N(\mu, \sigma^2)$이고, 영가설 $H_0 : \mu = \mu_0$ (μ_0은 상수)일 때, 유의수준 α하에서 모평균 μ에 대한 검정 절차는 다음과 같다.

분산 σ^2	검정통계량 T_0	대립가설 H_1	기각역 C_α
알 때	$T_0 = \dfrac{\overline{X}-\mu_0}{\sigma/\sqrt{n}}$	$H_1 : \mu > \mu_0$	$C_\alpha = \{T_0 > z_\alpha\}$
		$H_1 : \mu < \mu_0$	$C_\alpha = \{T_0 < -z_\alpha\}$
		$H_1 : \mu \neq \mu_0$	$C_\alpha = \{\lvert T_0 \rvert > z_{\alpha/2}\}$
모를 때	$T_0 = \dfrac{\overline{X}-\mu_0}{S/\sqrt{n}}$	$H_1 : \mu > \mu_0$	$C_\alpha = \{T_0 > t_{n-1,\,\alpha}\}$
		$H_1 : \mu < \mu_0$	$C_\alpha = \{T_0 < -t_{n-1,\,\alpha}\}$
		$H_1 : \mu \neq \mu_0$	$C_\alpha = \{\lvert T_0 \rvert > t_{n-1,\,\alpha/2}\}$

(*단, 대표본의 경우에 t-분포의 임계치는 $N(0, 1)$의 임계치를 사용하여도 됨.)

예 8.4

정규분포 $N(\mu, 16)$를 따르는 정규모집단으로부터 $n = 10$개의 표본을 추출하여 계산한 표본평균의 값이 $\overline{x} = 9.57$이었다고 하자. 유의수준 $\alpha = 0.05$일 때 모평균이 8보다 큰지를 검정하여 보자.

풀이 이 경우의 영가설과 대립가설은 다음과 같다.

$$H_0 : \mu = 8\ , \quad H_1 : \mu > 8$$

또한, 영가설하에서의 검정통계량 T_0의 값은 다음과 같다.

$$T_0 = \frac{\overline{x}-\mu_0}{\sigma/\sqrt{n}} = \frac{9.57-8}{4/\sqrt{10}} = 1.24$$

이 경우는 우측 단측검정이고 유의수준 $\alpha = 0.05$일 때 기각역은 다음과 같으므로

$$C_{0.05} = \{T_0 > z_{0.05} = 1.645\}$$

$T_0 \notin C_{0.05}$가 되어 H_0를 채택한다. 즉, $\alpha = 0.05$일 때 모평균이 8보다 크다고 할 수 없다.

예 8.5

앞의 **예 8.4**에서 분산을 모른다고 가정하고 같은 가설을 검정해 보자. 만약, 표본평균의 값 $\overline{x} = 9.57$, 표본분산 값 $s^2 = 14.44$를 얻었다면 영가설하에서의 검정통계량 T_0의 값은 다음과 같다.

풀이

$$T_0 = \frac{\overline{x}-\mu_0}{s/\sqrt{n}} = \frac{9.57-8}{3.8/\sqrt{10}} = 1.31$$

이 경우는 우측 단측검정이고 유의수준 $\alpha = 0.05$일 때 기각역은 다음과 같으므로

$$C_{0.05} = \{ T_0 > t_{9,\,0.05} = 1.833 \}$$

$T_0 \not\in C_{0.05}$가 되어 영가설을 채택한다. 즉, 유의수준 $\alpha = 0.05$일 때 모평균이 8보다 크다고 할 수 없다. ▩

■ 유의확률과 의사 결정

예 8.4에서 영가설하에서의 검정통계량 T_0의 값이 $T_0 = 1.24$이었고, 이 값이 유의수준이 $\alpha = 0.05$일 때 기각역 $C_{0.05} = \{ T_0 > 1.645 \}$에 포함되지 않으므로 H_0를 채택하였다. 즉, 영가설하에서의 검정통계량의 값이 기각역에 포함되는지 않은지에 따라 의사 결정을 내린 것이다. 그렇다면, 다른 방법은 없을까 생각해보자.

유의확률(significance probability)은 p-값(p-value)이라고 더 자주 불리는데, 그 정의는 '영가설을 기각할 수 있는 유의수준(significance level)의 최솟값'이다. 즉, **예 8.4**는 우측 단측검정이기 때문에 기각역이 우측에 한 개 존재하는데 $T_0 \sim N(0,1)$일 때, 확률 $P(T_0 > 1.24)$이상의 유의수준하에서 영가설을 기각할 수 있게 되며 확률 $P(T_0 > 1.24)$가 이 경우의 p-값이다.

따라서 만약 영가설하에서 계산된 검정통계량 T_0의 값이 $T_0 \in C_\alpha$이면 'p-값 $<$ 유의수준(α)'과 같은 의미가 된다. 이를 그림으로 나타내면 다음 **그림 8.3**과 같다.

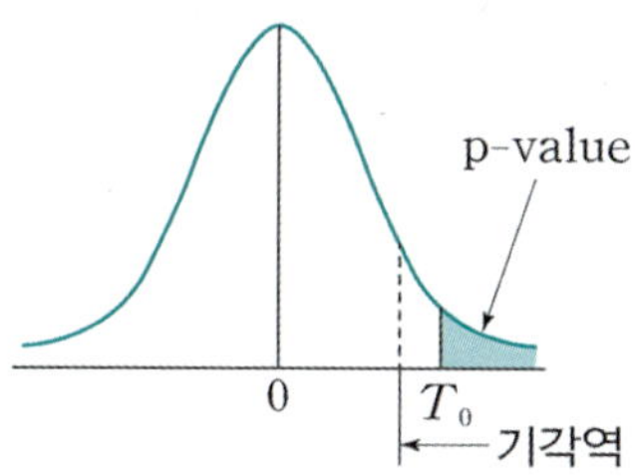

| 그림 8.3 | 기각역과 유의확률(p-값)

실제 통계 자료분석은 자료는 R, Python, SAS, SPSS, Minitab 등을 사용하여 실시하는데, 대부분의 경우 '영가설을 채택' 또는 영가설을 기각'이라는 결과를 제공하여 주지 않고 검정 결과로 유의확률(p-값)을 제공한다. 그 이유는 학문 분야, 연구 분야 등에 따라 사용하는 유의수준 α의 값이 서로 다르기 때문이다. 따라서 연구자는 본인의 분야에서 사용하는 유의수준 α의 값과 p-값을 비교하여 연구자 스스로 의사 결정을 내려야 하므로 유의확률에 대한 이해는 중요하다고 할 수 있다.

- $T_0 \in C_\alpha \Leftrightarrow p$-값$< \alpha$ (유의수준)
- $T_0 \in C_\alpha$이면 영가설 H_0 기각
- p-값$< \alpha$이면 영가설 H_0 기각

8.2.2 정규모집단의 모분산 σ^2의 검정

모집단의 분포가 정규분포 $N(\mu, \sigma^2)$일 때, 모분산 σ^2에 대한 가설검정 절차를 배워 보자. 모평균에 대한 가설검정이 모평균의 추정량인 표본평균으로부터 시작되었던 것과 같이, 모분산에 대한 가설검정도 모분산의 추정량인 표본분산으로부터 시작한다.

추출된 확률표본이 $X_1, X_2, \cdots, X_n \sim iid\ N(\mu, \sigma^2)$일 때, 6장에서 모분산 σ^2의 추정량으로 표본분산 $S^2 = \frac{1}{n-1}\sum_{i=1}^{n}(X_i - \bar{X})^2$을 배웠고, 이와 관련된 다음과 같은 통계량이 자유도가 $n-1$인 카이제곱분포를 따르는 것도 6장에서 배웠다.

$$\frac{(n-1)S^2}{\sigma^2} \sim \chi^2_{n-1}$$

또한, 7장에서 이 통계량을 이용하여 모분산 σ^2의 신뢰구간을 유도하였던 것과 같이 모분산 σ^2에 대한 가설검정에서도 이를 사용한다.

모분산 σ^2에 대한 가설검정에서는 다음을 가정한다.

- 표본분포: $X_1, X_2, \cdots, X_n \sim iid\ N(\mu, \sigma^2)$
- 영가설 $H_0 : \sigma^2 = \sigma_0^2$ (σ_0^2은 상수)
- 대립가설 $H_1 : \sigma^2 > \sigma_0^2$ 또는 $H_1 : \sigma^2 < \sigma_0^2$ 또는 $H_1 : \sigma^2 \neq \sigma_0^2$
- 유의수준: α

예 8.3에서 모평균에 대한 가설검정 절차를 유도할 때 적용하던 논리를 그대로 적용하면 다음 **예 8.6**과 같이 모분산에 대한 검정 절차를 구축할 수 있다.

예 8.6

$X_1, X_2, \cdots, X_n \sim iid\ N(\mu, \sigma^2)$일 때, 대립가설이 다음과 같이 우측 단측대립가설인 우측 단측검정의 예를 살펴보자.

풀이

$$H_0 : \sigma^2 = \sigma_0^2,\ H_1 : \sigma^2 > \sigma_0^2$$

만약 대립가설 $H_1 : \sigma^2 > \sigma_0^2$이 사실이어서 영가설 H_0를 기각할 수 있다면, 표본분산 S^2가 모분산 σ^2의 좋은 추정량이므로 일반적으로 $S^2 > \sigma_0^2$일 것이다. 만약 대립가설 $H_1 : \sigma^2 > \sigma_0^2$이 사실이라 할지라도, 가끔 $S^2 \le \sigma_0^2$이라서 잘못된 의사 결정을 내릴 수 있으나, 이것은 표본의 오류이기 때문에 이 경우에도 이러한 오류를 범할 확률을 유의수준 α로 허용하게 된다.

따라서 다음과 같이 논리를 전개하는 것이 합리적이다.

$$\text{만약 } \frac{S^2}{\sigma_0^2} > c_1 \text{이면 영가설 } H_0\text{를 기각}$$

$$\Rightarrow \frac{(n-1)S^2}{\sigma_0^2} > c \text{이면 영가설 } H_0\text{를 기각}$$

$$\Rightarrow H_0 \text{ 하에서 } \frac{(n-1)S^2}{\sigma_0^2} \sim \chi^2_{n-1}\text{이므로}$$

$$H_0 \text{ 하에서의 검정통계량은 } T_0 = \frac{(n-1)S^2}{\sigma_0^2}$$

영가설하에서의 검정통계량과 그 분포를 알았으므로 유의수준이 α일 때의 기각역 C_α를 설정하여 보자.

$$\begin{aligned}\alpha &= P(H_0\text{가 사실일 때 } H_0\text{를 기각}) \\ &= P(H_0\text{를 기각} \mid H_0\text{가 사실}) \\ &= P\left(T_0 > c \mid \sigma^2 = \sigma_0^2\right) = P\left(T_0 > c \mid T_0 \sim \chi^2_{n-1}\right)\end{aligned}$$

따라서 자유도가 $n-1$인 카이제곱분포의 상위 α-분위수 $\chi^2_{n-1,\alpha}$의 정의에 의해 $c = \chi^2_{n-1,\alpha}$이고, 유의수준이 α일 때의 기각역은 $C_\alpha = \left\{T_0 > \chi^2_{n-1,\alpha}\right\}$임을 알 수 있다. 즉, 관측된 표본값으로부터 얻은 영가설하에서의 검정통계량의 값이 $T_0 > \chi^2_{n-1,\alpha}$이면 영가설 H_0를 기각한다. ▩

예 8.6에서 유의수준이 α이고 우측 단측대립가설에 대한 기각역을 구하는 과정을 적용하면 기각역 C_α는 H_1의 형태에 따라 각각 다음과 같이 구해진다.

■ 대립가설 H_1의 형태에 따른 기각역 C_α와 의사 결정

$H_0 : \sigma^2 = \sigma_0^2$ 하에서의 검정통계량은 $T_0 = \dfrac{(n-1)S^2}{\sigma_0^2} \sim \chi^2_{n-1}$이다.

(1) 우측 단측대립가설 $H_1 : \sigma^2 > \sigma_0^2$

$$C_\alpha = \left\{T_0 > \chi^2_{n-1,\alpha}\right\} \Rightarrow T_0 > \chi^2_{n-1,\alpha}\text{이면 } H_0\text{를 기각}$$

(2) 좌측 단측대립가설 $H_1 : \sigma^2 < \sigma_0^2$

$$C_\alpha = \left\{ T_0 < \chi^2_{n-1,1-\alpha} \right\} \Rightarrow T_0 < \chi^2_{n-1,1-\alpha}\text{이면 } H_0\text{를 기각}$$

(3) 양측대립가설 $H_1 : \sigma^2 \neq \sigma_0^2$

$$C_\alpha = \left\{ T_0 < \chi^2_{n-1,1-\alpha/2} \text{ 또는 } T_0 > \chi^2_{n-1,\alpha/2} \right\}$$

$$\Rightarrow T_0 < \chi^2_{n-1,1-\alpha/2} \text{ 또는 } T_0 > \chi^2_{n-1,\alpha/2}\text{이면 } H_0\text{를 기각}$$

예 8.7

정규분포 $N(\mu, \sigma^2)$을 따르는 정규모집단으로부터 $n=10$개의 표본을 추출하여 계산한 표본분산의 값이 $s^2 = 14.5$이었다고 하자. 유의수준 $\alpha = 0.05$일 때 모분산이 12와 다르다고 할 수 있는지를 검정하여 보자.

풀이

$$H_0 : \sigma^2 = 12, \quad H_1 : \sigma^2 \neq 12$$

또한, 영가설하에서의 검정통계량 T_0의 값은 다음과 같다.

$$T_0 = \frac{(n-1)s^2}{\sigma_0^2} = \frac{(10-1)14.5}{12} = 10.875$$

이 경우는 양측검정이고 유의수준 $\alpha = 0.05$일 때 자유도가 9인 카이제곱분포의 임계치는 다음과 같으므로

$$\chi^2_{9,0.975} = 2.700, \quad \chi^2_{9,0.025} = 19.023$$

유의수준 $\alpha = 0.05$인 기각역은 다음과 같다.

$$C_{0.05} = \{ T_0 < 2.700 \text{ 또는 } T_0 > 19.023 \}$$

즉, $T_0 \notin C_{0.05}$가 되어 영가설을 채택한다. 즉, 유의수준 $\alpha = 0.05$일 때 모분산이 12라고 할 수 있다.

8.2.3 이항모집단의 모비율 p의 검정

어떤 집단 구성원에게 특정 안건의 찬성, 반대를 묻는 것처럼 모집단의 분포가 이항분포 $B(n, p)$를 따르는 경우는 자주 접하게 되는 일이다. 여기서 관심 모수는 확률 p이므로, 앞서 배운 모평균과 모분산의 검정 절차와 같이, p의 추정량 $\hat{p}$을 구하여 모비율 p에 대한 가설검정

절차를 유도하게 된다.

추출된 확률표본이 $X_1, X_2, \cdots, X_n \sim iid\ Bernoulli(p)$일 때, 이들의 합으로 만들어지는 확률변수가 이항분포를 따르는 것을 이산형 확률분포에서 배운바 있다. 즉, 이들의 합을 확률변수 X라 하면 다음이 성립한다.

$$X = X_1 + \cdots + X_n = \sum_{i=1}^{n} X_i \sim B(n, p)$$

모비율 p에 대한 가설검정에서는 다음을 가정한다.

- 표본분포: $X_1, X_2, \cdots, X_n \sim iid\ Bernoulli(p),\ X = \sum_{i=1}^{n} X_i \sim B(n,p)$
- 영가설 $H_0 : p = p_0$ (p_0는 상수)
- 대립가설 $H_1 : p > p_0$ 또는 $H_1 : p < p_0$ 또는 $H_1 : p \neq p_0$
- 유의수준: α

모비율의 검정에서는 표본크기 n과 영가설 $H_0 : p = p_0$ 하에서의 p_0 값에 따라 다음과 같이 세 가지 경우를 고려한다.

- 표본크기 n이 충분히 크고 p_0 값이 아주 작거나 크지 않아 정규근사가 가능한 경우
- 표본크기 n이 충분히 크지만 p_0 값이 작아서 포아송 근사가 타당한 경우
- 표본크기 n이 충분히 크지 않아 근사분포의 사용이 어려운 경우

확률을 구할 때 가장 좋은 것은 계산 과정이 힘들더라도 정확한 확률(exact probability)을 구하는 것이다. 즉, 아무리 정교한 방법으로 근사 확률(approximate probability)을 구하더라도 오차를 피할 수는 없다. 그러나 모비율에 관한 가설검정에서 표본크기가 충분히 큰 경우에 중심극한정리를 사용하여 정규분포에 근사시키거나, 포아송 분포에 근사시켜 의사 결정을 내려도 된다는 것은, $\alpha = 0.05$와 같이 일반적으로 사용하는 유의수준하에서 정확한 확률이나 근사 확률을 근거로 내리는 의사 결정이 다르지 않을 것이라는 것을 의미한다.

위 세 가지 경우에 대하여 알아보자.

[1] 정규근사를 사용할 수 있는 경우

표본크기 n이 충분히 크고 영가설 $H_0 : p = p_0$ 하에서의 p_0 값이 아주 작거나 크지 않아 정규근사가 가능한 경우에는, 7장에서 모비율의 신뢰구간을 구할 때와 같이 중심극한정리를 사용하여 정규분포로 근사시켜 검정 절차를 구축하는 것이 가능하다. 또한, 이러한 정규근사는 $np_0 \geq 5,\ n(1-p_0) \geq 5$일 때, 정확도가 높아지는 것으로 알려져 있다.

7장에서 다룬 내용을 정리하면 다음과 같다.

$X_1, X_2, \cdots, X_n \sim iid\ Bernoulli(p),\ 0 \le p \le 1$일 때, $Y = \sum_{i=1}^{n} X_i$라 하면 $\hat{p} = \frac{1}{n}\sum_{i=1}^{n} X_i = \frac{Y}{n} = \bar{X}$이고, 표본크기 n이 충분히 크면 중심극한정리에 의하여 다음이 성립한다.

$$\hat{p} \sim N\left(p\,,\ \frac{p(1-p)}{n}\right)$$

따라서 이를 표준화하여 얻은 표준 정규확률변수가 검정통계량이 된다. 즉, 검정통계량은 다음과 같으며

$$T = \frac{\hat{p} - p}{\sqrt{\frac{p(1-p)}{n}}} \sim N(0,\ 1)$$

영가설 $H_0 : p = p_0$ 하에서의 검정통계량은 다음과 같다.

$$T_0 = \frac{\hat{p} - p_0}{\sqrt{\frac{p_0(1-p_0)}{n}}} \sim N(0\,,1)$$

따라서 기각역 C_α는 H_1의 형태에 따라 각각 다음과 같이 구해진다.

■ 대립가설 H_1의 형태에 따른 기각역 C_α와 의사 결정

(1) 우측 단측대립가설 $H_1 : p > p_0$

$$C_\alpha = \{T_0 > z_\alpha\} \Rightarrow T_0 > z_\alpha \text{이면 } H_0\text{를 기각}$$

(2) 좌측 단측대립가설 $H_1 : p < p_0$

$$C_\alpha = \{T_0 < -z_\alpha\} \Rightarrow T_0 < -z_\alpha \text{이면 } H_0\text{를 기각}$$

(3) 양측대립가설 $H_1 : p \ne p_0$

$$C_\alpha = \{|T_0| > z_{\alpha/2}\} \Rightarrow |T_0| > z_{\alpha/2} \text{이면 } H_0\text{를 기각}$$

예 8.8

대학입시에서 정시모집 확대에 대한 찬성과 반대 의견을 100명의 사람에게 물어본 결과, 38명이 찬성하였다. 유의수준 $\alpha = 0.05$일 때 모비율이 0.3보다 크다고 할 수 있는지 검정하여 보자. 이 경우의 영가설과 대립가설은 다음과 같다.

풀이 $$H_0 : p = 0.3\,,\ \ H_1 : p > 0.3$$

또한, 영가설하에서의 검정통계량 T_0의 값은 다음과 같다.

$$T_0 = \frac{\hat{p} - p_0}{\sqrt{\dfrac{p_0(1-p_0)}{n}}} = \frac{0.38 - 0.3}{\sqrt{\dfrac{0.3(1-0.3)}{100}}} = 1.75$$

이 경우는 우측 단측검정이고 유의수준 $\alpha = 0.05$일 때 기각역은 다음과 같으므로

$$C_{0.05} = \{\ T_0 > z_{0.05} = 1.645\ \}$$

$T_0 \in C_{0.05}$가 되어 영가설을 기각한다. 즉, 유의수준 $\alpha = 0.05$일 때 모비율이 0.3보다 크다고 할 수 있다. ▩

[2] 포아송 근사를 사용할 수 있는 경우

표본크기 n이 충분히 커서 근사분포를 고려하는 것이 가능하지만, 영가설 $H_0 : p = p_0$ 하에서의 p_0 값이 아주 작은 경우에 정규근사를 적용하면 오차가 커지기 때문에 포아송 근사를 사용하는 것이 더 나은 것으로 알려져 있다. 또한, 포아송 근사는 $np_0 < 5$일 때, 정확도가 높아지는 것으로 알려져 있다.

이항분포와 포아송 분포에서 배운 바와 같이 $X \sim B(n,\ p_0)$이면 $E(X) = np_0$이고, 포아송 분포는 모수가 평균이므로 $X \sim Poisson(np_0)$가 되는 것을 알 수 있다.

예를 들어 $H_0 : p = p_0$, $H_1 : p > p_0$인 경우, 포아송 분포의 누적확률을 이용하여

$$P(X \geq c \mid p = p_0) \approx 1 - \sum_{x=0}^{c-1} e^{-np_0} \frac{(np_0)^x}{x\,!} \leq \alpha$$

를 만족하는 최소 정수 c를 택하고 $C_\alpha = \{X \geq c\}$인 기각역을 사용하면 이것이 유의수준 α인 검정법이다. 여기서, 유의수준의 원론적인 정의가 제 1종 오류를 범할 확률의 최대 허용한계라는 것을 주지하여야 한다. 즉, 위 식 뒷부분의 부등호를 기억하여야 한다.

포아송 근사를 적용하는 자세한 검정 과정은 다음 **예 8.9**를 통하여 배워 보도록 하자.

예 8.9

어떤 공정의 불량률이 4%이다. 공정을 수정하여 새로 생산된 제품 중에서 100개를 임의로 추출하여 조사한 결과 불량품이 3개였다고 하자. 공정이 개선되었다고 할 수 있는지 유의수준 $\alpha = 0.01$에서 검정하여 보자.

풀이 X를 100개 가운데 얻은 불량품의 수라 하고 p를 새로운 공정의 불량률이라 하자. 이 경우의 영가설과 대립가설은 다음과 같다.

$$H_0 : p = 0.04, \quad H_1 : p < 0.04$$

이 경우는 좌측 단측검정이므로 X의 값이 작을수록 H_1이 사실이라는 증거가 된다. 따라서 유의수준 $\alpha = 0.01$일 때 기각역은 형태는 $C_{0.01} = \{X \le c\}$이며, 영가설 $H_0 : p = 0.04$ 하에서 $p_0 = 0.04$로 매우 작고 $np_0 < 5$이므로 포아송 근사를 이용하여 상수 c를 결정하게 된다.

$np_0 = 4$이므로 평균이 4인 포아송 분포로부터

$$P(X \le c \mid np_0 = 4) \approx \sum_{x=0}^{c} e^{-4} \frac{4^x}{x!} \le 0.1$$

를 만족하는 최대 정수 c를 구하면 $c = 1$이므로 유의수준 $\alpha = 0.01$일 때 기각역은 $C_{0.01} = \{X \le 1\}$이다. 따라서 관측결과가 불량품의 수 $x = 3$이면 유의수준 $\alpha = 0.01$에서 H_0를 기각할 수 없으므로 공정이 개선되었다고 할 수 없다. ▩

[3] 표본의 크기가 충분히 크지 않아 근사 분포를 사용할 수 없는 경우

이 경우에는 이항분포의 확률질량함수를 사용하거나 누적 이항 확률분포표를 사용하여 정확한 확률에 근거하는 검정을 수행한다. 또한 포아송 분포를 사용하는 경우와 같이 이항분포도 이산형 분포이기 때문에 유의수준의 정의가 제 1종 오류를 범할 확률의 최대 허용한계라는 것을 적용하여야 한다.

예를 들어 $H_0 : p = p_0$, $H_1 : p > p_0$인 경우, 이항분포의 누적확률을 이용하여

$$\begin{aligned} P(X \ge c \mid p = p_0) &= \sum_{x=c}^{n} \binom{n}{x} (p_0)^x (1-p_0)^{n-x} \\ &= 1 - \sum_{x=0}^{c-1} \binom{n}{x} (p_0)^x (1-p_0)^{n-x} \le \alpha \end{aligned}$$

를 만족하는 최소 정수 c를 구하면 유의수준 α일 때의 기각역이 $C_\alpha = \{X \ge c\}$가 된다. 다음 **예 8.10**을 통하여 그 과정을 배워 보자.

예 8.10

새로운 약품의 치유율이 기존 약품의 치유율 70%보다 높은 것을 확인하기 위하여 20명의 환자를 임의로 추출하여 새로운 약을 복용시키고 치유환자의 수 X를 기록하였다. 유의수준

$\alpha = 0.05$일 때 기각역을 구하여 보자.

풀이 X를 환자 20명 가운데 치유된 환자의 수라 하고 p를 새로운 약품의 치유율이라 하면 $X \sim B(20, p)$이며, 이 경우의 영가설과 대립가설은 다음과 같다.

$$H_0 : p = 0.7\ ,\ \ H_1 : p > 0.7$$

이 경우는 우측 단측검정이므로 X의 값이 클수록 H_1이 사실이라는 증거가 된다. 따라서 유의수준 $\alpha = 0.05$일 때 기각역은 형태는 $C_{0.05} = \{X \geq c\}$이며, 상수 c는 유의수준 $\alpha = 0.05$를 만족하도록 결정되어야 한다. 즉, 상수 c는

$$\begin{aligned} \alpha = 0.05 \geq\ &= P(X \geq c \mid p = 0.7) \\ &= 1 - P(X \leq c-1 \mid p = 0.7) \\ &= 1 - \sum_{x=0}^{c-1} \binom{20}{x} 0.7^x\, 0.3^{20-x} \end{aligned}$$

를 만족하는 최소 정수이므로 위 식을 직접 계산하거나 누적 이항 확률분포표를 사용하면 $c = 18$을 구할 수 있다. 따라서 유의수준 $\alpha = 0.05$일 때 기각역은 $C_{0.05} = \{X \geq 18\}$이다.

8.3 두 모집단에 대한 가설검정

이 절에서는 8.2절에서 배운 단일 모집단에 대한 가설검정 절차를 모집단이 두 개인 경우에 대하여 확장하여 본다. 또한 두 집단의 모수를 비교 검정할 때, 주로 동일성에 관심을 갖게 되므로 두 모집단의 모평균, 모분산, 모비율에 동일성에 대한 가설검정 절차 즉, 양측검정 절차가 더 중요하다고 할 수 있다.

8.3.1 서로 독립인 두 정규모집단의 모평균의 동일성검정

통계학에서는 두 모집단으로부터 추출된 표본을 이표본이라고 한다. 이표본에는 다음과 같은 두 가지 종류가 있다.

- 독립이표본: 서로 독립인 두 모집단에서 추출된 확률표본
- 대응표본(짝진표본): 두 확률변수 X와 Y를 측정할 때, X에 대응하는 Y가 항상 하나씩 존재하여 쌍(pair)으로 관측이 되는 표본

여기서는 서로 독립인 정규모집단에서 추출된 독립이표본의 모평균의 동일성검정 과정에 대하여 설명하고, 대응표본에 대한 내용은 추후 설명하기로 한다.

두 정규모집단이 서로 독립이라 가정하고, 표본의 수는 다를 수 있다고 가정한다. 즉, 두 정규모집단이 서로 독립이며 평균과 분산이 각각 (μ_X, σ_X^2), (μ_Y, σ_Y^2)인 정규모집단을 가정하고, 각 모집단에서 m 개와 n 개의 표본을 추출한다. 독립이표본 자료의 구조는 다음과 같다.

$$X_1, X_2, \cdots, X_m \sim iid\ N(\mu_X, \sigma_X^2)$$
$$Y_1, Y_2, \cdots, Y_n \sim iid\ N(\mu_Y, \sigma_Y^2)$$
$$X_1, X_2, \cdots, X_m,\ Y_1, Y_2, \cdots, Y_n \text{은 서로 독립}$$

두 모집단의 모수와 추정량을 요약하면 다음과 같다.

모수/추정량 \ 모집단	모수		표본 크기	추정량	
	모평균	모분산		표본평균	표본분산
1	μ_X	σ_X^2	m	$\bar{X}$	S_X^2
2	μ_Y	σ_Y^2	n	$\bar{Y}$	S_Y^2

두 정규모집단의 모평균의 동일성검정에서의 영가설은 다음과 같다.

$$H_0 : \mu_X = \mu_Y$$

대립가설은 우측 단측대립가설 $H_1 : \mu_X > \mu_Y$, 좌측 단측대립가설 $H_1 : \mu_X < \mu_Y$, 양측대립가설 $H_1 : \mu_X \neq \mu_Y$이 있으나, 앞서 설명한 바와 같이 동일성검정에 주로 관심이 많으므로 양측대립가설이 주로 사용된다.

단일 정규모집단의 모평균의 검정에서 분산이 알려진 경우와 분산을 모르는 경우로 나누어 검정 절차를 만든 것과 같이, 서로 독립인 두 정규모집단의 모평균에 관한 검정에서도 두 분산을 알고 있는 경우와 모르고 있는 경우로 나누어 검정 절차를 만들게 된다.

[1] σ_X^2과 σ_Y^2이 알려진 경우

7장에서 단일 정규모집단의 모평균 μ의 점추정과 구간추정에서 다룬 내용을 확장하여 두 정규모집단에 대해 정리하면 다음 내용을 쉽게 얻을 수 있다.

$$\bar{X} = \frac{1}{m}\sum_{i=1}^{m} X_i \sim N\left(\mu_X, \frac{\sigma_X^2}{m}\right), \quad \bar{Y} = \frac{1}{n}\sum_{j=1}^{n} Y_j \sim N\left(\mu_Y, \frac{\sigma_Y^2}{n}\right)$$

또한 $\bar{X}$와 $\bar{Y}$는 서로 독립이므로 다음이 성립하며

$$\bar{X}-\bar{Y} \sim N\left(\mu_X-\mu_Y,\ \frac{\sigma_X^2}{m}+\frac{\sigma_Y^2}{n}\right)$$

이를 표준화하면 다음과 같은 표준 정규확률변수를 얻게 되는데 이것이 이 경우에 사용되는 검정통계량 T이다.

$$T=\frac{(\bar{X}-\bar{Y})-(\mu_X-\mu_Y)}{\sqrt{\frac{\sigma_X^2}{m}+\frac{\sigma_Y^2}{n}}} \sim N(0,\ 1)$$

또한 영가설 $H_0: \mu_X=\mu_Y$하에서의 검정통계량 T_0는 다음과 같다.

$$T_0=\frac{\bar{X}-\bar{Y}}{\sqrt{\frac{\sigma_X^2}{m}+\frac{\sigma_Y^2}{n}}} \sim N(0,\ 1)$$

따라서 기각역 C_α는 H_1의 형태에 따라 각각 다음과 같이 구해진다.

■ H_1의 형태에 따른 기각역 C_α와 의사 결정

(1) 우측 단측대립가설 $H_1: \mu_X > \mu_Y$

$C_\alpha=\{T_0 > z_\alpha\} \Rightarrow T_0 > z_\alpha$이면 H_0를 기각

(2) 좌측 단측대립가설 $H_1: \mu_X < \mu_Y$

$C_\alpha=\{T_0 < -z_\alpha\} \Rightarrow T_0 < -z_\alpha$이면 H_0를 기각

(3) 양측대립가설 $H_1: \mu_X \neq \mu_Y$

$C_\alpha=\{|T_0| > z_{\alpha/2}\} \Rightarrow |T_0| > z_{\alpha/2}$이면 H_0를 기각

예 8.11

분산이 알려져 있고 서로 독립인 두 정규모집단 $N(\mu_X, 100)$, $N(\mu_Y, 225)$으로부터 각각 크기 $m=10$, $n=15$인 확률표본을 추출하여 $\bar{x}=13$, $\bar{y}=11$을 얻었다. 유의수준 $\alpha=0.05$ 일 때, 두 정규모집단의 모평균의 동일성검정을 시행하여 보자.

풀이 영가설과 대립가설은 다음과 같다.

$$H_0: \mu_X=\mu_Y, \quad H_1: \mu_X \neq \mu_Y$$

영가설하에서 검정통계량의 관측값은 다음과 같고

$$T_0 = \frac{\bar{x} - \bar{y}}{\sqrt{\dfrac{\sigma_X^2}{m} + \dfrac{\sigma_Y^2}{n}}} = \frac{13 - 11}{\sqrt{\dfrac{100}{10} + \dfrac{225}{15}}} = 0.4$$

$\alpha = 0.05$일 때의 기각역은 $C_{0.05} = \{|T_0| > 1.96\}$이므로 유의수준 5%에서 H_0를 채택한다. 즉, 유의수준 $\alpha = 0.05$일 때, 두 정규모집단의 모평균은 같다고 할 수 있다. ▩

[2] 분산 σ_X^2과 σ_Y^2이 알려지지 않은 경우

두 분산이 알려지지 않은 경우에는, 두 분산이 같은 경우와 같지 않은 경우로 나누어 검정 절차를 구축한다. 두 분산이 알려지지 않은 경우에는 분산의 동일성에 대한 검정을 실시하여 두 분산을 같다고 볼 수 있는지, 그렇지 않은지를 먼저 판단하고 모평균의 동일성검정을 실시하여야 한다. 분산의 동일성검정에 대한 내용은 다음 8.4절에서 배우게 된다.

다음 **그림 8.3**을 보면 (a)는 두 정규모집단의 분산이 같은 경우이고, (b)는 두 정규모집단의 분산이 다른 경우이다. 즉, 8.4절에서 배울 분산의 동일성검정 결과, (a)는 분산의 동일성이 채택된 경우이고, (b)는 분산의 동일성이 기각된 경우이다.

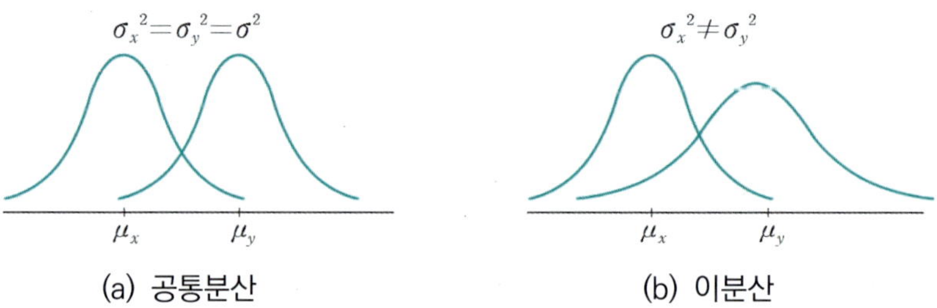

그림 8.4 분산이 같은 경우와 다른 경우

(i) 두 분산이 같은 경우($\sigma_X^2 = \sigma_Y^2 = \sigma^2$)

8.3.3에서 배우게 될 분산의 동일성검정 결과, 두 분산이 같다는 영가설 $H_0 : \sigma_X^2 = \sigma_Y^2$이 채택된 경우에는 $\sigma_X^2 = \sigma_Y^2 = \sigma^2$라고 할 수 있다. 이때의 σ^2을 공통분산(common variance)이라고 하며 이 경우에 독립이표본 자료의 구조는 다음과 같다.

$$X_1, X_2, \cdots, X_m \sim iid\ N(\mu_X, \sigma^2)$$
$$Y_1, Y_2, \cdots, Y_n \sim iid\ N(\mu_Y, \sigma^2)$$
$$X_1, X_2, \cdots, X_m, Y_1, Y_2, \cdots, Y_n \text{은 서로 독립}$$

두 확률변수의 분산이 동일하므로 공통분산 σ^2을 추정하는데 $X_1, X_2, \cdots, X_m$, $Y_1, Y_2, \cdots, Y_n$을 모두 사용하여 공통분산 σ^2의 추정량으로 다음과 같은 합동표본분산(pooled sample variance) S_p^2을 사용한다.

$$\widehat{\sigma^2} = S_p^2 = \frac{(m-1)S_X^2 + (n-1)S_Y^2}{m+n-2}$$

$$S_X^2 = \frac{1}{m-1}\sum_{i=1}^{m}(X_i - \overline{X})^2, \quad S_Y^2 = \frac{1}{n-1}\sum_{j=1}^{n}(Y_j - \overline{Y})^2$$

합동표본분산 S_p^2의 특성을 살펴보면 다음과 같다.

7장에서 표본분산과 카이제곱분포 사이의 관계를 서로 독립인 두 표본 $X_1, X_2, \cdots, X_m$과 $Y_1, Y_2, \cdots, Y_n$에 대하여 적용하면 다음을 알 수 있다.

$$\frac{(m-1)S_X^2}{\sigma^2} \sim \chi^2_{m-1}, \quad \frac{(n-1)S_Y^2}{\sigma^2} \sim \chi^2_{n-1}$$

여기서 두 카이제곱 확률변수는 서로 독립이므로 카이제곱분포의 가법성에 따라 다음과 같이 자유도가 $(m-1)+(n-1) = m+n-2$인 카이제곱 확률변수를 얻는다.

$$\frac{(m-1)S_X^2}{\sigma^2} + \frac{(n-1)S_Y^2}{\sigma^2} = \frac{(m+n-2)S_p^2}{\sigma^2} \sim \chi^2_{m+n-2}$$

카이제곱 확률변수의 기댓값은 자유도와 같으므로 다음을 알 수 있고

$$E\left[\frac{(m+n-2)S_p^2}{\sigma^2}\right] = m+n-2$$

따라서 합동표본분산이 공통분산 σ^2의 불편추정량인 것을 알 수 있다.

또한, $\overline{X} = \frac{1}{m}\sum_{i=1}^{m} X_i \sim N\left(\mu_X, \frac{\sigma^2}{m}\right)$, $\overline{Y} = \frac{1}{n}\sum_{j=1}^{n} Y_j \sim N\left(\mu_Y, \frac{\sigma^2}{n}\right)$이므로

$$\overline{X} - \overline{Y} \sim N\left(\mu_X - \mu_Y, \sigma^2\left(\frac{1}{m} + \frac{1}{n}\right)\right)$$

임을 알 수 있고, 이를 표준화하면 다음과 같은 표준 정규확률변수를 얻는다.

$$\frac{(\overline{X} - \overline{Y}) - (\mu_X - \mu_Y)}{\sigma\sqrt{\frac{1}{m} + \frac{1}{n}}} \sim N(0, 1)$$

여기서 공통분산 σ^2을 모르기 때문에 σ^2의 불편추정량인 합동표본분산 S_p^2으로 대체하면, 8.2.1절에서 분산이 알려지지 않은 단일 정규모집단의 추론에서 분산 σ^2을 모르기 때문에 σ^2의 불편추정량인 표본분산 S^2으로 대체하여 $\frac{\overline{X} - \mu}{S/\sqrt{n}} \sim t_{n-1}$을 얻는 것과 같은 절차에 따라 어렵지 않게 다음의 검정통계량 T를 얻을 수 있다.

$$T = \frac{(\overline{X}-\overline{Y})-(\mu_X-\mu_Y)}{S_p\sqrt{\frac{1}{m}+\frac{1}{n}}} \sim t_{m+n-2}$$

따라서 영가설 $H_0 : \mu_X = \mu_Y$ 하에서의 검정통계량 T_0는 다음과 같다.

$$T_0 = \frac{\overline{X}-\overline{Y}}{S_p\sqrt{\frac{1}{m}+\frac{1}{n}}} \sim t_{m+n-2}$$

따라서 H_1 의 형태에 따라 기각역 C_α 는 각각 다음과 같이 구해진다.

■ 대립가설 H_1의 형태에 따른 기각역 C_α와 의사 결정

(1) 우측 단측대립가설 $H_1 : \mu_X > \mu_Y$

$$C_\alpha = \{ T_0 > t_{m+n-2,\alpha} \} \Rightarrow T_0 > t_{m+n-2,\alpha} \text{이면 } H_0 \text{를 기각}$$

(2) 좌측 단측대립가설 $H_1 : \mu_X < \mu_Y$

$$C_\alpha = \{ T_0 < -t_{m+n-2,\alpha} \} \Rightarrow T_0 < -t_{m+n-2,\alpha} \text{이면 } H_0 \text{를 기각}$$

(3) 양측대립가설 $H_1 : \mu_X \neq \mu_Y$

$$C_\alpha = \{ |T_0| > t_{m+n-2,\alpha/2} \} \Rightarrow |T_0| > t_{m+n-2,\alpha/2} \text{이면 } H_0 \text{를 기각}$$

또한, 표본크기 $m+n-2$ 이 충분히 크면 t-분포의 임계치 대신 표준정규분포의 임계치를 사용하여도 된다.

예 8.12

분산이 σ^2으로 같고 서로 독립인 두 정규모집단 $N(\mu_X, \sigma^2)$, $N(\mu_Y, \sigma^2)$으로부터 각각 크기 $m=10$, $n=15$인 확률표본을 추출하여 $\overline{x}=13$, $\overline{y}=11$, $s_X^2=100$, $s_Y^2=120$을 얻었다. 유의수준 $\alpha=0.05$일 때, 두 정규모집단의 모평균의 동일성검정을 시행하여 보자.

풀이 영가설과 대립가설은 다음과 같다.

$$H_0 : \mu_X = \mu_Y, \quad H_1 : \mu_X \neq \mu_Y$$

공통분산 σ^2의 추정량 s_p^2 을 구하면 다음과 같다.

$$s_p^2 = \frac{(m-1)s_X^2+(n-1)s_Y^2}{m+n-2} = \frac{(10-1)\times 100+(15-1)\times 120}{10+15-2}$$

영가설하에서 검정통계량의 관측값은 다음과 같고

$$T_0 = \frac{\overline{x} - \overline{y}}{s_p\sqrt{\frac{1}{m}+\frac{1}{n}}} = \frac{13-11}{10.6\sqrt{\frac{1}{10}+\frac{1}{15}}} = 0.4622$$

$\alpha = 0.05$ 일 때 $t_{23,0.025} = 2.069$ 이므로 기각역은 $C_{0.05} = \{|T_0| > 2.069\}$ 이다. 따라서 $\alpha = 0.05$ 에서 H_0를 채택한다. 즉, 유의수준 $\alpha = 0.05$ 일 때, 두 정규모집단의 모평균은 같다고 할 수 있다.

(ii) 두 분산이 같지 않은 경우($\sigma_X^2 \neq \sigma_Y^2$)

8.3.3에서 배우게 될 분산의 동일성검정 결과, 두 분산이 같다는 영가설 $H_0: \sigma_X^2 = \sigma_Y^2$이 기각되는 경우에는, σ_X^2과 σ_Y^2을 각각의 추정량 S_X^2과 S_Y^2으로 대체한다. 이 경우의 검정통계량 T는 다음과 같으며 근사적으로 자유도가 d^*인 t-분포를 따르는 것으로 알려져 있다.

$$T = \frac{(\overline{X} - \overline{Y}) - (\mu_X - \mu_Y)}{\sqrt{\frac{S_X^2}{m}+\frac{S_Y^2}{n}}} \sim t_{d^*}$$

$$d^* = \frac{1}{d_X + d_Y},\ d_X = \frac{1}{m-1}\left(\frac{S_X^2/m}{S_X^2/m + S_Y^2/n}\right)^2,\ d_Y = \frac{1}{n-1}\left(\frac{S_Y^2/n}{S_X^2/m + S_Y^2/n}\right)^2$$

이때, d^*는 일반적으로 정수가 아니기 때문에 d^* 절삭한 정수값을 주로 사용한다. 따라서 8.4절에서 배우게 될 분산의 동일성검정 결과, 두 분산이 같다는 영가설 $H_0: \sigma_X^2 = \sigma_Y^2$이 기각된 경우에는 자유도가 d^*인 t-분포를 따르는 검정통계량을 사용한다.

따라서 H_1의 형태에 따라 기각역 C_α는 각각 다음과 같이 구해진다.

■ 대립가설 H_1의 형태에 따른 기각역 C_α와 의사 결정

(1) 우측 단측대립가설 $H_1: \mu_X > \mu_Y$

$C_\alpha = \{ T_0 > t_{d^*,\alpha} \} \Rightarrow T_0 > t_{d^*,\alpha}$이면 H_0 를 기각

(2) 좌측 단측대립가설 $H_1: \mu_X < \mu_Y$

$C_\alpha = \{ T_0 < -t_{d^*,\alpha} \} \Rightarrow T_0 < -t_{d^*,\alpha}$이면 H_0 를 기각

(3) 양측대립가설 $H_1: \mu_X \neq \mu_Y$

$C_\alpha = \{ |T_0| > t_{d^*,\alpha/2} \} \Rightarrow |T_0| > t_{d^*,\alpha/2}$이면 H_0 를 기각

예 8.13

서울 중학생과 부산 중학생의 학력비교를 위해 서울과 부산의 중학생을 각각 90명, 100명을 임의 추출하여 동일한 시험을 실시한 결과가 다음과 같을 때, 이들 평균점수 사이에 차이가 있는지 유의수준 5%에서 검정하여 보자.

$$m = 90 \,,\ \ \overline{x} = 76.4 \,,\ \ s_X = 8.2$$
$$n = 100 \,,\ \ \overline{y} = 81.2 \,,\ \ s_Y = 7.6$$

풀이 영가설 $H_0 : \mu_X = \mu_Y$와 대립가설 $H_1 : \mu_X \neq \mu_Y$에 대하여 H_0 하에서의 검정통계량의 관측값은

$$T_0 = \frac{\overline{x} - \overline{y}}{\sqrt{\dfrac{s_X^2}{m} + \dfrac{s_Y^2}{n}}} = \frac{76.4 - 81.2}{\sqrt{\dfrac{(8.2)^2}{90} + \dfrac{(7.6)^2}{100}}} = -4.17$$

이고 표본이 충분히 커서 표준정규분포의 임계치를 사용하면 $C_{0.05} = \{|T_0| = 4.17 > 1.96\}$이므로 유의수준 5%에서 H_0를 기각한다. 즉, 서울과 부산 중학생의 평균점수는 다르다고 할 수 있다.

■ 대응표본(짝진표본)의 모평균 검정

두 모집단의 모평균의 동일성검정은 앞서 배운 바와 같이 두 집단이 서로 독립이라는 가정하에 실시하는 것이 일반적이다. 그러나 대응표본을 이용하여 검정하는 것이 더 타당하고 합리적인 경우가 있다.

예를 들어, 눈병에 효과가 있다고 알려져 있는 두 가지 약 A, B가 눈병 치료 효과에 차이가 있는지를 검정하는 경우를 생각해보자. 이 경우에 두 눈에 모두 눈병이 걸린 사람들을 서로 독립인 두 그룹으로 나눈 후, 첫 번째 그룹에는 A를 투약하고 두 번째 그룹에는 B를 투약하여 눈병이 나을 때까지 걸리는 시간을 측정하여 눈병 치료 효과를 비교한다면 합리적이고 과학적인 결론을 내릴 수 있을까? 그렇지 않을 수 있다는 것이다. 왜냐하면 약의 특정 성분에 반응하는 각 사람의 체질에 따른 반응이 약의 효과를 왜곡할 가능성이 있다. 따라서 이러한 경우에는 각 환자의 왼쪽 눈에는 A를 투약하고 오른쪽 눈에는 B를 투약하여 그 결과를 비교하는 것이 더욱 합리적인 방법이 될 것이다. 이렇게 얻은 표본을 '대응표본'(pairwise sample, paired sample) 또는 '짝진표본'이라고 한다.

대응표본은 두 확률변수 X와 Y를 측정할 때 X에 대응하는 Y가 항상 하나씩 존재하여 $\{(X_1, Y_1), (X_2, Y_2), \cdots, (X_n, Y_n)\}$와 같이 쌍(pair)으로 관측이 되는 표본을 의미한다.

대응표본의 예로는 다음과 같은 것들이 있다.

- 통계학과 1학년 학생들의 중간고사 점수와 기말고사 점수
- 통계학과 1학년 학생들의 키와 몸무게
- 자동차 타이어 두 종류의 평균 수명
- 안약 또는 무좀약의 효능비교

대응표본은 동질적인(homogeneous) 경우와 이질적인(heterogeneous) 경우로 분류한다.

통계학과 1학년 학생들의 중간고사 점수(X), 기말고사 점수(Y)와 같이 X와 Y가 동질적인 변수이면 X와 Y의 평균의 차이에 대한 추론과 상관관계에 대한 추론이 의미가 있으며, 통계학과 1학년 학생들의 키(X), 몸무게(Y)와 같이 X와 Y가 이질적인 변수이면 X와 Y의 평균의 차이에 대한 추론은 의미가 없고 상관관계에 대한 추론이 의미가 있다. 참고로, 두 변수의 측정 단위가 다른 경우는 모두 이질적인 변수이다.

여기서는 X와 Y가 동질적인 변수에 대하여 평균의 차이에 대한 추론을 배워 본다.

동질적인 변수로 구성된 대응표본의 평균에 대한 추론은 '두 변수의 차'로 확률변수를 정의하게 되면, 이후 추론과정은 단일 모집단의 모평균에 관한 추론과 동일하다. 즉, 두 확률변수를 X와 Y에 대하여 $D = X - Y$라고 정의하고 확률변수 D의 평균에 대한 추론을 전개하면 된다.

즉, 쌍으로 관측된 표본 $\{(X_1, Y_1), (X_2, Y_2), \cdots, (X_n, Y_n)\}$에 대하여

$$D_1 = X_1 - Y_1,\ D_2 = X_2 - Y_2,\ \cdots,\ D_n = X_n - Y_n$$

라 정의한다. 이를 표로 나타내면 다음과 같다.

	X	Y	$D = X - Y$
1	X_1	Y_1	$D_1 = X_1 - Y_1$
2	X_2	Y_2	$D_2 = X_2 - Y_2$
⋮	⋮	⋮	⋮
n	X_n	Y_n	$D_n = X_n - Y_n$

만약 X와 Y가 각각 정규분포를 따르거나 대표본이면 다음이 성립한다.

$$\overline{D} = \frac{1}{n}\sum_{i=1}^{n} D_i \sim N\left(\mu_D, \frac{\sigma_D^2}{n}\right)$$

여기서 μ_D와 σ_D^2에 대한 추정량은 각각 다음과 같으며

$$\widehat{\mu_D} = \overline{D} = \frac{1}{n}\sum_{i=1}^{n} D_i, \quad \widehat{\sigma_D^2} = S_D^2 = \frac{1}{n-1}\sum_{i=1}^{n}(D_i - \overline{D})^2$$

μ_D에 대한 추정과 검정은 단일 정규 모집단의 모평균에 대한 추정과 검정 절차와 동일하다.

즉, X와 Y가 각각 정규분포를 따른다면 $\mu_D = \mu_X - \mu_Y$의 $100(1-\alpha)\%$ 신뢰구간은 다음과 같다.

$$\left(\overline{D} \pm t_{n-1,\,\alpha/2}\frac{S_D}{\sqrt{n}}\right) \Rightarrow \left(\overline{D} \pm z_{\alpha/2}\frac{S_D}{\sqrt{n}}\right)\text{: 대표본인 경우}$$

또한, 검정통계량은 다음과 같고

$$T = \frac{\overline{D} - \mu_D}{S_D/\sqrt{n}} \sim t_{n-1}$$

영가설 $H_0 : \mu_X = \mu_Y$은 $H_0 : \mu_D\ (= \mu_X - \mu_Y) = 0$과 같으므로 영가설 $H_0 : \mu_D = 0$ 하에서의 검정통계량은 다음과 같다.

$$T_0 = \frac{\overline{D}}{S_D/\sqrt{n}} \sim t_{n-1}$$

따라서 H_1의 형태에 따라 기각역 C_α는 각각 다음과 같다.

■ 대립가설 H_1의 형태에 따른 기각역 C_α

(1) 우측 단측대립가설 $H_1 : \mu_D > 0$: $C_\alpha = \{T_0 > t_{n-1,\alpha}\}$

(2) 좌측 단측대립가설 $H_1 : \mu_D < 0$: $C_\alpha = \{T_0 < -t_{n-1,\alpha}\}$

(3) 양측대립가설 $H_1 : \mu_D \neq 0$: $C_\alpha = \{|T_0| > t_{n-1,\,\alpha/2}\}$

예 8.14

다이어트 프로그램에 참가한 8명의 사람의 처음 체중(X)과 다이어트 프로그램을 3개월 동안 진행한 후 측정한 체중(Y)이 다음과 같다. 체중이 정규분포를 따른다고 가정하고, 다이어트 프로그램이 체중 감량에 효과가 있는지 유의수준 $\alpha = 0.05$ 하에서 검정하여 보자.

사람	1	2	3	4	5	6	7	8
X	80	83	98	85	92	95	120	78
Y	78	80	83	81	88	88	107	76
$D = X - Y$	2	3	15	4	4	7	13	2

풀이 영가설과 대립가설은 각각 다음과 같다.

$$H_0: \mu_D = 0 \ (\text{즉}, \ \mu_X = \mu_Y), \quad H_1: \mu_D > 0 \quad (\text{즉}, \ \mu_X > \mu_Y)$$

자료를 요약하면 $\widehat{\mu_D} = \overline{d} = 6.25$, $\widehat{\sigma_D^2} = s_D^2 = 25.60$이므로 영가설하에서의 검정통계량의 값은 다음과 같다.

$$T_0 = \frac{\overline{d}}{s_D / \sqrt{n}} = \frac{6.25}{5.06 / \sqrt{8}} = 3.49$$

유의수준 $\alpha = 0.05$ 하에서 기각역은 $C_{0.05} = \{T_0 > t_{7,0.05} = 1.895\}$이므로 유의수준 5%에서 H_0를 기각한다. 즉, 유의수준 $\alpha = 0.05$에서 다이어트 프로그램이 체중 감량에 효과가 있다고 할 수 있다. ▩

8.3.2 두 이항모집단의 모비율의 동일성검정

서로 독립인 두 모집단의 모비율 p_X와 p_Y의 동일성검정은 앞서 배운 모평균의 동일성검정과 비슷하다. '성공'의 확률이 p_X인 베르누이 분포로부터 추출한 m개의 표본을 $X_1, X_2, \cdots, X_m$이라 하고, '성공'의 확률이 p_Y인 베르누이 분포로부터 추출한 n 개의 표본을 $Y_1, Y_2, \cdots, Y_n$이라 하면, 앞서 배운 바와 같이 p_X의 추정량 $\widehat{p_X}$와 p_Y의 추정량 $\widehat{p_Y}$에 관한 내용은 다음과 같이 요약할 수 있다.

$$\widehat{p_X} = \overline{X}, \quad Var(\widehat{p_X}) = \frac{p_X(1-p_X)}{m}, \quad \widehat{p_Y} = \overline{Y}, \quad Var(\widehat{p_Y}) = \frac{p_Y(1-p_Y)}{n}$$

따라서 대표본일 때 $p_X - p_Y$의 추정량 $\widehat{p_X} - \widehat{p_Y} = \overline{X} - \overline{Y}$는 근사적으로 정규분포를 따르며 이것이 두 모집단의 모비율의 동일성검정에 사용되는 검정통계량이다.

$$T = \frac{(\overline{X} - \overline{Y}) - (p_X - p_Y)}{\sqrt{\dfrac{p_X(1-p_X)}{m} + \dfrac{p_Y(1-p_Y)}{n}}} \sim N(0, 1)$$

이 경우의 영가설은 $H_0: p_X = p_Y$이므로 영가설하에서 공통모비율 p를 갖는다고 할 수 있다. 즉, 영가설은 $H_0: p_X = p_Y = p$이며 영가설하에서 두 표본은 모두 '성공'의 확률이 p인 베르누이 분포를 따르게 된다. 따라서 영가설하에서의 검정통계량은 다음과 같다.

$$T_0 = \frac{\overline{X} - \overline{Y}}{\sqrt{\dfrac{p(1-p)}{m} + \dfrac{p(1-p)}{n}}} = \frac{\overline{X} - \overline{Y}}{\sqrt{p(1-p)(m^{-1} + n^{-1})}} \sim N(0, 1)$$

그러나 위의 검정통계량 T_0은 미지의 값인 p가 포함되어 있기 때문에 직접 사용하는 것이 불가능하다. 따라서 공통모비율 p의 추정량 $\hat{p}$을 구하여 대체하여야 한다.

공통모비율 p의 추정량 $\hat{p}$을 구하는 과정을 예를 통해 생각해보자. 특정 안건에 대한 찬성 비율이 같은 것으로 알려져 있는 서로 독립인 남자와 여자의 집단에서 각각 100명과 200명을 뽑아 특정 안건에 대한 찬성 의사를 조사하였더니, 남자 100명 중 40명이 찬성, 여자 200명 중 110명이 찬성하였다고 하자. 이 경우는 전체 $300(=100+200)$명에게 찬성 의사를 조사하여 $150(40+110)$명이 찬성한 것과 같은 상황이므로 찬성률은 $\frac{150}{300}=0.5$이다.

즉, 공통모비율 p의 추정량 $\hat{p}$은 다음과 같이 표현할 수 있다.

$$\hat{p}=\frac{X+Y}{m+n},\quad \text{단 } X=\sum_{i=1}^{m}X_i,\ \ Y=\sum_{j=1}^{n}Y_j$$

따라서 영가설하에서의 검정통계량은 다음과 같다.

$$T_0=\frac{\overline{X}-\overline{Y}}{\sqrt{\hat{p}(1-\hat{p})(m^{-1}+n^{-1})}}\sim N(0,1),\quad \text{단 } \hat{p}=\frac{X+Y}{m+n}$$

■ **대립가설 H_1의 형태에 따른 기각역 C_α**

(1) 우측 단측대립가설 $H_1: p_X > p_Y$: $C_\alpha=\{T_0>z_\alpha\}$

(2) 좌측 단측대립가설 $H_1: p_X < p_Y$: $C_\alpha=\{T_0<-z_\alpha\}$

(3) 양측대립가설 $H_1: p_X \neq p_Y$: $C_\alpha=\{|T_0|>z_{\alpha/2}\}$

예 8.15

베르누이 분포를 따르는 두 모집단 X, Y로부터 각각 크기가 $m=25$, $n=32$인 표본을 얻은 결과가 다음과 같을 때, 유의수준 $\alpha=0.05$ 하에서 모비율의 동일성검정을 실시하여 보자.

X: 1 1 1 0 1 1 1 1 0 1 1 1 1 0 1 1 1 1 0 1 1 1 1 0 1

Y: 1 1 1 0 0 1 1 1 0 1 1 1 0 1 1 1 1 1 1 0 1 1 1 0 1 1 1 0 1 1 1 0

풀이 영가설과 대립가설은 각각 다음과 같다.

$$H_0: p_X=p_Y,\quad H_1: p_X\neq p_Y$$

자료를 요약하면, $\hat{p}_X=\overline{x}=0.8$, $\hat{p}_Y=\overline{y}=0.75$이고 영가설하에서의 공통모비율 p의 추정량 $\hat{p}=\frac{20+24}{25+32}=\frac{44}{57}=0.77$이므로 영가설하에서의 검정통계량의 값은 다음과 같다.

$$T_0 = \frac{\bar{X} - \bar{Y}}{\sqrt{\hat{p}(1-\hat{p})(m^{-1}+n^{-1})}} = \frac{0.8 - 0.75}{\sqrt{0.77(1-0.77)(25^{-1}+32^{-1})}} = 0.445$$

유의수준 $\alpha = 0.05$ 하에서 기각역은 $C_{0.05} = \{\,|T_0| > z_{0.025} = 1.96\}$이므로 유의수준 5%에서 H_0를 채택한다. 즉, 유의수준 $\alpha = 0.05$에서 두 모집단의 모비율은 같다고 할 수 있다.

8.3.3 두 정규모집단의 모분산의 동일성검정

서로 독립인 두 정규모집단이 평균과 분산이 각각 $(\mu_X,\ \sigma_X^2)$, $(\mu_Y,\ \sigma_Y^2)$인 정규모집단을 가정하고, 각 모집단에서 m개와 n개의 표본을 추출한 독립이표본 자료의 구조는 다음과 같다.

$$X_1,\ X_2,\cdots,\ X_m \sim iid\ N(\mu_X,\ \sigma_X^2)$$
$$Y_1,\ Y_2,\cdots,\ Y_n \sim iid\ N(\mu_Y,\ \sigma_Y^2)$$
$$X_1,\ X_2,\cdots,\ X_m,\ Y_1,\ Y_2,\cdots,\ Y_n\text{은 서로 독립}$$

앞서 모평균의 동일성검정에서 언급한 바와 같이, 분산의 동일성검정은 모평균의 동일성검정에 앞서 실시하여야 한다.

두 분산 σ_X^2, σ_Y^2의 추정량을 각각 S_X^2, S_Y^2이라 하면

$$S_X^2 = \frac{1}{m-1}\sum_{i=1}^{m}(X_i - \bar{X})^2, \quad S_Y^2 = \frac{1}{n-1}\sum_{j=1}^{n}(Y_j - \bar{Y})^2$$

이고, 이와 관련된 확률변수와 분포는 다음과 같다.

$$\frac{(m-1)S_X^2}{\sigma^2} \sim \chi^2_{m-1}, \quad \frac{(n-1)S_Y^2}{\sigma_Y^2} \sim \chi^2_{n-1}$$

또한 이들은 서로 독립이므로 다음과 같이 F-분포를 따르는 확률변수를 정의할 수 있다.

$$\frac{\dfrac{(m-1)S_X^2}{\sigma_X^2}/(m-1)}{\dfrac{(n-1)S_Y^2}{\sigma_Y^2}/(n-1)} = \frac{\sigma_Y^2}{\sigma_X^2}\cdot\frac{S_X^2}{S_Y^2} \sim F_{m-1,n-1}$$

분산의 동일성검정에 대한 영가설은 $H_0 : \sigma_X^2 = \sigma_Y^2$이고, 검정통계량 T는 위에서 정의한 것과 같다.

$$T = \frac{\sigma_Y^2}{\sigma_X^2}\cdot\frac{S_X^2}{S_Y^2} \sim F_{m-1,\ n-1}$$

따라서 영가설하에서의 검정통계량 T_0 는 다음과 같다.

$$T_0 = \frac{S_X^2}{S_Y^2} \sim F_{m-1,\, n-1}$$

■ 대립가설 H_1의 형태에 따른 기각역 C_α

(1) 우측 단측대립가설 $H_1 : \sigma_X^2 > \sigma_Y^2$: $C_\alpha = \{T_0 > F_{\alpha,\, m-1, n-1}\}$

(2) 좌측 단측대립가설 $H_1 : \sigma_X^2 < \sigma_Y^2$: $C_\alpha = \{T_0 < F_{1-\alpha, m-1,\, n-1}\}$

(3) 양측대립가설 $H_1 : \sigma_X^2 \neq \sigma_Y^2$:

$$C_\alpha = \{T_0 > F_{\alpha/2,\, m-1,\, n-1} \text{ 또는 } T_0 < F_{1-\alpha/2,\, m-1,\, n-1}\}$$

예 8.16

정규분포를 따르는 두 모집단으로부터 각각 12개와 8개의 표본을 추출하여 얻은 결과, 표본분산이 각각 다음과 같다고 한다.

$$s_X^2 = 24.21, \quad s_Y^2 = 35.16$$

유의수준이 5%일 때, 두 정규모집단의 분산의 동일성을 검정하여 보자.

풀이 영가설 $H_0 : \sigma_X^2 = \sigma_Y^2$과 대립가설 $H_1 : \sigma_X^2 \neq \sigma_Y^2$에 대하여 H_0 하에서의 검정통계량의 관측값은 다음과 같다.

$$T_0 = \frac{s_X^2}{s_Y^2} = \frac{24.21}{35.16} = 0.690 \sim F_{11,\, 7}$$

부록의 F-분포표로부터 $F_{11,\, 7,\, 0.025} = 4.71$, $F_{11,\, 7,\, 0.975}$의 값은 6.7절에서 설명한 다음과 같은 관계식을 통해 구하면 $F_{11,\, 7,\, 0.975} = 0.266$이다. 따라서 영가설을 채택하게 되고, 두 모분산은 동일하다고 결론을 내릴 수 있다.

$$F_{11,\, 7, 0.975} = \frac{1}{F_{7, 11, 0.025}} = \frac{1}{3.759} = 0.266$$

8.4 R 실습

실습은 https://vincentarelbundock.github.io/Rdatasets/datasets.html에서 제공하는 R의 패키지 자료를 사용한다. 위 웹사이트에는 패키지의 이름과 자료의 제목, 자료의 수, 변수의 수 등의 정보와 값을 콤마로 분리한 형식의 CSV(comma-separated values) 파일 및 자료의 설명이 포함된 링크를 제공한다. CSV 파일은 **read.csv()** 함수로 자료를 불러와 R에서 사용할 수 있다. 웹에 개시된 CSV 자료를 읽는 경우에는 **read.csv("https://⋯.csv")**, 파일을 다운로드 한 경우에는 **read.csv(choose.files())**, 저장된 파일을 열어 엑셀에서 복사한 경우에는 **read.csv("clipboard", header=T, sep="₩t")** 등 다양한 방법으로 자료를 읽을 수 있다.

```
### library
library(dplyr)
library(BSDA)
library(EnvStats)
```

8.4.1 단일 모집단에 대한 가설검정

분석 자료는 "먹이의 종류에 따른 닭의 무게 자료"인 chickwts이다. 우선 분석을 위해 웹에 개시된 CSV 자료를 R로 읽어서 저장한다. 파일의 경로는 "https://vincentarelbundock.github.io/Rdatasets/csv/datasets/chickwts.csv"이다.

```
1 ### CSV 파일에 있는 자료 읽기
2 data.file <-
  "https://vincentarelbundock.github.io/Rdatasets/csv/datasets/chickwts.csv"
3 chickwts <- read.csv(data.file)
```

2줄: 자료의 웹 주소를 **data.file** 변수에 저장한다.
3줄: **read.csv()** 함수로 자료를 읽은 후, **chickwts** 변수에 저장한다.

자료를 불러온 후에는 제공한 형식과 같은 형태로 저장이 되어 있는지 확인한다.

```
1 chickwts %>% dim()      # dim(chickwts)
```

```
71 3
```

1줄: **dim()** 함수는 데이터프레임의 행과 열의 개수를 구한다. 행의 수는 자료의 수이며, 열의 수는 변수의 수를 의미한다. R 코드는 **dim(chickwts)**이다. **{dplyr}** 패키지에서 제공하는 **%>%** 연산자는 좌측의 자료를 우측의 함수에 입력하는 기능을 한다. 따라서 **chickwts %>% dim()**은 **dim(chickwts)**와 같은 기능을 한다. **%>%** 연산자는 순차적인 연산을 하는 경우 매우 유용하게 사용할 수 있다.

```
1  chickwts %>% head()      # head(chickwts)
```

A data.frame: 6 × 3

X	weight	feed
<int>	<int>	<fct>
1	179	horsebean
2	160	horsebean
3	136	horsebean
4	227	horsebean
5	217	horsebean
6	168	horsebean

1줄: head() 함수는 처음 6개 자료를 화면에 출력한다. 처음 n개의 자료를 확인하고자 하는 경우에는 head(n)을 사용한다.

```
1  chickwts %>% summary()  # summary(chickwts)
```

```
       X             weight             feed   
 Min.   : 1.0   Min.   :108.0   casein   :12  
 1st Qu.:18.5   1st Qu.:204.5   horsebean:10  
 Median :36.0   Median :258.0   linseed  :12  
 Mean   :36.0   Mean   :261.3   meatmeal :11  
 3rd Qu.:53.5   3rd Qu.:323.5   soybean  :14  
 Max.   :71.0   Max.   :423.0   sunflower:12  
```

1줄: summary() 함수는 자료의 각 변수에 대한 기초통계량을 출력한다.

chickwts 자료는 6개의 먹이(feed)에 대한 자료이다. 단일 모집단에 대한 가설검정을 위하여 먹이가 linseed인 12개 자료만 추출하기로 한다.

```
1  ### 자료 추출
2  data.x <-
3      chickwts %>% filter(feed=="linseed") %>%
4      select(weight) %>%
5      unlist()
```

2줄: 3줄~5줄의 결과를 data.x 변수에 저장한다.
3줄: filter() 함수로 chickwts 자료에서 feed 변수가 linseed인 자료를 추출한 자료를 4줄로 보낸다.
4줄: select() 함수로 입력받은 자료에서 weight 변수의 값만 추출하여 5줄로 보낸다.
5줄: unlist() 함수로 입력받은 자료를 벡터(vector)로 변환한다.

(1) 정규모집단의 모평균의 검정

[1] 분산 σ^2을 알고 있는 경우 (가정할 수 있는 경우)

닭의 무게가 정규분포 $N(261, 70^2)$을 따른다고 가정하자. 분산을 알고 있는 경우(가정할 수 있는 경우) linseed 먹이를 먹은 닭 무게의 평균이 261인지 검정을 하여 보자.

```
1 ### 단일 모집단에 대한 가설 검정
2 ### 정규모집단의 모평균의 검정
3 ### 분산을 알고 있는 경우(가정할 수 있는 경우)
4 z.test(x=data.x, mu=261, sigma.x=70)                 # 양측 검정
```

```
        One-sample z-Test

data:  data.x
z = -2.0908, p-value = 0.03654
alternative hypothesis: true mean is not equal to 261
95 percent confidence interval:
 179.1445 258.3555
sample estimates:
mean of x
   218.75
```

4줄: {BSDA} 패키지의 **z.test()** 함수에 검정하고자 하는 자료와 모집단의 평균(**=mu**), 표준편차(**=sigma.x**)를 입력하여 검정을 수행한다. 기본적으로 양측검정에 대한 **p-value**를 제공한다. 유의수준 0.05하에서 **p-value**가 유의수준보다 작으므로 영가설을 기각하고, 대립가설을 채택한다. 표본의 평균(=218.75)이로 261보다 작기 때문에, linseed 먹이를 먹은 닭 무게의 평균은 261보다 작다고 할 수 있다.

```
1 z.test(x=data.x, mu=261, sigma.x=70, alternative="less")     # 좌측 단측 검정
```

```
        One-sample z-Test

data:  data.x
z = -2.0908, p-value = 0.01827
alternative hypothesis: true mean is less than 261
95 percent confidence interval:
      NA 251.988
sample estimates:
mean of x
   218.75
```

2줄: 좌측 단측검정은 **z.test()** 함수에 **alternative="less"**를 추가하여 확인할 수 있다. 검정결과는 유의수준 0.05하에서 linseed 먹이를 먹은 닭 무게의 평균은 261보다 작다고 할 수 있다. 우측 단측검정의 검정 결과는 **alternative="greater"**로 확인할 수 있다.

[2] 분산 σ^2을 모르는 경우

분산을 모르는 경우, linseed 먹이를 먹은 닭 무게의 평균이 261인지 검정을 하여 보자.

```
1 ### 단일 모집단에 대한 가설 검정
2 ### 정규모집단의 모평균의 검정
3 ### 분산을 모르는 경우
4 t.test(x=data.x, mu=261)                                # 양측 검정
```

```
        One Sample t-test

data:  data.x
t = -2.8019, df = 11, p-value = 0.01722
alternative hypothesis: true mean is not equal to 261
95 percent confidence interval:
 185.561 251.939
sample estimates:
mean of x
   218.75
```

4줄: t.test() 함수에 검정하고자 하는 자료와 평균(=mu)을 입력하여 검정을 수행한다. 기본적으로 양측검정에 대한 p-value를 제공한다. 유의수준 0.05하에서 p-value가 유의수준보다 작으므로 영가설을 기각하고, 대립가설을 채택한다. 표본의 평균(=218.75)이 261보다 작기 때문에, linseed 먹이를 먹은 닭 무게의 평균은 261보다 작다고 할 수 있다. 좌측 단측검정은 alternative="less", 우측 단측검정은 alternative="greater"로 검정결과를 확인할 수 있다.

(2) 정규모집단의 모분산의 검정

linseed 먹이를 먹은 닭 무게의 분산이 70^2인지 검정을 하여 보자.

```
1 ### 단일 모집단에 대한 가설 검정
2 ### 정규모집단의 모분산의 검정
3 varTest(data.x, sigma.squared=70^2)      # 양측 검정
```

```
        Chi-Squared Test on Variance

data:  data.x
Chi-Squared = 6.1254, df = 11, p-value = 0.2703
alternative hypothesis: true variance is not equal to 4900
95 percent confidence interval:
 1369.260 7865.888
sample estimates:
variance
2728.568
```

3줄: {EnvStats} 패키지의 varTest() 함수에 검정하고자 하는 자료와 분산(=sigma.squared)을 입력하여 검정을 수행한다. 기본적으로 양측검정에 대한 p-value를 제공한다. 유의수준 0.05하에서 p-value가 유의수준보다 크기 때문에 영가설을 채택한다. 모분산이 70^2(=4900)이라고 할 수 있다. 좌측 단측검정은 alternative="less", 우측 단측검정은 alternative="greater"로 검정결과를 확인할 수 있다.

(3) 이항모집단의 모비율의 검정

예 8.8에 주어진 모비율의 검정을 하여 보자.

```
1 ### 단일 모집단에 대한 가설 검정
2 ### 이항모집단의 모비율의 검정
3 ### 예 8-8
4 n.success <- 38
5 n.trial <- 100
6 p <- 0.3
7 prop.test(n.success, n.trial, p, correct=F, alternative="greater")
```

```
	1-sample proportions test without continuity correction

data:  n.success out of n.trial, null probability p
X-squared = 3.0476, df = 1, p-value = 0.04043
alternative hypothesis: true p is greater than 0.3
95 percent confidence interval:
 0.3043174 1.0000000
sample estimates:
   p
0.38
```

4줄~6줄: 문제에서 주어진 성공의 수(=n.success), 시행의 수(=n.trial)와 검정할 모비율(=p)을 저장한다.

7줄: prop.test() 함수를 사용하여 우측 단측검정을 수행한다. 유의수준 0.05하에서 p-value가 유의수준보다 작기 때문에 영가설을 기각하고 대립가설을 채택한다. 모비율이 0.3보다 크다고 할 수 있다. 좌측 단측검정은 alternative="less", 양측검정은 alternative를 지정하지 않거나 alternative="two.sided"로 검정 결과를 확인할 수 있다.

8.4.2 두 모집단에 대한 가설검정

단일 모집단에 대한 가설검정을 위하여 chickwts 자료에서 먹이가 linseed와 meatmeal인 자료를 추출하기로 한다.

```
### 두 모집단에 대한 가설 검정
data.x <- chickwts %>% filter(feed=="linseed") %>% select(weight) %>% unlist()
data.y <- chickwts %>% filter(feed=="meatmeal") %>% select(weight) %>% unlist()
```

(1) 서로 독립인 두 정규모집단의 모평균의 동일성검정

[1] 두 모집단의 분산이 알려진 경우

chickwts 자료에서 linseed 먹이를 먹은 닭 무게의 분산이 70^2이고, meatmeal 먹이를 먹은 닭 무게의 분산이 75^2이라고 알려진 경우에 대한 두 집단의 모평균의 동일성검정을 하여 보자.

```
1 ### 두 모집단에 대한 가설 검정
2 ### 서로 독립인 두 정규모집단의 모평균의 동일성 검정
3 ### 두 모집단의 분산이 알려진 경우
4 z.test(x=data.x, y=data.y, sigma.x=70, sigma.y=75)
```

```
        Two-sample z-Test

data:  data.x and data.y
z = -1.9178, p-value = 0.05514
alternative hypothesis: true difference in means is not equal to 0
95 percent confidence interval:
 -117.597951    1.279769
sample estimates:
mean of x mean of y
 218.7500  276.9091
```

4줄: {BSDA} 패키지의 **z.test()** 함수에 각 집단의 자료와 표준편차를 입력하여 검정을 수행한다. 기본적으로 양측검정에 대한 **p-value**를 제공한다. 유의수준 0.05하에서 **p-value**가 유의수준보다 작지 않으므로 영가설을 채택한다. linseed와 meatmeal 먹이를 먹은 두 집단의 무게에 대한 평균이 같다고 할 수 있다. 좌측 단측검정은 **alternative="less"**, 우측 단측검정은 **alternative="greater"**로 검정결과를 확인할 수 있다.

[2] 두 모집단의 분산이 알려지지 않은 경우

(i) 두 분산이 같은 경우

linseed 먹이를 먹은 닭 무게의 분산과 meatmeal 먹이를 먹은 닭 무게의 분산을 모르지만, 두 집단의 분산이 같다고 가정할 수 있는 경우에 대한 두 집단의 모평균의 동일성검정을 하여 보자.

```
1 ### 두 모집단에 대한 가설 검정
2 ### 서로 독립인 두 정규모집단의 모평균의 동일성 검정
3 ### 두 모집단의 분산이 알려지지 않은 경우
4 ### 두 분산이 같은 경우
5 t.test(x=data.x, y=data.y, var.equal=T)
```

```
        Two Sample t-test

data:  data.x and data.y
t = -2.3773, df = 21, p-value = 0.02702
alternative hypothesis: true difference in means is not equal to 0
95 percent confidence interval:
 -109.036326   -7.281856
sample estimates:
mean of x mean of y
 218.7500  276.9091
```

5줄: **t.test()** 함수에 두 집단의 자료를 각각 입력하고, **var.equal=T**를 사용하여 두 분산이 같은 경우에 대한 검정을 수행한다. 기본적으로 양측검정에 대한 p-value를 제공한다. 유의수준 0.05하에서 p-value가 유의수준보다 작으므로 영가설을 기각하고, 대립가설을 채택한다. linseed 먹이의 표본평균(=218.75)이 meatmeal 먹이의 표본평균(=276.91)보다 작기 때문에, linseed 먹이를 먹은 닭 무게의 평균보다 meatmeal 먹이를 먹은 닭 무게의 평균이 크다고 할 수 있다. 좌측 단측검정은 **alternative="less"**, 우측 단측검정은 **alternative="greater"**로 검정결과를 확인할 수 있다.

(ii) 두 분산이 같지 않은 경우

linseed 먹이를 먹은 닭 무게의 분산과 meatmeal 먹이를 먹은 닭 무게의 분산이 같지 않은 경우에 대한 두 집단의 모평균의 동일성검정을 하여 보자.

```
1 ### 두 모집단에 대한 가설 검정
2 ### 서로 독립인 두 정규모집단의 모평균의 동일성 검정
3 ### 두 모집단의 분산이 알려지지 않은 경우
4 ### 두 분산이 같지 않은 경우
5 t.test(x=data.x, y=data.y)                          # 양측 검정
```

```
        Welch Two Sample t-test

data:  data.x and data.y
t = -2.3542, df = 19.236, p-value = 0.02933
alternative hypothesis: true difference in means is not equal to 0
95 percent confidence interval:
 -109.822679   -6.495503
sample estimates:
mean of x mean of y
 218.7500  276.9091
```

5줄: t.test() 함수에 두 집단의 자료만 각각 입력하면 두 분산이 같지 않은 경우에 대한 모평균의 동일성검정을 수행한다. 기본적으로 양측검정에 대한 p-value를 제공한다. 유의수준 0.05하에서 p-value가 유의수준보다 작으므로 영가설을 기각하고, 대립가설을 채택한다. linseed 먹이의 표본평균(=218.75)이 meatmeal 먹이의 표본평균(=276.91)보다 작기 때문에, linseed 먹이를 먹은 닭 무게의 평균보다 meatmeal 먹이를 먹은 닭 무게의 평균이 크다고 할 수 있다. 좌측 단측검정은 alternative="less", 우측 단측검정은 alternative="greater"로 검정결과를 확인할 수 있다.

(iii) 대응표본(짝진표본)의 모평균 검정

대응표본 자료 sleep은 "수면시간 증가와 관련된 2가지 약물의 효과에 대한 자료"이다. sleep 자료는 동일 ID에 대하여 수면시간 증감에 대한 2번의 자료를 수집하였다. 파일의 경로는 "https://vincentarelbundock.github.io/Rdatasets/csv/datasets/sleep.csv"이다.

```
1 ### CSV 파일에 있는 자료 읽기
2 data.file <-
  "https://vincentarelbundock.github.io/Rdatasets/csv/datasets/sleep.csv"
3 sleep <- read.csv(data.file)
4 data.x <- sleep %>% filter(group==1) %>% select(extra) %>% unlist()
5 data.y <- sleep %>% filter(group==2) %>% select(extra) %>% unlist()
```

2줄: 자료의 웹 주소를 data.file 변수에 저장한다.

3줄: read.csv() 함수로 자료를 읽은 후, sleep 변수에 저장한다.

4줄: sleep 자료에서 group 변수의 값이 1인 자료를 추출한 후, extra 변수의 값을 벡터로 변환하여 data.x에 저장한다.

5줄: sleep 자료에서 group 변수의 값이 2인 자료를 추출한 후, extra 변수의 값을 벡터로 변환하여 data.y에 저장한다.

sleep 자료에서 group 1과 group 2의 대응표본(짝진표본)의 모평균 검정을 하여 보자.

```
1 ### 두 모집단에 대한 가설 검정
2 ### 서로 독립인 두 정규모집단의 모평균의 동일성 검정
3 ### 대응표본(짝진표본)의 모평균 검정
4 t.test(x=data.x, y=data.y, paired=T)
```

```
        Paired t-test

data:  data.x and data.y
t = -4.0621, df = 9, p-value = 0.002833
alternative hypothesis: true difference in means is not equal to 0
95 percent confidence interval:
 -2.4598858 -0.7001142
sample estimates:
mean of the differences
                  -1.58
```

4줄: t.test() 함수에 두 집단의 자료를 각각 입력하고, paired=T를 사용하여 대응표본의 모평균 검정을 수행한다. 기본적으로 양측검정에 대한 p-value를 제공한다. 유의수준 0.05하에서 p-value가 유의수준보다 작으므로 영가설을 기각하고, 대립가설을 채택한다. group 1과 group 2의 차이가 0보다 작기 때문에, group 2에서 사용한 약물이 수면시간을 증가시키는 효과가 크다고 할 수 있다. 좌측 단측검정은 alternative="less", 우측 단측검정은 alternative="greater"로 검정결과를 확인할 수 있다.

(2) 두 이항모집단의 모비율의 동일성검정

예 8.15에 수어진 자료에서 두 집단의 모비율의 동일성검정을 하여 보자.

```
1 ### 두 모집단에 대한 가설 검정
2 ### 두 이항모집단의 모비율의 동일성 검정
3 # 예 8-15
4 n.success <- c(20, 24)
5 n.trial <- c(25, 32)
6 prop.test(n.success, n.trial, correct=F)
```

```
        2-sample test for equality of proportions without continuity
        correction

data:  n.success out of n.trial
X-squared = 0.1993, df = 1, p-value = 0.6553
alternative hypothesis: two.sided
95 percent confidence interval:
 -0.1670113  0.2670113
sample estimates:
prop 1 prop 2
  0.80   0.75
```

4줄: n.success 변수에 각 집단의 성공의 수를 저장한다.

5줄: n.trial 변수에 각 집단의 시행의 수를 저장한다.

6줄: prop.test() 함수를 사용하여 모비율의 동일성검정을 수행한다. 기본적으로 양측검정에 대한 p-value를 제공한다. 유의수준 0.05하에서 p-value가 유의수준보다 크기 때문에 영가설을 채택한다. 두 집단의 모비율이 같다고 할 수 있다. 좌측 단측검정은 alternative="less", 우측 단측검정은 alternative="greater"로 검정결과를 확인할 수 있다.

(3) 두 정규모집단의 모분산의 동일성검정

chickwts 자료에서 linseed와 meatmeal 먹이에 대한 두 집단의 모분산의 동일성검정을 하여 보자.

```
# 자료 저장
data.x <- chickwts %>% filter(feed=="linseed") %>% select(weight) %>%
unlist()
data.y <- chickwts %>% filter(feed=="meatmeal") %>% select(weight) %>%
unlist()
```

```
1 ### 두 모집단에 대한 가설 검정
2 ### 두 정규모집단의 모분산의 동일성 검정
3 var.test(x=data.x, y=data.y)
```

```
	F test to compare two variances

data:  data.x and data.y
F = 0.64779, num df = 11, denom df = 10, p-value = 0.4866
alternative hypothesis: true ratio of variances is not equal to 1
95 percent confidence interval:
 0.1767556 2.2839098
sample estimates:
ratio of variances
         0.6477942
```

3줄: 4줄: var.test() 함수에 두 집단의 자료를 각각 입력하여 두 집단의 모분산의 동일성검정을 수행한다. 기본적으로 양측검정에 대한 p-value를 제공한다. 유의수준 0.05하에서 p-value가 유의수준보다 작지 않으므로 영가설을 채택한다. linseed 먹이를 먹은 닭 무게의 분산과 meatmeal 먹이를 먹은 닭 무게의 분산은 같다고 할 수 있다. 좌측 단측검정은 alternative="less", 우측 단측검정은 alternative="greater"로 검정결과를 확인할 수 있다.

8.5 Python 실습

실습은 https://vincentarelbundock.github.io/Rdatasets/datasets.html에서 제공하는 R의 패키지 자료를 사용한다. 위 웹사이트에는 패키지의 이름과 자료의 제목, 자료의 수, 변수의 수 등의 정보와 값을 콤마로 분리한 형식의 CSV(comma-separated values) 파일 및 자료의 설명이 포함된 링크를 제공한다. CSV 파일은 pandas 라이브러리의 read_csv() 함수로 자료를 불러와 사용할 수 있다. 웹에 개시된 CSV 자료를 읽는 경우에는 read_csv("https://⋯.csv"), 파일을 다운로드 한 경우에는 read_csv("파일경로/파일명.csv") 등의 방법으로 자료를 읽을 수 있다.

```
### library
import pandas as pd
import numpy as np
from scipy import stats
from statsmodels.stats import proportion as prop
```

8.5.1 단일 모집단에 대한 가설검정

분석 자료는 "먹이의 종류에 따른 닭의 무게 자료"인 chickwts이다. 우선 분석을 위해 웹에 개시된 CSV 자료를 Python으로 읽어서 저장한다. 파일의 경로는 "https://vincentarelbundock.github.io/Rdatasets/csv/datasets/chickwts.csv"이다.

```
1 ### CSV 파일에 있는 자료 읽기
2 data_file =
  "https://vincentarelbundock.github.io/Rdatasets/csv/datasets/chickwts.csv"
3 chickwts = pd.read_csv(data_file)
```

2줄: 자료의 웹 주소를 data_file 변수에 저장한다.
3줄: read_csv() 함수로 자료를 읽은 후, chickwts 변수에 저장한다.

자료를 불러온 후에는 제공한 형식과 같은 형태로 저장이 되어 있는지 확인한다.

```
1 chickwts.shape
```

```
(71, 3)
```

1줄: shape은 데이터프레임의 행과 열의 개수를 구한다. 행의 수는 자료의 수이며, 열의 수는 변수의 수를 의미한다.

```
1 chickwts.head()
```

	Unnamed: 0	weight	feed
0	1	179	horsebean
1	2	160	horsebean
2	3	136	horsebean
3	4	227	horsebean
4	5	217	horsebean

1줄: head() 함수는 처음 5개 자료를 화면에 출력한다. 처음 n개의 자료를 확인하고자 하는 경우에는 head(n)을 사용한다.

```
1 chickwts.describe()
```

	Unnamed: 0	weight
count	71.000000	71.000000
mean	36.000000	261.309859
std	20.639767	78.073700
min	1.000000	108.000000
25%	18.500000	204.500000
50%	36.000000	258.000000
75%	53.500000	323.500000
max	71.000000	423.000000

1줄: describe() 함수는 자료의 연속형 변수에 대한 기초통계량을 출력한다.

chickwts 자료는 6개의 먹이(feed)에 대한 자료이다. 단일 모집단에 대한 가설검정을 위하여 먹이가 linseed인 12개 자료만 추출하기로 한다.

```
1 ### 단일 모집단에 대한 가설 검정
2 data_x = chickwts.loc[chickwts.feed=="linseed"].weight
```

2줄: chickwts 자료에서 feed 변수가 linseed인 자료를 추출하여 weight 값만 data.x 변수에 저장한다.

(1) 정규모집단의 모평균의 검정

[1] 분산 σ^2을 알고 있는 경우 (가정할 수 있는 경우)

닭의 무게가 정규분포 $N(261, 70^2)$을 따른다고 가정하자. 분산을 알고 있는 경우(가정할 수 있는 경우) linseed 먹이를 먹은 닭 무게의 평균이 261인지 검정을 하여 보자.

```
1  ### 단일 모집단에 대한 가설 검정
2  ### 정규모집단의 모평균의 검정
3  ### 분산을 알고 있는 경우(가정할 수 있는 경우)
4  # 함수 - 양측 검정
5  def ztest_1samp(x, mu, sigma):
6      # 영가설하에서의 검정통계량
7      t_0 = (x.mean()-mu) / sigma * np.sqrt(x.size)
8      # p-value
9      p_single = stats.norm.cdf(t_0)
10     p_double = p_single * 2
11     return (t_0, p_double)
12 # 검정 결과: (검정통계량, p-value)
13 ztest_1samp(data_x, 261, 70)
```

```
(-2.0908327605652874, 0.03654305827103069)
```

5줄~11줄: 단일 정규모집단의 모평균을 검정하는 ztest_1samp() 함수를 만들어서 사용한다. ztest_1samp() 함수는 양측검정에 대한 검정통계량의 값과 p-value를 출력한다.

13줄: **ztest_1samp()** 함수에 검정하고자 하는 자료와 모집단의 평균(=mu), 표준편차(=sigma)를 입력하여 검정을 수행한다. 유의수준 0.05하에서 **p-value**가 유의수준보다 작으므로 영가설을 기각하고, 대립가설을 채택한다. 표본의 평균(=218.75)이 로 261보다 작기 때문에, linseed 먹이를 먹은 닭 무게의 평균은 261보다 작다고 할 수 있다.

[2] 분산 σ^2을 모르는 경우

분산을 모르는 경우, linseed 먹이를 먹은 닭 무게의 평균이 261인지 검정을 하여 보자.

```
1 ### 단일 모집단에 대한 가설 검정
2 ### 정규모집단의 모평균의 검정
3 ### 분산을 모르는 경우
4 stats.ttest_1samp(data_x, 261)
```

```
Ttest_1sampResult(statistic=-2.801882579740707, pvalue=0.01721669550496016)
```

4줄: **ttest_1samp()** 함수에 검정하고자 하는 자료와 평균을 입력하여 검정을 수행한다. 기본적으로 양측검정에 대한 **p-value**를 제공한다. 유의수준 0.05하에서 **p-value**가 유의수준보다 작으므로 영가설을 기각하고, 대립가설을 채택한다. 표본의 평균(=218.75)이 로 261보다 작기 때문에, linseed 먹이를 먹은 닭 무게의 평균은 261보다 작다고 할 수 있다.

(2) 정규모집단의 모분산의 검정

linseed 먹이를 먹은 닭 무게의 분산이 70^2인지 검정을 하여 보자.

```
1 ### 단일 모집단에 대한 가설 검정
2 ### 정규모집단의 모분산의 검정
3 # 함수 - 양측 검정
4 def vartest_1samp(x, sigma2):
5     # 영가설하에서의 검정통계량
6     t_0 = (x.size-1) * x.var() / sigma2
7     # p-value
8     p_single = stats.chi2(x.size-1).cdf(t_0)
9     p_double = p_single * 2
10    return (t_0, p_double)
11 # 검정 결과: (검정통계량, p-value)
12 vartest_1samp(data_x, 70**2)
```

```
(6.125357142857143, 0.27025923857190099)
```

4줄~10줄: 단일 정규모집단의 모분산을 검정하는 **vartest_1samp()** 함수를 만들어서 사용한다. **vartest_1samp()** 함수는 양측검정에 대한 검정통계량의 값과 **p-value**를 출력한다.

12줄: **vartest_1samp()** 함수에 검정하고자 하는 자료와 분산(=sigma2)을 입력하여 검정을 수행한다. 유의수준 0.05하에서 **p-value**가 유의수준보다 크기 때문에 영가설을 채택한다. 모분산이 70^2(=4900)이라고 할 수 있다.

(3) 이항모집단의 모비율의 검정

예 8.8에 주어진 모비율의 검정을 하여 보자.

```
1 ### 단일 모집단에 대한 가설 검정
2 ### 이항모집단의 모비율의 검정
3 ### 예 8-8
4 n_success = 38
5 n_trial = 100
6 p = 0.3
7 prop.proportions_ztest(n_success, n_trial, value=p, alternative='larger')
```

```
(1.6481712868606586, 0.049658763569065505)
```

4줄~6줄: 문제에서 주어진 성공의 수(=n_success), 시행의 수(=n_trial)와 검정할 모비율(=p)을 저장한다.
7줄: proportions_ztest( ) 함수를 사용하여 우측 단측검정을 수행한다. 유의수준 0.05하에서 p-value가 유의수준보다 작기 때문에 영가설을 기각하고 대립가설을 채택한다. 모비율이 0.3보다 크다고 할 수 있다. 좌측 단측검정은 alternative="smaller", 양측검정은 alternative를 지정하지 않거나 alternative="two-sided"로 검정결과를 확인할 수 있다.

8.4.2 두 모집단에 대한 가설검정

단일 모집단에 대한 가설검정을 위하여 chickwts 자료에서 먹이가 linseed와 meatmeal인 자료를 추출하기로 한다.

```
### 두 모집단에 대한 가설 검정
data_x = chickwts.loc[chickwts.feed=="linseed"].weight
data_y = chickwts.loc[chickwts.feed=="meatmeal"].weight
```

(1) 서로 독립인 두 정규모집단의 모평균의 동일성검정

[1] 두 모집단의 분산이 알려진 경우

chickwts 자료에서 linseed 먹이를 먹은 닭 무게의 분산이 70^2이고, meatmeal 먹이를 먹은 닭 무게의 분산이 75^2이라고 알려진 경우에 대한 두 집단의 모평균의 동일성검정을 하여 보자.

```
### 두 모집단에 대한 가설 검정
### 서로 독립인 두 정규모집단의 모평균의 동일성 검정
### 두 모집단의 분산이 알려진 경우
# 함수 - 양측 검정
def ztest_2samp(x, y, sigma_x, sigma_y):
    # 영가설하에서의 검정통계량
    t_0 = (x.mean()-y.mean()) / np.sqrt(sigma_x**2/x.size+sigma_y**2/y.size)
    # p-value
    p_single = stats.norm.cdf(t_0)
    p_double = p_single * 2
    return (t_0, p_double)
# 검정 결과: (검정통계량, p-value)
ztest_2samp(x=data_x, y=data_y, sigma_x=70, sigma_y=75)
```

```
(-1.9177643081438704, 0.05514090335898941)
```

5줄~11줄: 두 모집단의 분산이 알려진 경우 서로 독립인 두 정규모집단의 모평균의 동일성검정하는 ztest_2samp() 함수를 만들어서 사용한다. ztest_2samp() 함수는 양측검정에 대한 검정통계량의 값과 p-value를 출력한다.

13줄: ztest_2samp() 함수에 각 집단의 자료와 표준편차를 입력하여 검정을 수행한다. 유의수준 0.05하에서 p-value가 유의수준보다 작지 않으므로 영가설을 채택한다. linseed와 meatmeal 먹이를 먹은 두 집단의 무게에 대한 평균이 같다고 할 수 있다.

[2] 두 모집단의 분산이 알려지지 않은 경우

(i) 두 분산이 같은 경우

linseed 먹이를 먹은 닭 무게의 분산과 meatmeal 먹이를 먹은 닭 무게의 분산을 모르지만, 두 집단의 분산이 같다고 가정할 수 있는 경우에 대한 두 집단의 모평균의 동일성검정을 하여 보자.

```
1 ### 두 모집단에 대한 가설 검정
2 ### 서로 독립인 두 정규모집단의 모평균의 동일성 검정
3 ### 두 모집단의 분산이 알려지지 않은 경우
4 ### 두 분산이 같은 경우
5 stats.ttest_ind(data_x, data_y)
```

```
Ttest_indResult(statistic=-2.377260681187378, pvalue=0.027023128774891196)
```

5줄: ttest_ind() 함수에 두 집단의 자료를 각각 입력하여 두 분산이 같은 경우에 대한 검정을 수행한다. 양측검정에 대한 p-value를 제공한다. 유의수준 0.05하에서 p-value가 유의수준보다 작으므로 영가설을 기각하고, 대립가설을 채택한다. linseed 먹이의 표본평균(=218.75)이 meatmeal 먹이의 표본평균(=276.91)보다 작기 때문에, linseed 먹이를 먹은 닭 무게의 평균보다 meatmeal 먹이를 먹은 닭 무게의 평균이 크다고 할 수 있다.

(ii) 두 분산이 같지 않은 경우

linseed 먹이를 먹은 닭 무게의 분산과 meatmeal 먹이를 먹은 닭 무게의 분산이 같지 않은 경우에 대한 두 집단의 모평균의 동일성검정을 하여 보자.

```
1 ### 두 모집단에 대한 가설 검정
2 ### 서로 독립인 두 정규모집단의 모평균의 동일성 검정
3 ### 두 모집단의 분산이 알려지지 않은 경우
4 ### 두 분산이 같지 않은 경우
5 stats.ttest_ind(data_x, data_y, equal_var=False)
```

```
Ttest_indResult(statistic=-2.3542177119900995, pvalue=0.029331439600825963)
```

5줄: ttest_ind() 함수에 두 집단의 자료를 각각 입력하고 equal_var=False를 사용하여 두 분산이 같지 않은 경우에 대한 검정을 수행한다. 양측검정에 대한 p-value를 제공한다. 유의수준 0.05하에서 p-value가 유의수준보다 작으므로 영가설을 기각하고, 대립가설을 채택한다. linseed 먹이의 표본평균(=218.75)이 meatmeal 먹이의 표본평균(=276.91)보다 작기 때문에, linseed 먹이를 먹은 닭 무게의 평균보다 meatmeal 먹이를 먹은 닭 무게의 평균이 크다고 할 수 있다.

(iii) 대응표본(짝진표본)의 모평균 검정

대응표본 자료 sleep은 "수면시간 증가와 관련된 2가지 약물의 효과에 대한 자료"이다. sleep 자료는 동일 ID에 대하여 수면시간 증감에 대한 2번의 자료를 수집하였다. 파일의 경로는 "https://vincentarelbundock.github.io/Rdatasets/csv/datasets/sleep.csv"이다.

```
1 ### CSV 파일에 있는 자료 읽기
2 data_file =
  "https://vincentarelbundock.github.io/Rdatasets/csv/datasets/sleep.csv"
3 sleep = pd.read_csv(data_file)
4 data_x = sleep.loc[sleep.group==1].extra
5 data_y = sleep.loc[sleep.group==2].extra
```

2줄: 자료의 웹 주소를 data_file 변수에 저장한다.
3줄: read_csv() 함수로 자료를 읽은 후, sleep 변수에 저장한다.
4줄: sleep 자료에서 group 변수의 값이 1인 자료를 추출한 후, extra 변수의 값을 data_x에 저장한다.
5줄: sleep 자료에서 group 변수의 값이 2인 자료를 추출한 후, extra 변수의 값을 data_y에 저장한다.

sleep 자료에서 group 1과 group 2의 대응표본(짝진표본)의 모평균 검정을 하여 보자.

```
1 ### 두 모집단에 대한 가설 검정
2 ### 서로 독립인 두 정규모집단의 모평균의 동일성 검정
3 ### 대응표본(짝진표본)의 모평균 검정
4 stats.ttest_rel(data_x, data_y)
```

```
Ttest_relResult(statistic=-4.062127683382037, pvalue=0.00283289019738427)
```

4줄: ttest_rel() 함수에 두 집단의 자료를 각각 입력하여 대응표본의 모평균 검정을 수행한다. 기본적으로 양측검정에 대한 p-value를 제공한다. 유의수준 0.05하에서 p-value가 유의수준보다 작으므로 영가설을 기각하고, 대립가설을 채택한다. 검정통계량이 0보다 작기 때문에, group 2에서 사용한 약물이 수면시간을 증가시키는 효과가 크다고 할 수 있다.

(2) 두 이항모집단의 모비율의 동일성검정

예 8.15에 주어진 자료에서 두 집단의 모비율의 동일성검정을 하여 보자.

```
1 ### 두 모집단에 대한 가설 검정
2 ### 두 이항모집단의 모비율의 동일성 검정
3 # 예 8-15
4 n_success = np.array([20, 24])
5 n_trial = np.array([25, 32])
6 prop.proportions_ztest(n_success, n_trial)
```

```
(0.4464310689240833, 0.6552858944310507)
```

4줄: n_success 변수에 각 집단의 성공의 수를 저장한다.
5줄: n_trial 변수에 각 집단의 시행의 수를 저장한다.

6줄: **proportions_ztest()** 함수를 사용하여 모비율의 동일성검정을 수행한다. 기본적으로 양측검정에 대한 **p-value**를 제공한다. 유의수준 0.05하에서 **p-value**가 유의수준보다 크기 때문에 영가설을 채택한다. 두 집단의 모비율이 같다고 할 수 있다. 좌측 단측검정은 **alternative="smaller"**, 우측 단측검정은 **alternative="larger"**로 검정결과를 확인할 수 있다.

(3) 두 정규모집단의 모분산의 동일성검정

chickwts 자료에서 linseed와 meatmeal 먹이에 대한 두 집단의 모분산의 동일성검정을 하여 보자.

```
# 자료 저장
data_x = chickwts.loc[chickwts.feed=="linseed"].weight
data_y = chickwts.loc[chickwts.feed=="meatmeal"].weight
```

```
1  ### 두 모집단에 대한 가설 검정
2  ### 두 정규모집단의 모분산의 동일성 검정
3  # 함수 - 양측 검정
4  def varTest_2samp(x1, x2):
5      # 영가설하에서의 검정통계량
6      t_0 = x1.var() / x2.var()
7      # p-value
8      p_single = stats.f(x1.size-1, x2.size-1).cdf(t_0)
9      p_double = p_single * 2
10     return (t_0, p_double)
11 # 검정 결과: (검정통계량, p-value)
12 varTest_2samp(data_x, data_y)
```

```
(0.6477942287354584, 0.4865649785375644)
```

4줄~10줄: 두 정규모집단의 모분산의 동일성검정하는 **varTest_2samp()** 함수를 만들어서 사용한다. **varTest_2samp()** 함수는 양측검정에 대한 검정통계량의 값과 p-value를 출력한다.

12줄: **varTest_2samp()** 함수에 두 집단의 자료를 각각 입력하여 두 집단의 모분산의 동일성검정을 수행한다. 유의수준 0.05하에서 **p-value**가 유의수준보다 작지 않으므로 영가설을 채택한다. linseed 먹이를 먹은 닭 무게의 분산과 meatmeal 먹이를 먹은 닭 무게의 분산은 같다고 할 수 있다.

8장 연습문제 EXERCISES

01 정규 모집단으로부터 추출된 36개의 표본으로부터 표본평균 70, 표본표준편차 3.5를 얻었다. 다음 물음에 답하라,

(1) 모평균 μ가 75보다 작은지를 검정하고자 한다. 가설을 설정하라.

(2) 영가설하에서의 검정통계량 T_0를 계산하라.

(3) 유의수준 0.05에서 검정하라.

(4) 유의수준 0.01에서 검정하라.

02 다음 가설과 정보를 사용하여 유의수준은 5%에서 가설검정을 실시하라.

(1) $H_0 : \mu = 50$ $H_1 : \mu > 50$, 표본 36개, 표본평균 52, $\sigma^2 = 1$

(2) $H_0 : \mu = 30$ $H_1 : \mu \neq 30$, 표본 100개, 표본평균 40, $\sigma^2 = 25$

(3) $H_0 : \mu = 10$ $H_1 : \mu < 10$, 표본 64개, 표본평균 8, $S^2 = 10$

03 베르누이 분포로부터 200개의 표본을 추출하여, 성공 71, 실패 129를 얻었다.

(1) 성공의 확률이 30% 보다 큰가를 알아보고자 한다. 가설을 설정하라.

(2) 영가설하에서의 검정통계량 값을 계산하라.

(3) 유의수준 5%에서 검정하고 결론을 설명하라.

04 정규 모집단으로부터 추출된 36개의 표본으로부터 표본분산의 값이 18.4이다. 모분산 σ^2이 16보다 크다고 할 수 있는지 유의수준 0.05에서 검정하라.

05 다음은 정규모집단으로부터 추출된 자료이다. $H_0 : \sigma^2 = 10$, $H_1 : \sigma^2 \neq 10$을 유의수준 5% 하에서 검정하라.

13	18	10	13	15	18	28	12	15	19	18	19	22	30	27
14	21	22	14	18	12	19	21	12	32	21	19	14	15	19

06 신용카드 결제율에 따른 고객신뢰도를 조사하고자 600명을 조사하였는데, 이 중 100명은 결제일에 정상적으로 결제를 하지 못하는 것으로 나타났다. 불량 신용률이 20% 이하인지를 알고 싶을 때, 유의수준 0.05하에서 검정하라.

07 지난해에 조사한 어느 대학교 남학생의 흡연율이 전체의 30%에 달하는 것으로 나타났다. 금연교육을 실시한 후 올해 전체 남학생 가운데 1000명의 흡연율을 다시 조사하였는데, 250명이 흡연을 한다고 응답하였다. 흡연율이 감소하였다고 할 수 있는지 유의수준 0.05하에서 검정하라.

08 다음 결과를 이용하여 $H_0 : \mu_X - \mu_Y = 3$, $H_1 : \mu_X - \mu_Y \neq 3$을 검정하려 한다.

표본	n	표본평균	표본분산
X	30	74.8	4.6
Y	31	68.9	5.6

(1) 분산의 동일성을 유의수준 5%하에서 검정하라.

(2) (1)의 결과에 따라, 주어진 가설을 유의수준 5%하에서 검정하고 그 결론을 도출하라.

09 다음은 어느 대학에 수시모집(A)과 정시모집(B)으로 입학한 1학년생 가운데 일부를 뽑아 적성 적합도 테스트에 대한 자료이다.

집단	n	표본평균	표본표준편차
A	80	74점	3.2점
B	40	78점	3.8점

위의 결과로부터 적성도의 평균점수에 있어서 수시모집 입학생이 정시모집 입학생보다 낮다고 할 수 있는가를 유의수준 $\alpha = 0.05$로 검정하라. 단, 모분산은 동일하다고 가정한다.

10 환경영향 평가를 위해 A지역에서 임의 추출한 250세대 중 50세대와 B지역에서 임의 추출한 200세대 중 30세대가 수질 오염으로 고통을 겪고 있다고 답하였다. 이 사실로부터 두 지역 A와 B의 수질 오염 피해 정도에 차이가 있다고 할 수 있는가를 유의수준 5%로 검정하라.

11 도지사 선거운동 기간 중에 어떤 입후보자가 지역에 따른 자신의 지지율을 파악하기 위하여 A지역에서 100명, B지역에서 150명을 조사한 결과, 각각 48명과 78명이 본인을 지지하는 것으로 조사되었다. 두 지역의 지지율이 같다고 할 수 있는지 유의수준 5%에서 검정하라.

12 현재 알려져 있는 주장에 의하면 긴박한 상황에서 성인 남성의 반응시간은 0.85초라고 한다. 이 주장이 맞는지를 검정하고자 36명의 성인 남성을 대상으로 조사한 결과 표본평균은 $\overline{X} = 0.83$초가 나왔다. 모표준편차가 $\sigma = 0.05$초로 알려져 있을 경우 기존의 주장은 타당한가? 유의수준 5%로 검정하라.

13 36개의 대응표본으로부터 계산된 차이에 대한 표본평균과 분산은 각각 $\overline{d} = 2.1$, $s_D^2 = 4.5$이었다. 가설 $H_0 : \mu_d = 0$, $H_1 : \mu_d > 0$을 유의수준 5%하에서 검정하라.

09

실험계획법

9.1 실험계획법 기초
9.2 일원배치 분산분석
9.3 랜덤화 블록계획법의 분산분석
9.4 R 실습
9.5 Python 실습

자료를 얻는 방법에는 조사와 실험이 있다고 배웠다. 실험계획법은 실험을 통해 자료를 얻는 방법을 통칭하는 것으로 다양한 실험환경하에서 가능한 한 좋은 표본을 추출하기 위한 것이 기본 목적이며 실험에서 고려해야 할 사항이 많아질수록 모형이 복잡해진다. 또한 대부분의 실험계획법의 최종 목표는 관심이 있는 요인의 평균 효과를 검정하는 것이기 때문에 통계적 가설검정의 절차에 따라 분석을 수행하게 되는데, 요인의 평균 효과를 검정하는 과정이 8장에서 배운 모평균의 동일성검정과 그 맥을 같이 한다고 할 수 있다.

8장에서는 서로 독립인 두 정규모집단의 모평균의 동일성검정을 배웠다. 그러나 실제 자료분석에서는 세 개 이상의 모평균의 동일성검정을 하는 경우가 더 일반적이다. 예를 들어, 네 가지 비료의 평균 산출량에 차이가 있는지, 네 가지 사료의 평균 비육량에 차이가 있는지, 세 가지 다이어트 프로그램의 평균 체중 감소량에 차이가 있는지 등에 대한 검정을 해야 하는 경우가 있을 수 있다. 그렇다면 비교해야 할 모평균이 세 개 이상일 때, 8장에서 배운 두 모평균의 동일성검정 과정을 어떻게 확장시킬 수 있을까?

분산분석은 실험계획법에서 가장 많이 사용되는 분석방법이며, '세 개 이상의 모평균의 동일성검정 방법'이라고 정의한다. 즉, 분산을 분석하여 모평균의 동일성을 검정하는 방법인 것이다.

이 장에서는 실험계획법의 기본 개념을 배우고, 가장 간단한 실험계획법인 완전확률화 계획법(completely randomized design)과 랜덤화 블록계획법(randomized block design)의 분산분석을 통하여 모평균의 동일성을 검정하는 절차에 관하여 배운다.

9.1 실험계획법 기초

실험계획법(design of experiments; DOE)은 서로 독립인 집단으로부터 자료를 수집하는 방법과 분석내용까지를 모두 포함한다. 즉, 실험 대상을 어떻게 나눌 것인지, 자료를 어떻게 수집할 것인지, 관측된 자료의 분석에 어떤 통계분석 방법을 사용할 것인지 등에 대한 것을 모두 포함한다. 실험환경이 복잡해지면 실험계획도 복잡해지는데, 이때 지켜야 하는 것이 최소 실험횟수와 최대 정보 수집의 원칙이다.

실험은 같은 조건의 개체들에게 분석목적에 맞는 처리(treatment)를 가하는 과정이라고 정의할 수 있다. 따라서 합리적이고 효율적인 실험의 계획이 필요하며, 같은 조건하에서 같은 실험을 같은 방법으로 실시하더라도 결과값이 항상 동일하게 관측되지 않으므로, 즉 오차가 존재하므로 통계적 사고(statistical thinking)가 필요하다.

실험계획에서 필요한 용어 및 개념들은 다음과 같으며, 이에 대한 충분한 이해는 실험계획법과 분산분석을 이해하는 데 반드시 필요하다. 이해를 돕기 위하여 다음과 같은 실험 상황을 가정하고 용어 및 개념을 배워 보자.

> 정원이 300명인 어느 대학의 경영학부 1학년 학생들은 세 개의 소그룹으로 분류되어 있다. 이들이 수강해야 하는 마케팅 원론 과목을 서로 다른 세 가지 방법으로 교육하여 그 효과를 비교하려고 한다. 먼저 세 개의 소그룹에 임의로 서로 다른 교육방법을 적용하여 한 학기 강의를 진행하고, 이들의 학업 성취도를 학기말에 측정하기로 하였다.

• **실험단위**(experimental unit; EU)

실험에서 처리를 받는 대상을 의미한다. 즉, 이 예에서는 서로 다른 교육방법을 적용받는 세 그룹이 실험단위가 된다.

• **관측단위**(observational unit; OU)

결과값이 관측되는 개체를 의미한다. 즉, 이 예에서는 학업 성취도를 측정받는 학생들이 관측단위이다.

• **요인**(factor)

결과값의 차이에 영향을 주는 많은 원인들 중에서 실험단위에 주어지는 조건을 요인이라 하고 몇 개의 수준(level)으로 구성된다. 즉, 이 예에서는 교육방법을 의미한다.

• **수준**(level)

요인의 속성을 의미한다. 즉, 이 예에서는 세 가지 교육방법을 의미한다.

• **처리**(treatment)

실제 실험이 진행되는 요인의 수준 또는 요인 수준의 조합을 의미한다. 요인이 한 개인 실험에서는 요인의 수분과 처리가 같은 개념이 되며, 요인이 여러 개일 때는 각 요인의 수준의 조합이 처리가 된다. 즉, 이 예에서는 서로 다른 세 가지 교육방법을 의미한다.

• **반응**(response)

실험의 결과로 얻은 양적자료를 의미한다. 이 예에서는 학업성취도를 의미한다.

이러한 개념과 용어를 사용하여 실험계획법을 다시 설명하면 다음과 같다.

어떤 실험결과가 다른 변수들의 속성에 의해 영향을 받을 것으로 예상되는 경우, 영향을 주는 변수를 요인, 요인의 속성을 수준, 영향을 받는 결과 변수를 반응 변수(response variable)라 한다. 반응 변수는 일반적으로 양적 변수이어야 하지만, 요인의 수준은 양적 변수 또는 질적 변수 모두 사용될 수 있다. 또한 실제 실험에서 적용되는 요인의 수준 또는 여러 요인들의 수준의 조합을 처리라 한다. 좁은 의미로 실험계획법은 반응값이 요인의 수준에 따라 같은지 다른지를 검정하는 통계적 절차를 의미한다.

9.2 일원배치 분산분석

완전확률화 계획법은 각 처리가 실험단위에 랜덤하게 배치되는 실험을 의미하며 실험단위들이 동질적인 경우를 전제로 한다. 여기서 동질적이라는 의미는, 예를 들어 동일한 과목을 수강하는 학생들의 능력에 차이가 없다는 것을 뜻한다. 완전확률화 계획법이 적용되는 가장 단순한 방법인 일원배치 분산분석(One-way ANOVA)은 요인이 하나인 실험에 대한 분산분석법으로 실험단위들이 각 처리수준에 랜덤하게 배정되는 것을 전제로 한다. 즉, 세 개 이상의 처리의 평균효과가 같은지를 검정하는 방법으로 실험에서 고려하는 요인이 하나인 실험에 대한 분산분석 방법을 의미한다. 일원배치 분산분석은 일원분류 분산분석 또는 일원배치법(One-way Layout)이라고도 한다.

분산분석의 수리적 과정을 살펴보기 전에, 먼저 분산을 분석하여 세 개 이상의 모평균의 동일성을 검정하는 논리를 이해하여 보자.

예를 들어, 서로 독립인 세 개의 정규모집단의 모평균을 μ_1, μ_2, μ_3라고 하자. 이 경우 모평균의 동일성검정의 영가설은 다음과 같다.

$$H_0 : \mu_1 = \mu_2 = \mu_3$$

이와 같은 영가설은 다음을 동시에 검정하는 것과 같다.

$$H_0 : \mu_1 = \mu_2 ,\ H_0 : \mu_1 = \mu_3,\ H_0 : \mu_2 = \mu_3$$

즉, 8장에서 배운 두 모평균의 동일성검정을 세 번 수행하는 것과 같다고 볼 수 있다. 그러나 여기서 문제점은 우리에게 허용된 유의수준은 α로 고정되어 있다는 것이다. 그렇다면 위의 세 가지 가설검정을 할 때, 각각 유의수준을 $\alpha/3$씩 부여하여 전체 유의수준을 유지하도록 한다고 주장할 수도 있으나, 각 검정에서의 유의수준이 $\alpha/3$로 작아지면 지나치게 보수적인 (conservative) 검정이 되는 문제가 발생한다. 즉, 영가설을 기각하는 경우가 너무 드물게 된다. 이러한 문제점을 극복하고 세 모평균의 동일성을 한 번에 검정할 수 있도록 해주는 것이 분산분석이다. 예를 들어, $\{9, 10, 11\}$이라는 자료와 $\{5, 10, 15\}$라는 자료를 보면 두 자료 모두 평균은 10으로 같으나 분산에 있어서 차이가 나는 것을 쉽게 알 수 있다. 즉, {9, 10, 11} 자료에 비해 {5, 10, 15} 자료의 분산이 상대적으로 커진다. 이처럼 분산의 분석을 통하여 어떤 경우에 이 세 값들이 통계적으로 서로 다르다고 할 수 있는지 그 기준을 정해 주는 것이며, 따라서 분산분석은 서로 독립인 세 개 이상의 모집단의 모평균의 동일성검정 방법으로 정의된다.

이제 가장 단순하고 기초적인 분산분석법으로, 실험에서 고려하는 요인이 하나인 일원배치 분산분석에 대하여 배워 보자.

9.2.1 일원배치 분산분석의 개요

실험에서 비교하고자 하는 k개($k \geq 3$)의 처리가 있을 때, 각 처리에 대한 반응은 모평균이 $\mu_i\,(i=1,\,2,\,\cdots,\,k)$이고 모분산이 σ^2인 정규분포를 따른다고 가정하자. 즉, 각 처리에 대한 반응의 분포가 $N(\mu_i,\,\sigma^2)$, $i=1,2,\,\cdots,\,k$라고 가정하자. 여기서, 등분산의 가정이 적용되어 있음에 유의하여야 한다.

이러한 경우에 k개의 각 처리집단에서 $n_i\,(i=1,\,2,\,\cdots,\,k)$개의 표본을 관측하여 $H_0:\ \mu_1 = \cdots = \mu_k$를 검정하는 것이 일원배치 분산분석이다. 만약 $n_i = n\ (i=1,\,2,\,\cdots,\,k)$인 경우, 즉 등 반복의 경우에 실험설계와 해석이 용이해지는 것은 당연하다. 8장에서 배운 바와 같이, $k=2$인 경우에는 영가설 $H_0 : \mu_1 = \mu_2$에 대하여 세 가지 대립가설 $H_1 : \mu_1 > \mu_2$, $H_1 : \mu_1 < \mu_2$, $H_1 : \mu_1 \neq \mu_2$이 설정 가능하였으나, $k \geq 3$인 경우에는 대립가설을 이렇게 설정하는 것이 불가능하기 때문에 대립가설은 영가설이 아닌 모든 경우를 포함하는 '$H_1 : H_0$가 사실이 아님'이라고 설정한다. 만약 분산분석을 통해 검정한 결과, 영가설이 기각되면 그 다음 관심사는 서로 다 같지는 않은데 그 중에서 어떤 것끼리는 같다고 볼 수 있는지에 관한 것이 되며, 이러한 것을 검정하는 절차를 다중비교(multiple comparison)라고 한다.

9.2.2 일원배치 분산분석 검정과정

실험에서 고려하는 요인이 한 개이고 요인이 k개($k \geq 3$)의 수준(level)이 있는 경우에는 앞서 설명한 바와 같이 수준과 처리가 같은 의미를 갖는다. k개($k \geq 3$)의 처리에 대한 반응은 다음과 같이 표현한다.

$$Y_{ij},\ i=1,\,2,\,\cdots,\ k,\, j=1,\,2,\,\cdots,\,n_i$$

여기서 i는 i번째 처리를 나타내며 j는 i번째 처리에 대한 j번째 관측을 나타낸다. 따라서 Y_{ij}는 i번째 처리에 대한 j번째 관측값을 의미한다. 이러한 일원배치 분산분석의 자료를 표현하면 다음과 같다.

| 표 9.1 | 일원배치 분산분석의 자료

처리			
1	2	$\cdots$	k
Y_{11}	Y_{21}	$\cdots$	Y_{k1}
Y_{12}	Y_{22}	$\cdots$	Y_{k2}
$\vdots$	$\vdots$		$\vdots$
Y_{1n_1}	Y_{2n_2}	$\cdots$	Y_{kn_k}

앞서 언급한 바와 같이 각 처리에 대한 반응의 분포가 $N(\mu_i,\ \sigma^2),\ i=1,\ 2,\ \cdots,\ k$ 이라고 가정하였으므로 다음과 같이 나타낼 수 있다.

$$\begin{aligned} &Y_{11},\ Y_{12},\ \cdots,\ Y_{1n_1} \sim iid\ N(\mu_1,\ \sigma^2) \\ &Y_{21},\ Y_{22},\ \cdots,\ Y_{2n_2} \sim iid\ N(\mu_2,\ \sigma^2) \\ &\ \ \vdots \qquad\quad \vdots \qquad\qquad\quad \vdots \\ &Y_{k1},\ Y_{k2},\ \cdots,\ Y_{kn_k} \sim iid\ N(\mu_k,\ \sigma^2) \end{aligned}$$

또한 이들은 서로 독립이므로 이를 $N(0,\sigma^2)$을 따르는 오차항 ϵ_{ij}를 사용하여 다시 표현하면 다음과 같으며 이를 일원배치 분산분석 모형(One-Way ANOVA model)이라고 한다.

■ 일원배치 분산분석 모형

$$Y_{ij} = \mu_i + \epsilon_{ij},\quad i=1,\ 2,\ \cdots,\ k,\quad j=1,\ 2,\ \cdots,\ n_i$$
$$\epsilon_{ij} \sim iid\ \ N(0,\ \sigma^2)$$

즉, $E(\epsilon_{ij})=0$, $Var(\epsilon_{ij})=\sigma^2$이므로 $E(Y_{ij})=\mu_i$, $Var(Y_{ij})=\sigma^2$을 쉽게 확인할 수 있다. 또한 $E(Y_{ij})=\mu_i$는 다음과 같이 표현할 수 있다.

$$E(Y_{ij}) = \mu_i = \mu + \tau_i$$

여기서 μ는 '전체 평균(overall mean)'이고, $\tau_i = \mu_i - \mu$는 i번째 처리에 대한 처리효과(treatment effect)이며 $\sum_{i=1}^{k}\tau_i = 0$이다. 따라서 이러한 내용을 적용하여 앞서 정의한 일원배치 분산분석 모형을 다시 정의하면 다음과 같고 이것이 일원배치 분산분석에서 사용할 최종 모형이 된다.

■ 일원배치 분산분석 모형

$$Y_{ij} = \mu + \tau_i + \epsilon_{ij},\quad i=1,\ 2,\ \cdots,\ k,\quad j=1,\ 2,\ \cdots,\ n_i$$
$$\epsilon_{ij} \sim iid\ \ N(0,\ \sigma^2),\ \ \sum_{i=1}^{k}\tau_i = 0$$

또한 영가설 $H_0 : \mu_1 = \mu_2 = \cdots = \mu_k$ 는 $\tau_i = \mu_i - \mu \;\; (i = 1,\, 2,\, \cdots,\, k)$를 적용하여 다음과 같이 재설정할 수 있다.

$$H_0 : \tau_1 = \tau_2 = \;\cdots\; = \tau_k \;\; (=0)$$

일원배치 분산분석에서는 모든 관측값이 서로 같지 않기 때문에 변동(variation)이 발생하게 된다. 또한 분산분석은 변동의 양을 제곱합(sum of squares: SS)으로 표현하고 원인에 따라 제곱합을 분해하여 유의성을 검정하는 방법을 뜻한다. 분산분석과정을 살펴보자.

총평균 $\overline{Y_{..}}$와 i번째 처리평균 $\overline{Y_{i.}}$를 각각 다음과 같이 정의하면

$$\overline{Y_{..}} = \frac{1}{N}\sum_{i=1}^{k}\sum_{j=1}^{n_i} Y_{ij}, \quad N = \sum_{i=1}^{k} n_i$$

$$\overline{Y_{i.}} = \frac{1}{n_i}\sum_{j=1}^{n_i} Y_{ij}$$

관측값 Y_{ij} 와 총평균 $\overline{Y_{..}}$ 와의 편차 $(Y_{ij} - \overline{Y_{..}})$는 다음과 같이 두 부분으로 나누어 표현할 수 있다.

$$(Y_{ij} - \overline{Y_{..}}) = (\overline{Y_{i.}} - \overline{Y_{..}}) + (Y_{ij} - \overline{Y_{i.}})$$

여기서 각항은 다음과 같은 의미를 가지며

$(Y_{ij} - \overline{Y_{..}})$: 각 관측치와 총평균의 차이 [총편차]

$(\overline{Y_{i.}} - \overline{Y_{..}})$: i번째 처리평균과 총평균의 차이 [처리효과편차]

$(Y_{ij} - \overline{Y_{i.}})$: i번째 처리내의 j번째 관측치와 i번째 처리평균의 차이 [오차편차]

양변의 제곱합을 구하면 다음과 같다.

$$\begin{aligned}
\sum_{i=1}^{k}\sum_{j=1}^{n_i}(Y_{ij} - \overline{Y_{..}})^2 &= \sum_{i=1}^{k}\sum_{j=1}^{n_i}[\,(\overline{Y_{i.}} - \overline{Y_{..}}) + (Y_{ij} - \overline{Y_{i.}})\,]^2 \\
&= \sum_{i=1}^{k}\sum_{j=1}^{n_i}(\overline{Y_{i.}} - \overline{Y_{..}})^2 + \sum_{i=1}^{k}\sum_{j=1}^{n_i}(Y_{ij} - \overline{Y_{i.}})^2 \\
&= \sum_{i=1}^{k} n_i(\overline{Y_{i.}} - \overline{Y_{..}})^2 + \sum_{i=1}^{k}\sum_{j=1}^{n_i}(Y_{ij} - \overline{Y_{i.}})^2
\end{aligned}$$

여기서 총제곱합 SST, 처리제곱합 SS_{Trt}, 오차제곱합 SSE를 각각 다음과 같이 정의하면

$$SST \;= \sum_{i=1}^{k}\sum_{j=1}^{n_i}(Y_{ij} - \overline{Y_{..}})^2$$

$$SS_{Trt} = \sum_{i=1}^{k} n_i(\overline{Y_{i.}} - \overline{Y_{..}})^2$$

$$SSE = \sum_{i=1}^{k}\sum_{j=1}^{n_i}(Y_{ij} - \overline{Y_{i.}})^2$$

위 식은 다음과 같이 표현된다.

$$SST = SS_{Trt} + SSE$$

또한 각 제곱합은 다음과 같은 간편식을 사용하면 계산이 편리하다.

$$CM = \frac{1}{N}\left\{\sum_{i=1}^{k}\sum_{j=1}^{n_i} Y_{ij}\right\}^2, \quad Y_{i.} = \sum_{j=1}^{n_i} Y_{ij}$$

$$SST = \sum_{i=1}^{k}\sum_{j=1}^{n_i} Y_{ij}^2 - CM, \quad SS_{Trt} = \sum_{i=1}^{k}\frac{Y_{i.}^2}{n_i} - CM$$

$$SSE = SST - SS_{Trt}$$

분산분석을 하기 위해서는 세 개의 제곱합 SST, SS_{Trt}, SSE의 자유도를 구해야 하는데, 이 경우에 자유도는 '제곱한 편차의 수 − 제약식의 수'로 표현되므로 SST, SS_{Trt}, SSE의 자유도는 각각 다음과 같이 구할 수 있다. (* 자유도는 쉽지 않은 개념이므로 여기서는 그 결과를 기억하고 사용하여도 된다.)

$$d.f(SST) = N-1 = \sum_{i=1}^{k} n_i - 1: \text{ 제곱한 편차의 수 − 제약식의 수}$$

$$\text{제약식: } \overline{Y_{..}} = \frac{1}{N}\sum_{i=1}^{k}\sum_{j=1}^{n_i} Y_{ij}, \quad N = \sum_{i=1}^{k} n_i$$

$$d.f(SS_{Trt}) = k-1: \text{ 제곱한 편차의 수 − 제약식의 수}$$

$$\text{제약식: } \overline{Y_{i.}} = \frac{1}{n_i}\sum_{j=1}^{n_i} Y_{ij}$$

$$d.f(SSE) = d.f(SST) - d.f(SS_{trt}) = (N-1) - (k-1) = N-k$$

제곱합을 자유도로 나눈 것을 평균제곱(mean squares; MS)이라고 하는데, 처리평균제곱 MS_{Trt}과 오차평균제곱 MSE는 각각 다음과 같다.

$$MS_{Trt} = \frac{SS_{Trt}}{d.f} = \frac{SS_{Trt}}{k-1}, \quad MSE = \frac{SSE}{d.f} = \frac{SSE}{N-k}$$

이렇게 정의된 평균제곱을 사용하여 영가설 $H_0: \tau_1 = \tau_2 = \cdots = \tau_k (= 0)$을 검정하기 위한 검정통계량을 유도하여 보자.

$Y_{ij} \sim N(\mu + \tau_i,\ \sigma^2)$로부터, 영가설 $H_0: \tau_1 = \tau_2 = \cdots = \tau_k$ 하에서

$$Y_{ij} \sim N(\mu,\ \sigma^2), \quad \overline{Y_{i.}} \sim N(\mu,\ \sigma^2/n_i)$$

이고 전체평균 μ의 추정량은 $\hat{\mu} = \overline{Y_{..}}$ 이다.

제곱합의 분해 $SST = SS_{Trt} + SSE$ 로부터 양변을 σ^2 으로 나누면 다음이 성립함을 쉽게 알 수 있다.

$$\frac{SST}{\sigma^2} = \frac{SS_{Trt}}{\sigma^2} + \frac{SSE}{\sigma^2}$$

여기서 각 항이 다음과 같이 카이제곱분포를 따르는 것이 알려져 있다(증명은 이 책의 수준을 상회하므로 생략한다).

$$\begin{aligned}\frac{SST}{\sigma^2} &= \frac{1}{\sigma^2}\sum_{i=1}^{k}\sum_{j=1}^{n_i}(Y_{ij} - \overline{Y_{..}})^2 \\ &= \sum_{i=1}^{k}\sum_{j=1}^{n_i}\left(\frac{Y_{ij} - \overline{Y_{..}}}{\sigma}\right)^2 \sim \chi_r^2,\ \ r = \sum_{i=1}^{k} n_i - 1 = N-1\end{aligned}$$

$$\frac{SS_{Trt}}{\sigma^2} = \sum_{i=1}^{k}\frac{n_i}{\sigma^2}(\overline{Y_{i.}} - \overline{Y_{..}})^2 = \sum_{i=1}^{k}\left(\frac{\overline{Y_{i.}} - \overline{Y_{..}}}{\sigma/\sqrt{n_i}}\right)^2 \sim \chi_{k-1}^2 \ \text{(영가설하에서)}$$

$$\frac{SSE}{\sigma^2} \sim \chi_{N-k}^2$$

위와 같은 통계적 사실을 바탕으로 영가설 $H_0 : \tau_1 = \tau_2 = \cdots = \tau_k$하에서의 검정통계량 T_0는 F-분포의 정의에 따라 다음과 같이 구할 수 있다.

$$T_0 = \frac{\dfrac{SS_{Trt}}{\sigma^2}/(k-1)}{\dfrac{SSE}{\sigma^2}/(N-k)} = \frac{MS_{Trt}}{MSE} \sim F_{k-1,\,N-k}$$

만약 유의수준 α하에서 $T_0 > F_{\alpha,\,k-1,\,N-k}$이면 H_0를 기각하여 모든 처리효과가 같지는 않다고 결론을 내리고, 사후검정으로 다중비교를 시행하게 된다. 또한 유의수준 α하에서 $T_0 \le F_{k-1,\,N-k,\,\alpha}$이면 H_0를 채택하여 모든 처리효과가 같다고 결론을 내리고 분석을 마치게 된다.

분산분석의 결과는 다음과 같은 분산분석표로 요약한다.

표 9.2 | 일원배치 분산분석표

원인	제곱합	자유도	평균제곱	T_0
처리	SS_{Trt}	$k-1$	MS_{Trt}	$T_0 = \dfrac{MS_{Trt}}{MSE}$
오차	SSE	$N-k$	MSE	
총합	SST	$N-1$		

예 9.1

네 가지 사료 A, B, C, D의 비육효과를 비교하기 위해 동일한 조건의 새끼 돼지 36마리를 임의로 9마리씩 4개 그룹으로 나누고, 각 그룹에 네 가지 사료 A, B, C, D를 임의로 배정하여 1년 동안 기른 후 돼지의 체중을 측정한 자료가 다음과 같다. 단, 1년 동안에 질병으로 폐사한 돼지가 있어 1년 후 사료마다 측정된 돼지의 수가 같지는 않았다. 돼지 체중이 정규분포를 따른다고 할 때, 다음 자료를 근거로 네 가지 사료의 비육효과가 같다고 할 수 있는지 $\alpha = 0.05$ 에서 검정하여 보자.

사료	1년 후 체중						
A	65	81	73	79	87	69	
B	72	75	69	79	81	83	90
C	67	62	59	78	76	83	
D	89	80	94	88			

풀이 영가설과 대립가설은 다음과 같다.

H_0: 네 가지 사료의 비육효과에 차이가 없다. 즉, H_0: $\tau_A = \tau_B = \tau_C = \tau_D$

H_1: 네 가지 사료의 비육효과에 차이가 있다.

이 자료에 대한 분산분석표는 다음과 같다.

원인	제곱합	자유도	평균제곱	T_0
처리	712.6	3	237.5	3.77
오차	1196.6	19	63.0	
총합	1909.2	22		

부록의 F-분포표로부터 $F_{3,19,0.05} = 3.13$이고 $T_0 = 3.77 > F_{3,19,0.05} = 3.13$이므로 영가설은 기각된다. 즉, $\alpha = 0.05$일 때 네 가지 사료의 비육효과가 동일하다고 볼 수 없다.

■ 등반복의 경우

앞서 언급한 바와 같이 등반복인 경우, 즉 $n_i = n$, $i = 1, 2, \cdots, k$인 경우에는 분산분석과정이 상대적으로 간단해진다. 이를 요약하면 다음과 같다. 그러나 **예 9.1**에서와 같이 처음에는 등반복으로 실험을 계획하여 균형자료(balanced data)를 예상하였으나 중도이탈 등의 이유로 인해 최종 자료는 불균형자료(imbalanced data)가 관측되는 경우가 있으므로 앞서 배운 반복수가 다른 경우가 더 일반적인 경우라고 할 수 있다.

- 등반복의 경우 일원배치 분산분석모형

$$Y_{ij} = \mu + \tau_i + \epsilon_{ij}$$

$$\epsilon_{ij} \sim iid\ N(0,\ \sigma^2),\quad i=1, 2, \cdots, k,\quad j=1, 2,\ \cdots,\ n$$

- 제곱합

$$SST = \sum_{i=1}^{k}\sum_{j=1}^{n}(Y_{ij} - \overline{Y_{..}})^2$$

$$SS_{Trt} = \sum_{i=1}^{k}\sum_{j=1}^{n}(\overline{Y_{i.}} - \overline{Y_{..}})^2 = n\sum_{i=1}^{k}(\overline{Y_{.}} - \overline{Y_{..}})^2$$

$$SSE = \sum_{i=1}^{k}\sum_{j=1}^{n}(Y_{ij} - \overline{Y_{i.}})^2$$

- 전체 표본의 수 $N = \sum_{i=1}^{k} n_i = \sum_{i=1}^{k} n = kn$

- 평균제곱

$$MS_{Trt} = \frac{SS_{Trt}}{d.f} = \frac{SS_{Trt}}{k-1},\quad MSE = \frac{SSE}{d.f} = \frac{SSE}{N-k} = \frac{SSE}{k(n-1)}$$

- 일원배치 분산분석표

원인	제곱합	자유도	평균제곱	T_0
처리	SS_{Trt}	$k-1$	MS_{Trt}	$T_0 = \frac{MS_{Trt}}{MSE}$
오차	SSE	$k(n-1)$	MSE	
총합	SST	$kn-1$		

유의수준 α하에서 $T_0 > F_{k-1,\ k(n-1),\ \alpha}$이면 H_0를 기각

예 9.2

서로 다른 세 가지 강의방법 – (1) 주입식, (2) 토론식, (3) 실습병행 – 의 학습효과를 연구하고자 한다. 다음 자료는 통계학과 신입생 30명을 임의로 10명씩 세 그룹으로 나눈 후, 8주 동안 세 가지 강의방법으로 교육을 실시하고 시험을 치러 얻은 성적이다. 강의방법에 따라 학습효과가 서로 다른가를 유의수준 5%에서 검정하여 보자. 단, 강의방법 이외의 나머지 조건은 모두 동일하다고 가정한다.

강의방법	시험 성적									
(1)	90	82	70	71	81	75	100	75	87	51
(2)	93	94	80	88	92	80	73	82	77	93
(3)	55	48	62	43	57	86	58	79	85	76

풀이 영가설과 대립가설은 다음과 같다.

H_0: 세 가지 강의방법의 학습효과에 차이가 없다. 즉, H_0: $\tau_1 = \tau_2 = \tau_3$

H_1: 세 가지 강의방법의 학습효과에 차이가 있다.

이 자료에 대한 분산분석표는 다음과 같다.

원인	제곱합	자유도	평균제곱	T_0
처리	2127	2	1063	6.71
오차	4280	27	159	
총합	6407	29		

부록의 F-분포표로부터 $F_{2,27,0.05} = 3.35$이고 영가설하에서 검정통계량의 값은 6.71이므로 유의수준 $\alpha = 0.05$ 하에서 영가설을 기각하고, 강의방법에 따라 학습효과에 차이가 있다고 결론을 내린다.

9.3 랜덤화 블록계획법의 분산분석

9.3.1 랜덤화 블록계획법의 개요

앞서 설명한 바와 같이 완전확률화 계획법에서는 처리를 받는 대상들이 동질적인 경우를 전제로 한다. 그렇다면 처리를 받는 대상들이 이질적인 경우에는 어떻게 실험을 설계하는 것이 합리적일까? 이러한 경우에 사용하는 방법이 랜덤화 블록계획법이다. 즉, 랜덤화 블록계획법은 처리를 받는 대상들이 상당히 이질적인 경우에 완전확률화 계획법을 적용하여 생길 수 있는 오류를 줄이기 위한 방법이며, 서로 이질적인 대상들을 동질적인 것들로 분류하여 블록을 만든 후에 각 블록 내에서 완전확률화 계획법을 실행하여 각 처리의 고유 효과를 제대로 검정하기 위한 실험계획법이다. 물론, 실험단위의 동질성이 보장된다면 블록계획법을 사용할 필요는 없다.

예를 들어, **예 9.1**에서 만약 새끼 돼지 36마리가 서로 다른 3마리의 어미 돼지가 각각 낳은 12마리의 새끼 돼지들이라 하면, 돼지의 발육 정도가 어미 돼지로부터의 유전적 요인에 영향을 받는다고 할 때 이들은 동질적이라고 볼 수 없다. 이러한 경우에, 36마리 새끼 돼지를 임의로 9마리씩 4개 그룹으로 나누었을 때, 특정한 어미 돼지의 새끼가 한 그룹에 많이 배정되어 사료의 효과를 왜곡시킬 수 있다. 따라서 이러한 경우에는, 각 어미 돼지를 블록으로 하여 3개의 블록을 만든 후, 각 블록 내에서 3마리씩 4개의 그룹으로 나누고 네 가지 사료를 랜덤하게 배정하는 것이 더욱 합리적이라고 할 수 있다.

이와 같이 랜덤화 블록계획법은 이질적인 처리 대상을 동질적인 것끼리 나누어 블록을 만들고, 각 블록 내에서 처리를 랜덤하게 배정하여 실시하는 실험계획법이다. 따라서 랜덤화 블록계획법에서 각 개체의 반응에 미치는 효과는 처리효과와 블록효과(block effect)로 나뉜다. 일반적으로 랜덤화 블록계획법의 분산분석에서는 처리효과와 블록효과를 모두 검정하지만, 이 책에서는 '블록화 실험계획에서는 본질적으로 블록요인의 효과검정이 불가능하고 의미가 없다.'는 Hinkelman & Kempthorne(1994)의 연구결과에 근거하여 처리효과에 대한 검정과정만을 다루기로 한다.

9.3.2 랜덤화 블록계획법의 검정과정

가장 간단한 블록계획법의 경우를 통해 블록계획법을 적용하여 처리효과에 대한 가설검정 과정이 어떻게 전개되는지를 살펴보자. 즉, 처리의 수가 t이고 블록의 수가 b이며 각 처리와 블록의 조합에는 한 개의 관측값만 있는 경우를 고려하자.

블록계획법에서 반응은 다음과 같이 표현한다.

$$Y_{ij}, \quad i = 1, 2, \cdots, t, \quad j = 1, 2, \cdots, b$$

여기서 i는 i번째 처리를 나타내며 j는 i번째 블록을 나타낸다. 따라서 Y_{ij}는 i번째 처리에 대한 j번째 블록에서의 관측값을 의미한다. 이러한 블록계획법의 자료를 표현하면 다음과 같다.

| 표 9.3 | 반복이 없는 블록계획법의 자료

블록 \ 처리	1	2	$\cdots$	t	합	평균
1	Y_{11}	Y_{21}	$\cdots$	Y_{t1}	$Y_{\cdot 1}$	$\overline{Y}_{\cdot 1}$
2	Y_{12}	Y_{22}	$\cdots$	Y_{t2}	$Y_{\cdot 2}$	$\overline{Y}_{\cdot 2}$
$\vdots$	$\vdots$	$\vdots$	$\vdots$	$\vdots$	$\vdots$	$\vdots$
b	Y_{1b}	Y_{2b}	$\cdots$	Y_{tb}	$Y_{\cdot b}$	$\overline{Y}_{\cdot b}$
합	$Y_{1\cdot}$	$Y_{2\cdot}$	$\cdots$	$Y_{t\cdot}$	$Y_{\cdot\cdot}$	
평균	$\overline{Y}_{1\cdot}$	$\overline{Y}_{2\cdot}$	$\cdots$	$\overline{Y}_{t\cdot}$		$\overline{Y}_{\cdot\cdot}$

표 9.3에서 처리와 블록에 대한 합과 평균을 수식으로 표현하면 다음과 같다.

i번째 처리의 합 $\quad : \; Y_{i\cdot} = \sum_{j=1}^{b} Y_{ij}, \quad i = 1, 2, \cdots, t$

i번째 처리의 평균 : $\overline{Y_i}. = \frac{1}{b}\sum_{j=1}^{b} Y_{ij},\ i = 1, 2, \cdots, t$

j번째 블록의 합 : $Y._j = \sum_{i=1}^{t} Y_{ij},\ j = 1, 2, \cdots, b$

j번째 블록의 평균 : $\overline{Y._j} = \frac{1}{t}\sum_{i=1}^{t} Y_{ij},\ i = 1, 2, \cdots, t$

관측값의 총합 : $Y.. = \sum_{i=1}^{t}\sum_{j=1}^{b} Y_{ij}$

관측값의 총평균 : $\overline{Y}.. = \frac{1}{tb}\sum_{i=1}^{t}\sum_{j=1}^{b} Y_{ij}$

반복이 없는 랜덤화 블록계획법의 모형은 처리와 블록(block)에 대한 항이 모형에 포함되며 오차항 ϵ_{ij}를 사용하여 다음과 같이 표현된다. 이를 랜덤화 블록계획 모형(randomized block design model)이라고 한다.

■ 랜덤화 블록계획 모형

$$Y_{ij} = \mu + \tau_i + \beta_j + \epsilon_{ij},$$

$$\epsilon_{ij} \sim iid\ N(0,\ \sigma^2),\quad i = 1, 2, \cdots, t,\quad j = 1, 2, \cdots, b$$

여기서 μ는 전체 평균이고, $\tau_i = \mu_i - \mu$는 i번째 처리에 대한 처리효과이며 $\sum_{i=1}^{k}\tau_i = 0$이다. 또한 β_j는 블록효과를 의미하는데 일반적으로 β_j는 $\beta_j \sim iid\ N(0,\ \sigma_b^2)$인 랜덤요인으로 간주하며 처리효과의 검정과는 무관하다.

랜덤화 블록계획법의 분산분석에서는 일원배치 분산분석에서와 유사하게 변동의 양을 제곱합(SS)으로 표현하고 원인에 따라 제곱합을 분해하여 유의성을 검정한다. 그 과정을 살펴보자.

총평균 $\overline{Y_{..}}$, 처리평균 $\overline{Y_{i.}}$를 각각 다음과 같이 정의하면

$$\overline{Y_{..}} = \frac{1}{N}\sum_{i=1}^{k}\sum_{j=1}^{n_i} Y_{ij},\quad N = \sum_{i=1}^{k} n_i$$

$$\overline{Y_{i.}} = \frac{1}{n_i}\sum_{j=1}^{n_i} Y_{ij}$$

관측값 Y_{ij}와 총평균 $\overline{Y_{..}}$와의 편차 $(Y_{ij} - \overline{Y_{..}})$는 앞서 정의한 처리와 블록의 합과 평균을 사용하여 다음과 같이 세 부분으로 나누어 표현할 수 있다.

$$(Y_{ij} - \overline{Y_{..}}) = (\overline{Y_{i.}} - \overline{Y_{..}}) + (\overline{Y_{.j}} - \overline{Y_{..}}) + (Y_{ij} - \overline{Y_{i.}} - \overline{Y_{.j}} + \overline{Y_{..}})$$

여기서 각항은 다음과 같은 의미를 가지며

$(Y_{ij} - \overline{Y_{..}})$: 각 관측치와 총평균의 차이 [총편차]

$(\overline{Y_{.j}} - \overline{Y_{..}})$: i 번째 처리평균과 총평균의 차이 [처리효과편차]

$(\overline{Y_{.j}} - \overline{Y_{..}})$: j 번째 블록평균과 총평균의 차이 [블록효과편차]

$(Y_{ij} - \overline{Y_{i.}} - \overline{Y_{.j}} + \overline{Y_{..}})$: 총편차에서 처리효과 편차와 블록효과편차를 뺀 차이 [오차편차]

양변의 제곱합을 구하면 다음과 같다.

$$\begin{aligned}\sum_{i=1}^{t}\sum_{j=1}^{b}(Y_{ij} - \overline{Y_{..}})^2 &= \sum_{i=1}^{t}\sum_{j=1}^{b}(\overline{Y_{i.}} - \overline{Y_{..}})^2 + \sum_{i=1}^{t}\sum_{j=1}^{b}(\overline{Y_{.j}} - \overline{Y_{..}})^2 \\ &\quad + \sum_{i=1}^{t}\sum_{j=1}^{b}(Y_{ij} - \overline{Y_{i.}} - \overline{Y_{.j}} + \overline{Y_{..}})^2 \\ &= b\sum_{i=1}^{t}(\overline{Y_{i.}} - \overline{Y_{..}})^2 + t\sum_{j=1}^{b}(\overline{Y_{.j}} - \overline{Y_{..}})^2 \\ &\quad + \sum_{i=1}^{t}\sum_{j=1}^{b}(Y_{ij} - \overline{Y_{i.}} - \overline{Y_{.j}} + \overline{Y_{..}})^2\end{aligned}$$

여기서 총제곱합 SST, 처리제곱합 SS_{Trt}, 블록제곱합 SS_B, 오차제곱합 SSE 를 각각 다음과 같이 정의하면

$$\begin{aligned}SST &= \sum_{i=1}^{t}\sum_{j=1}^{b}(Y_{ij} - \overline{Y_{..}})^2 \\ SS_{Trt} &= \sum_{i=1}^{t}\sum_{j=1}^{b}(\overline{Y_{i.}} - \overline{Y_{..}})^2 = b\sum_{i=1}^{t}(\overline{Y_{i.}} - \overline{Y_{..}})^2 \\ SS_B &= \sum_{i=1}^{t}\sum_{j=1}^{b}(\overline{Y_{.j}} - \overline{Y_{..}})^2 = t\sum_{j=1}^{b}(\overline{Y_{.j}} - \overline{Y_{..}})^2 \\ SSE &= \sum_{i=1}^{t}\sum_{j=1}^{b}(Y_{ij} - \overline{Y_{i.}} - \overline{Y_{.j}} + \overline{Y_{..}})^2\end{aligned}$$

위 식은 다음과 같이 표현된다.

$$SST = SS_{Trt} + SS_B + SSE$$

또한 각 제곱합은 다음과 같은 간편식을 사용하면 계산이 편리하다.

$$CM = \frac{1}{tb}\left\{\sum_{i=1}^{t}\sum_{j=1}^{b}Y_{ij}\right\}^2,\quad Y_{i.} = \sum_{j=1}^{b}Y_{ij},\quad Y_{.j} = \sum_{i=1}^{t}Y_{ij}$$

$$SST = \sum_{i=1}^{t}\sum_{j=1}^{b}Y_{ij}^2 - CM,\quad SS_{Trt} = \frac{1}{b}\sum_{i=1}^{t}Y_{i.}^2 - CM$$

$$SS_B = \frac{1}{t}\sum_{j=1}^{b} Y._i^2 - CM, \ SSE = SST - SS_{Trt}$$

분산분석을 하기 위해 네 개의 제곱합 SST, SS_{Trt}, SS_B, SSE의 자유도를 구해야 하는데, 이 경우에 자유도는 앞서 일원배치 분산분석법에서 설명한 방법을 통해 다음과 같이 구할 수 있다.

$$d.f(SST) = N-1 = tb-1, \ d.f(SS_{Trt}) = t-1, \ d.f(SS_B) = b-1$$
$$d.f(SSE) = d.f(SST) - d.f(SS_{trt}) - d.f(SS_B) = (t-1)(b-1)$$

또한 각 제곱합을 자유도로 나눈 평균제곱(MS)은 각각 다음과 같다.

$$MS_{Trt} = \frac{SS_{Trt}}{d.f} = \frac{SS_{Trt}}{t-1}, \ MS_B = \frac{SS_B}{d.f} = \frac{SS_B}{b-1},$$
$$MSE = \frac{SSE}{d.f} = \frac{SSE}{(t-1)(b-1)}$$

이렇게 정의된 평균제곱을 사용하여 영가설 $H_0: \tau_1 = \tau_2 = \cdots = \tau_t (=0)$을 검정하기 위한 검정통계량을 유도하는 과정을 간략히 설명하면 다음과 같다. 기본적인 논리는 앞서 배운 일원배치 분산분석 모형에 대한 것과 유사하므로 여기서는 자세한 설명을 생략하고 간략하게 설명하기로 한다.

제곱합의 분해 $SST = SS_{Trt} + SS_B + SSE$로부터 양변을 σ^2으로 나누면 다음이 성립함을 쉽게 알 수 있으며

$$\frac{SST}{\sigma^2} = \frac{SS_{Trt}}{\sigma^2} + \frac{SS_B}{\sigma^2} + \frac{SSE}{\sigma^2}$$

여기서 각 항이 다음과 같이 카이제곱분포를 따르는 것이 알려져 있다.

$$\frac{SST}{\sigma^2} \sim \chi^2_{tb-1}$$
$$\frac{SS_{Trt}}{\sigma^2} \sim \chi^2_{t-1}$$
$$\frac{SS_B}{\sigma^2} \sim \chi^2_{b-1}$$
$$\frac{SSE}{\sigma^2} \sim \chi^2_{(t-1)(b-1)}$$

위와 같은 통계적 사실을 바탕으로 영가설 $H_0: \tau_1 = \tau_2 = \cdots = \tau_k$하에서의 검정통계량 T_0은 F-분포의 정의에 따라 다음과 같이 구할 수 있다.

$$T_0 = \frac{\dfrac{SS_{Trt}}{\sigma^2}/(t-1)}{\dfrac{SSE}{\sigma^2}/(t-1(b-1)} = \frac{MS_{Trt}}{MSE} \sim F_{t-1,\,(t-1)(b-1)}$$

만약 유의수준 α하에서 $T_0 > F_{\alpha,\,t-1,\,(t-1)(b-1)}$이면 H_0를 기각하여 모든 처리효과가 같지는 않다고 결론을 내리고, 사후검정으로 다중비교를 시행하게 된다. 또한 유의수준 α하에서 $T_0 \le F_{t-1,\,(t-1)(b-1),\,\alpha}$이면 H_0를 채택하여 모든 처리효과가 같다고 결론을 내리고 분석을 마치게 된다.

분산분석의 결과는 다음과 같은 분산분석표로 요약한다.

| 표 9.4 | 랜덤화 블록계획법 분산분석표

원인	제곱합	자유도	평균제곱	T_0
처리	SS_{Trt}	$t-1$	MS_{Trt}	$T_0 = \dfrac{MS_{Trt}}{MSE}$
블록	SS_B	$b-1$	MS_B	
오차	SSE	$(t-1)(b-1)$	MSE	
총합	SST	$bt-1$		

예 9.3

배기량이 비슷한 차종에 따라 연비(연료 1리터당 주행거리)에 차이가 있는지를 알아보기 위해 배기량이 같은 세 종류의 차량 A, B, C를 10명의 운전자 D_1, D_2, $\cdots$, D_{10}에게 같은 경로를 운전하도록 하였다. 자동차의 연비는 운전자의 경험이나 운전습관에 영향을 받을 수 있으므로 공정한 비교를 위해 각 운전자가 세 종류의 차를 모두 주행하여 연비를 측정하여 얻은 결과가 다음과 같았다. 차종에 따라 연비에 차이가 있는지 유의수준 5%에서 검정하여 보자.

차종 \ 운전자	D_1	D_2	D_3	D_4	D_5	D_6	D_7	D_8	D_9	D_{10}
A	14.8	11.6	11.3	11.4	12.9	11.5	12.4	10.5	13.4	11.9
B	13.3	10.4	10.3	9.2	8.4	11.5	10.0	11.2	11.0	13.7
C	13.1	10.5	9.1	10.8	12.5	10.0	8.6	12.4	9.2	10.5

풀이 세 차종의 연비 효과를 τ_A, τ_B, τ_C라고 하면 영가설과 대립가설은 다음과 같다.

$$H_0\colon\ \tau_A = \tau_B = \tau_C$$

$H_1\colon\ \tau_A$, τ_B, τ_C가 모두 같지는 않다.

제곱합, 평균제곱, 영가설하의 검정통계량을 계산하면 분산분석표는 다음과 같다.

원인	제곱합	자유도	평균제곱	T_0
처리(차종)	13.05	2	6.53	$T_0 = \dfrac{6.53}{1.76} = 3.70$
블록(운전자)	28.56	9	3.17	
오차	31.74	18	1.76	
총합	73.35	29		

부록의 F-분포표로부터 $F_{2,18,0.05} = 3.55$ 이고 영가설하에서 검정통계량의 값은 3.70 이므로 유의수준 $\alpha = 0.05$ 하에서 영가설을 기각하고, 차종에 따라 연비 효과에 차이가 있다고 결론을 내린다. ▩

9.4 R 실습

```
### library
library(dplyr)
library(agricolae)
```

9.4.1 일원배치 분산분석

예 9.1에 주어진 네 가지 사료에 대한 비육효과를 검정하여 보자.

```
1 ### 예 9-1
2 # 자료 입력
3 weight <-
  c(65,81,73,79,87,69,72,75,69,79,81,83,90,67,62,59,78,76,83,89,80,94,88)
4 group <- rep(c("A","B","C","D"), c(6,7,6,4))
5 df <- data.frame(weight, group)
```

3줄: 돼지의 체중을 차례로 입력하여 weight 변수에 저장한다.
4줄: 체중의 순서에 맞게 사료의 종류를 차례로 입력하여 group 변수에 저장한다.
5줄: data.frame() 함수를 이용하여 weight와 group을 df 변수에 저장한다.

주어진 자료가 csv 형식의 파일로 저장되어 있는 경우에는 read.csv() 함수를 이용하여 자료를 불러온다. 파일에는 아래와 같은 형식으로 모든 값이 저장되어 있어야 한다.

```
weight,group
65,A
81,A
73,A
79,A
87,A
69,A
72,B
75,B
69,B
79,B
81,B
83,B
90,B
67,C
62,C
59,C
78,C
76,C
83,C
89,D
80,D
94,D
88,D
```

```
1 ### CSV 파일에 있는 자료 읽기
2 df <- read.csv(choose.files())
```

2줄: read.csv() 함수를 이용하여 “예 9.1.csv” 파일의 자료를 df 변수에 저장한다. choose.files() 함수는 파일을 선택할 수 있는 탐색기를 열어서 편리하게 파일의 경로를 지정할 수 있다.

```
# 자료의 수와 변수의 수
dim(df)
```

23 2

```
# 처음 6개 자료 출력
head(df)
```

A data.frame: 6 × 2

weight	group
<dbl>	<fct>
65	A
81	A
73	A
79	A
87	A
69	A

```
# 변수별 자료 요약
summary(df)
```

```
    weight      group
Min.   :59.00   A:6
1st Qu.:70.50   B:7
Median :79.00   C:6
Mean   :77.35   D:4
3rd Qu.:83.00
Max.   :94.00
```

```
# 그룹별 상자그림
plot(weight ~ group, data=df)
```

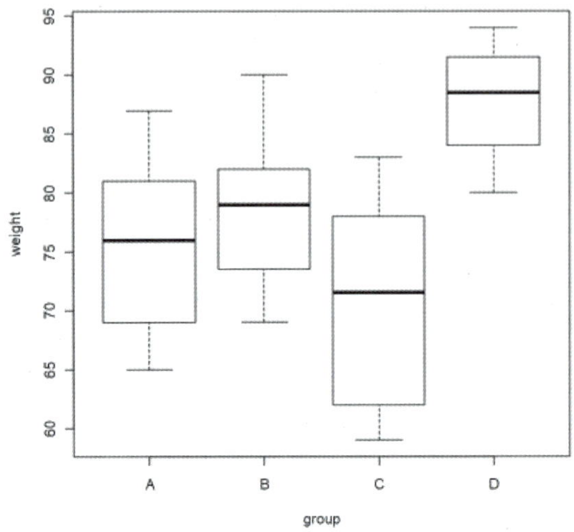


```
1 # 그룹별 평균
2 tapply(df$weight, df$group, mean)
```

A	75.6666666666667
B	78.4285714285714
C	70.8333333333333
D	87.75

2줄: tapply() 함수를 사용하여 group 변수의 사료별 weight(=체중)의 mean(=평균)을 구한다.

```
1 ###### 일원배치 분산분석
2 fit <- aov(weight ~ group, data=df)
3 # 분산분석표
4 summary(fit)
```

```
            Df Sum Sq Mean Sq F value Pr(>F)
group        3  712.6  237.53   3.771  0.028 *
Residuals   19 1196.6   62.98
---
Signif. codes:  0 '***' 0.001 '**' 0.01 '*' 0.05 '.' 0.1 ' ' 1
```

2줄: aov() 함수로 사료별 체중에 대한 분산분석을 수행한다. "weight ~ group"는 분산분석 모형을 R에서 사용하는 식으로 표현한 것이다.

4줄: 분산분석표를 확인하기 위하여 summary() 함수를 사용한다. 분산분석결과 유의수준 0.05하에서 p-value가 유의수준보다 작으므로 영가설을 기각하고, 대립가설을 채택한다. 네 가지 사료의 비육효과가 동일하다고 볼 수 없다.

8장에서 실습한 "먹이의 종류에 따른 닭의 무게 자료"인 chickwts 자료에서 6가지 먹이에 대한 비육효과가 같다고 할 수 있는지 $\alpha = 0.05$에서 검정하여 보자.

```
1 ### CSV 파일에 있는 자료 읽기
2 data.file <-
  "https://vincentarelbundock.github.io/Rdatasets/csv/datasets/chickwts.csv"
3 chickwts <- read.csv(data.file)
4 chickwts <- chickwts[-1]
```

4줄: chickwts 자료의 첫 번째 열은 자료의 순서이므로 제거 후 chickwts 변수에 다시 저장한다.

```
chickwts %>% dim()       # dim(chickwts)
```

```
71 2
```

```
chickwts %>% head()      # head(chickwts)
```

A data.frame: 6 × 2

weight	feed
<dbl>	<fct>
179	horsebean
160	horsebean
136	horsebean
227	horsebean
217	horsebean
168	horsebean

```
chickwts %>% summary()  # summary(chickwts)
```

```
    weight             feed
 Min.   :108.0   casein   :12
 1st Qu.:204.5   horsebean:10
 Median :258.0   linseed  :12
 Mean   :261.3   meatmeal :11
 3rd Qu.:323.5   soybean  :14
 Max.   :423.0   sunflower:12
```

```
# boxplot by feed
boxplot(weight ~ feed, data=chickwts)
```

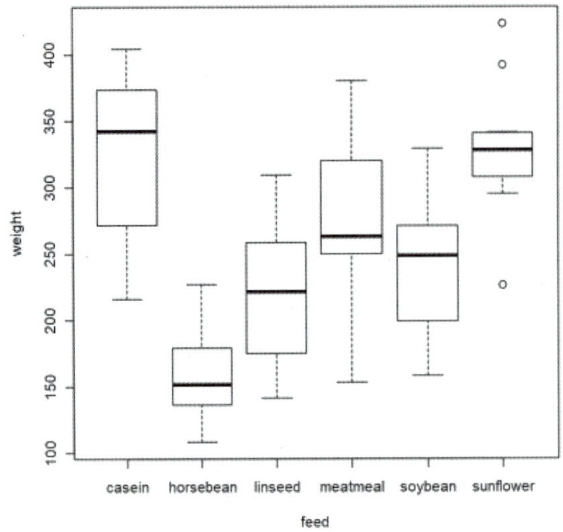


```
# 그룹별 평균
tapply(chickwts$weight, chickwts$feed, mean)
```

casein	323.583333333333
horsebean	160.2
linseed	218.75
meatmeal	276.909090909091
soybean	246.428571428571
sunflower	328.916666666667

```
1 ###### 일원배치 분산분석
2 fit <- aov(weight ~ feed, data=chickwts)
3 # 분산분석표
4 summary(fit)
```

```
            Df Sum Sq Mean Sq F value   Pr(>F)
feed         5 231129   46226   15.37 5.94e-10 ***
Residuals   65 195556    3009
---
Signif. codes:  0 '***' 0.001 '**' 0.01 '*' 0.05 '.' 0.1 ' ' 1
```

4줄: 분산분석결과 유의수준 0.05하에서 p-value가 유의수준보다 작으므로 영가설을 기각하고, 대립가설을 채택한다. 6가지 먹이의 비육효과가 동일하다고 볼 수 없다.

9.4.2 랜덤화 블록계획법의 분산분석

antigua.csv는 안타과(Antigua) 섬의 4개의 블록에서 12가지 처리에 대한 곡식의 평균 수확량을 조사한 자료이다. 처리에 따른 수확량의 차이가 있는지 유의수준 5%에서 검정하여 보자.

```
1 ### CSV 파일에 있는 자료 읽기
2 data.file <-
  "https://vincentarelbundock.github.io/Rdatasets/csv/DAAG/antigua.csv"
3 antigua <- read.csv(data.file)
4 # 랜덤화 블럭계획법의 분산분석
5 fit <- aov(harvwt ~ block + factor(trt), data=antigua)
6 # 분산분석표
7 fit %>% summary()      # summary(fit)
```

```
             Df Sum Sq Mean Sq F value Pr(>F)
block         3    4.0   1.336   0.461 0.7095
factor(trt)  11   72.3   6.570   2.268 0.0117 *
Residuals   272  787.9   2.897
---
Signif. codes:  0 '***' 0.001 '**' 0.01 '*' 0.05 '.' 0.1 ' ' 1
1 observation deleted due to missingness
```

2줄: 공개된 자료의 URL을 저장한다.

3줄: read.csv() 함수로 자료를 antigua 변수에 저장한다.

5줄: aov() 함수로 분산분석을 수행한다. 블록을 추가하는 경우 "+"를 사용하여 요인과 블록을 모형식에 포함시킨다. 분석할 자료에서 요인 또는 블록이 숫자로 되어 있는 경우에는 factor() 함수를 사용하여 이산형 자료로 변환한다.

9.5 Python 실습

```
### library
import pandas as pd
import numpy as np
from scipy import stats
from statsmodels.formula.api import ols
from statsmodels.stats import anova as aov
```

9.5.1 일원배치 분산분석

예 9.1에 주어진 네 가지 사료에 대한 비육효과를 검정하여 보자.

```
### 예 9-1
# 자료 입력
weight = [65,81,73,79,87,69,72,75,69,79,81,83,90,67,62,59,78,76,83,89,80,94,88]
group =
["A","A","A","A","A","A","B","B","B","B","B","B","B","C","C","C","C","C","C","D
","D","D","D"]
df = pd.DataFrame({"weight":weight, "group":group})
```

3줄: 돼지의 체중을 차례로 입력하여 weight 변수에 저장한다.
4줄: 체중의 순서에 맞게 사료의 종류를 차례로 입력하여 group 변수에 저장한다.
5줄: DataFrame() 함수를 이용하여 weight와 group을 df 변수에 저장한다.

주어진 자료가 csv 형식의 파일로 저장되어 있는 경우에는 **read_csv()** 함수를 이용하여 자료를 불러온다. 파일에는 아래와 같은 형식으로 모든 값이 저장되어 있어야 한다.

```
weight,group
65,A
81,A
73,A
79,A
87,A
69,A
72,B
75,B
69,B
79,B
81,B
83,B
90,B
67,C
62,C
59,C
78,C
76,C
83,C
89,D
80,D
94,D
88,D
```

```
1  ### CSV 파일에 있는 자료 읽기
2  df = pd.read_csv(easygui.fileopenbox())
```

2줄: read_csv() 함수를 이용하여 "예 9.1.csv" 파일의 자료를 df 변수에 저장한다. fileopenbox() 함수는 파일을 선택할 수 있는 탐색기를 열어서 편리하게 파일의 경로를 지정할 수 있다.

```
# 자료의 수와 변수의 수
df.shape
```

(23, 2)

```
# 처음 5개 자료 출력
df.head()
```

	weight	group
0	65	A
1	81	A
2	73	A
3	79	A
4	87	A

```
# 변수별 자료 요약
df.describe()
```

	weight
count	23.000000
mean	77.347826
std	9.315718
min	59.000000
25%	70.500000
50%	79.000000
75%	83.000000
max	94.000000

```
# 그룹별 상자그림
df.boxplot(column='weight', by='group', grid=False)
```

```
<matplotlib.axes._subplots.AxesSubplot at 0x1a7ad3aed08>
```

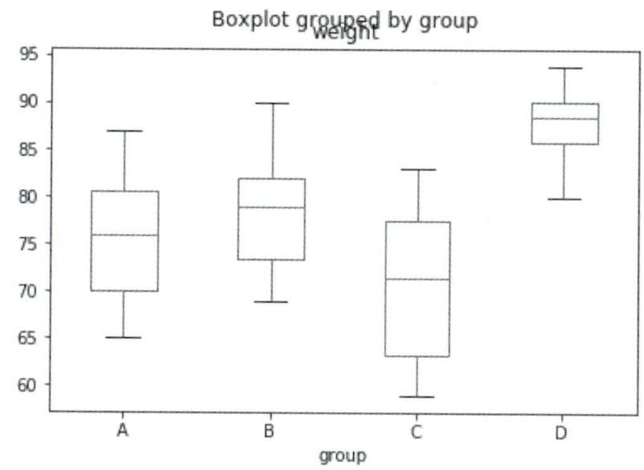


```
1 # 그룹별 평균
2 df.groupby(['group'])['weight'].mean()
```

```
group
A    75.666667
B    78.428571
C    70.833333
D    87.750000
Name: weight, dtype: float64
```

2줄: groupby() 함수를 사용하여 group 변수의 사료별 weight(=체중)의 mean(=평균)을 구한다.

```
1 ###### 일원배치 분산분석
2 fit = ols('weight ~ group', data=df).fit()
3 # 분산분석표
4 aov.anova_lm(fit)
```

	df	sum_sq	mean_sq	F	PR(>F)
group	3.0	712.586439	237.528813	3.771461	0.028041
Residual	19.0	1196.630952	62.980576	NaN	NaN

2줄: ols()와 fit() 함수로 사료별 체중에 대한 분산분석을 수행한다. "weight ~ group"은 분산분석 모형을 Python에서 사용하는 식으로 표현한 것이다.

4줄: 분산분석표를 확인하기 위하여 anova_lm() 함수를 사용한다. 분산분석결과 유의수준 0.05하에서 p-value가 유의수준보다 작으므로 영가설을 기각하고, 대립가설을 채택한다. 네 가지 사료의 비육효과가 동일하다고 볼 수 없다.

8장에서 실습한 "먹이의 종류에 따른 닭의 무게 자료"인 chickwts 자료에서 6가지 먹이에 대한 비육효과가 같다고 할 수 있는지 $\alpha = 0.05$에서 검정하여 보자.

```
1 ### CSV 파일에 있는 자료 읽기
2 data_file = 
  "https://vincentarelbundock.github.io/Rdatasets/csv/datasets/chickwts.csv"
3 chickwts = pd.read_csv(data_file)
4 chickwts = chickwts.drop(chickwts.columns[0], axis=1)
```

4줄: chickwts 자료의 첫 번째 열은 자료의 순서이므로 제거 후 chickwts 변수에 다시 저장한다.

```
chickwts.shape
```

```
(71, 2)
```

```
chickwts.head()
```

	weight	feed
0	179	horsebean
1	160	horsebean
2	136	horsebean
3	227	horsebean
4	217	horsebean

```
chickwts.describe()
```

	weight
count	71.000000
mean	261.309859
std	78.073700
min	108.000000
25%	204.500000
50%	258.000000
75%	323.500000
max	423.000000

```
# boxplot by feed
chickwts.boxplot(column='weight', by='feed', grid=False)
```

```
<matplotlib.axes._subplots.AxesSubplot at 0x195cbd88188>
```

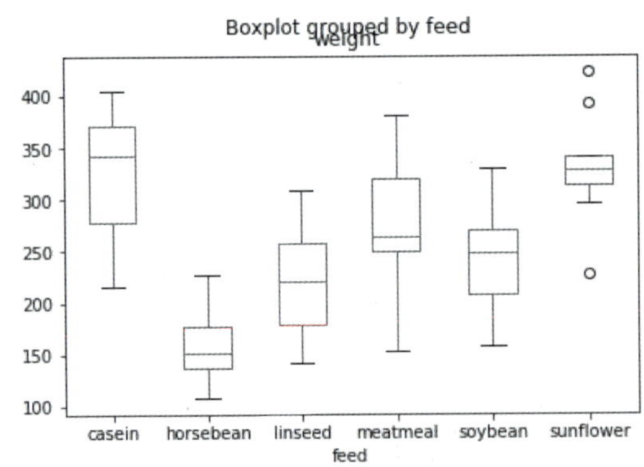

```
# 그룹별 평균
chickwts.groupby(['feed'])['weight'].mean()
```

```
feed
casein       323.583333
horsebean    160.200000
linseed      218.750000
meatmeal     276.909091
soybean      246.428571
sunflower    328.916667
Name: weight, dtype: float64
```

```
1 ###### 일원배치 분산분석
2 fit = ols('weight ~ feed', data=chickwts).fit()
3 # 분산분석표
4 aov.anova_lm(fit)
```

	df	sum_sq	mean_sq	F	PR(>F)
C(feed)	5.0	231129.162103	46225.832421	15.3648	5.936420e-10
Residual	65.0	195556.020996	3008.554169	NaN	NaN

4줄: 분산분석결과 유의수준 0.05하에서 p-value가 유의수준보다 작으므로 영가설을 기각하고, 대립가설을 채택한다. 6가지 먹이의 비육효과가 동일하다고 볼 수 없다.

9.5.2 랜덤화 블록계획법의 분산분석

antigua.csv는 안타과(Antigua) 섬의 4개의 블록에서 12가지 처리에 대한 곡식의 평균 수확량을 조사한 자료이다. 처리에 따른 수확량의 차이가 있는지 유의수준 5%에서 검정하여 보자.

```
1 ### CSV 파일에 있는 자료 읽기
2 data_file =
  "https://vincentarelbundock.github.io/Rdatasets/csv/DAAG/antigua.csv"
3 antigua = pd.read_csv(data_file)
4 # 랜덤화 블럭계획법의 분산분석
5 fit = ols('harvwt ~ block + C(trt)', data=antigua).fit()
6 # 분산분석표
7 aov.anova_lm(fit)
```

	df	sum_sq	mean_sq	F	PR(>F)
block	3.0	4.008645	1.336215	0.461316	0.709531
C(trt)	11.0	72.268474	6.569861	2.268186	0.011674
Residual	272.0	787.855402	2.896527	NaN	NaN

2줄: 공개된 자료의 URL을 저장한다.

3줄: read_csv() 함수로 자료를 antigua 변수에 저장한다.

5줄: ols()와 fit() 함수로 분산분석을 수행한다. 블록을 추가하는 경우 "+"를 사용하여 요인과 블록을 모형식에 포함시킨다. 분석할 자료에서 요인 또는 블록이 숫자로 되어 있는 경우에는 C() 함수를 사용하여 이산형 자료로 변환한다.

01 김장철을 맞이하여 세 지역(서울, 춘천, 청주)에서의 판매되는 국산 고춧가루 값이 같은지를 알아보기 위하여 각 지역에서 고춧가루 판매점 네 곳을 임의 추출하여 kg당 가격을 조사한 결과가 다음과 같다. (단위: 천원)

서울	춘천	청주
36	35	29
33	29	32
32	34	30
37	34	33

(1) 이 자료에 대한 분산분석 모형을 설정하고 분산분석표를 작성하라.

(2) 세 지역의 고춧가루 가격이 같은지 유의수준 5%에서 검정하라.

02 다음 일원배치 분산분석표에 대한 물음에 답하라.

원인	제곱합	자유도	평균제곱	F
A	a	2	c	e
오차	43.69	b	d	
총계	58.47	23		

(1) 주어진 분산분석표의 a ~ e 값을 구하라.

(2) 유의수준 5%하에서 요인 A의 수준 간에는 차이가 있다고 할 수 있는지 검정하라.

03 아동의 순발력을 증진시키는 데 효과적인 방법을 찾기 위해 28명의 초등학교 1학년 학생을 세 그룹으로 나누어 서로 다른 운동 방법에 임의로 배치하고, 4주간 지정된 운동방법으로 훈련시킨 후, 운동 전 반응시간과 운동 후 반응시간을 측정하였다. 결과는 다음과 같다. (단위: 초)

	방법 1	방법 2	방법 3
표본 수	10	9	9
평균반응시간	−1.34	0.32	3.69

원인	제곱합	자유도	평균제곱	F
운동방법	64.31	b	d	f
오차	a	c	e	
총계	402.33			

(1) 주어진 분산분석표의 a~f 값을 구하라.

(2) 운동방법간 차이가 있다고 할 수 있는가? 유의수준 5%에서 검정하라.

04 다음 일원배치 분산분석표를 이용하여 물음에 답하라.

원인	제곱합	자유도	평균제곱	F
A	170.45	2	85.23	5.70
오차	134.47	9	14.94	
총계	304.92	11		

(1) 실험에서 관측된 총 관측값의 수는 몇 개인가?

(2) (1)에서의 관측값을 Y_{ij}라고 할 때, 적절한 분산분석모형을 설정하라.

(3) 위의 분산분석표에서 검정하고자 하는 가설을 제시하라.

(4) 오차항의 분산 σ^2의 추정값은 얼마인가?

(5) 결정계수 R^2은 얼마인가?

05 다음은 4가지 온도가 특정 제품의 강도에 미치는 영향을 조사하기 위해 시행된 실험의 결과이다. 다음 물음에 답하라.

반복 \ 온도	10	20	30	40	평균
1	13	15	8	11	
2	8	11	12	15	
3	9	13	7	10	
평균	10	13	9	12	$\bar{Y}=1$

(1) 다음의 분산분석표를 완성하라.

요인	제곱합	자유도	평균제곱합
온도	(　　　)	(　　　)	(　　　)
오차	(　　　)	(　　　)	(　　　)
총계	(　　　)	(　　　)	

(2) 유의수준 5%하에서 온도간의 차이가 있는지를 검정하라.

(3) 만일 차이가 있다면, 어떤 온도가 가장 적합한지 선택하라.

06 일주일 간 주문량(단위: 만 원)이 요일(월~금) 별로 차이가 있는지를 알아보고자 6개월 동안 임의로 선정된 요일 별로 다음의 데이터를 얻었다. 요일 별로 차이가 있는지를 유의수준 5%에서 검정하라.

반복 \ 요일	월	화	수	목	금
1	143	162	160	138	110
2	128	136	132	168	130
3	110	144	180	120	135
4		158	160		
5			138		
표본 크기	3	4	5	3	3
표본 총계	381	600	770	426	375
표본 평균	127	150	154	142	125

07 [R] 운동 후의 심장 박동수(단위: 번/분)가 연령대별로 차이가 있는지를 알아보기 위해 각 연령대별로 10명을 임의로 선정하여 각 개인의 운동 전 심장 박동수와 운동 후의 심장 박동수를 측정하여 그 차이를 기록하였다. 유의수준은 5%에서 차이가 있는지 검정하라.

ID	나이			
	10~19	20~29	30~39	40~49
1	29	24	37	28
2	33	27	25	29
3	26	33	22	34
4	27	31	33	36
5	39	21	28	21
6	35	28	26	20
7	33	24	30	25
8	29	34	34	24
9	36	21	27	33
10	22	32	33	32

08 세 개의 서로 다른 처리(A, B, C)와 네 개의 블록으로부터 얻은 자료가 다음과 같다.

블록 / 처리	1	2	3	4
A	3	5	8	6
B	8	6	9	5
C	7	4	7	8

(1) 분산분석표를 작성하라.

(2) 각 처리의 평균이 동일한지 유의수준 0.05에서 검정하라.

09 [R] 서로 다른 밀 종자 5개(A, B, C, D, E)의 수확량을 비교하기 위하여 다음과 같은 실험을 행하였다. 수확량은 토질, 기후 등의 영향을 받게 되므로 지역을 블록으로 지정하여 실험 대상이 되는 모든 종자를 동일한 지역에서 실험할 수 있도록 하였으며, 지역은 모두 6곳을 택하였다. 정해진 지역에서 5종류의 종자는 1평방미터를 한 구역으로 하여 랜덤하게 배치하였다. 실험의 결과는 다음과 같다. 유의수준은 5%에서 수확량의 차이가 있는지 검정하라.

	1	2	3	4
A	35.3	31.0	32.7	36.8
B	30.7	32.2	31.4	31.7
C	38.2	33.4	33.6	37.1
D	34.9	36.1	35.2	38.3
E	32.4	28.9	29.2	30.7

10

회귀분석

'아버지의 키가 크면 아들의 키도 클까?', '모의수능에서 좋은 점수를 받은 학생은 본수능에서도 좋은 점수를 받을까?', '사람의 키와 몸무게는 어떤 관계가 있을까?' 등과 같이 우리는 현실에서 원인과 결과의 관계에 대한 의문을 자주 갖는다.

이와 같이, 원인이 되는 변수와 결과로 측정되는 변수 사이의 함수관계를 찾고자 하는 것이 회귀분석(regression analysis)이다. 특히, 통계학에서는 변수들 사이의 관계를 선형관계(linear relation)로 가정하는 것이 일반적이고, 이를 선형 회귀분석(linear regression analysis)이라고 한다.

참고로, 통계학에서 선형관계라는 것은 변수변환을 통해서 선형으로 변환할 수 있는 모든 경우를 포함한다. 예를 들어, 고교과정에서 배운 2차식 $y = ax^2 + bx + c\,(a \neq 0)$는 x의 2차식이지만 이 식을 다시 $y = ax^2 + bx + c = a(x-p)^2 + q\,(a \neq 0)$와 같이 표현하고 $t = (x-p)^2$이라 하면, $y = at + q\,(a \neq 0)$가 되므로 y는 t의 1차식, 즉 선형식으로 표현할 수 있다.

회귀분석의 개념을 처음 생각한 사람은 영국의 유전학자 골턴(Francis Galton, 1822~1911)이었다. 진화론의 창시자 다윈(Charles Darwin, 1809~1882)의 사촌인 골턴은 사향연리초(sweet pea)라는 식물의 씨앗을 무게에 따라 7개의 그룹으로 분류하고, 그룹당 10개의 씨앗을 7명의 친구에게 나누어 기르게 한 후 씨앗을 채취하여 그 무게를 측정하였다. 그 결과, 각 그룹에서 관찰된 씨앗의 무게는 평균은 다르지만 분산이 거의 같은 정규분포를 이루는 것을 발견하였다. 또한, 7개 그룹의 관측치는 정규분포를 따르기는 하지만 그 분포의 중심은 부모씨앗의 무게보다는 전체 그룹의 평균에 더 가깝다는 사실을 발견하고 이를 복귀유전(reversion)이라고 하였다. 이와 같은 골턴의 관찰결과를 에지워스(Francis Edgeworth, 1845~1926), 피어슨(Karl Pearson, 1857~1936), 율(George Yule, 1871~1952) 등이 수리적으로 모형화하여 현대 통계학에서 회귀분석이라고 하는 통계분석방법을 만들었다.

골턴의 지적에서 '새로 채취된 씨앗 무게의 분포의 중심은 부모씨앗의 무게보다는 전체 그룹의 평균에 더 가깝다'는 것이 회귀분석에서 중요한 포인트라 할 수 있다. 즉, 회귀분석에서 '회귀'의 정확한 의미는 '평균으로의 회귀(regression to the mean)'가 되는 것이다.

선형 회귀분석에서 원인이 되는 변수를 설명변수(explanatory variable) 또는 독립변수(independent variable)라 하며, 결과가 되는 변수를 반응변수 또는 종속변수(dependent variable)라 한다. 일반적으로 반응변수는 Y로 표현하고, 설명변수는 X로 표현하는데, 반응변수 Y에 영향을 미치는 설명변수를 X 한 개만 고려하여 이들 사이의 선형 회귀관계를 분석하는 것을 단순 선형 회귀분석(simple linear regression analysis)이라 하고, 반응변수 Y에 영향을 미치는 설명변수를 $X_1, X_2, \cdots, X_k\,(k \geq 2)$와 같이 두 개 이상 고려하여 이들 사이의 선형 회귀관계를 분석하는 것을 다중 선형 회귀분석(multiple linear regression analysis)이라 한다.

10.1 단순 선형 회귀분석

10.1.1 단순 선형 회귀분석 모형

단순 선형 회귀분석은 쌍(pair)으로 관측된 두 연속형 확률변수들 사이에 선형관계가 있다는 가정하에서 한 변수를 원인(독립변수)으로 하고 다른 변수를 결과(종속변수)로 하여 두 변수 사이의 선형 관계식을 구하는 분석방법이다.

단순 선형 회귀분석에서 반응변수를 Y, 설명변수를 X라 하면, 단순 선형 회귀모형은 다음과 같이 정의된다.

$$Y = \beta_0 + \beta_1 X + \epsilon, \quad \epsilon \sim N(0, \sigma^2)$$

또는 X, Y에 대하여 관측된 n 쌍의 데이터 (X_i, Y_i), $i = 1, 2, \cdots, n$을 사용하여 표현하면 다음과 같다.

$$Y_i = \beta_0 + \beta_1 X_i + \epsilon_i, \quad \epsilon_i \sim iid \;\; N(0, \sigma^2), \;\; i = 1, 2, \cdots, n$$

따라서 $E(Y_i) = \beta_0 + \beta_1 X_i$, $Var(Y_i) = \sigma^2$이므로 Y_1, Y_2, $\cdots$, Y_n의 분포는 다음과 같으며

$$Y_1 \sim N(\beta_0 + \beta_1 X_1, \sigma^2)$$

$$Y_2 \sim N(\beta_0 + \beta_1 X_2, \sigma^2)$$

$$\vdots$$

$$Y_n \sim N(\beta_0 + \beta_1 X_n, \sigma^2)$$

Y_1, Y_2, $\cdots$, Y_n은 서로 독립이다.

이와 같은 내용을 바탕으로 단순 선형 회귀분석의 모형과 기본 가정을 살펴보면 다음과 같다.

■ 단순 선형 회귀분석 모형

$$Y = \beta_0 + \beta_1 X + \epsilon, \quad \epsilon \sim N(0, \sigma^2)$$

또는

$$Y_i = \beta_0 + \beta_1 X_i + \epsilon_i, \quad \epsilon_i \sim iid \;\; N(0, \sigma^2), \;\; i = 1, 2, \cdots, n$$

■ **단순 선형 회귀분석의 기본 가정**

(1) 선형성: X와 Y의 관계는 선형식으로 표현 가능

(2) 독립성: 오차 ϵ_i는 서로 독립, $i=1, 2, \cdots, n$

(3) 정규성 및 등분산성: $\epsilon_i \sim N(0, \sigma^2)$, $i=1, 2, \cdots, n$

10.1.2 단순 선형 회귀분석 모형의 계수 추정

단순 선형 회귀분석 모형 $Y_i = \beta_0 + \beta_1 X_i + \epsilon_i$에서 y-절편(intercept) β_0와 기울기(slope) β_1을 회귀계수(regression coefficient)라고 하며, 단순 선형 회귀분석의 기본적인 목적은 관측된 데이터를 이용하여 회귀계수 β_0, β_1에 대한 추정과 검정을 하는 것이다. 기울기 β_1은 X가 한 단위 증가할 때 Y가 얼마나 증가 또는 감소하는지를 나타내므로 일반적으로 β_1에 관심을 더 갖게 된다.

회귀계수 β_0, β_1를 추정하는 방법을 최소제곱법(method of least square)이라 하고 이 방법을 통해 얻은 회귀계수 β_0, β_1의 추정량 $\widehat{\beta_0}, \widehat{\beta_1}$을 최소제곱 추정량(least square estimator; LSE)이라고 하는데, 이를 위해 먼저 오차제곱합 Q를 다음과 같이 정의한다.

$$Q = \sum_{i=1}^{n} \epsilon_i^2 = \sum_{i=1}^{n} (Y_i - \beta_0 - \beta_1 X_i)^2$$

오차제곱합 Q를 최소화하는 방법으로는 제곱의 형태를 이용하는 방법과 편미분을 이용하는 방법이 있다. 이 두 가지 방법을 알아보기 위해 먼저 다음과 같은 제곱합을 정의하자.

$$S_{XX} = \sum_{i=1}^{n} (X_i - \bar{X})^2, \ S_{YY} = \sum_{i=1}^{n} (Y_i - \bar{Y})^2, \ S_{XY} = \sum_{i=1}^{n} (X_i - \bar{X})(Y_i - \bar{Y})$$

(1) 제곱의 형태를 이용하는 방법

$Y_i - \beta_0 - \beta_1 X_i$ 는 다음과 같이 표현할 수 있으므로

$$Y_i - \beta_0 - \beta_1 X_i = (Y_i - \bar{Y}) - \beta_1 (X_i - \bar{X}) + (\bar{Y} - \beta_0 - \beta_1 \bar{X})$$

양변을 제곱하면

$$\begin{aligned} (Y_i - \beta_0 - \beta_1 X_i)^2 &= \{(Y_i - \bar{Y}) - \beta_1 (X_i - \bar{X}) + (\bar{Y} - \beta_0 - \beta_1 \bar{X})\}^2 \\ &= (Y_i - \bar{Y})^2 + \beta_1^2 (X_i - \bar{X})^2 + (\bar{Y} - \beta_0 - \beta_1 \bar{X})^2 \\ &\quad - 2\beta_1 (X_i - \bar{X})(Y_i - \bar{Y}) - 2\beta_1 (X_i - \bar{X})(\bar{Y} - \beta_0 - \beta_1 \bar{X}) \\ &\quad + 2(Y_i - \bar{Y})(\bar{Y} - \beta_0 - \beta_1 \bar{X}) \end{aligned}$$

와 같이 정리할 수 있고, 양변을 i에 대해 합하여 $\sum_{i=1}^{n}(Y_i - \bar{Y}) = 0$, $\sum_{i=1}^{n}(X_i - \bar{X}) = 0$을 적용하면

$$\begin{aligned} Q &= \sum_{i=1}^{n}(Y_i - \bar{Y})^2 + \beta_1^2 \sum_{i=1}^{n}(X_i - \bar{X})^2 + n(\bar{Y} - \beta_0 - \beta_1 \bar{X})^2 \\ &\quad - 2\beta_1 \sum_{i=1}^{n}(X_i - \bar{X})(Y_i - \bar{Y}) \\ &= S_{YY} + \beta_1^2 S_{XX} + n(\bar{Y} - \beta_0 - \beta_1 \bar{X})^2 - 2\beta_1 S_{XY} \\ &= n(\bar{Y} - \beta_0 - \beta_1 \bar{X})^2 + \left[\beta_1 \sqrt{S_{XX}} - \frac{S_{XY}}{\sqrt{S_{XX}}}\right]^2 + \left[S_{YY} - \frac{(S_{XY})^2}{S_{XX}}\right] \end{aligned}$$

이다. 따라서 오차제곱합 Q를 최소화하는 β_0, β_1의 값은 위 식에서 첫 번째와 두 번째 항이 0이 되도록 하는 것이다. 이 값을 $\hat{\beta}_0$, $\hat{\beta}_1$이라 하면 다음과 같은 최소제곱 추정량을 얻는다.

$$\hat{\beta}_1 = \frac{S_{XY}}{S_{XX}}, \quad \hat{\beta}_0 = \bar{Y} - \hat{\beta}_1 \bar{X}$$

(2) 편미분을 이용하는 방법

오차제곱합 Q를 최소화하는 β_0, β_1의 값 $\hat{\beta}_0$, $\hat{\beta}_1$을 구하기 위해 Q를 β_0, β_1에 대하여 각각 편미분하여 0 으로 놓는다.

$$\begin{aligned} \frac{\partial Q}{\partial \beta_0} &= -2\sum_{i=1}^{n}(Y_i - \beta_0 - \beta_1 X_i) = 0 \\ \frac{\partial Q}{\partial \beta_1} &= -2\sum_{i=1}^{n}(Y_i - \beta_0 - \beta_1 X_i)X_i = 0 \end{aligned}$$

위 식을 간단히 정리하고 이를 만족하는 β_0, β_1의 값을 $\hat{\beta}_0$, $\hat{\beta}_1$이라 하면 다음과 같은 식을 얻게 되는데 이를 정규방정식(normal equation)이라고 한다.

$$\begin{aligned} n\hat{\beta}_0 + \hat{\beta}_1 \sum_{i=1}^{n} X_i &= \sum_{i=1}^{n} Y_i \\ \hat{\beta}_0 \sum_{i=1}^{n} X_i + \hat{\beta}_1 \sum_{i=1}^{n} X_i^2 &= \sum_{i=1}^{n} X_i Y_i \end{aligned}$$

위 정규방정식으로부터 $\hat{\beta}_0$, $\hat{\beta}_1$을 구하면 다음과 같다.

$$\hat{\beta}_1 = \frac{S_{XY}}{S_{XX}}, \quad \hat{\beta}_0 = \bar{Y} - \hat{\beta}_1 \bar{X}$$

참고로, 위와 같은 결과를 얻기 위해서는 다음 내용을 적용하는 것이 편리하고 필요하다.

$$S_{XX} = \sum_{i=1}^{n}(X_i - \overline{X})^2 = \sum_{i=1}^{n} X_i(X_i - \overline{X})$$
$$S_{YY} = \sum_{i=1}^{n}(Y_i - \overline{Y})^2 = \sum_{i=1}^{n} Y_i(Y_i - \overline{Y})$$
$$S_{XY} = \sum_{i=1}^{n}(X_i - \overline{X})(Y_i - \overline{Y}) = \sum_{i=1}^{n} X_i(Y_i - \overline{Y})$$

두 방법의 결과는 같으며, 제곱의 형태를 이용하는 방법보다 편미분을 이용하는 방법이 더 간편한 것을 알 수 있다.

■ 최소제곱법

단순 선형 회귀모형 $Y_i = \beta_0 + \beta_1 X_i + \epsilon_i$에서 오차제곱합

$$Q = \sum_{i=1}^{n}\epsilon_i^2 = \sum_{i=1}^{n}(Y_i - \beta_0 - \beta_1 X_i)^2$$

이 최소가 되도록 β_0, β_1의 값을 추정하는 방법을 최소제곱법이라 하고, 이 방법을 통하여 얻은 β_0, β_1의 추정량을 최소제곱 추정량(LSE)이라 하며 $\widehat{\beta_0}$, $\widehat{\beta_1}$으로 표현한다.

■ 최소제곱 회귀직선

단순 선형 회귀모형 $Y = \beta_0 + \beta_1 X + \epsilon$에 β_0, β_1의 최소제곱 추정량(LSE) $\widehat{\beta_0}$, $\widehat{\beta_1}$을 대입하여 얻은 직선을 최소제곱 회귀직선이라 하며 다음과 같이 표현한다.

$$\widehat{Y} = \widehat{\beta_0} + \widehat{\beta_1} X$$
$$\widehat{\beta_1} = \frac{S_{XY}}{S_{XX}}, \quad \widehat{\beta_0} = \overline{Y} - \widehat{\beta_1}\overline{X}$$

최소제곱 회귀직선은 다음과 같이 변형하여 사용할 수도 있다.

$$\begin{aligned}\widehat{Y} &= \widehat{\beta_0} + \widehat{\beta_1} X = (\widehat{\beta_0} + \widehat{\beta_1}\overline{X}) + \widehat{\beta_1}(X - \overline{X}) \\ &= (\overline{Y} - \widehat{\beta_1}\overline{X} + \widehat{\beta_1}\overline{X}) + \widehat{\beta_1}(X - \overline{X}) = \overline{Y} + \widehat{\beta_1}(X - \overline{X})\end{aligned}$$

예 10.1

13쌍의 아버지와 아들의 키(단위: cm)를 측정한 자료가 다음과 같다. 단, 사람의 키는 정규분포를 따른다고 가정한다. 아버지의 키를 X, 아들의 키를 Y라 할 때, 단순 선형 회귀모형을 구하라.

	1	2	3	4	5	6	7	8	9	10	11	12	13
아버지	168	160	170	158	176	161	180	183	180	167	179	171	166
아들	179	169	180	160	178	170	183	187	179	172	181	173	165

풀이 $\overline{X} = 170.69,\ \overline{Y} = 175.08,$

$$S_{XX} = \sum_{i=1}^{13}(X_i - \overline{X})^2 = 834.77,\ S_{YY} = \sum_{i=1}^{13}(Y_i - \overline{Y})^2 = 708.92,$$

$$S_{XY} = \sum_{i=1}^{13}(X_i - \overline{X})(Y_i - \overline{Y}) = 671.31 \text{이므로}$$

$$\widehat{\beta_1} = \frac{S_{XY}}{S_{XX}} = 0.804,\ \widehat{\beta_0} = \overline{Y} - \widehat{\beta_1}\overline{X} = 37.81$$

이다. 따라서 추정된 단순 선형 회귀 직선은 $\widehat{Y} = 37.81 + 0.804X$이며, 관측값과 회귀직선을 그려 보면 다음과 같다.

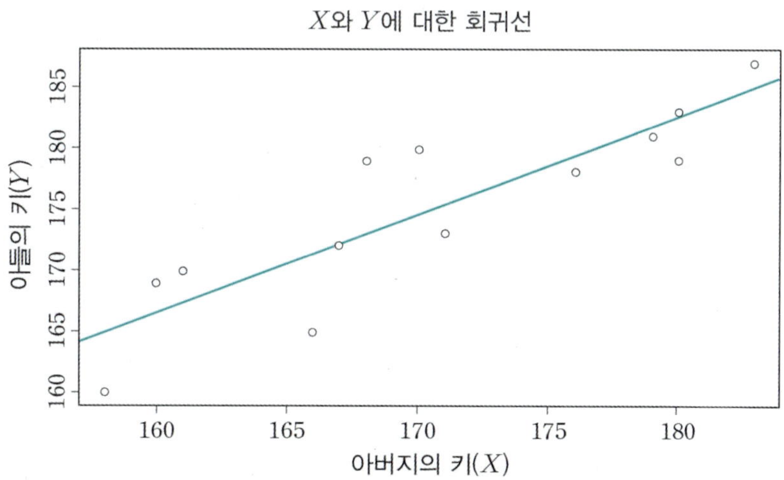

| 그림 10.1 | 아버지의 키와 아들의 키에 대한 단순 선형 회귀직선

그림 10.1을 보면 $X_i\ (i = 1, 2, \cdots, 13)$에 대하여 적합된 회귀직선 $\widehat{Y} = 37.81 + 0.804X$를 통해 얻은 $\widehat{Y_i}$ 값과 관측된 데이터에서의 Y_i의 값이 같지 않은 경우가 많은 것을 쉽게 알 수 있으며, 이 두 값의 차이를 잔차(residual) $e_i = \widehat{Y_i} - Y_i\,(i = 1, 2, \cdots, n)$ 또는 $e = Y - \widehat{Y}$이라고 한다. 다음 **그림 10.2**는 적합된 회귀직선과 잔차를 보여준다.

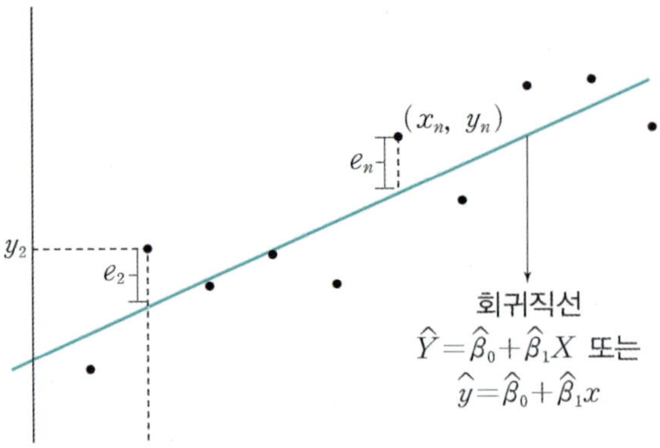

| 그림 10.2 | 적합된 회귀직선과 잔차

잔차는 오차항 ϵ의 추정량이며, 오차제곱합 $Q=\sum_{i=1}^{n}\epsilon_i^2=\sum_{i=1}^{n}(Y_i-\beta_0-\beta_1X_i)^2$에서 β_0, β_1 대신에 $\widehat{\beta_0}$, $\widehat{\beta_1}$을 대입하여 얻은 값을 잔차제곱합(sum of squares for residual; SSE)이라 하므로, $\widehat{\beta_0}$, $\widehat{\beta_1}$은 잔차제곱합을 최소화하는 추정량이라고도 할 수 있다. 잔차는 관측된 데이터가 선형 회귀분석의 기본 가정을 만족시키는지를 검토하는 데 중요한 수단이 되기 때문에 그 개념을 익혀 놓을 필요가 있다. 먼저 잔차제곱합에 대하여 배워 보자.

$$\begin{aligned}
SSE &= \sum_{i=1}^{n}e_i^2=\sum_{i=1}^{n}(Y_i-\widehat{Y_i})^2=\sum_{i=1}^{n}(Y_i-\widehat{\beta_0}-\widehat{\beta_1}X_i)^2\\
&=\sum_{i=1}^{n}\{Y_i-(\overline{Y}-\widehat{\beta_1}\overline{X})-\widehat{\beta_1}X_i\}^2\\
&=\sum_{i=1}^{n}\{(Y_i-\overline{Y})-\widehat{\beta_1}(X_i-\overline{X})\}^2\\
&=S_{YY}-2\widehat{\beta_1}S_{XY}+(\widehat{\beta_1})^2S_{XX} \leftarrow \widehat{\beta_1}=\frac{S_{XY}}{S_{XX}}\\
&=S_{YY}-\frac{[S_{XY}]^2}{S_{XX}}
\end{aligned}$$

잔차제곱합의 자유도는 추정해야 하는 모수가 β_0, β_1 두 개이므로 $n-2$가 되고, $\frac{SSE}{\sigma^2}\sim\chi^2_{n-2}$인 것이 알려져 있으므로 $E\left[\frac{SSE}{\sigma^2}\right]=n-2$인 것을 쉽게 알 수 있고, 따라서 잔차제곱합을 자유도로 나누어 얻은 잔차평균제곱합(residual mean square; MSE)이 다음과 같이 분산 σ^2의 불편추정량이 되는 것을 알 수 있다.

$$E(MSE)=E\left[\frac{SSE}{n-2}\right]=\sigma^2$$

따라서 **예 10.1**에서 잔차제곱합은 $SSE = S_{YY} - \dfrac{[S_{XY}]^2}{S_{XX}} = 708.92 - \dfrac{(671.31)^2}{834.77} = 169.06$ 이고 분산 σ^2의 추정치는 $\dfrac{SSE}{n-2} = \dfrac{169.06}{11} = 15.37$ 이다.

10.1.3 회귀계수의 추정량 $\widehat{\beta_0}$, $\widehat{\beta_1}$ 의 분포

단순 선형 회귀분석 모형에서 회귀계수 β_0, β_1의 추정량 $\widehat{\beta_0}$, $\widehat{\beta_1}$은 앞서 구한 것처럼

$$\widehat{\beta_1} = \frac{S_{XY}}{S_{XX}}, \quad \widehat{\beta_0} = \overline{Y} - \widehat{\beta_1}\,\overline{X}$$

이다. 추정량 $\widehat{\beta_0}$, $\widehat{\beta_1}$의 평균과 분산을 구하면 다음과 같다. 먼저 평균을 구해 보자.

$$\begin{aligned}
E[\widehat{\beta_1}] &= E\left(\frac{S_{XY}}{S_{XX}}\right) = \frac{1}{S_{XX}} E(S_{XY}) \\
&= \frac{1}{S_{XX}} E\left(\sum_{i=1}^{n}(X_i - \overline{X})(Y_i - \overline{Y})\right) = \frac{1}{S_{XX}} E\left(\sum_{i=1}^{n}(X_i - \overline{X})Y_i\right) \\
&= \frac{1}{S_{XX}} \left(\sum_{i=1}^{n}(X_i - \overline{X})E[Y_i]\right) \quad \leftarrow \quad E[Y_i] = \beta_0 + \beta_1 X_i \\
&= \frac{1}{S_{XX}} \left(\beta_0 \sum_{i=1}^{n}(X_i - \overline{X}) + \beta_1 \sum_{i=1}^{n}(X_i - \overline{X})^2\right) \\
&= \frac{1}{S_{XX}} (\beta_1 S_{XX}) = \beta_1
\end{aligned}$$

$$\begin{aligned}
E(\widehat{\beta_0}) &= E(\overline{Y} - \widehat{\beta_1}\,\overline{X}) = E(\overline{Y}) - \overline{X}\,E(\widehat{\beta_1}) \\
&= \beta_0 + \beta_1 \overline{X} - \overline{X}\beta_1 = \beta_0
\end{aligned}$$

따라서 $\widehat{\beta_0}$, $\widehat{\beta_1}$은 각각 β_0, β_1의 불편추정량이다. 다음으로 분산을 구해 보면 다음과 같다.

$$\begin{aligned}
Var(\widehat{\beta_1}) &= Var\left(\frac{S_{XY}}{S_{XX}}\right) = \left(\frac{1}{S_{XX}}\right)^2 Var(S_{XY}) \\
&= \left(\frac{1}{S_{XX}}\right)^2 Var\left(\sum_{i=1}^{n}(X_i - \overline{X})(Y_i - \overline{Y})\right) \\
&= \left(\frac{1}{S_{XX}}\right)^2 Var\left(\sum_{i=1}^{n}(X_i - \overline{X})Y_i\right) \\
&= \left(\frac{1}{S_{XX}}\right)^2 \left(\sum_{i=1}^{n}(X_i - \overline{X})^2 Var(Y_i)\right) \quad \leftarrow \quad Var(Y_i) = \sigma^2 \\
&= \left(\frac{1}{S_{XX}}\right)^2 \left(\sigma^2 \sum_{i=1}^{n}(X_i - \overline{X})^2\right) = \frac{\sigma^2}{S_{XX}}
\end{aligned}$$

$$
\begin{aligned}
Var(\widehat{\beta_0}) &= Var(\,\overline{Y} - \widehat{\beta_1}\,\overline{X}) \\
&= Var(\,\overline{Y}) + (\overline{X})^2\; Var(\widehat{\beta_1}) - 2\,Cov(\,\overline{Y},\; \widehat{\beta_1}) \quad \Leftarrow \quad Cov(\,\overline{Y},\; \widehat{\beta_1}\,) = 0 \\
&= Var(\,\overline{Y}) + (\overline{X})^2\; Var(\widehat{\beta_1}) \\
&= \frac{\sigma^2}{n} + \frac{(\overline{X})^2 \sigma^2}{S_{XX}} = \sigma^2\left(\frac{1}{n} + \frac{(\overline{X})^2}{S_{XX}}\right)
\end{aligned}
$$

여기서 $Cov(\,\overline{Y},\; \widehat{\beta_1}\,) = 0$을 보이는 것은 이 책의 수준을 상회하나, 참고로 그 과정을 제시한다.

$$
\begin{aligned}
Cov(\,\overline{Y},\; \widehat{\beta_1}) &= Cov\left(\frac{1}{n}\sum_{i=1}^{n} Y_i,\; \frac{1}{S_{XX}}\sum_{i=1}^{n}(X_i - \overline{X})\,Y_i\right) \\
&= \frac{1}{nS_{XX}}\left(\sum_{i=1}^{n}(X_i - \overline{X})\,Cov(\,Y_i,\; Y_i) + \sum_{i=1}^{n}\sum_{j \neq i}^{n}(X_j - \overline{X})\,Cov(\,Y_i,\; Y_j)\right) \\
&= 0 \;\; [\because Cov(\,Y_i,\; Y_i) = Var(\,Y_i) = \sigma^2,\;\; Cov(\,Y_i,\; Y_j) = 0\,,\; i \neq j\,]
\end{aligned}
$$

추정량 $\widehat{\beta_0}$, $\widehat{\beta_1}$을 구한 이후, 다음 과정은 이들의 분포를 찾는 것인데, '정규확률변수(normal random variable)의 선형 결합(linear combination)으로 만들어지는 확률변수는 정규분포를 따른다.'는 통계적 사실을 적용하면 어렵지 않게 이들의 분포를 찾을 수 있다. 즉, $\widehat{\beta_0}$, $\widehat{\beta_1}$은 정규확률변수의 선형 결합으로 만들어졌으므로 이들의 분포도 정규분포인 것이다. 따라서 다음과 같은 사실을 알 수 있다.

■ 추정량 $\widehat{\beta_0}$, $\widehat{\beta_1}$의 분포

단순 선형 회귀모형 $Y = \beta_0 + \beta_1 X + \epsilon$의 회귀계수 β_0, β_1의 추정량(LSE) $\widehat{\beta_0}$, $\widehat{\beta_1}$의 분포는 다음과 같다.

$$
\widehat{\beta_0} \sim N\left(\beta_0,\; \sigma^2\left(\frac{1}{n} + \frac{(\overline{X})^2}{S_{XX}}\right)\right)
$$

$$
\widehat{\beta_1} \sim N\left(\beta_1,\; \frac{\sigma^2}{S_{XX}}\right)
$$

10.1.4 회귀계수 β_0, β_1에 대한 구간추정과 검정

단순 선형 회귀분석에서 회귀계수를 검정할 때는 β_0보다는 기울기를 나타내는 β_1의 검정에 더 관심을 갖는다. 여기서는 β_0와 β_1의 검정에 대하여 차례로 알아보자.

[1] 회귀계수 β_0에 대한 구간추정과 검정

앞서 배운 것처럼 추정량 $\widehat{\beta_0} = \overline{Y} - \widehat{\beta_1}\overline{X}$는 다음과 같은 정규분포를 따른다.

$$\widehat{\beta_0} \sim N\left(\beta_0,\ \sigma^2\left(\frac{1}{n} + \frac{(\overline{X})^2}{S_{XX}}\right)\right)$$

따라서 이를 표준화하면 다음과 같은 표준정규분포를 따르게 되는데

$$\frac{\widehat{\beta_0} - \beta_0}{\sqrt{\left(\frac{1}{n} + \frac{(\overline{X})^2}{S_{XX}}\right) \cdot \sigma^2}} \sim N(0, 1)$$

분산 σ^2을 알 수 없으므로 $\widehat{\sigma^2} = MSE$를 σ^2 대신에 사용하면

$$\frac{\widehat{\beta_0} - \beta_0}{\sqrt{\left(\frac{1}{n} + \frac{(\overline{X})^2}{S_{XX}}\right) \cdot MSE}} \sim t_{n-2}$$

과 같이 자유도가 $n-2$인 t-분포를 따르는 것을 알 수 있다. 즉, $\frac{SSE}{\sigma^2} \sim \chi^2_{n-2}$이고 $MSE = \frac{SSE}{n-2}$인 사실을 적용하면 t-분포의 정의에 따라 다음이 성립하는 것을 어렵지 않게 알 수 있다.

$$\frac{\dfrac{\widehat{\beta_0} - \beta_0}{\sqrt{\left(\frac{1}{n} + \frac{(\overline{X})^2}{S_{XX}}\right) \cdot \sigma^2}}}{\sqrt{\dfrac{SSE}{\sigma^2}/(n-2)}} = \frac{\widehat{\beta_0} - \beta_0}{\sqrt{\left(\frac{1}{n} + \frac{(\overline{X})^2}{S_{XX}}\right) \cdot MSE}} \sim t_{n-2}$$

따라서 β_0 의 $100(1-\alpha)\%$ 신뢰구간은 다음과 같으며

$$\widehat{\beta_0} \pm t_{\alpha/2,\, n-2}\sqrt{\left(\frac{1}{n} + \frac{(\overline{X})^2}{S_{XX}}\right) \cdot MSE}$$

$H_0 : \beta_0 = 0$ 를 검정하는데 사용되는 검정통계량 T와 영가설하에서의 검정통계량 T_0는 각각 다음과 같다.

$$T = \frac{\widehat{\beta_0} - \beta_0}{\sqrt{\left(\frac{1}{n} + \frac{(\overline{X})^2}{S_{XX}}\right) \cdot MSE}} \sim t_{n-2}$$

$$T_0 = \frac{\widehat{\beta_0}}{\sqrt{\left(\frac{1}{n} + \frac{(\overline{X})^2}{S_{XX}}\right) \cdot MSE}} \sim t_{n-2}$$

또한 대립가설의 형태에 따른 기각역 C_α는 다음과 같이 설정된다.

$$H_1 : \beta_0 \neq 0 \Rightarrow C_\alpha = \{|T_0| > t_{n-2,\alpha/2}\}$$
$$H_1 : \beta_0 > 0 \Rightarrow C_\alpha = \{T_0 > t_{n-2,\alpha}\}$$
$$H_1 : \beta_0 < 0 \Rightarrow C_\alpha = \{T_0 < -t_{n-2,\alpha}\}$$

이 경우에도 표본의 크기가 충분히 크면 구간추정과 검정에서 t-분포의 임계치 대신 표준정규분포의 임계치를 사용하여도 된다.

■ 회귀계수 β_0에 대한 결과 요약

(1) $\widehat{\beta_0} \sim N\left(\beta_0,\ \sigma^2\left(\frac{1}{n} + \frac{(\overline{X})^2}{S_{XX}}\right)\right)$

(2) $\dfrac{\widehat{\beta_0} - \beta_0}{\sqrt{\left(\frac{1}{n} + \frac{(\overline{X})^2}{S_{XX}}\right) \cdot MSE}} \sim t_{n-2}$

(3) β_0의 $100(1-\alpha)\%$ 신뢰구간: $\widehat{\beta_0} \pm t_{n-2,\alpha} \sqrt{\left(\frac{1}{n} + \frac{(\overline{X})^2}{S_{XX}}\right) \cdot MSE}$

(4) $H_0 : \beta_0 = 0$의 검정

검정통계량 $T = \dfrac{\widehat{\beta_0} - \beta_0}{\sqrt{\left(\frac{1}{n} + \frac{(\overline{X})^2}{S_{XX}}\right) \cdot MSE}} \sim t_{n-2}$

H_0 하에서의 검정통계량 $T_0 = \dfrac{\widehat{\beta_0}}{\sqrt{\left(\frac{1}{n} + \frac{(\overline{X})^2}{S_{XX}}\right) \cdot MSE}} \sim t_{n-2}$

기각역: $H_1 : \beta_0 \neq 0 \Rightarrow C_\alpha = \{|T_0| > t_{n-2,\alpha/2}\}$ (주로 사용됨.)

$H_1 : \beta_0 > 0 \Rightarrow C_\alpha = \{T_0 > t_{n-2,\alpha}\}$

$H_1 : \beta_0 < 0 \Rightarrow C_\alpha = \{T_0 < -t_{n-2,\alpha}\}$

[2] 회귀계수 β_1에 대한 구간추정과 검정

앞서 배운 것처럼 추정량 $\widehat{\beta_1} = \dfrac{S_{XY}}{S_{XX}}$은 다음과 같은 정규분포를 따른다.

$$\widehat{\beta_1} \sim N\left(\beta_1,\ \frac{\sigma^2}{S_{XX}}\right)$$

따라서 이를 표준화하면 다음과 같은 표준정규분포를 따르게 되는데

$$\frac{\widehat{\beta_1} - \beta_1}{\sqrt{\sigma^2 / S_{XX}}} \sim N(0,\, 1)$$

여기서도 분산 σ^2을 알 수 없으므로 $\widehat{\sigma^2} = MSE$를 σ^2 대신에 사용하면

$$\frac{\widehat{\beta_1} - \beta_1}{\sqrt{MSE / S_{XX}}} \sim t_{n-2}$$

와 같이 자유도가 $n-2$인 t-분포를 따르는 것을 알 수 있다. 따라서 β_0에 대한 경우와 마찬가지로 $\frac{SSE}{\sigma^2} \sim \chi^2_{n-2}$이고 $MSE = \frac{SSE}{n-2}$인 사실을 적용하면 다음과 같은 t-분포를 따르는 확률변수를 얻을 수 있다.

$$\frac{\dfrac{\widehat{\beta_1} - \beta_1}{\sqrt{\sigma^2 / S_{XX}}}}{\sqrt{\dfrac{SSE}{\sigma^2} / (n-2)}} = \frac{\widehat{\beta_1} - \beta_1}{\sqrt{MSE / S_{XX}}} \sim t_{n-2}$$

따라서 β_1 의 $100(1-\alpha)\%$ 신뢰구간은 다음과 같으며

$$\widehat{\beta_1} \pm t_{\alpha/2,\, n-2} \sqrt{\frac{MSE}{S_{XX}}}$$

$H_0 : \beta_1 = 0$를 검정하는데 사용되는 검정통계량 T와 영가설하에서의 검정통계량 T_0는 각각 다음과 같다.

$$T = \frac{\widehat{\beta_1} - \beta_1}{\sqrt{MSE / S_{XX}}} \sim t_{n-2}$$

$$T_0 = \frac{\widehat{\beta_1}}{\sqrt{MSE / S_{XX}}} \sim t_{n-2}$$

또한 대립가설의 형태에 따른 기각역 C_α는 다음과 같이 설정된다.

$$H_1 : \beta_1 \neq 0 \;\Rightarrow\; C_\alpha = \{ |T_0| > t_{n-2,\, \alpha/2} \}$$
$$H_1 : \beta_1 > 0 \;\Rightarrow\; C_\alpha = \{ T_0 > t_{n-2,\, \alpha} \}$$
$$H_1 : \beta_1 < 0 \;\Rightarrow\; C_\alpha = \{ T_0 < -t_{n-2,\, \alpha} \}$$

이 경우에도 표본의 크기가 충분히 크면 구간추정과 검정에서 t-분포의 임계치 대신 표준정규분포의 임계치를 사용하여도 된다.

■ **회귀계수 β_1에 대한 결과 요약**

(1) $\widehat{\beta_1} \sim N\left(\beta_1, \dfrac{\sigma^2}{S_{XX}}\right)$

(2) $\dfrac{\widehat{\beta_1} - \beta_1}{\sqrt{MSE/S_{XX}}} \sim t_{n-2}$

(3) β_1의 $100(1-\alpha)\%$ 신뢰구간: $\widehat{\beta_1} \pm t_{n-2,\alpha}\sqrt{\dfrac{MSE}{S_{XX}}}$

(4) $H_0 : \beta_1 = 0$의 검정

검정통계량 $T = \dfrac{\widehat{\beta_1} - \beta_1}{\sqrt{MSE/S_{XX}}} \sim t_{n-2}$

H_0 하에서의 검정통계량 $T_0 = \dfrac{\widehat{\beta_1}}{\sqrt{MSE/S_{XX}}} \sim t_{n-2}$

기각역: $H_1 : \beta_1 \neq 0 \Rightarrow C_\alpha = \{|T_0| > t_{n-2,\alpha/2}\}$ (주로 사용됨.)

$H_1 : \beta_1 > 0 \Rightarrow C_\alpha = \{T_0 > t_{n-2,\alpha}\}$

$H_1 : \beta_1 < 0 \Rightarrow C_\alpha = \{T_0 < -t_{n-2,\alpha}\}$

예 10.2

예 10.1의 자료에 대하여 회귀계수 $\widehat{\beta_0}, \widehat{\beta_1}$에 대한 95% 신뢰구간과 추정된 회귀계수 $\widehat{\beta_0}, \widehat{\beta_1}$가 유의한 값인지 유의수준 $\alpha = 0.05$에서 검정하라.

풀이 **예 10.1**로부터 $n = 13$, $\bar{X} = 170.69$, $\widehat{\beta_0} = 37.81$, $S_{XX} = 834.77$, $MSE = 15.37$이었으므로 β_0에 대한 95% 신뢰구간은 다음과 같다.

$$\widehat{\beta_0} \pm t_{n-2,\alpha/2}\sqrt{\left(\frac{1}{n} + \frac{(\bar{X})^2}{S_{XX}}\right) \cdot MSE} \equiv 37.81 \pm 2.201\sqrt{\left(\frac{1}{13} + \frac{170.69^2}{834.77}\right) \cdot 15.37}$$
$$\equiv (-13.23, 88.84)$$

또한 $H_0 : \beta_0 = 0$하에서의 검정통계량의 값은 다음과 같고

$$T_0 = \frac{\widehat{\beta_0}}{\sqrt{\left(\frac{1}{n} + \frac{(\bar{X})^2}{S_{XX}}\right) \cdot MSE}} = \frac{37.81}{\sqrt{\left(\frac{1}{13} + \frac{170.69^2}{834.77}\right) \cdot 15.37}} = 1.63$$

$\widehat{\beta_0}$가 유의한 값인지를 검정하는 대립가설은 $H_1 : \beta_0 \neq 0$이고 유의수준 $\alpha = 0.05$인 기각역은 $C_{0.05} = \{|T_0| > t_{11,0.025} = 2.201\}$이므로 영가설을 채택한다. 즉, $\widehat{\beta_0} = 37.81$은 유

의한 값이라고 할 수 없다.

다음으로, $\widehat{\beta_1} = 0.804$이었으므로 β_1에 대한 95% 신뢰구간은 다음과 같다

$$\widehat{\beta_1} \pm t_{n-2,\alpha/2}\sqrt{\frac{MSE}{S_{XX}}} \equiv 0.804 \pm 2.201\sqrt{\frac{15.37}{834.77}} \equiv (0.506,\, 1.103)$$

또한 $H_0 : \beta_1 = 0$하에서의 검정통계량의 값은 다음과 같고

$$T_0 = \frac{\widehat{\beta_1}}{\sqrt{MSE/S_{XX}}} = \frac{0.804}{\sqrt{15.37/834.77}} = 5.93$$

$\widehat{\beta_1}$이 유의한 값인지를 검정하는 대립가설은 $H_1 : \beta_1 \neq 0$이고 유의수준 $\alpha = 0.05$인 기각역은 $C_{0.05} = \{|T_0| > t_{11,0.025} = 2.201\}$이므로 영가설을 기각한다. 즉, $\widehat{\beta_1} = 0.804$는 유의한 값이라고 할 수 있다.

예 10.3

두 변수 X와 Y에 대하여 관측된 10쌍의 관측치 (X_i, Y_i), $i = 1, 2, \cdots, 10$이 다음과 같다.

X	20	40	50	60	30	70	60	30	60	80
Y	50	87	108	135	69	148	132	73	128	170

X와 Y 사이의 회귀식을 구하기 위해 산점도(scatter plot)를 그려본 결과 선형 회귀모형을 적합시키는 것이 타당함을 알았다고 하자.

(1) 단순 선형 회귀모형을 구하라.

(2) 기울기 β_1의 95% 신뢰구간을 구하라.

(3) $H_0 : \beta_1 = 0$ vs. $H_1 : \beta_1 \neq 0$를 유의수준 5%에서 검정하라.

풀이 (1)

$$\sum_{i=1}^{10} X_i = 500,\quad \sum_{i=1}^{10} Y_i = 1100,\quad \sum_{i=1}^{10} X_i^2 = 28400,$$

$$\sum_{i=1}^{10} Y_i^2 = 134660,\quad \sum_{i=1}^{10} X_i Y_i = 61800$$

따라서 $$S_{XX} = \sum_{i=1}^{10}(X_i - \bar{X})^2 = \sum_{i=1}^{10} X_i^2 - 10(\bar{X})^2 = 3400,$$

$$S_{YY} = \sum_{i=1}^{10}(Y_i - \bar{Y})^2 = \sum_{i=1}^{10} Y_i^2 - 10(\bar{Y})^2 = 13660,$$

$$S_{XY} = \sum_{i=1}^{10}(X_i - \bar{X})(Y_i - \bar{Y}) = \sum_{i=1}^{10} X_i Y_i - 10\bar{X}\bar{Y} = 6800 \text{이므로}$$

$$\hat{\beta_1} = \frac{S_{XY}}{S_{XX}} = \frac{6800}{3400} = 2.0, \ \hat{\beta_0} = \bar{Y} - \hat{\beta_1}\bar{X} = \frac{1100}{10} - 2 \times \frac{500}{10} = 10.0 \text{이다.}$$

그러므로 추정된 단순 선형 회귀모형은 다음과 같다.

$$\therefore \ \hat{Y} = \hat{\beta_0} + \hat{\beta_1} X = 10 + 2X$$

(2)

$$SSE = S_{YY} - \frac{[S_{XY}]^2}{S_{XX}} = 13660 - \frac{6800^2}{3400} = 60$$

$$\hat{\sigma^2} = MSE = \frac{SSE}{n-2} = \frac{60}{10-2} = 7.5$$

$\hat{\beta_1} \sim N\left(\beta_1, \dfrac{\sigma^2}{S_{XX}}\right)$이므로 β_1의 95% 신뢰구간은 다음과 같다.

$$\hat{\beta_1} \pm t_{n-2,\alpha/2}\sqrt{\frac{MS_E}{S_{XX}}} = 2.0 \pm 2.306\sqrt{\frac{7.5}{3400}} = (1.89, 2.11)$$

(3) $H_0 : \beta_1 = 0$하에서의 검정통계량의 값은 다음과 같고

$$T_0 = \frac{\hat{\beta_1}}{\sqrt{MSE/S_{XX}}} = 5.93$$

유의수준 $\alpha = 0.05$인 기각역은 $C_{0.05} = \{|T_0| > t_{8,0.025} = 2.306\}$이므로 영가설을 기각한다. 즉, $\hat{\beta_1} = 0.804$는 유의한 값이라고 할 수 있다.

10.2 다중 선형 회귀분석

10.2.1 다중 선형 회귀분석 모형

앞서 배운 단순 선형 회귀분석은 반응변수 Y에 대하여 설명변수가 X 한 개인 회귀분석방법이었다. 그러나 회귀분석을 실제로 적용하는 경우에 설명변수가 단 한 개인 경우는 매우 드물고, 설명변수가 여러 개인 경우가 일반적이다.

예를 들어, 반응변수인 기말고사 점수(Y)를 예측하는데 설명변수로 중간고사 점수(X)만 사용하는 것보다 중간고사 점수(X_1)와 출석률(X_2)을 사용하는 것이 예측의 정확도가 높아질 것

이다. 또한, 저축률(Y)을 예측하는 데 물가지수(X_1), GNP(X_2), 실업률(X_3), 종합주가지수(X_4) 등과 같이 여러 개의 설명변수를 사용하는 것이 설명변수를 한 개 사용하는 것보다 더욱 믿을 만한 결과를 제공할 것이다.

이와 같이 하나의 반응변수 Y에 대하여 여러 개의 설명변수 $X_1, X_2, \cdots, X_p (p \geq 2)$를 고려하는 회귀분석 방법을 다중 선형 회귀분석이라 한다.

다중 선형 회귀모형은 다음과 같이 정의된다.

$$Y = \beta_0 + \beta_1 X_1 + \beta_2 X_2 + \cdots + \beta_p X_p + \epsilon, \ \epsilon \sim N(0, \sigma^2)$$

또는 $Y, X_1, X_2, \cdots, X_p$에 대하여 관측된 n쌍의 데이터 $(X_{1i}, X_{1i}, \cdots, Y_i)$, $i = 1, 2, \cdots, n$를 사용하여 표현하면 다음과 같으며

$$Y_i = \beta_0 + \beta_1 X_{1i} + \beta_2 X_{2i} + \cdots + \beta_p X_{pi} + \epsilon_i, \ \epsilon_i \sim iid \ N(0, \sigma^2), \ i = 1, 2, \cdots, n$$

이를 벡터(vector)와 행렬(matrix)을 사용하여 다음과 같이 간단하게 표현할 수 있다.

■ 다중 선형 회귀분석 모형

$$\boldsymbol{Y} = \boldsymbol{X}\boldsymbol{\beta} + \boldsymbol{\epsilon}$$

단, $\boldsymbol{Y} = \begin{bmatrix} Y_1 \\ Y_2 \\ \vdots \\ Y_n \end{bmatrix}$, $\boldsymbol{X} = \begin{bmatrix} 1 \ X_{11} \ X_{21} & \cdots & X_{p1} \\ 1 \ X_{12} \ X_{22} & \cdots & X_{p2} \\ \vdots & & \\ 1 \ X_{1n} \ X_{2n} & \cdots & X_{pn} \end{bmatrix}$, $\boldsymbol{\beta} = \begin{bmatrix} \beta_0 \\ \beta_1 \\ \vdots \\ \beta_p \end{bmatrix}$, $\boldsymbol{\epsilon} = \begin{bmatrix} \epsilon_1 \\ \epsilon_2 \\ \vdots \\ \epsilon_n \end{bmatrix}$

$\epsilon_i \sim iid \ N(0, \sigma^2), \ i = 1, 2, \cdots, n$

10.2.2 다중 선형 회귀분석 모형의 계수 추정

다중 선형 회귀분석 모형의 계수는 최소제곱법을 사용하여 다음과 같이 추정할 수 있다.

$\boldsymbol{\epsilon} = \boldsymbol{y} - \boldsymbol{X}\boldsymbol{\beta}$이므로, 오차제곱합 Q를 다음과 같이 정의하면

$$\begin{aligned} Q = \boldsymbol{\epsilon}^T \boldsymbol{\epsilon} &= (\boldsymbol{y} - \boldsymbol{X}\boldsymbol{\beta})^T (\boldsymbol{y} - \boldsymbol{X}\boldsymbol{\beta}) \\ &= \boldsymbol{y}^T \boldsymbol{y} - 2\boldsymbol{\beta}^T \boldsymbol{X}^T \boldsymbol{y} + \boldsymbol{\beta}^T \boldsymbol{X}^T \boldsymbol{X}\boldsymbol{\beta} \end{aligned}$$

이고, 오차제곱합 Q를 $\boldsymbol{\beta}$에 대하여 미분하고 0이라 하면

$$\frac{\partial}{\partial \boldsymbol{\beta}} Q = -2\boldsymbol{X}^T \boldsymbol{y} + 2\boldsymbol{X}^T \boldsymbol{X}\boldsymbol{\beta} = 0$$

으로부터 $\hat{\boldsymbol{\beta}} = (\boldsymbol{X}^T \boldsymbol{X})^{-1} \boldsymbol{X}^T \boldsymbol{y}$이다. 단, $(\boldsymbol{X}^T \boldsymbol{X})^{-1}$는 존재한다고 가정한다.

최소제곱 추정량 $\hat{\boldsymbol{\beta}}=(\boldsymbol{X}^T\boldsymbol{X})^{-1}\boldsymbol{X}^T\boldsymbol{y}$의 평균과 분산을 구해 보면 다음과 같다.

$$\begin{aligned}
E(\hat{\boldsymbol{\beta}}) &= E\{(\boldsymbol{X}^T\boldsymbol{X})^{-1}\boldsymbol{X}^T\boldsymbol{y}\} \\
&= (\boldsymbol{X}^T\boldsymbol{X})^{-1}\boldsymbol{X}^T E(\boldsymbol{y}) \leftarrow E(\boldsymbol{y}) = \boldsymbol{X}\boldsymbol{\beta} \\
&= (\boldsymbol{X}^T\boldsymbol{X})^{-1}\boldsymbol{X}^T\boldsymbol{X}\boldsymbol{\beta} \\
&= \boldsymbol{\beta} \\
Var(\hat{\boldsymbol{\beta}}) &= Var\{(\boldsymbol{X}^T\boldsymbol{X})^{-1}\boldsymbol{X}^T\boldsymbol{y}\} \\
&= (\boldsymbol{X}^T\boldsymbol{X})^{-1}\boldsymbol{X}^T\, Var(\boldsymbol{y})\boldsymbol{X}(\boldsymbol{X}^T\boldsymbol{X})^{-1} \leftarrow Var(\boldsymbol{y}) = \sigma^2\boldsymbol{I} \\
&= \sigma^2(\boldsymbol{X}^T\boldsymbol{X})^{-1}\boldsymbol{X}^T\boldsymbol{X}(\boldsymbol{X}^T\boldsymbol{X})^{-1} \\
&= \sigma^2(\boldsymbol{X}^T\boldsymbol{X})^{-1}
\end{aligned}$$

따라서 $\hat{\boldsymbol{\beta}}=(\boldsymbol{X}^T\boldsymbol{X})^{-1}\boldsymbol{X}^T\boldsymbol{y}$는 $\boldsymbol{\beta}$의 불편추정량이며 $\hat{\boldsymbol{\beta}}$의 분포는 다음과 같다.

$$\hat{\boldsymbol{\beta}} \sim N\left(\boldsymbol{\beta}, \sigma^2(\boldsymbol{X}^T\boldsymbol{X})^{-1}\right)$$

또한 각각의 회귀계수 $\beta_i\ (i=0,1,2,\cdots,p)$의 추정량 $\hat{\beta}_i$는 다음과 같은 분포를 따르게 되며 이를 사용하여 회귀계수에 대한 구간추정과 검정을 시행할 수 있다.

$$\hat{\beta}_i \sim N(\beta_i, \sigma^2 D_i),\quad i=0,1,2,\cdots,p$$

여기서 D_i는 행렬 $(\boldsymbol{X}^T\boldsymbol{X})^{-1}$의 $i+1$번째 대각원소(diagonal element)이다.

■ 회귀계수 $\boldsymbol{\beta}=(\beta_0,\beta_1,\cdots,\beta_p)^T$의 추정량 $\hat{\boldsymbol{\beta}}$의 분포

$$\hat{\boldsymbol{\beta}} \sim N\left(\boldsymbol{\beta},\ \sigma^2(\boldsymbol{X}^T\boldsymbol{X})^{-1}\right)$$

또는

$$\hat{\beta}_i \sim N(\beta_i, \sigma^2 D_i),\quad i=0,1,2,\cdots,p$$

여기서 D_i는 행렬 $(\boldsymbol{X}^T\boldsymbol{X})^{-1}$의 $i+1$번째 대각원소

다중 선형 회귀분석 모형에서 각 회귀계수 $\beta_i\ (i=0,1,2,\cdots,p)$에 대한 가설 $H_0:\beta_i=0$, $H_1:\beta_i\neq 0\ (i=0,1,2,\cdots,p)$의 가설검정은 10.4절에서 배울 내용인 모분산 σ^2의 추정량이 MSE인 것과 $\hat{\beta}_i \sim N(\beta_i,\sigma^2 D_i)$, $i=0,1,2,\cdots,p$(여기서 D_i는 행렬 $(\boldsymbol{X}^T\boldsymbol{X})^{-1}$의 $i+1$번째 대각원소)를 사용하면, 단순 선형 회귀모형에서 β_0와 β_1에 대한 가설검정 과정과 동일하므로 여기서는 생략한다. [** 또한 실제 자료에 대하여 다중 선형 회귀모형을 가정하고 분석하는 것은 직접 계산을 하여 수행하는 것이 매우 어렵기 때문에 본문에서 예를 들지 않고 10.5절에서 통계

패키지를 사용하여 예를 분석하고 그 결과를 설명하기로 한다.]

다중 선형 회귀분석 모형에서 $p=1$이면 앞서 배운 단순 선형 회귀분석 모형과 같아지는데, 이와 같이 벡터와 행렬을 사용하여 구한 회귀계수의 최소제곱 추정량이 단순 선형 회귀분석에서 구한 회귀계수 β_0, β_1과 같아지는지 확인해 보자.

단순 선형 회귀분석 모형을 벡터와 행렬을 사용하여 표현하면 다음과 같으며, 이는 다중 선형 회귀분석 모형에서 $p=1$인 경우이다.

$$\boldsymbol{Y}=\boldsymbol{X}\boldsymbol{\beta}+\boldsymbol{\epsilon}$$

단, $$\boldsymbol{Y}=\begin{bmatrix} Y_1 \\ Y_2 \\ \vdots \\ Y_n \end{bmatrix},\quad \boldsymbol{X}=\begin{bmatrix} 1 & X_1 \\ 1 & X_2 \\ & \vdots \\ 1 & X_n \end{bmatrix},\quad \boldsymbol{\beta}=\begin{bmatrix} \beta_0 \\ \beta_1 \end{bmatrix},\quad \boldsymbol{\epsilon}=\begin{bmatrix} \epsilon_1 \\ \epsilon_2 \\ \vdots \\ \epsilon_n \end{bmatrix}$$

$$\epsilon_i \sim iid\, N(0,\ \sigma^2),\ \ i=1,\ 2,\ \cdots,\ n$$

따라서

$$\boldsymbol{X}^T\boldsymbol{X}=\begin{bmatrix} n & \sum_{i=1}^{n}X_i \\ \sum_{i=1}^{n}X_i & \sum_{i=1}^{n}X_i^2 \end{bmatrix},$$

$$(\boldsymbol{X}^T\boldsymbol{X})^{-1}=\frac{1}{\sum_{i=1}^{n}(X_i-\overline{X})^2}\begin{bmatrix} \frac{1}{n}\sum_{i=1}^{n}X_i^2 & -\overline{X} \\ -\overline{X} & 1 \end{bmatrix}=\frac{1}{S_{XX}}\begin{bmatrix} \frac{1}{n}\sum_{i=1}^{n}X_i^2 & -\overline{X} \\ -\overline{X} & 1 \end{bmatrix}$$

이므로,

$$\begin{aligned}\begin{bmatrix} \widehat{\beta_0} \\ \widehat{\beta_1} \end{bmatrix}=\widehat{\boldsymbol{\beta}} &= (\boldsymbol{X}^T\boldsymbol{X})^{-1}\boldsymbol{X}^T\boldsymbol{y} \\ &= \frac{1}{S_{XX}}\begin{bmatrix} \frac{1}{n}\sum_{i=1}^{n}X_i^2 & -\overline{X} \\ -\overline{X} & 1 \end{bmatrix}\begin{bmatrix} 1 & \cdots & 1 \\ X_1 & \cdots & X_n \end{bmatrix}\begin{bmatrix} Y_1 \\ Y_2 \\ \vdots \\ Y_n \end{bmatrix} \\ &= \frac{1}{S_{XX}}\begin{bmatrix} \frac{1}{n}\sum_{i=1}^{n}X_i^2 & -\overline{X} \\ -\overline{X} & 1 \end{bmatrix}\begin{bmatrix} \sum_{i=1}^{n}Y_i \\ \sum_{i=1}^{n}X_iY_i \end{bmatrix}\end{aligned}$$

여기에 $S_{XX}=\sum_{i=1}^{n}(X_i-\overline{X})^2=\sum_{i=1}^{n}X_i(X_i-\overline{X})$, $S_{XY}=\sum_{i=1}^{n}(X_i-\overline{X})(Y_i-\overline{Y})=\sum_{i=1}^{n}X_i(Y_i-\overline{Y})$ 인 변형식을 적용하면 다음과 같이 정리할 수 있다.

$$\begin{bmatrix}\widehat{\beta_0}\\ \widehat{\beta_1}\end{bmatrix} = \frac{1}{S_{XX}}\begin{bmatrix}\overline{Y}S_{XX} - \overline{X}S_{XY}\\ S_{XY}\end{bmatrix} = \begin{bmatrix}\overline{Y} - \overline{X}\dfrac{S_{XY}}{S_{XX}}\\ \dfrac{S_{XY}}{S_{XX}}\end{bmatrix} = \begin{bmatrix}\overline{Y} - \overline{X}\dfrac{S_{XY}}{S_{XX}}\\ \dfrac{S_{XY}}{S_{XX}}\end{bmatrix}$$

즉, $\widehat{\beta_1} = \dfrac{S_{XY}}{S_{XX}}$, $\widehat{\beta_0} = \overline{Y} - \widehat{\beta_1}\,\overline{X}$이므로 단순 선형 회귀분석에서 구한 회귀계수 β_0, β_1의 추정량과 같은 것을 알 수 있다.

10.3 결정계수

다음과 같은 다중 선형 회귀모형

$$Y_i = \beta_0 + \beta_1 X_{1i} + \beta_2 X_{2i} + \cdots + \beta_p X_{pi} + \epsilon_i,\ \ \epsilon_i \sim iid\, N(0, \sigma^2),$$
$$i = 1, 2, \cdots, n$$

에 의한 관측값 $Y_1, Y_2, \cdots, Y_n$이 있을 때, 이 값들이 모두 동일하지 않은 상태를 변동이라고 한다. 전체 변동의 합을 총변동 SST(Sum of Squares for Total)라고 하며 다음과 같이 정의한다.

$$SST = \sum_{i=1}^{n}(Y_i - \overline{Y})^2 = S_{YY}$$

즉, 총변동 SST는 각 관측값과 표본평균의 차인 편차 $Y_i - \overline{Y}$의 제곱합으로 표현되고 이를 총제곱합이라고도 한다.

회귀분석에서는 관측된 종속변수(반응변수)의 값 $Y_1, Y_2, \cdots, Y_n$은 서로 다른 독립변수(설명변수)의 값 $X_1, X_2, \cdots, X_p$에 따라 관측되었기 때문에 서로 달라질 수 있고, 만일 같은 독립변수의 값에서 관측되더라도 관측에서 발생하는 오차 때문에 서로 달라질 수 있다.

따라서 각 편차 $Y_i - \overline{Y}$는 다음과 같이 분해할 수 있는데

$$Y_i - \overline{Y} = (Y_i - \widehat{Y_i}) + (\widehat{Y_i} - \overline{Y})$$

여기서 $(Y_i - \widehat{Y_i})$는 관측값과 추정값 사이의 오차를 나타내고 $(\widehat{Y_i} - \overline{Y})$는 추정된 회귀식과 Y의 평균값의 차이를 의미한다.

이렇게 분해된 식의 양변을 제곱하여 더하면 다음과 같은 결과를 얻을 수 있다.

$$\sum_{i=1}^{n}(Y_i - \overline{Y}) = \sum_{i=1}^{n}(\widehat{Y_i} - \overline{Y})^2 + \sum_{i=1}^{n}(Y_i - \widehat{Y_i})^2$$

SST (총제곱합) $=$ SSR (회귀제곱합) $+$ SSE (잔차제곱합)

위 식에서 회귀제곱합 SSR(sum of squares for regression)은 총변동중에서 회귀식에 의해 설명되는 변동을 의미하며 잔차제곱합 SSE는 총변동중에서 회귀식에 의해 설명되지 않는 변동을 의미한다.

위 식이 성립하는 것은 다중 선형 회귀모형의 경우에는 선형모형론(linear model)의 이차형(quadratic form)에 대한 행렬 표현방법과 여러 가지 정리를 적용하여 증명가능하기 때문에 이 책에서는 생략하고, 단순 선형 회귀모형($p=1$)에 대하여 증명하는 것은 앞서 배운 지식을 적용하면 다음과 같이 어렵지 않게 증명할 수 있으므로 살펴보기로 한다.

$$\begin{aligned}\sum_{i=1}^{n}(Y_i-\bar{Y})^2 &= \sum_{i=1}^{n}\left[(Y_i-\widehat{Y}_i)+(\widehat{Y}_i-\bar{Y})\right]^2\\ &= \sum_{i=1}^{n}(Y_i-\widehat{Y}_i)^2+\sum_{i=1}^{n}(\widehat{Y}_i-\bar{Y})^2+2\sum_{i=1}^{n}(Y_i-\widehat{Y}_i)(\widehat{Y}_i-\bar{Y})\end{aligned}$$

여기서

$$\begin{aligned}\sum_{i=1}^{n}(Y_i-\widehat{Y}_i)(\widehat{Y}_i-\bar{Y}) &= \sum_{i=1}^{n}(Y_i-\widehat{\beta}_0-\widehat{\beta}_1X_i)(\widehat{\beta}_0+\widehat{\beta}_1X_i-\bar{Y})\\ &= \sum_{i=1}^{n}(Y_i-\widehat{\beta}_0-\widehat{\beta}_1X_i)[(\bar{Y}-\widehat{\beta}_1\bar{X})+\widehat{\beta}_1X_i-\bar{Y}]\\ &= \sum_{i=1}^{n}(Y_i-\widehat{\beta}_0-\widehat{\beta}_1X_i)[\widehat{\beta}_1(X_i-\bar{X})]\\ &= \widehat{\beta}_1\sum_{i=1}^{n}X_i(Y_i-\widehat{\beta}_0-\widehat{\beta}_1X_i)-\widehat{\beta}_1\\ &= 0 \text{ [정규방정식(normal equations)에 의해]}\end{aligned}$$

이므로 $\sum_{i=1}^{n}(Y_i-\bar{Y})^2=\sum_{i=1}^{n}(\widehat{Y}_i-\bar{Y})^2+\sum_{i=1}^{n}(Y_i-\widehat{Y}_i)^2$이 성립한다.

또한 단순 선형 회귀모형($p=1$)에서 회귀제곱합 SSR은 다음과 같이 표현할 수 있다.

$$\begin{aligned}SSR &= \sum_{i=1}^{n}(\widehat{Y}_i-\bar{Y})^2=\sum_{i=1}^{n}(\widehat{\beta}_0+\widehat{\beta}_1X_i-\bar{Y})^2\\ &= \sum_{i=1}^{n}[(\bar{Y}-\widehat{\beta}_1\bar{X})+\widehat{\beta}_1X_i-\bar{Y})^2\\ &= \widehat{\beta}_1^{\,2}\sum_{i=1}^{n}(X_i-\bar{X})^2=\widehat{\beta}_1^{\,2}S_{XX}=\frac{[S_{XY}]^2}{S_{XX}}\end{aligned}$$

추정된 회귀식이 좋은 추정식이 되기 위해서는 총제곱합에서 회귀제곱합이 잔차제곱합보다 더 커야 한다. 즉, 독립변수가 변하면 종속변수의 값도 변하여 회귀제곱합이 커지지만 오차에 의한 제곱합은 커지지 않아 회귀식의 추정이 정밀하게 됨을 의미한다. 따라서 총제곱합에서 회귀제곱합의 비율이 의미 있는 값이 되며, 이를 결정계수(coefficient of determination; R^2)라 하고 다음과 같이 정의한다.

■ 결정계수 R^2

$$R^2 = \frac{SSR}{SST} = 1 - \frac{SSE}{SST}, \quad 0 \le R^2 \le 1$$

결정계수는 총변동에서 회귀식에 의해 설명되는 변동의 비율로서 그 값이 클수록 회귀모형의 설명력이 높음을 의미한다. 만약 모든 측정값들이 정확하게 회귀직선상에 모두 위치하면 $SSE = 0$이고 따라서 $SSR = SST$이므로 $R^2 = 1$이고, 반대로 반응변수와 설명변수 사이에 전혀 선형 회귀관계가 없으면 $SSR = 0$이므로 $R^2 = 0$이 된다. 또한 결정계수의 값은 그 값이 클수록 설명력이 높다고 해석할 뿐 얼마 이상이어야 설명력이 높다고 할 수 있는 기준은 존재하지 않는다.

결정계수의 단점은, 어떤 독립변수가 회귀모형에 추가되면 추가된 독립변수의 설명력에 관계없이 결정계수의 값은 커지는 특징이 있다. 따라서 결정계수 값에만 근거하여 회귀식이 좋다고 판단하면 회귀모형에 지나치게 많은 설명변수를 포함시키는 경향이 있다. 이러한 문제점을 보완하기 위하여 결정계수를 해당 자유도로 수정한 것을 수정결정계수(adjusted coefficient of determination; $\overline{R}^2$)라 하고 다음과 같이 정의한다. 먼지 각 제곱합의 자유도는 다음과 같다.

$$d.f(SST) = n-1$$
$$d.f(SSR) = p$$
$$d.f(SSE) = n-p-1$$

■ 수정결정계수 $\overline{R}^2$

$$\overline{R}^2 = 1 - \frac{SSE/(n-p-1)}{SST/((n-1)} = 1 - \frac{n-1}{n-p-1}(1-R^2), \quad 0 \le \overline{R}^2 \le 1$$

수정결정계수는 자유도에 의해 수정된 값으로 설명변수가 회귀모형에 추가되어도 항상 그 값이 증가하지는 않으며, $\overline{R}^2$이 가장 큰 값을 갖는 경우가 가장 설명력이 좋은 회귀모형으로 간주한다. 그러므로 일반적으로 독립변수가 하나일 경우는 결정계수 R^2을 사용하고 독립변수가 두 개 이상인 경우에는 $\overline{R}^2$을 사용하여 추정된 선형 회귀모형의 설명력을 비교하는 것이 바람직하다.

예 10.4

예 10.1에서 추정한 단순 선형 회귀모형의 결정계수값을 구하여 보자.

풀이 **예 10.1**에서 $SST = S_{YY} = 708.92$, $S_{XX} = 834.77$, $S_{XY} = 671.31$이었으므로 단순 선형 회귀모형에 대하여 $SSR = \dfrac{[S_{XY}]^2}{S_{XX}} = \dfrac{671.31^2}{834.77} = 539.86$이고 결정계수의 값은 $R^2 = \dfrac{SSR}{SST} = \dfrac{539.86}{708.92} = 0.7615$이다. 따라서 총변동의 76.15%를 추정된 회귀모형 $\widehat{Y} = 37.81 + 0.804X$가 설명하고 있으므로 설명력이 어느 정도 좋은 편이라고 할 수 있다. ▩

예 10.5

예 10.3에서 추정한 단순 선형 회귀모형의 결정계수값을 구하여 보자.

풀이 **예 10.3**에서 $SST = S_{YY} = 13660$, $S_{XX} = 3400$, $S_{XY} = 6800$이었으므로

$$SSR = \frac{[S_{XY}]^2}{S_{XX}} = \frac{6800^2}{3400} = 13600 \text{ 이고 } R^2 = \frac{SSR}{SST} = \frac{13600}{13660} = 0.9956$$

이다. 따라서 총변동의 99.56%를 추정된 회귀모형 $\widehat{Y} = \widehat{\beta_0} + \widehat{\beta_1}X = 10 + 2X$이 설명하고 있으므로 설명력이 매우 좋은 편이라고 할 수 있다. ▩

10.4 회귀분석 모형의 적합도검정

회귀분석 모형의 적합도검정은 종속변수를 설명하는 데 독립변수들이 믿을 만한 역할을 수행하는 것을 검정하는 것을 의미한다. 회귀계수 $\beta_0, \beta_1, \cdots, \beta_p$들이 모두 0이 아니면 종속변수는 독립변수에 의해 어느 정도 설명되므로 추정된 회귀모형이 적합하다고 할 수 있다. 만약 회귀계수 $\beta_0, \beta_1, \cdots, \beta_p$들이 모두 0이라고 할 수 있다면 독립변수들이 종속변수를 전혀 설명할 수 없음을 의미하게 되므로 회귀분석 모형이 전혀 적합하지 않게 된다. 따라서 회귀모형의 적합도 검정은 다음 가설을 검정하는 것이다.

$$H_0 : \beta_0 = \beta_1 = \cdots = \beta_p = 0$$

앞 절에서 정의한 SST (총제곱합), SSR (회귀제곱합), SSE (잔차제곱합)의 자유도는 각각

$$d.f(SST) = n-1,\ d.f(SSR) = p,\ d.f(SSE) = n-p-1$$

이며, 이들의 분포와 관련하여 다음과 같은 사실이 알려져 있다.

$$\frac{SST}{\sigma^2} \sim \chi^2_{n-1}, \quad \frac{SSR}{\sigma^2} \sim \chi^2_p \ (\text{영가설하에서}), \quad \frac{SSE}{\sigma^2} \sim \chi^2_{n-p-1}$$

따라서 기댓값이 자유도와 같아지는 카이제곱분포의 특성에 의하여

$$E\left[\frac{SST}{\sigma^2}\right] = n-1, \quad E\left[\frac{SSR}{\sigma^2}\right] = p, \quad E\left[\frac{SSE}{\sigma^2}\right] = n-p-1$$

인 것을 알 수 있고

$$E(MSE) = E\left[\frac{SSE}{n-p-1}\right] = (n-p-1)E\left[\frac{SSE}{\sigma^2}\right] = \sigma^2$$

이므로, MSE가 분산 σ^2의 불편추정량인 것을 알 수 있다.

따라서 서로 독립인 두 개의 카이제곱 확률분포로 만들어지는 F-분포의 정의에 따라 다음과 같은 확률변수는 영가설 $H_0 : \beta_0 = \beta_1 = \cdots = \beta_p = 0$ 하에서 자유도가 $p, (n-p-1)$인 F-분포를 따르게 된다.

$$\frac{\frac{SSR}{\sigma^2}/p}{\frac{SSE}{\sigma^2}/(n-p-1)} = \frac{MSR}{MSE} \sim F_{p,\, n-p-1} \ (\text{영가설하에서})$$

즉, 영가설 $H_0 : \beta_0 = \beta_1 = \cdots = \beta_p = 0$ 하에서의 검정통계량 T_0와 그 분포는 다음과 같으며

$$T_0 = \frac{MSR}{MSE} \sim F_{p,\, n-p-1}$$

만약 $T_0 \geq F_{p,\, n-p-1,\, \alpha}$이면 영가설을 기각한다.

실험계획법에서와 같이 분산분석표를 작성하여 회귀모형의 적합도검정에 사용할 수 있다. 즉, 총제곱합을 회귀제곱합과 잔차제곱합으로 구분하고 각 제곱합의 자유도와 평균제곱, 영가설하에서의 검정통계량을 사용하여 다음과 같은 분산분석표를 작성한다.

| 표 10.1 | 다중 선형 회귀모형의 분산분석표

원인	제곱합	자유도	평균제곱	T_0
회귀	SSR	p	MSR	$T_0 = \frac{MSR}{MSE} \sim F_{p,n-p-1}$
잔차	SSE	$n-p-1$	MSE	
총합	SST	$n-1$		

단순 선형 회귀모형은 다중 선형 회귀모형에서 $p=1$인 경우이므로 다중 선형 회귀모형의 분산분석표는 다음과 같다.

| 표 10.2 | 단순 선형 회귀모형의 분산분석표

원인	제곱합	자유도	평균제곱	T_0
회귀	SSR	1	MSR	$T_0 = \dfrac{MSR}{MSE} \sim F_{1,n-2}$
잔차	SSE	$n-2$	MSE	
총합	SST	$n-1$		

예 10.6

예 10.1에 대하여 분산분석표를 작성하고 회귀모형의 적합성을 유의수준 5%에서 검정하여 보자.

원인	제곱합	자유도	평균제곱	T_0
회귀	539.86	1	539.86	
잔차	169.06	11	15.37	$T_0 = \dfrac{539.86}{15.37} = 35.12$
총합	708.92	12		

풀이 $T_0 = 35.12 > F_{1,\,11,\,0.05} = 4.84$이므로 영가설 $H_0 : \beta_0 = \beta_1 = 0$을 기각하고 추정된 회귀직선이 유의하다고 결론을 내릴 수 있다. 또한 **예 10.4**로부터 추정된 회귀모형이 총변동의 76.15%를 설명하고 있으므로, 회귀직선이 유의하고 모형의 설명력도 적절하다고 할 수 있다.

예 10.7

예 10.3에 대하여 분산분석표를 작성하고 회귀모형의 적합성을 유의수준 5%에서 검정하여 보자.

원인	제곱합	자유도	평균제곱	T_0
회귀	13600	1	13660	
잔차	60	8	7.5	$T_0 = \dfrac{13660}{7.5} = 1821.22$
총합	13660	9		

풀이 $T_0 = 1821.33 > F_{1,\,8,\,0.05} = 5.32$이므로 영가설 $H_0 : \beta_0 = \beta_1 = 0$을 기각하고 추정된 회귀직선이 유의하다고 결론을 내릴 수 있다. 또한 **예 10.5**로부터 추정된 회귀모형이 총변동의 99.56%를 설명하고 있으므로, 회귀직선이 유의하고 모형의 설명력이 우수하다고 할 수 있다.

10.5 R 실습

```
### library
library(dplyr)
```

10.5.1 단순 선형 회귀분석

Icecream 자료는 1951-03-18에서 1953-07-11까지 4주 단위로 아이스크림 소비를 조사한 자료로 1인당 아이스크림 소비 금액(cons), 주당 평균 가족 소득(income), 아이스크림 판매 가격(price), 평균 기온(temp)이 포함되어 있다. 단순 선형 회귀분석으로 아이스크림 소비에 영향을 주는 요인을 알아보자.

```
### CSV 파일에 있는 자료 읽기
data.file <-
"https://vincentarelbundock.github.io/Rdatasets/csv/Ecdat/Icecream.csv"
Icecream <- read.csv(data.file)
Icecream <- Icecream[-1]
```

```
# 자료의 수와 변수의 수
Icecream %>% dim()
```

30 4

```
# 처음 6개 자료 출력
Icecream %>% head()
```

A data.frame: 6 × 4

cons	income	price	temp
<dbl>	<int>	<dbl>	<int>
0.386	78	0.270	41
0.374	79	0.282	56
0.393	81	0.277	63
0.425	80	0.280	68
0.406	76	0.272	69
0.344	78	0.262	65

```
# 변수별 자료 요약
Icecream %>% summary()
```

```
      cons            income          price             temp
 Min.   :0.2560   Min.   :76.00   Min.   :0.2600   Min.   :24.00
 1st Qu.:0.3113   1st Qu.:79.25   1st Qu.:0.2685   1st Qu.:32.25
 Median :0.3515   Median :83.50   Median :0.2770   Median :49.50
 Mean   :0.3594   Mean   :84.60   Mean   :0.2753   Mean   :49.10
 3rd Qu.:0.3912   3rd Qu.:89.25   3rd Qu.:0.2815   3rd Qu.:63.75
 Max.   :0.5480   Max.   :96.00   Max.   :0.2920   Max.   :72.00
```

```
1  # 산점도 행렬
2  plot(Icecream)
```

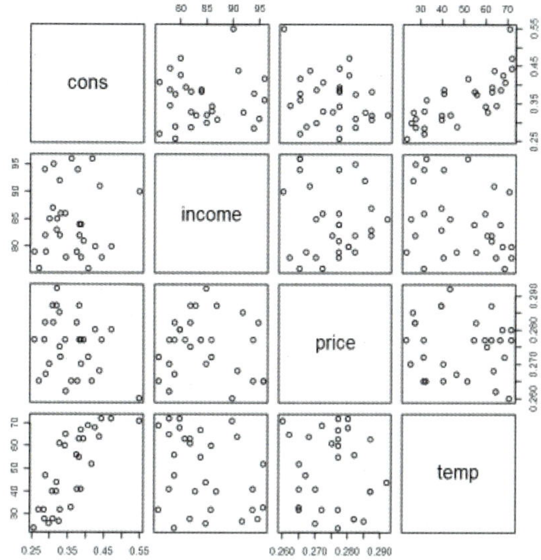

2줄: plot() 함수로 산점도를 확인한다. 데이터프레임에 3개 이상의 변수가 있는 경우에는 산점도 행렬을 통해 각 변수들 간의 산점도를 행렬의 형식으로 표현한다. cons과 temp가 선형 관계가 있는 것을 눈으로 확인할 수 있다.

아이스크림 소비 금액과 기온과의 회귀모형을 구하자.

```
###### 10.1 단순 선형 회귀분석
# Regression 1: cons ~ temp
reg.1 <- lm(cons ~ temp, data=Icecream)
summary(reg.1)
```

```
Call:
lm(formula = cons ~ temp, data = Icecream)

Residuals:
      Min        1Q    Median        3Q       Max
-0.069411 -0.024478 -0.007371  0.029126  0.120516

Coefficients:
             Estimate Std. Error t value Pr(>|t|)
(Intercept) 0.2068621  0.0247002   8.375 4.13e-09 ***
temp        0.0031074  0.0004779   6.502 4.79e-07 ***
---
Signif. codes:  0 '***' 0.001 '**' 0.01 '*' 0.05 '.' 0.1 ' ' 1

Residual standard error: 0.04226 on 28 degrees of freedom
Multiple R-squared:  0.6016,	Adjusted R-squared:  0.5874
F-statistic: 42.28 on 1 and 28 DF,  p-value: 4.789e-07
```

3줄: lm() 함수로 선형 회귀모형의 계수를 추정한다. Icecream 자료에서 cons는 반응변수이고, temp는 설명변수이다.

4줄: summary() 함수로 회귀모형을 출력한다. "Coefficients"에서 "Estimate"가 추정된 회귀계수이다. 기온이 1도 증가하면 소비 금액이 0.0031 증가한다. "Pr(>|t|)"는 각 회귀계수의 검정에 대한 p-value이다. 유의수준 0.05하에서 temp 변수의 p-value가 유의수준보다 작으므로, 추정된 0.0031은 0이라고 할 수 없다. 결정계수는 0.6016이고, 수정결정계수는 0.5874이다. 회귀모형의 적합도검정에 대한 p-value는 4.789×10^{-7}로 유의수준 0.05보다 작으므로, 추정된 회귀직선이 유의하다고 할 수 있다. 따라서 추정된 선형회귀 직선은 $cons = 0.0031 \times temp + 0.2069$이다.

```
1 # 산점도와 회귀직선
2 plot(cons ~ temp, data=Icecream)
3 abline(reg.1, col="red")
```

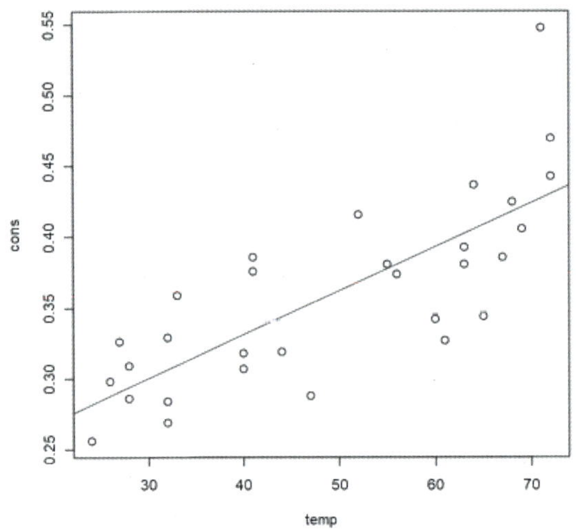

2줄: plot() 함수로 두 변수에 대한 산점도를 그린다. 표현식은 회귀모형식과 동일하게 사용할 수 있다.

3줄: abline() 함수로 추정된 회귀직선을 추가한다.

아이스크림 소비 금액과 수입에 대한 회귀모형을 구하자.

```
###### 10.1 단순 선형 회귀분석
# Regression 2: cons ~ income
reg.2 <- lm(cons ~ income, data=Icecream)
summary(reg.2)
```

```
Call:
lm(formula = cons ~ income, data = Icecream)
```

```
Residuals:
      Min        1Q    Median        3Q       Max
-0.100606 -0.050393 -0.009145  0.034013  0.185840

Coefficients:
            Estimate Std. Error t value Pr(>|t|)
(Intercept) 0.316715   0.168665   1.878   0.0709 .
income      0.000505   0.001988   0.254   0.8014
---
Signif. codes:  0 '***' 0.001 '**' 0.01 '*' 0.05 '.' 0.1 ' ' 1

Residual standard error: 0.06688 on 28 degrees of freedom
Multiple R-squared:  0.002298,  Adjusted R-squared:  -0.03333
F-statistic: 0.06449 on 1 and 28 DF,  p-value: 0.8014
```

3줄: lm() 함수로 선형 회귀모형의 계수를 추정한다.

4줄: summary() 함수로 회귀모형을 출력한다. 수입에 대한 회귀계수는 0.0005로, 유의수준 0.05하에서 income 변수의 p-value가 유의수준보다 크기 때문에 추정된 계수는 0이라고 볼 수 있다. 그리고 회귀모형의 적합도검정에 대한 p-value도 유의수준보다 크기 때문에 추정된 회귀직선이 유의하다고 할 수 없다. 즉, 수입이 아이스크림 소비에 영향을 주지 않는다고 볼 수 있다.

10.5.2 다중 선형 회귀분석

Icecream 자료에서 기온과 수입이 아이스크림 소비에 영향을 주는지 다중 선형 회귀분석 모형을 구하여 보자.

```
1 ###### 10.2 다중 선형 회귀분석
2 # Regression 3: cons ~ temp + income
3 reg.3 <- lm(cons ~ temp + income, data=Icecream)
4 summary(reg.3)
```

```
Call:
lm(formula = cons ~ temp + income, data = Icecream)


Residuals:
      Min        1Q    Median        3Q       Max
-0.065420 -0.022458  0.004026  0.015987  0.091905

Coefficients:
             Estimate Std. Error t value Pr(>|t|)
(Intercept) -0.113195   0.108280  -1.045  0.30511
temp         0.003543   0.000445   7.963 1.47e-08 ***
income       0.003530   0.001170   3.017  0.00551 **
---
Signif. codes:  0 '***' 0.001 '**' 0.01 '*' 0.05 '.' 0.1 ' ' 1

Residual standard error: 0.03722 on 27 degrees of freedom
Multiple R-squared:  0.7021,	Adjusted R-squared:  0.68
F-statistic: 31.81 on 2 and 27 DF,  p-value: 7.957e-08
```

3줄: lm() 함수로 선형 회귀모형의 계수를 추정한다. Icecream 자료에서 cons는 반응변수이고, temp와

income은 설명변수이다. "+" 기호로 설명변수를 추가한다.

4줄: summary() 함수로 회귀모형을 출력한다. 회귀모형의 적합도검정의 결과, 유의수준 0.05하에서 p-value가 유의수준보다 작으므로 추정된 회귀모형이 유의하다고 할 수 있다. 추정된 두 개의 회귀계수의 검정 결과, 모두 유의수준보다 작으므로 회귀계수가 0이라고 할 수 없다. 즉 기온과 수입이 아이스크림 소비에 영향을 준다고 할 수 있다. 단순 선형 회귀분석에서 수입은 소비에 영향을 주지 않았지만, 기온과 수입을 사용한 다중 선형 회귀분석에서는 수입이 영향을 준다고 나타났다. 이는 다중 선형 회귀분석으로 기온의 영향이 제거된 수입의 영향을 검정한 결과이다. 수정결정계수는 0.68로 기온만 설명변수로 사용한 단순 선형 회귀모형보다 크다. 추정된 선형회귀 직선은 $cons = 0.0035 \times temp + 0.0035 \times income - 0.1132$이다.

Icecream 자료에서 기온과 수입, 아이스크림의 가격이 아이스크림 소비에 영향을 주는지 다중 선형 회귀분석 모형을 구하여 보자.

```
1 ###### 10.2 다중 선형 회귀분석
2 # Regression 4: cons ~ temp + income + price
3 reg.4 <- lm(cons ~ temp + income + price, data=Icecream)
4 summary(reg.4)
```

```
Call:
lm(formula = cons ~ temp + income + price, data = Icecream)

Residuals:
      Min        1Q    Median        3Q       Max
-0.065302 -0.011873  0.002737  0.015953  0.078986

Coefficients:
              Estimate Std. Error t value Pr(>|t|)
(Intercept)  0.1973151  0.2702162   0.730  0.47179
temp         0.0034584  0.0004455   7.762  3.1e-08 ***
income       0.0033078  0.0011714   2.824  0.00899 **
price       -1.0444140  0.8343573  -1.252  0.22180
---
Signif. codes:  0 '***' 0.001 '**' 0.01 '*' 0.05 '.' 0.1 ' ' 1

Residual standard error: 0.03683 on 26 degrees of freedom
Multiple R-squared:  0.719,	Adjusted R-squared:  0.6866
F-statistic: 22.17 on 3 and 26 DF,  p-value: 2.451e-07
```

3줄: lm() 함수로 선형 회귀모형의 계수를 추정한다. Icecream 자료에서 cons는 반응변수이고, temp와 income, price가 설명변수이다.

4줄: summary() 함수로 회귀모형을 출력한다. 회귀모형의 적합도검정의 결과, 유의수준 0.05하에서 p-value가 유의수준보다 작으므로 추정된 회귀모형이 유의하다고 할 수 있다. 추정된 회귀계수의 검정 결과, 기온과 수입은 소비에 영향을 주지만 가격은 소비에 영향을 주지 않는다고 할 수 있다. 수정결정계수는 0.6866으로 기온과 수입을 설명변수로 사용한 회귀모형보다 크다.

10.6 Python 실습

```
### library
import pandas as pd
from statsmodels.formula.api import ols
from matplotlib import pyplot as plt
```

10.6.1 단순 선형 회귀분석

Icecream 자료는 1951-03-18에서 1953-07-11까지 4주 단위로 아이스크림 소비를 조사한 자료로 1인당 아이스크림 소비 금액(cons), 주당 평균 가족 소득(income), 아이스크림 판매 가격(price), 평균 기온(temp)이 포함되어 있다. 단순 선형 회귀분석으로 아이스크림 소비에 영향을 주는 요인을 알아보자.

```
### CSV 파일에 있는 자료 읽기
data_file =
"https://vincentarelbundock.github.io/Rdatasets/csv/Ecdat/Icecream.csv"
Icecream = pd.read_csv(data_file)
Icecream = Icecream.drop(Icecream.columns[0], axis=1)
```

```
# 자료의 수와 변수의 수
Icecream.shape
```

(30, 4)

```
# 처음 5개 자료 출력
Icecream.head()
```

	cons	income	price	temp
0	0.386	78	0.270	41
1	0.374	79	0.282	56
2	0.393	81	0.277	63
3	0.425	80	0.280	68
4	0.406	76	0.272	69

```
# 변수별 자료 요약
Icecream.describe()
```

	cons	income	price	temp
count	30.000000	30.00000	30.000000	30.000000
mean	0.359433	84.60000	0.275300	49.100000
std	0.065791	6.24555	0.008342	16.421916
min	0.256000	76.00000	0.260000	24.000000
25%	0.311250	79.25000	0.268500	32.250000
50%	0.351500	83.50000	0.277000	49.500000
75%	0.391250	89.25000	0.281500	63.750000
max	0.548000	96.00000	0.292000	72.000000

```
1 # 산점도 행렬
2 p = pd.plotting.scatter_matrix(Icecream, figsize=(8, 8), marker='o')
```

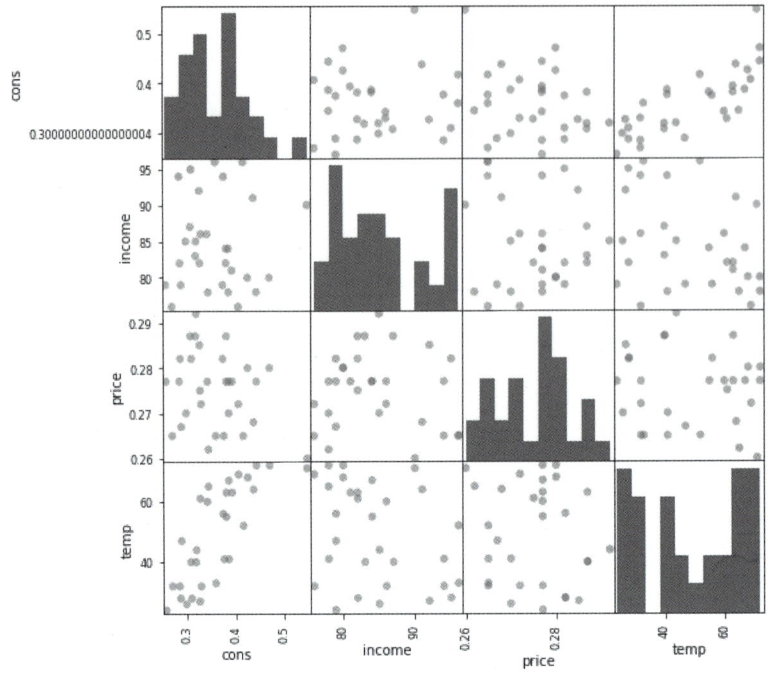

2줄: scatter_matrix() 함수로 산점도를 확인한다. 데이터프레임에 3개 이상의 변수가 있는 경우에는 산점도 행렬을 통해 각 변수들 간의 산점도를 행렬의 형식으로 표현한다. cons과 temp가 선형 관계가 있는 것을 눈으로 확인할 수 있다.

아이스크림 소비 금액과 기온과의 회귀모형을 구하자.

```
###### 10.1 단순 선형 회귀분석
# Regression 1: cons ~ temp
reg_1 = ols('cons ~ temp', data=Icecream).fit()
reg_1.summary()
```

OLS Regression Results

Dep. Variable:	cons	**R-squared:**	0.602
Model:	OLS	**Adj. R-squared:**	0.587
Method:	Least Squares	**F-statistic:**	42.28
Date:	Sun, 08 Dec 2019	**Prob (F-statistic):**	4.79e-07
Time:	20:21:08	**Log-Likelihood:**	53.383
No. Observations:	30	**AIC:**	-102.8
Df Residuals:	28	**BIC:**	-99.96
Df Model:	1		
Covariance Type:	nonrobust		

	coef	std err	t	P>|t|	[0.025	0.975]
Intercept	0.2069	0.025	8.375	0.000	0.156	0.257
temp	0.0031	0.000	6.502	0.000	0.002	0.004

Omnibus:	3.763	Durbin-Watson:	0.624
Prob(Omnibus):	0.152	Jarque-Bera (JB):	2.260
Skew:	0.577	Prob(JB):	0.323
Kurtosis:	3.688	Cond. No.	166.

3줄: ols()와 fit() 함수로 선형 회귀모형의 계수를 추정한다. Icecream 자료에서 cons는 반응변수이고, temp는 설명변수이다.

4줄: summary() 함수로 회귀모형을 출력한다. "coef"가 추정된 회귀계수이다. 기온이 1도 증가하면 소비 금액이 0.0031 증가한다. "P>|t|"는 각 회귀계수의 검정에 대한 p-value이다. 유의수준 0.05하에서 temp 변수의 p-value가 유의수준보다 작으므로, 추정된 0.0031은 0이라고 할 수 없다. 결정계수는 0.602이고, 수정결정계수는 0.587이다. 회귀모형의 적합도검정에 대한 p-value는 4.79×10^{-7}로 유의수준 0.05보다 작으므로, 추정된 회귀직선이 유의하다고 할 수 있다. 따라서 추정된 선형회귀 직선은 $cons = 0.0031 \times temp + 0.2069$이다.

```
1  # 산점도와 회귀직선
2  plt.scatter(Icecream['temp'],Icecream['cons'])
3  plt.plot(Icecream['temp'],reg_1.predict(), 'red')
4  plt.show()
```

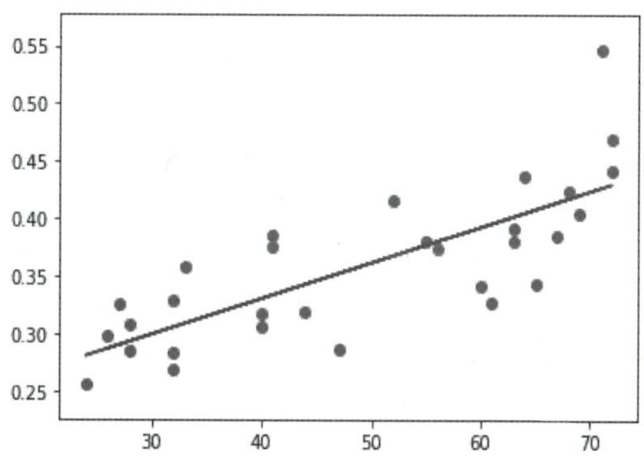

2줄: scatter() 함수로 두 변수에 대한 산점도를 그린다. Icecream['temp']는 Icecream 자료에서 temp의 값을 의미한다.

3줄: plot() 함수로 온도와 회귀모형으로 추정된 값을 사용하여 회귀직선을 추가한다.

아이스크림 소비 금액과 수입에 대한 회귀모형을 구하자.

```
1 ###### 10.1 단순 선형 회귀분석
2 # Regression 2: cons ~ income
3 reg_2 = ols('cons ~ income', data=Icecream).fit()
4 reg_2.summary()
```

OLS Regression Results

Dep. Variable:	cons	**R-squared:**	0.002
Model:	OLS	**Adj. R-squared:**	-0.033
Method:	Least Squares	**F-statistic:**	0.06449
Date:	Sun, 08 Dec 2019	**Prob (F-statistic):**	0.801
Time:	20:21:11	**Log-Likelihood:**	39.613
No. Observations:	30	**AIC:**	-75.23
Df Residuals:	28	**BIC:**	-72.42
Df Model:	1		
Covariance Type:	nonrobust		

	coef	std err	t	P>|t|	[0.025	0.975]
Intercept	0.3167	0.169	1.878	0.071	-0.029	0.662
income	0.0005	0.002	0.254	0.801	-0.004	0.005

Omnibus:	4.223	**Durbin-Watson:**	0.393
Prob(Omnibus):	0.121	**Jarque-Bera (JB):**	2.877
Skew:	0.733	**Prob(JB):**	0.237
Kurtosis:	3.387	**Cond. No.**	1.17e+03

3줄: ols()와 fit() 함수로 선형 회귀모형의 계수를 추정한다.

4줄: summary() 함수로 회귀모형을 출력한다. 수입에 대한 회귀계수는 0.0005로, 유의수준 0.05하에서 income 변수의 p-value가 유의수준보다 크기 때문에 추정된 계수는 0이라고 볼 수 있다. 그리고 회귀모형의 적합도검정에 대한 p-value도 유의수준보다 크기 때문에 추정된 회귀직선이 유의하다고 할 수 없다. 즉, 수입이 아이스크림 소비에 영향을 주지 않는다고 볼 수 있다.

10.6.2 다중 선형 회귀분석

Icecream 자료에서 기온과 수입이 아이스크림 소비에 영향을 주는지 다중 선형 회귀분석 모형을 구하여 보자.

```
1 ###### 10.2 다중 선형 회귀분석
2 # Regression 3: cons ~ temp + income
3 reg_3 = ols('cons ~ temp + income', data=Icecream).fit()
4 reg_3.summary()
```

OLS Regression Results

Dep. Variable:	cons	R-squared:	0.702
Model:	OLS	Adj. R-squared:	0.680
Method:	Least Squares	F-statistic:	31.81
Date:	Sun, 08 Dec 2019	Prob (F-statistic):	7.96e-08
Time:	20:21:13	Log-Likelihood:	57.742
No. Observations:	30	AIC:	-109.5
Df Residuals:	27	BIC:	-105.3
Df Model:	2		
Covariance Type:	nonrobust		

	coef	std err	t	P>|t|	[0.025	0.975]
Intercept	-0.1132	0.108	-1.045	0.305	-0.335	0.109
temp	0.0035	0.000	7.963	0.000	0.003	0.004
income	0.0035	0.001	3.017	0.006	0.001	0.006

Omnibus:	2.264	Durbin-Watson:	1.003
Prob(Omnibus):	0.322	Jarque-Bera (JB):	1.094
Skew:	0.386	Prob(JB):	0.579
Kurtosis:	3.528	Cond. No.	1.56e+03

3줄: ols()와 fit() 함수로 선형 회귀모형의 계수를 추정한다. Icecream 자료에서 cons는 반응변수이고, temp와 income은 설명변수이다. "+" 기호로 설명변수를 추가한다.

4줄: summary() 함수로 회귀모형을 출력한다. 회귀모형의 적합도검정의 결과, 유의수준 0.05하에서 p-value가 유의수준보다 작으므로 추정된 회귀모형이 유의하다고 할 수 있다. 추정된 두 개의 회귀계수의 검정 결과, 모두 유의수준보다 작으므로 회귀계수가 0이라고 할 수 없다. 즉 기온과 수입이 아이스크림 소비에 영향을 준다고 할 수 있다. 단순 선형 회귀분석에서 수입은 소비에 영향을 주지 않았지만, 기온과 수입을 사용한 다중 선형 회귀분석에서는 수입이 영향을 준다고 나타났다. 이는 다중 선형 회귀분석으로 기온의 영향이 제거된 수입의 영향을 검정한 결과이다. 수정결정계수는 0.68로 기온만 설명변수로 사용한 단순 선형 회귀모형보다 크다. 추정된 선형회귀 직선은 $cons = 0.0035 \times temp + 0.0035 \times income - 0.1132$이다.

Icecream 자료에서 기온과 수입, 아이스크림의 가격이 아이스크림 소비에 영향을 주는지 다중 선형 회귀분석 모형을 구하여 보자.

```
1 ###### 10.2 다중 선형 회귀분석
2 # Regression 4: cons ~ temp + income + price
3 reg_4 = ols('cons ~ temp + income + price', data=Icecream).fit()
4 reg_4.summary()
```

OLS Regression Results

Dep. Variable:	cons	**R-squared:**	0.719
Model:	OLS	**Adj. R-squared:**	0.687
Method:	Least Squares	**F-statistic:**	22.17
Date:	Sun, 08 Dec 2019	**Prob (F-statistic):**	2.45e-07
Time:	20:21:14	**Log-Likelihood:**	58.619
No. Observations:	30	**AIC:**	-109.2
Df Residuals:	26	**BIC:**	-103.6
Df Model:	3		
Covariance Type:	nonrobust		

	coef	**std err**	**t**	**P>|t|**	**[0.025**	**0.975]**
Intercept	0.1973	0.270	0.730	0.472	-0.358	0.753
temp	0.0035	0.000	7.762	0.000	0.003	0.004
income	0.0033	0.001	2.824	0.009	0.001	0.006
price	-1.0444	0.834	-1.252	0.222	-2.759	0.671

Omnibus:	0.565	**Durbin-Watson:**	1.021
Prob(Omnibus):	0.754	**Jarque-Bera (JB):**	0.047
Skew:	0.038	**Prob(JB):**	0.977
Kurtosis:	3.179	**Cond. No.**	1.27e+04

3줄: ols()와 fit() 함수로 선형 회귀모형의 계수를 추정한다. Icecream 자료에서 cons는 반응변수이고, temp와 income, price가 설명변수이다.

4줄: summary() 함수로 회귀모형을 출력한다. 회귀모형의 적합도검정의 결과, 유의수준 0.05하에서 p-value가 유의수준보다 작으므로 추정된 회귀모형이 유의하다고 할 수 있다. 추정된 회귀계수의 검정 결과, 기온과 수입은 소비에 영향을 주지만 가격은 소비에 영향을 주지 않는다고 할 수 있다. 수정결정계수는 0.687로 기온과 수입을 설명변수로 사용한 회귀모형보다 크다.

10장 연습문제 EXERCISES

01 독립변수 X와 종속변수 Y를 관측한 자료가 다음과 같다.

X	-3	-1	0	1	3
Y	1	2	4	4	5

(1) 위의 값에 대해 산점도를 그려보라.

(2) 단순 선형 회귀모형을 설정하고 최소제곱법을 통해 회귀계수의 추정치를 구하라.

(3) (1)에서 그린 산점도 위에 추정된 회귀선을 그려보라.

(4) 추정된 식에 따라 $X=2$인 경우, Y의 추정값은?

(5) 분산의 추정치인 $\widehat{\sigma^2}$과 결정계수 R^2을 구하라.

(6) 표본 상관계수 r을 구하고, 결정계수 R^2과 표본 상관계수 r의 관계를 설명하라.

(7) $H_0 : \beta_1 = 0$, $H_1 : \beta_1 \neq 0$에 대해 유의수준 5%하에서 검정하라.

(8) 분산분석표를 작성하고, 회귀모형의 유의성을 유의수준 5%에서 검정하라.

02 잔차를 e_i라고 할 때, 단순 선형 회귀모형에서 다음이 성립함을 증명하라.

(1) $\sum_{i=1}^{n} e_i = 0$ (2) $\sum_{i=1}^{n} X_i e_i = 0$ (3) $\sum_{i=1}^{n} Y_i e_i = 0$

03 다음은 단순 선형 회귀모형 $Y_i = \beta_0 + \beta_1 X_i + \epsilon_i$, $i = 1, 2, \cdots, 30$의 표본으로부터 계산한 중간계산 결과이다. 다음 물음에 답하라.

$$\sum_{i=1}^{30} X_i = 3025.2, \quad \sum_{i=1}^{30} X_i^2 = 305991, \quad \sum_{i=1}^{30} Y_i = 8469.7,$$

$$\sum_{i=1}^{30} Y_i^2 = 2401495, \quad \sum_{i=1}^{30} X_i Y_i = 856777$$

(1) 최소제곱법에 의한 회귀계수의 추정치를 구하라.

(2) 분산 σ^2의 점추정값을 계산하고, 결정계수 R^2을 구하라.

(3) 회귀모형의 유의성을 유의수준 5%로 검정하라.

04 다음은 30개의 표본으로부터 구한 분산분석표이다. 빈칸을 채우고 물음에 답하라.

	자유도	제곱합	평균제곱합	F값
회귀	4	824	(　　)	(　　)
잔차	(　　)	(　　)	(　　)	
총합	(　　)	1254		

(1) 회귀모형을 세우고, 회귀모형의 유의성 여부에 대해 영가설과 대립가설을 설정하라.

(2) 결정계수와 수정결정계수를 구하여 비교하라.

(3) F분포표를 참고하여 F값에 대해 유의수준 5%하에서 가설검정하라.

05 다음 자료는 6개의 도매점에서 조사된 특정 제품의 가격에 따른 수요량이다. 물음에 답하라.

가격	21	23	19	21	15	19	20
수요량	56	52	55	48	45	50	57

(1) 수요량을 반응변수로 하는 단순회귀모형이 적합한지 산점도를 통해 확인하라.

(2) 회귀계수의 추정치를 구하라.

(3) 가격이 24일 때 예상되는 평균 수요량의 예측값을 구하라

06 [R] 다음과 같은 국고채와 콜금리의 데이터에 대해 단순 선형 회귀분석을 실시하고자 한다. 여기서 독립변수는 국고채이고, 종속변수는 콜금리이다. 다음 물음에 답하여라. (단위: %)

국고채	3.96	3.36	3.34	3.77	3.26	3.82	3.57	4.62	3.85	3.05
콜금리	2.75	3.25	3.26	3.01	3.31	3.24	2.99	2.01	1.97	2.27
국고채	4.22	3.35	3.61	4.16	3.80	3.56	4.16	3.81	4.12	3.83
콜금리	2.00	3.25	2.28	1.93	3.02	2.28	1.93	2.75	2.02	1.96

(1) 산점도를 그려보라.

(2) 단순 선형 회귀모형을 설정하고 회귀계수의 추정치를 구하라.

(3) 산점도 위에 추정된 회귀선을 그려보라.

(4) 결정계수와 표본 상관계수를 구하라.

(5) 분산분석표를 작성하고, 회귀모형의 유의성을 유의수준 5%하에서 검정하라.

07 [R] 다음 자료에 대한 물음에 답하라.

Y	X_1	X_2	X_3	X_4
73	40	52	47	35
52	26	44	30	27
55	33	43	34	22
70	48	56	51	34
43	21	27	26	35
57	31	48	40	44

(1) 회귀모형을 세우고, 회귀모형의 유의성 여부에 대해 영가설과 대립가설을 설정하라.

(2) 분산분석표를 작성하라.

(3) 결정계수와 수정결정계수를 구하고 비교하라.

(4) 회귀계수가 의미가 있는지를 유의수준 5%하에서 검정하라.

11

범주형 자료분석

범주형 자료분석(categorical data analysis)은 설문조사, 여론조사 등 통계조사가 활발해지면서 주목을 받고 적용범위가 넓어지기 시작한 통계분석 방법이다. 설문조사나 여론조사에 응하게 되면 피조사자는 문항별로 여러 개의 선택사항 가운데 가장 적절한 한 개를 택하게 되는 것이 일반적이다. 이처럼 모집단의 특성을 측정한 것이 질적 변수(qualitative variable)인 경우에는 변수의 속성에 해당하는 빈도를 측정하여 모집단의 특성을 추측하게 된다. 또한 급여 등과 같이 양적 변수(quantitative variable)인 경우에도 필요에 따라 변수 값을 객관적 기준에 따라 일정 수의 계급 또는 범주(category)로 분류한 후 해당 범주에 속하는 빈도를 측정하여 모집단의 특성을 유추해 볼 수 있다. 이와 같이 특정 목적에 따라 자료의 종류에 상관없이 계급화된 자료를 범주형 자료라 하고, 이러한 자료를 분석하는 통계적 방법을 범주형 자료분석이라 한다.

범주형 자료에 대해서는 기초적으로 빈도수, 평균값, 중앙값 등을 살펴볼 수도 있고, 문항들 사이의 관계를 분석할 수도 있는데, 후자의 경우가 주로 범주형 자료분석 방법에 해당한다고 할 수 있다. 예를 들어, 성인 1,000명에게 모병제에 대한 찬성여부(찬성, 반대, 중립)를 조사하여 성별과 모병제 찬성여부 사이에는 어떤 관계가 있는가, 또는 소득수준과 모병제 찬성여부에는 어떤 관계가 있는가 등에 대하여 통계적 가설검정을 실시할 수 있는데 이러한 것이 범주형 자료분석의 쉬운 예이다.

범주형 자료분석에서는 관측된 표본을 통해 모집단의 특성을 추론하기 위해 변수의 특정 속성(범주 또는 계급)에 속할 확률에 주로 관심을 가진다. 어떤 범주형 변수가 두 종류의 속성으로만 분류되는 경우에 첫 번째 속성에 속할 확률을 $p\,(0 \le p \le 1)$라 하면 이 변수는 '성공'의 확률이 p인 베르누이 분포를 따른다고 할 수 있고, 만일 전체 관측값의 수가 n개이면 이 중에서 첫 번째 속성에 속하는 관측값의 수 Y는 이항분포 $B(n, p)$를 따른다. 일반적으로 어떤 범주형 변수가 $k\,(k \ge 3)$개 이상의 속성으로 분류되는 경우에, 첫 번째 속성에 속하는 관측값의 수가 Y_1이고 이 속성에 속할 확률이 p_1, 두 번째 속성에 속하는 관측값의 수가 Y_2이고 이 속성에 속할 확률이 $p_2, \cdots, (k-1)$번째 속성에 속하는 관측값의 수가 Y_{k-1}이고 이 속성에 속할 확률이 p_{k-1}, k번째 속성에 속하는 관측값의 수가 Y_k이고 이 속성에 속할 확률이 p_k라 하면 $\sum_{i=1}^{k} Y_i = n$, $\sum_{i=1}^{k} p_i = 1$이므로 $Y_k = n - \sum_{i=1}^{k-1} Y_i$, $p_k = 1 - \sum_{i=1}^{k-1} p_i$이다. 따라서 $Y_1, Y_2, \cdots, Y_{k-1}$의 값이 결정되면 Y_k는 자동으로 결정되고 $p_1, p_2, \cdots, p_{k-1}$의 값이 결정되면 p_k는 자동으로 결정된다. 이때, $(Y_1, Y_2, \cdots, Y_{k-1})$의 분포를 다항분포(multinomial distribution)라고 하며 각 속성에 속할 확률에 관심을 갖고 분석을 진행한다. 다항분포에 대하여는 추후 설명하기로 한다.

두 개의 범주형 변수가 있을 때에는 각 변수의 속성에 속할 비율 이외에도 두 변수 사이의 연관성(association)에 관심을 갖게 되는데, 이는 상관관계 분석과 비슷한 개념이다. 이처럼 각

변수의 속성에 속할 비율과 두 변수 사이의 연관성을 파악하는 통계적 분석방법이 범주형 자료분석이다.

범주형 자료분석의 대표적인 경우를 예로 들어보면 다음과 같다.

예 1

멘델의 유전법칙은 완두콩의 색과 모양을 결정하는 우성요인과 열성요인의 결합에 대한 법칙이다. 색에서의 우성요인은 녹색(A)이고 열성요인이 금색(a)이며, 모양에서의 우성요인은 원형(B)이고 열성요인이 쭈그러짐(b)이라고 한다. 어떤 완두콩 교배실험에서 500개의 AB 완두콩, 160개의 Ab 완두콩, 170개의 aB 완두콩, 60개의 ab 완두콩을 얻었을 때, 이 실험결과가 멘델의 유전법칙 (AB : Ab : aB : ab = 9 : 3 : 3 : 1)을 잘 따른다고 할 수 있는가?

⇒ 네 종류의 완두콩이 멘델의 가정을 만족하는지를 알아보는 것이다. 이와 같이 관측결과가 특정한 분포를 따르는지를 검정하는 것을 적합도검정(goodness-of-fit test)이라 한다.

예 2

교육수준이 직장생활의 만족도에 영향을 미치는지를 알아보기 위하여, 1000명의 직장인을 임의 추출하여 조사한 결과가 다음과 같다. 교육수준이 직장생활의 만족도에 영향을 준다고 할 수 있는가?

교육수준	직장생활의 만족도		
	불만족	보통	만족
대학원 이상	103	52	67
대학	245	148	55
고등학교	101	199	30

⇒ 교육수준과 직장생활의 만족도의 관계를 알아보는 것이다. 이와 같이 두 변수 사이에 관계가 있는지를 알아보는 것을 독립성검정(test of independence)이라고 한다.

예 3

인문계 고등학생과 자연계 고등학생에 따라 국어, 영어, 수학에 대한 선호도에 차이가 있는가를 조사하려 한다. 인문계 고등학생 300명과 자연계 고등학생 300명을 임의 추출하여 세 과목에 대한 선호도를 조사한 자료가 다음과 같을 때, 인문계 고등학생과 자연계 고등학생에 따라 선호하는 과목이 다르다고 할 수 있는가?

	국어	영어
인문계	150	100
자연계	120	100

⇒ 인문계 고등학생과 자연계 고등학생에 따라 선호하는 과목의 분포가 동일한지를 알아보는 것이다. 이와 같이 분포의 동일성을 검정하는 것을 동일성검정(test of homogeneity)이라고 한다.

이 장에서는 이러한 내용을 중심으로 범주형 자료분석의 기초적인 내용에 대하여 배워 보기로 한다.

11.1 다항분포

표본공간이 {'성공', '실패'}와 같이 단 두 개의 가능한 경우로만 구성되어 있고 '성공'의 확률이 $p\,(0 \le p \le 1)$인 베르누이 확률변수로부터 만들어지는 이항분포는 표본공간의 원소가 세 개 이상인 경우로 확장할 수 있다. 즉, 이항분포는 한 번의 시행 또는 조사에서 나타날 수 있는 결과가 세 개 이상인 경우로 확장 가능하며, 이를 다항분포라 한다.

예를 들어, 주사위의 여섯 개 면의 숫자가 1이 1개, 2가 2개, 3이 3개로 구성되어 있다고 하자. 이렇게 생긴 주사위를 한 번 던졌을 때 1의 눈이 나올 확률은 1/6, 2의 눈이 나올 확률은 1/3, 3의 눈이 나올 확률은 1/2이다. 같은 주사위를 30번 던졌을 때, 1의 눈이 5번, 2의 눈이 10번, 3의 눈이 15번 나올 확률은 중복순열 나올 확률은 동자순열(permutation of multisets)을 적용하면 다음과 같이 구할 수 있다.

$$\frac{30!}{5!\,10!\,15!}\left(\frac{1}{6}\right)^5\left(\frac{1}{3}\right)^{10}\left(\frac{1}{2}\right)^{15}$$

이를 일반화하여 보자.

한 번의 다항시행에서 나타날 수 있는 결과가 k개이고, 서로 배반인 각각의 결과를 얻을 확률이 $p_i\,(i=1,\,2,\,\cdots,\,k)$라 하자. 이때, n번의 독립적인 다항시행에서 $i\,(i=1,\,2,\,\cdots,\,k)$번째 결과로 얻은 수를 $Y_i\,(i=1,\,2,\,\cdots,\,k)$라고 하면

$$P(Y_1=n_1,\ldots,Y_k=n_k)=\frac{n!}{n_1!\,n_2!\cdots n_k!}\,p_1^{n_1}p_2^{n_2}\cdots p_k^{n_k},$$

$$\sum_{i=1}^{k} n_i = n,\quad \sum_{i=1}^{k} p_i = 1$$

이다.

이를 다항분포의 확률질량함수라 하고 $(Y_1, \cdots, Y_k) \sim MN(n, p_1, \cdots, p_k)$ 또는 $(Y_1, \cdots, Y_{k-1}) \sim MN(n, p_1, \cdots, p_{k-1})$이라고 표현한다. 다항분포에 관한 내용을 요약하면 다음과 같다.

$(Y_1, \cdots, Y_{k-1}) \sim MN(n, p_1, \cdots, p_{k-1})$

$$P(Y_1 = n_1, \cdots, Y_k = n_k) = \frac{n!}{n_1!n_2! \cdots n_k!} p_1^{n_1} p_2^{n_2} \cdots p_k^{n_k}$$

$$\sum_{i=1}^{k} n_i = n, \quad \sum_{i=1}^{k} p_i = 1$$

$$E(Y_i) = np_i, \ Var(Y_i) = np_i(1-p_i), \ Cov(Y_i, Y_j) = -np_ip_j, \ i \neq j$$

다항분포에서 n이 충분히 크면 근사적으로 다음이 성립하며, 이는 범주형 자료분석에서 가장 중요하게 사용된다.

$$\sum_{i=1}^{k} \frac{(Y_i - np_i)^2}{np_i} \sim \chi^2_{k-1}$$

만약 다항분포에서 $k=2$이면 이항분포가 되는데, 이항분포의 경우 위 내용이 성립하는 것은 다음과 같이 보일 수 있다.

$$\begin{aligned}\sum_{i=1}^{2} \frac{(Y_i - np_i)^2}{np_i} &= \frac{(Y_1 - np_1)^2}{np_1} + \frac{(Y_2 - np_2)^2}{np_2} \\ &= \frac{(Y_1 - np_1)^2}{np_1} + \frac{(Y_1 - np_1)^2}{np_2} \\ &= \frac{(Y_1 - np_1)^2}{np_1p_2} = \left(\frac{Y_1 - np_1}{\sqrt{np_1(1-p_1)}}\right)^2\end{aligned}$$

n이 크면 이항분포의 정규근사에 의해

$$\frac{Y_1 - np_1}{\sqrt{np_1(1-p_1)}} \sim N(0, 1)$$

이므로 카이제곱분포의 정의에 따라 다음이 성립함을 알 수 있다.

$$\sum_{i=1}^{2} \frac{(Y_i - np_i)^2}{np_i} \sim \chi^2_1$$

■ **다항분포 $(Y_1, \cdots, Y_{k-1}) \sim MN(n, p_1, \cdots, p_{k-1})$의 특성**

$(Y_1, \cdots, Y_{k-1}) \sim MN(n, p_1, \cdots, p_{k-1})$에서 n이 크면 근사적으로

$$\sum_{i=1}^{k} \frac{(Y_i - np_i)^2}{np_i} \sim \chi^2_{k-1}$$

이 성립한다.

11.2 단일 범주형 자료분석

모집단으로부터 크기 n인 표본을 추출하여 k개의 속성을 가지고 있는 한 변수를 측정했을 때 각 속성에 속하는 관측빈도(observed frequency)를 $O_1, O_2, \cdots, O_{k-1}, O_k$라 하면, 관측빈도$(O_1, O_2, \cdots, O_{k-1})$의 분포는 다항분포를 따른다.

즉, 각 속성에 속하는 관측빈도를 O_i, $i = 1, 2, \cdots, k(\sum_{i=1}^{k} O_i = n)$, 각 속성에 속할 확률을 p_i, $i = 1, 2, \cdots, k(\sum_{i=1}^{k} p_i = 1)$, 각 속성에 속할 관측빈도의 기댓값(기대빈도; expected frequency)을 E_i, $i = 1, 2, \cdots, k(\sum_{i=1}^{k} E_i = n)$라 하면, 단일 범주형자료는 다음과 같은 일차원표로 표현할 수 있다.

| **표 11.1** | 단일 범주형자료의 구조 (일차원표)

속성	C_1	C_2	$\cdots$	C_k	합계
확률	p_1	p_2	$\cdots$	p_k	1
관측빈도	O_1	O_2	$\cdots$	O_k	n
기대빈도	E_1	E_2	$\cdots$	E_k	n

여기서 각 속성에 속하는 확률 $p_i(i = 1, 2, \cdots, k)$의 추정량은 $\hat{p_i} = \frac{O_i}{n}(i = 1,2, \cdots, k)$이고, 각 속성에 속하는 기대빈도는 $E_i = np_i(i = 1, 2, \cdots, k)$이다.

단일 범주형 자료분석에서 관심사항은 관측결과가 가설에 의해 주어진 확률분포를 잘 따르는가에 대한 것이다. 즉, 검정하고자 하는 영가설은 '관측빈도가 기대빈도와 비슷한가'와 같이 표현할 수 있다. 이와 같이 단일 범주형 자료분석에서는 관측빈도의 기대빈도에 대한 적합성 여부를 검정하기 때문에 적합도검정이라고 한다.

적합도검정에서의 영가설과 대립가설은 다음과 같다.

$$H_0 : p_1 = p_{10}, \cdots, p_{k-1} = p_{k-1,0}$$
$$H_1 : H_0 \text{는 사실이 아님.}$$

만일 영가설이 사실이라면 기대빈도는 다음과 같다.

$$E_{i0} = \begin{cases} np_{i0} & , \ i = 1, 2, \cdots, k-1 \\ n\left(1 - \sum_{i=1}^{k-1} p_{i0}\right), & i = k \end{cases}$$

위와 같은 가설을 검정하기 위한 검정통계량 X^2은 다항분포의 근사 분포에 관측빈도 O_i와 기대빈도 E_i를 사용하여 다음과 같이 설정한다.

$$X^2 = \sum_{i=1}^{k} \frac{(O_i - np_i)^2}{np_i} = \sum_{i=1}^{k} \frac{(O_i - E_i)^2}{E_i} \sim \chi^2_{k-1}$$

따라서 영가설하에서의 검정통계량 X_0^2은 다음과 같으며

$$X_0^2 = \sum_{i=1}^{k} \frac{(O_i - E_{i0})^2}{E_{i0}} \sim \chi^2_{k-1}$$

영가설하에서는 관측빈도와 기대빈도가 비슷해지므로 X_0^2의 값은 작아지고, 영가설이 옳지 않다면 X_0^2 값은 증가하므로 유의수준 α인 기각역은 $C_\alpha = \left\{X_0^2 \geq \chi^2_{k-1,\alpha}\right\}$이다.

■ 적합도검정

H_0: $p_1 = p_{10}, \cdots, p_{k-1} = p_{k-1,0}$

H_1: H_0는 사실이 아님.

영가설하에서의 검정통계량: $X_0^2 = \sum_{i=1}^{k} \frac{(O_i - E_{i0})^2}{E_{i0}} \sim \chi^2_{k-1}$

유의수준 α인 기각역: $C_\alpha = \left\{X_0^2 \geq \chi^2_{k-1,\alpha}\right\}$

예 11.1

어느 지역의 국회의원 후보 3명에 대한 지지율이 동일한가를 알아보기 위해 유권자 150명의 의견을 조사한 결과는 다음과 같다. 유의수준 0.05에서 검정하라.

속성	후보 1	후보 2	후보 3	합계
빈도(O_i)	47	69	34	150

풀이 국회의원 후보 3명에 대한 지지율을 각각 p_1, p_2, p_3라 하면, 지지율이 동일한가에 대한 가설은 다음과 같다.

$$H_0:\ p_1 = \frac{1}{3},\ p_2 = \frac{1}{3},\ p_3 = \frac{1}{3}$$

$$H_1:\ H_0\text{는 사실이 아님.}$$

영가설하에서의 기대빈도를 구하면 다음과 같다.

속성	후보 1	후보 2	후보 3	합계
관측빈도(O_i)	47	69	34	150
기대빈도(E_i)	50	50	50	150

따라서 영가설하에서의 검정통계량의 값을 계산하면 다음과 같고

$$X_0^2 = \sum_{i=1}^{3} \frac{(O_i - E_{i0})^2}{E_{i0}}$$

$$= \frac{(47-50)^2}{50} + \frac{(69-50)^2}{50} + \frac{(34-50)^2}{50} = 12.52$$

유의수준이 0.05인 기각역은 $C_{0.05} = \{X_0^2 \geq \chi^2_{2,\,0.05} = 5.991\}$이므로 영가설을 기각하고, 세 후보의 지지율이 동일하다고 볼 수 없다고 결론을 내린다.

11.3 이차원 범주형 자료분석

유권자에게 지지하는 정당이 어느 당이고 특정 안건에 대한 찬반의견은 무엇인지를 묻는 것과 같이, 두 개의 범주형 변수에 따라 측정하는 경우는 쉽게 접할 수 있는 일이다. 이와 같이 두 개의 범주형 변수가 있을 때, 주된 관심 사항은 두 범주형 변수 사이의 연관성(association)에 대한 것이며 이차원표(two dimensional table)를 사용하여 분석한다. 이차원표는 두 개의 범주형 변수에 따라 얻은 자료를 요약한 표이며 분할표(contingency table)라고도 한다.

여기서는 두 범주형 변수의 연관성 파악과 관련하여 독립성검정과 동일성검정을 배워 본다. 독립성검정과 동일성검정은 자료의 구조가 같으나, 독립성검정에서는 전체 표본의 수 n만 미리

정해져 있는 반면에, 동일성검정에서는 주변합(marginal sum)이 미리 정해져 있는 것에 유의하여야 한다. 자세한 내용을 알아보자.

11.3.1 독립성검정

두 개의 범주형 변수 Y_1, Y_2이 있는데, Y_1은 k개의 속성 $\{C_1, C_2, \cdots, C_k\}$을 가지고 있고, Y_2는 l개의 속성 $\{R_1, R_2, \cdots, R_l\}$을 가지고 있다. 모집단으로부터 크기 n인 대응표본을 추출하고, O_{ij}, p_{ij}, E_{ij} $(i=1, 2, \cdots, k, l=1, 2, \cdots, l)$를 각각 다음과 같이 정의하자.

O_{ij} : Y_1의 i 번째 속성 C_i와 Y_2의 j번째 속성 R_j에 해당하는 관측빈도
p_{ij} : Y_1의 i 번째 속성 C_i와 Y_2의 j번째 속성 R_j에 속할 확률
E_{ij} : Y_1의 i 번째 속성 C_i와 Y_2의 j번째 속성 R_j에 해당하는 기대빈도

이차원표는 O_{ij}, p_{ij}, E_{ij}를 사용하여 다음과 같이 표현할 수 있다.

| 표 11.2 | 이차원표 (관측빈도/확률/기대빈도)

Y_2 \ Y_1	C_1			C_2			$\cdots$	C_k			합계		
R_1	O_{11}	p_{11}	E_{11}	O_{21}	p_{21}	E_{21}	$\cdots$	O_{k1}	p_{k1}	E_{k1}	$O_{\cdot 1}$	$p_{\cdot 1}$	$E_{\cdot 1}$
R_2	O_{12}	p_{12}	E_{12}	O_{22}	p_{22}	E_{22}	$\cdots$	O_{k2}	p_{k2}	E_{k2}	$O_{\cdot 2}$	$p_{\cdot 2}$	$E_{\cdot 2}$
$\vdots$		$\vdots$			$\vdots$		$\vdots$		$\vdots$			$\vdots$	
R_l	O_{1l}	p_{1l}	E_{1l}	O_{2l}	p_{2l}	E_{2l}	$\cdots$	O_{kl}	p_{kl}	E_{kl}	$O_{\cdot l}$	$p_{\cdot l}$	$E_{\cdot l}$
합계	$O_{1\cdot}$	$p_{1\cdot}$	$E_{1\cdot}$	$O_{2\cdot}$	$p_{2\cdot}$	$E_{2\cdot}$	$\cdots$	$O_{k\cdot}$	$p_{k\cdot}$	$E_{k\cdot}$	n	1	n

표 11.2에서 주변합에 관한 내용은 다음과 같다.

$$O_{i\cdot} = \sum_{j=1}^{l} O_{ij},\ O_{\cdot j} = \sum_{i=1}^{k} O_{ij},\ p_{i\cdot} = \sum_{j=1}^{l} p_{ij},\ p_{\cdot j} = \sum_{i=1}^{k} p_{ij}$$

$$\sum_{i=1}^{k}\sum_{j=1}^{l} O_{ij} = \sum_{i=1}^{k} O_{i\cdot} = \sum_{j=1}^{l} O_{\cdot j} = n,$$

$$\sum_{i=1}^{k}\sum_{j=1}^{l} p_{ij} = \sum_{i=1}^{k} p_{i\cdot} = \sum_{j=1}^{l} p_{\cdot j} = 1$$

여기서 각 속성에 속하는 확률 p_{ij}의 추정량은 $\widehat{p_{ij}} = \frac{O_{ij}}{n}$ $(i=1, 2, \cdots, k,\ j=1, 2, \cdots, l)$이고, 각 속성에 속하는 기대빈도는 $E_{ij} = np_{ij}$ $(i=1, 2, \cdots, k,\ j=1, 2, \cdots, l)$이다.

두 범주형 변수 Y_1, Y_2의 독립성을 검정하는 가설은 다음과 같다.

H_0: 두 범주형 변수 Y_1, Y_2는 서로 독립이다.

H_1: 두 범주형 변수 Y_1, Y_2는 서로 독립이 아니다.

두 범주형 변수의 독립성검정 절차를 다루기 전에, 먼저 앞에서 배운 두 이산형 확률변수의 독립성의 정의를 다시 살펴보자.

두 이산형 확률변수 X, Y가 서로 독립이라는 것은 두 확률변수 X, Y의 결합 확률질량함수(joint probability mass function)가 X, Y 각각의 주변 확률질량함수(marginal probability mass function)의 곱으로 표현된다는 것이며, 수식으로는 다음과 같이 표현하였다.

$$P(X=x, Y=y) = P(X=x)(Y=y),\ \ \forall\, x,\ y$$

이러한 이산형 확률변수의 독립성의 정의를 두 범주형 변수 Y_1, Y_2에 적용하면 다음과 같이 표현할 수 있는데

$$P(Y_1 = C_i,\ Y_2 = R_j) = P(Y_1 = C_i)(Y_2 = R_j),\ \ \forall\, i,\ j$$

여기서

$$P(Y_1 = C_i,\ Y_2 = R_j) = p_{ij}$$
$$P(Y_1 = C_i) = p_{i\,\cdot}$$
$$P(Y_2 = R_j) = p_{\cdot\,j}$$

이므로, 두 범주형 변수 Y_1, Y_2의 독립은 다음과 같이 다시 표현할 수 있다.

$$p_{ij} = p_{i\,\cdot}\,p_{\cdot\,j},\ \ \forall\, i, j$$

따라서 두 범주형 변수 Y_1, Y_2의 독립성을 검정하는 가설은 다음과 같이 설정할 수 있으며

$H_0 : p_{ij} = p_{i\,\cdot}\,p_{\cdot\,j},\ \ \forall\, i, j$

$H_1 : H_0$가 사실이 아니다. (즉, 적어도 하나의 $p_{ij} \neq p_{i\,\cdot}\,p_{\cdot\,j}$)

영가설하에서 기대빈도는 다음과 같음을 알 수 있다.

$$H_0 :\ E_{ij} = np_{i\,\cdot}\,p_{\cdot\,j},\ \ i = 1, \cdots, k,\ \ j = 1, \cdots, l$$

가설검정을 위한 검정통계량 X^2은 다음과 같이 알려져 있으므로

$$X^2 = \sum_{i=1}^{k}\sum_{j=1}^{l}\frac{(O_{ij}-E_{ij})^2}{E_{ij}}$$
$$= \sum_{i=1}^{k}\sum_{j=1}^{l}\frac{(O_{ij}-np_{ij})^2}{np_{ij}}$$

영가설하에서 검정통계량 X_0^2은 다음과 같다.

$$X_0^2 = \sum_{i=1}^{k}\sum_{j=1}^{l}\frac{(O_{ij}-E_{ij})^2}{E_{ij}}$$
$$= \sum_{i=1}^{k}\sum_{j=1}^{l}\frac{(O_{ij}-np_{i\cdot}\,p_{\cdot j})^2}{np_{i\cdot}\,p_{\cdot j}}$$

독립성검정에서 영가설하에서의 검정통계량 X_0^2은 근사적으로 자유도가 $(kl-1)$인 카이제곱 분포를 따르는 것이 알려져 있다. 그러나 이것을 직접 사용할 수 없는 이유는, X_0^2에 알려지지 않은 값 $p_{i\cdot}$와 $p_{\cdot j}$가 포함되어 있다는 것이다. 따라서 이들을 다음과 같은 각각의 추정량으로 대체하여 사용한다.

$$\widehat{p_{i\cdot}} = \frac{O_{i\cdot}}{n}, \quad \widehat{p_{\cdot j}} = \frac{O_{\cdot j}}{n}$$

따라서 검정에 사용되는 검정통계량 X_0^2은 다음과 같으며

$$X_0^2 = \sum_{i=1}^{k}\sum_{j=1}^{l}\frac{(O_{ij}-\widehat{E_{ij}})^2}{\widehat{E_{ij}}}, \qquad \widehat{E_{ij}} = n\widehat{p_{i\cdot}}\,\widehat{p_{\cdot j}} = \frac{O_{i\cdot}\,O_{\cdot j}}{n}$$
$$= \sum_{i=1}^{k}\sum_{j=1}^{l}\frac{\left(O_{ij}-\dfrac{O_{i\cdot}\,O_{\cdot j}}{n}\right)^2}{\dfrac{O_{i\cdot}\,O_{\cdot j}}{n}}$$

근사적으로 카이제곱 분포를 따르는 X_0^2 의 자유도는 다음과 같이 수정된다.

$$\begin{aligned} \text{자유도} &= (kl-1) - \text{추정되는 모수의 수} \\ &= (kl-1) - [(k-1)-(l-1)] \\ &= (k-1)(l-1) \end{aligned}$$

이 경우에도 적합도검정에서와 마찬가지로 영가설하에서는 관측빈도와 기대빈도가 비슷해지므로 X_0^2의 값은 작아지고, 영가설이 옳지 않다면 X_0^2 값은 증가하므로 유의수준 α인 기각역은 $C_\alpha = \left\{X_0^2 \geq \chi^2_{(k-1)(l-1),\,\alpha}\right\}$와 같이 설정된다.

■ 독립성검정

H_0: $p_{ij} = p_{i\bullet} p_{\bullet j}$, $\forall i, j$

H_1: H_0 이 사실이 아니다. (즉, 적어도 하나의 $p_{ij} \neq p_{i\bullet} p_{\bullet j}$)

영가설하에서의 검정통계량: $X_0^2 = \sum_{i=1}^{k}\sum_{j=1}^{l} \frac{(O_{ij} - \widehat{E_{ij}})^2}{\widehat{E_{ij}}} \sim \chi^2_{(k-1)(l-1)}$

$$\widehat{E_{ij}} = n\widehat{p_{i\bullet}}\widehat{p_{\bullet j}} = \frac{O_{i.}O_{.j}}{n}$$

유의수준 α인 기각역: $C_\alpha = \left\{X_0^2 \geq \chi^2_{(k-1)(l-1),\, \alpha}\right\}$

예 11.2

어느 도시에서 300명의 시민을 대상으로 지지하는 정당과 지하철 노선 확대에 대한 의견(찬성, 반대)을 조사한 결과가 다음과 같다. 지지하는 정당과 지하철 노선 확대에 대한 의견이 서로 독립인지 유의수준 0.05에서 검정하여 보라.

지지 정당 / 의견	A당	B당	C당	합계
찬성	125 (O_{11})	46 (O_{21})	27 (O_{31})	198 ($O_{\bullet 1}$)
반대	48 (O_{12})	23 (O_{22})	31 (O_{32})	102 ($O_{\bullet 2}$)
합계	173 ($O_{1\bullet}$)	69 ($O_{2\bullet}$)	58 ($O_{3\bullet}$)	300 (n)

풀이 지지하는 정당과 지하철 노선 확대에 대한 의견이 서로 독립인지를 검정하기 위한 가설은 다음과 같다.

H_0: 지지하는 정당과 의견은 서로 독립이다.

H_1: 지지하는 정당과 의견은 서로 독립이 아니다.

영가설하에서 기대빈도의 추정치를 구하면 다음과 같다.

지지 정당 / 의견	A당	B당	C당
찬성	$114.18 = (\widehat{E_{11}})$	$45.54 = (\widehat{E_{21}})$	$38.28 = (\widehat{E_{31}})$
반대	$58.82 = (\widehat{E_{12}})$	$23.46 = (\widehat{E_{22}})$	$19.72 = (\widehat{E_{32}})$

여기서 각 셀(cell)의 값은 다음과 같이 계산되었다.

$$\widehat{E_{11}} = \frac{198}{300} \times \frac{173}{300} \times 300 = 114.18, \quad \widehat{E_{12}} = \frac{102}{300} \times \frac{173}{300} \times 300 = 58.82$$

$$\widehat{E_{21}} = \frac{198}{300} \times \frac{69}{300} \times 300 = 45.54, \quad \widehat{E_{22}} = \frac{102}{300} \times \frac{69}{300} \times 300 = 23.46$$

$$\widehat{E_{31}} = \frac{198}{300} \times \frac{58}{300} \times 300 = 38.28, \quad \widehat{E_{32}} = \frac{102}{300} \times \frac{58}{300} \times 300 = 19.72$$

따라서 영가설하에서의 검정통계량의 값을 계산하면 다음과 같고

$$\begin{aligned} X_0^2 &= \sum_{i=1}^{3}\sum_{j=1}^{2} \frac{(O_{ij} - \widehat{E_{ij}})^2}{\widehat{E_{ij}}} \\ &= \frac{(125 - 114.18)^2}{114.18} + \frac{(48 - 58.82)^2}{58.82} + \cdots + \frac{(31 - 19.72)^2}{19.72} \\ &= 12.81 \end{aligned}$$

유의수준이 0.05인 기각역은 $C_{0.05} = \left\{X_0^2 \ge \chi^2_{2,\,0.05} = 5.991\right\}$이므로 영가설을 기각하고, 지지하는 정당과 지하철 노선 확대에 대한 의견이 서로 독립이 아니라고 결론을 내린다.

11.3.2 동일성검정

두 범주형 변수가 있을 때 두 변수 간의 관계를 검토하는 데 있어 독립성검정을 하는 것보다 동일성검정(test of homogeneity)을 하는 것이 더 타당한 경우가 있다. 예를 들어, 새로운 대학 입시제도에 대한 수험 당사자들이라고 할 수 있는 수험생, 교사, 학부모의 의견을 알아보고자 하는 경우를 생각해보자. 새로운 대학 입시제도에 대한 수험생, 교사, 학부모의 의견이 찬성, 반대, 중립 세 가지로 분류된다면, 이 경우는 수험 당사자들과 새로운 입시제도에 대한 의견 사이에 독립성 문제라기보다는, 수험생, 교사, 학부모에 따라 새로운 대학 입시제도에 대한 의견이 동일한가를 판단하는 동일성 문제로 보는 것이 더욱 타당한 것을 알 수 있다. 따라서 이때의 가설은 다음과 같이 설정된다.

H_0: 수험생, 교사, 학부모가 새로운 입시제도에 대한 의견이 서로 같다.

H_1: 수험생, 교사, 학부모에 따라 새로운 입시제도에 대한 의견이 서로 같지 않다.

앞서 설명한 바와 같이, 동일성검정과 독립성검정은 자료의 구조가 비슷해 보이나 차이점은 독립성검정에서는 전체 표본의 수 n만 미리 정해져 있는 반면에, 동일성검정에서는 주변합이 미리 정해져 있다는 것이다. 즉, 동일성검정에서는 한 변수의 속성 별 관측값의 수 $\{f_1, f_2, \cdots, f_l\}$이 표본을 관측하기 전에 먼저 결정되어 있다는 점에서 독립성검정 문제와 구조적 차이가 있다.

동일성검정에 사용하는 O_{ij}, p_{ij}, E_{ij} $(i=1, 2, \cdots, k,\ l=1, 2, \cdots, l)$는 독립성검정에서와 같으며, Y_2에 대한 주변합 $\{f_1, f_2, \cdots, f_l\}$이 미리 정해져 있는 동일성검정에 대한 이차원표는 O_{ij}를 사용하여 다음과 같이 표현할 수 있다.

표 11.3에서 변수 Y_2의 속성 $R_j(j=1, 2, \cdots, l)$에서 $f_j(j=1, 2, \cdots, l)$개의 시행 결과가 $C_i(i=1, 2, \cdots, k)$에 배정되는 다항분포인 것을 알 수 있다.

| **표 11.3** | 동일성검정의 이차원표

Y_2 \ Y_1	C_1	C_2	$\cdots$	C_k	합계
R_1	O_{11}	O_{21}	$\cdots$	O_{k1}	f_1
R_2	O_{12}	O_{22}	$\cdots$	O_{k2}	f_2
$\vdots$	$\vdots$	$\vdots$	$\vdots$	$\vdots$	$\vdots$
R_l	O_{1l}	O_{2l}	$\cdots$	O_{kl}	f_l
합계	$O_1 \cdot$	$O_2 \cdot$	$\cdots$	$O_k \cdot$	$n=\sum_{i=1}^{l} f_i$

두 범주형 변수 Y_1, Y_2의 동일성을 검정하는 가설은 다음과 같다.

H_0 : Y_2의 각 속성 $\{R_1, R_2, \cdots, R_l\}$마다 Y_1의 각 속성에 속할 확률은 동일하다.

H_1 : Y_2의 각 속성 $\{R_1, R_2, \cdots, R_l\}$마다 Y_1이 각 속성에 속할 확률은 동일하지 않다.

이러한 가설을 검정하기 위한 검정통계량은 다음과 같이 독립성검정에서의 검정통계량과 동일하다.

$$X^2 = \sum_{i=1}^{k}\sum_{j=1}^{l}\frac{(O_{ij}-E_{ij})^2}{E_{ij}}$$

여기서 X^2은 근사적으로 카이제곱 분포를 따르며 주변합이 미리 정해져 있으므로 자유도의 정의에 따라 자유도는 $l(k-1)$이 된다. 또한 E_{ij}는 알 수 없는 값이므로 추정량 $\widehat{E_{ij}}$을 사용하여야 하는데, 각 속성에 속할 확률은 영가설하에서는 전체 $n=\sum_{i=1}^{l} f_i$개의 대상이 Y_1의 k개의 속성 $\{C_1, C_2, \cdots, C_k\}$ 중에서 임의의 한 속성에 속할 확률이므로 그 확률이 각각 다음과 같다.

$$\frac{O_1 \cdot}{n},\ \frac{O_2 \cdot}{n},\ \cdots,\ \frac{O_k \cdot}{n}$$

따라서 영가설하에서 $\widehat{E_{ij}}$는 다음과 같으며

$$\widehat{E_{ij}} = f_j\frac{O_i \cdot}{n},\quad i=1, \cdots, k,\ j=1, 2, \cdots, l$$

영가설하에서 검정통계량 X_0^2은 다음과 같다.

$$X_0^2 = \sum_{i=1}^{k}\sum_{j=1}^{l}\frac{(O_{ij} - \widehat{E_{ij}})^2}{\widehat{E_{ij}}}$$

근사적으로 카이제곱 분포를 따르는 X_0^2의 자유도는 다음과 같이 수정된다.

$$\begin{aligned}\text{자유도} &= l(k-1) - \text{추정되는 모수의 수} \\ &= l(k-1) - (k-1) \\ &= (k-1)(l-1)\end{aligned}$$

이 경우에도 적합도검정과 독립성검정에서와 마찬가지로 영가설하에서는 관측빈도와 기대빈도가 비슷해지므로 X_0^2의 값은 작아지고, 영가설이 옳지 않다면 X_0^2 값은 증가하므로 유의수준 α인 기각역은 $C_\alpha = \left\{X_0^2 \geq \chi^2_{(k-1)(l-1),\,\alpha}\right\}$와 같이 설정된다.

■ 동일성검정

H_0: Y_2의 각 속성 $\{R_1, R_2, \cdots, R_l\}$마다 Y_1의 각 속성에 속할 확률은 동일하다.

H_1: Y_2의 각 속성 $\{R_1, R_2, \cdots, R_l\}$마다 Y_1의 각 속성에 속할 확률은 동일하지 않다.

영가설하에서의 검정통계량: $X_0^2 = \sum_{i=1}^{k}\sum_{j=1}^{l}\frac{(O_{ij} - \widehat{E_{ij}})^2}{\widehat{E_{ij}}} \sim \chi^2_{(k-1)(l-1)}$

$$\widehat{E_{ij}} = f_j\frac{O_{i\bullet}}{n},\quad i = 1, \cdots, k,\ j = 1, 2, \cdots, l$$

유의수준 α인 기각역: $C_\alpha = \left\{X_0^2 \geq \chi_{(k-1)(l-1),\,\alpha}\right\}$

독립성검정과 동일성검정은 착각하기 쉬운 검정방법이다. 다음 내용을 잘 이해하여 주어진 자료를 합리적으로 분석하여 올바른 결론을 내리는 것이 중요하다고 할 수 있다.

■ 독립성검정 vs. 동일성검정

결과적으로 독립성검정에서 사용되는 영가설하에서의 검정통계량과 동일성검정에서의 검정통계량은 형태적으로도 같고, 같은 자유도를 갖는 카이제곱 확률변수가 된다.

따라서, 이론적인 전개 과정을 이해하는 것이 어려운 경우에는 그 결과만을 활용하여도 되지만, 분석하고자 하는 자료가 독립성검정 자료인지, 동일성검정 자료인지는 전체 합만 정해져 있는지, 아니면 주변 합이 정해져 있는지를 보고 판단하여 타당한 가설을 세우고 그 결과를 설명하여야 한다.

예 11.3

어느 고교에서 수학여행 프로그램을 계속 진행하는 것을 조사하기 위해, 1학년 100명, 2학년 50명, 3학년 30명의 학생을 대상으로 의견을 물은 결과가 다음과 같다. 학년에 따라 수학여행 프로그램을 계속 진행하는 것에 대한 의견이 동일한지 유의수준 0.05에서 검정하여 보라.

학년 \ 의견	찬성	반대	중립	합계
1학년	76 (O_{11})	8 (O_{21})	16 (O_{31})	100 (f_1)
2학년	38 (O_{12})	10 (O_{22})	2 (O_{32})	50 (f_2)
3학년	16 (O_{13})	8 (O_{23})	6 (O_{33})	30 (f_3)
합계	130 ($O_{1.}$)	26 ($O_{2.}$)	24 ($O_{3.}$)	180 (n)

풀이 학년에 따라 수학여행 프로그램을 계속 진행하는 것에 대한 의견이 동일한지에 대한 가설은 다음과 같다.

H_0: 학년에 따라 수학여행 프로그램을 계속 진행하는 것에 대한 의견이 같다.

H_1: 학년에 따라 수학여행 프로그램을 계속 진행하는 것에 대한 의견이 다르다.

영가설하에서 기대빈도의 추정치를 구하면 다음과 같다.

학년 \ 의견	찬성	반대	중립
1학년	$72.22=(\widehat{E_{11}})$	$14.44=(\widehat{E_{21}})$	$13.33=(\widehat{E_{31}})$
2학년	$36.11=(\widehat{E_{12}})$	$7.22=(\widehat{E_{22}})$	$6.67=(\widehat{E_{32}})$
3학년	$21.67=(\widehat{E_{13}})$	$4.33=(\widehat{E_{23}})$	$4.00=(\widehat{E_{33}})$

여기서 각 셀(cell)의 값은 다음과 같이 계산되었다.

$$\widehat{E_{11}}=100\times\frac{130}{180}=72.22,\quad \widehat{E_{21}}=100\times\frac{26}{180}=14.44,\quad \widehat{E_{31}}=100\times\frac{24}{180}=13.33$$

$$\widehat{E_{12}}=50\times\frac{130}{180}=36.11,\quad \widehat{E_{22}}=50\times\frac{26}{180}=7.22,\quad \widehat{E_{32}}=50\times\frac{24}{180}=6.67$$

$$\widehat{E_{13}}=30\times\frac{130}{180}=21.67,\quad \widehat{E_{23}}=30\times\frac{26}{180}=4.33,\quad \widehat{E_{33}}=30\times\frac{24}{180}=4.00$$

따라서 영가설하에서의 검정통계량의 값을 계산하면 다음과 같고

$$X_0^2=\sum_{i=1}^{3}\sum_{j=1}^{3}\frac{(O_{ij}-\widehat{E_{ij}})^2}{\widehat{E_{ij}}}=13.625$$

유의수준이 0.05인 기각역은 $C_{0.05} = \left\{X_0^2 \ge \chi^2_{4,\,0.05} = 9.488\right\}$이므로 영가설을 기각하고, 학년에 따라 수학여행 프로그램을 계속 진행하는 것에 대한 의견이 동일하다고 볼 수 없다고 결론을 내린다.

11.4 R 실습

```
1 ### library
2 library(dplyr)
```

11.4.1 적합도검정

예 11.1에 주어진 지지율이 동일한가를 유의수준 0.05에서 검정하라.

```
1 ###### 11.2 단일 범주형 자료분석
2 ### 예 11-1
3 obs <- c(47,69,34)
4 prob <- c(50,50,50)/150
5 ### 적합도 검정
6 chisq.test(obs, p=prob)
```

```
        Chi-squared test for given probabilities
data:  obs
X-squared = 12.52, df = 2, p-value = 0.001911
```

3줄: 관측된 빈도를 obs 변수에 저장한다.

4줄: 기대 빈도를 0~1 사이의 확률로 prob 변수에 저장한다.

6줄: chisq.test() 함수로 적합도검정을 수행한다. p-value가 유의수준보다 작으므로 영가설을 기각하고, 대립가설을 채택한다. 세 후보의 지지율이 동일하다고 볼 수 없다.

11.4.2 독립성검정

예 11.2에 주어진 자료로 지지하는 정당과 지하철 노선 확대에 대한 의견이 서로 독립인지 유의수준 0.05에서 검정하여 보자.

```
1 ###### 11.3 이차원 범주형 자료분석
2 ### 11.3.1 독립성 검정
3 ### 예 11-2
4 obs <- c(125,48,46,23,27,31)
5 df <- matrix(obs, 2, 3)
6 colnames(df) <- c("A","B","C")
7 df
```

A matrix: 2 × 3
of type dbl

A	B	C
125	46	27
48	23	31

4줄: 관측 빈도를 저장한다.
5줄: matrix() 함수로 2행 3열의 행렬을 만든다.
6줄: 열의 이름을 지정한다.

```
1 ### CSV 파일에 있는 자료 읽기
2 df <- read.csv(choose.files())
3 df
```

A data.frame: 2 × 3

A	B	C
<int>	<int>	<int>
125	46	27
48	23	31

2줄: "예 11.2.csv" 파일의 자료를 read.csv() 함수로 불러온다.

```
1 ### 독립성 검정
2 chisq.test(df)
```

```
	Pearson's Chi-squared test

data:  df
X-squared = 12.805, df = 2, p-value = 0.001657
```

2줄: chisq.test() 함수로 독립성검정을 수행한다. p-value가 유의수준보다 작으므로 영가설을 기각하고, 대립가설을 채택한다. 지지하는 정당과 지하철 노선 확대에 대한 의견이 서로 독립이 아니다.

공개된 "학생 설문조사" 자료에서 흡연과 운동이 서로 독립인지 유의수준 0.05에서 검정하여 보자.

```r
### 학생 설문조사 자료
data.file <-
"https://vincentarelbundock.github.io/Rdatasets/csv/MASS/survey.csv"
survey <- read.csv(data.file)
survey <- survey[-1]
survey %>% head()
```

A data.frame: 6 × 12

Sex	Wr.Hnd	NW.Hnd	W.Hnd	Fold	Pulse	Clap	Exer	Smoke	Height	M.I	Ag
<fct>	<dbl>	<dbl>	<fct>	<fct>	<int>	<fct>	<fct>	<fct>	<dbl>	<fct>	<dbl
Female	18.5	18.0	Right	R on L	92	Left	Some	Never	173.00	Metric	18.25
Male	19.5	20.5	Left	R on L	104	Left	None	Regul	177.80	Imperial	17.58
Male	18.0	13.3	Right	L on R	87	Neither	None	Occas	NA	NA	16.91
Male	18.8	18.9	Right	R on L	NA	Neither	None	Never	160.00	Metric	20.33
Male	20.0	20.0	Right	Neither	35	Right	Some	Never	165.00	Metric	23.66
Female	18.0	17.7	Right	L on R	64	Right	Some	Never	172.72	Imperial	21.00

```r
1 # 이차원표
2 tb <- table(survey$Smoke, survey$Exer)
3 tb
```

```
       Freq None Some
Heavy     7    1    3
Never    87   18   84
Occas    12    3    4
Regul     9    1    7
```

2줄: 주어진 자료에서 흡연과 운동 변수에 대한 이차원표를 만드는 경우에는 table() 함수를 사용한다.

```r
# 막대그림
barplot(t(tb), beside=T)
```

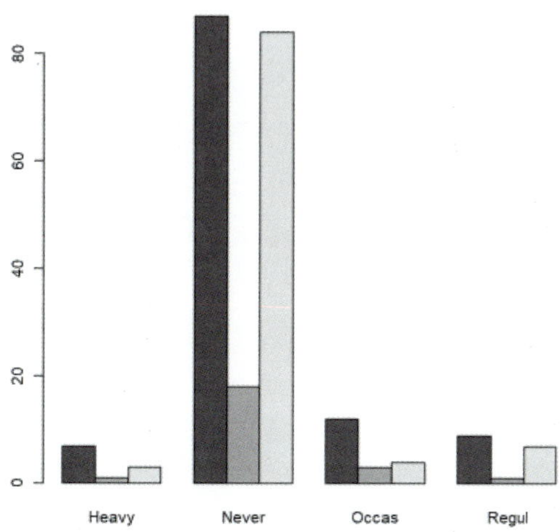

2줄: barplot() 함수를 사용하여 이차원표를 막대그림으로 나타낸다. t() 함수는 형과 열을 바꾸어 전치 행렬을 구한다. beside=T는 막대를 누적하여 그리지 않고 나란히 그린다.

```
1 ### 독립성 검정
2 chisq.test(tb)
```

```
Warning message in chisq.test(tb):
"Chi-squared approximation may be incorrect"

	Pearson's Chi-squared test

data:  tb
X-squared = 5.4885, df = 6, p-value = 0.4828
```

2줄: chisq.test() 함수로 독립성검정을 수행한다. p-value가 유의수준보다 작지 않으므로 영가설을 채택한다. 흡연과 운동은 서로 독립이다.

11.4.3 동일성검정

예 11.3에 주어진 자료로 학년에 따라 수학여행 프로그램을 계속 진행하는 것에 대한 의견이 동일한지 유의수준 0.05에서 검정하여 보자.

```
1 ###### 11.3 이차원 범주형 자료분석
2 ### 11.3.2 동일성 검정
3 ### 예 11-3
4 df <- read.csv(choose.files())
5 df
```

A data.frame: 3 × 3

A	B	C
<int>	<int>	<int>
76	8	16
38	10	2
16	8	6

4줄: "예 11.3.csv" 파일의 자료를 read.csv() 함수로 불러온다.

```
1 ### 동일성 검정
2 chisq.test(df)
```

```
Warning message in chisq.test(df):
"Chi-squared approximation may be incorrect"

	Pearson's Chi-squared test

data:  df
X-squared = 13.625, df = 4, p-value = 0.008595
```

2줄: chisq.test() 함수로 동일성검정을 수행한다. p-value가 유의수준보다 작으므로 영가설을 기각하고, 대립가설을 채택한다. 학년에 따라 의견이 동일하다고 볼 수 없다.

11.5 Python 실습

```
### library
import pandas as pd
import easygui
from scipy import stats
```

11.5.1 적합도검정

예 11.1에 주어진 지지율이 동일한가를 유의수준 0.05에서 검정하라.

```
1 ###### 11.2 단일 범주형 자료분석
2 ### 예 11-1
3 obs = [47,69,34]
4 prob = [50,50,50]
5 ### 적합도 검정
6 stats.chisquare(obs, f_exp=prob)
```

```
Power_divergenceResult(statistic=12.52, pvalue=0.0019112457966326385)
```

3줄: 관측된 빈도를 obs 변수에 저장한다.
4줄: 기대 빈도를 prob 변수에 저장한다.
6줄: chisq.test() 함수로 적합도검정을 수행한다. p-value가 유의수준보다 작으므로 영가설을 기각하고, 대립가설을 채택한다. 세 후보의 지지율이 동일하다고 볼 수 없다.

11.5.2 독립성검정

예 11.2에 주어진 자료로 지지하는 정당과 지하철 노선 확대에 대한 의견이 서로 독립인지 유의수준 0.05에서 검정하여 보자.

```
1 ###### 11.3 이차원 범주형 자료분석
2 ### 11.3.1 독립성 검정
3 ### 예 11-2
4 obs = {"A":[125,48], "B":[46,23], "C":[27,31]}
5 df = pd.DataFrame(obs)
6 df
```

	A	B	C
0	125	46	27
1	48	23	31

4줄: 관측 빈도를 저장한다.
5줄: DataFrame() 함수로 데이터프레임을 만든다.

```
1 ### CSV 파일에 있는 자료 읽기
2 df = pd.read_csv(easygui.fileopenbox())
3 df
```

	A	B	C
0	125	46	27
1	48	23	31

2줄: “예 11.2.csv” 파일의 자료를 read_csv() 함수로 불러온다.

```
1 ### 독립성 검정
2 stats.chi2_contingency(df)
```

```
(12.805486894173598, 0.0016570051258560905, 2, array([[114.18,  45.54,  38.28],
       [ 58.82,  23.46,  19.72]]))
```

2줄: chi2_contingency() 함수로 독립성검정을 수행한다. p-value가 유의수준보다 작으므로 영가설을 기각하고, 대립가설을 채택한다. 지지하는 정당과 지하철 노선 확대에 대한 의견이 서로 독립이 아니다.

공개된 “학생 설문조사” 자료에서 흡연과 운동이 서로 독립인지 유의수준 0.05에서 검정하여 보자.

```
### 학생 설문조사 자료
data_file =
"https://vincentarelbundock.github.io/Rdatasets/csv/MASS/survey.csv"
survey = pd.read_csv(data_file)
survey = survey.drop(survey.columns[0], axis=1)
survey.head()
```

	Sex	Wr.Hnd	NW.Hnd	W.Hnd	Fold	Pulse	Clap	Exer	Smoke	Height	M.I	
0	Female	18.5	18.0	Right	R on L	92.0	Left	Some	Never	173.0	Metric	18
1	Male	19.5	20.5	Left	R on L	104.0	Left	None	Regul	177.8	Imperial	17
2	Male	18.0	13.3	Right	L on R	87.0	Neither	None	Occas	NaN	NaN	16
3	Male	18.8	18.9	Right	R on L	NaN	Neither	None	Never	160.0	Metric	20
4	Male	20.0	20.0	Right	Neither	35.0	Right	Some	Never	165.0	Metric	23

```
1 # 이차원표
2 tb = pd.crosstab(survey['Smoke'],survey['Exer'])
3 tb
```

Exer Smoke	Freq	None	Some
Heavy	7	1	3
Never	87	18	84
Occas	12	3	4
Regul	9	1	7

2줄: 주어진 자료에서 흡연과 운동 변수에 대한 이차원표를 만드는 경우에는 crosstab() 함수를 사용한다.

```
1  # 막대그림
2  tb.plot.bar()
```

```
<matplotlib.axes._subplots.AxesSubplot at 0x1a7b5289088>
```

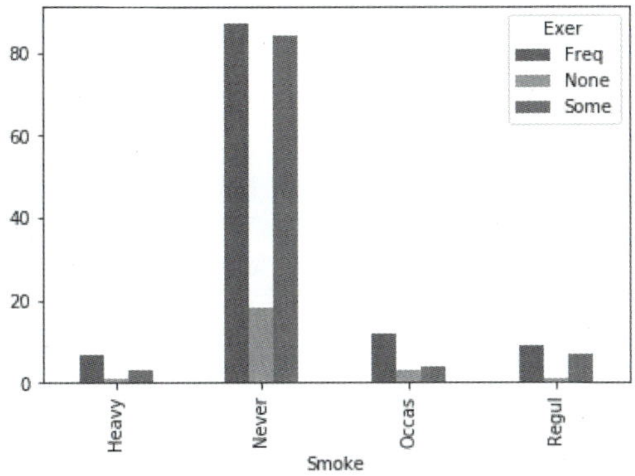

2줄: bar() 함수를 사용하여 이차원표를 막대그림으로 나타낸다.

```
1  ### 독립성 검정
2  stats.chi2_contingency(tb)
```

```
(5.488545890584232,
 0.48284216946545633,
 6,
 array([[ 5.36016949,  1.0720339 ,  4.56779661],
        [92.09745763, 18.41949153, 78.48305085],
        [ 9.25847458,  1.85169492,  7.88983051],
        [ 8.28389831,  1.65677966,  7.05932203]]))
```

2줄: chi2_contingency() 함수로 독립성검정을 수행한다. p-value가 유의수준보다 작지 않으므로 영가설을 채택한다. 흡연과 운동은 서로 독립이다.

11.5.3 동일성검정

예 11.3에 주어진 자료로 학년에 따라 수학여행 프로그램을 계속 진행하는 것에 대한 의견이 동일한지 유의수준 0.05에서 검정하여 보자.

```
1  ###### 11.3 이차원 범주형 자료분석
2  ### 11.3.2 동일성 검정
3  ### 예 11-3
4  df = pd.read_csv(easygui.fileopenbox())
5  df
```

	A	B	C
0	76	8	16
1	38	10	2
2	16	8	6

4줄: "예 11.3.csv" 파일의 자료를 read.csv() 함수로 불러온다.

```
1 ### 동일성 검정
2 stats.chi2_contingency(df)
```

```
(13.624615384615383,
 0.008594719353891224,
 4,
 array([[72.22222222, 14.44444444, 13.33333333],
        [36.11111111,  7.22222222,  6.66666667],
        [21.66666667,  4.33333333,  4.        ]]))
```

2줄: chi2_contingency() 함수로 동일성검정을 수행한다. p-value가 유의수준보다 작으므로 영가설을 기각하고, 대립가설을 채택한다. 학년에 따라 의견이 동일하다고 볼 수 없다.

11장 연습문제 EXERCISES

01 210명을 대상으로 어떤 안건에 대하여 조사한 자료가 다음과 같다. 세 가지 의견에 대한 비율이 동일한지 유의수준 5%하에서 검정하라.

의견	찬성	반대	중립
관측빈도	85	55	70

02 네 가지 상품의 선호도에 대하여 400명에게 조사한 자료가 다음과 같다. 네 가지 상품에 대한 소비자의 선호도가 같다는 것에 대해 유의수준 5%하에서 가설검정하라.

상품	A	B	C	D
빈도	94	74	123	109

03 다음은 주사위를 30번 던져서 나온 결과이다. 물음에 답하여라.

눈	1	2	3	4	5	6
관측빈도	5	3	7	5	6	4

(1) 주사위 값이 공정한가에 대한 가설을 설정하라.

(2) 다음 표를 완성하라.

값	O_i	E_i	$(O_i - E_i)^2$	$\frac{(O_i - E_i)^2}{E_i}$
1				
2				
3				
4				
5				
6				
합계				

(3) 유의수준 5%에서 (1)의 가설을 검정하라.

04 다음은 고혈압환자 가운데 합병증이 발병한 환자를 조사한 결과이다. 물음에 답하라.

나이 \ 성별	남성	여성
~39	15	6
40~49	24	12
50~59	35	27
60~69	33	44
70~	12	13
합계	119	102

(1) 고혈압의 합병증 발병에 대해 성별과 나이가 서로 독립인지 알고 싶다. 적절한 가설을 설정하라.

(2) 다음 표를 완성하라.

성별	연령	O_i	E_i	$(O_i-E_i)^2$	$\frac{(O_i-E_i)^2}{E_i}$
남자	~39				
남자	40~49				
남자	50~59				
남자	60~69				
남자	70~				
여자	~39				
여자	40~49				
여자	50~59				
여자	60~69				
여자	70~				
합계					

(3) 유의수준 5%에서 (1)의 가설을 검정하라.

05 어느 대학교 교학팀에서 학생들의 취업률과 성적 사이의 연관성을 파악하기 위하여 작년에 졸업한 학생 가운데 300명을 임의로 선정하여 취업유무와 평균학점을 조사하여 다음과 같은 자료를 얻었다. 평균학점과 취업여부 사이에 어떤 관계가 있는지를 유의수준 5%에서 검정하라.

	4.00 이상	3.00~3.99	2.00~2.99
취업 ○	58	51	55
취업 ×	17	36	64

06 다음은 30세 이상의 성인 남자 가운데 흡연자 200명, 비흡연자 200명을 대상으로 연령대별로 흡연 여부를 조사한 결과이다. 각 연령대별로 흡연 비율이 차이가 있는가를 유의수준 5% 하에서 검정하라.

연령	흡연자	비흡연자	합계
30~39	85	75	160
40~49	45	60	105
50~59	50	40	90
60 이상	20	25	45
합계	200	200	400

부록

표 1 누적 이항분포표

$$P(X \le x) = \sum_{r=0}^{x} \binom{n}{r} p^r (1-p)^{n-r}$$

		p								
n	x	0.05	0.10	0.15	0.20	0.25	0.30	0.35	0.40	0.45
1	0	0.9500	0.9000	0.8500	0.8000	0.7500	0.7000	0.6500	0.6000	0.5500
2	0	0.9025	0.8100	0.7225	0.6400	0.5625	0.4900	0.4225	0.3600	0.3025
	1	0.9975	0.9900	0.9775	0.9600	0.9375	0.9100	0.8775	0.8400	0.7975
3	0	0.8574	0.7290	0.6141	0.5120	0.4219	0.3430	0.2746	0.2160	0.1664
	1	0.9928	0.9720	0.9393	0.8960	0.8438	0.7840	0.7182	0.6480	0.5748
	2	0.9999	0.9990	0.9967	0.9920	0.9844	0.9730	0.9571	0.9360	0.9089

		p									
n	x	0.50	0.55	0.60	0.65	0.70	0.75	0.80	0.85	0.90	0.95
1	0	0.5000	0.4500	0.4000	0.3500	0.3000	0.2500	0.2000	0.1500	0.1000	0.0500
2	0	0.2500	0.2025	0.1600	0.1225	0.0900	0.0625	0.0400	0.0225	0.0100	0.0025
	1	0.7500	0.6975	0.6400	0.5775	0.5100	0.4375	0.3600	0.2775	0.1900	0.0975
3	0	0.1250	0.0911	0.0640	0.0429	0.0270	0.0156	0.0080	0.0034	0.0010	0.0001
	1	0.5000	0.4252	0.3520	0.2818	0.2160	0.1406	0.1040	0.0608	0.0280	0.0072
	2	0.8750	0.8336	0.7840	0.7254	0.6570	0.5625	0.4880	0.3859	0.2710	0.1426

		p								
n	*x*	0.05	0.10	0.15	0.20	0.25	0.30	0.35	0.40	0.45
4	0	0.8145	0.6561	0.5220	0.4096	0.3164	0.2401	0.1785	0.1296	0.0915
	1	0.9860	0.9477	0.8905	0.8192	0.7383	0.6517	0.5630	0.4752	0.3910
	2	0.9995	0.9963	0.9880	0.9728	0.9492	0.9163	0.8735	0.8208	0.7585
	3	1.0000	0.9999	0.9995	0.9984	0.9961	0.9919	0.9850	0.9744	0.9590
5	0	0.7738	0.5905	0.4437	0.3277	0.2373	0.1681	0.1160	0.0778	0.0503
	1	0.9774	0.9185	0.8352	0.7373	0.6328	0.5282	0.4284	0.3370	0.2562
	2	0.9988	0.9914	0.9734	0.9421	0.8965	0.8369	0.7648	0.6826	0.5931
	3	1.0000	0.9995	0.9978	0.9933	0.9844	0.9692	0.9460	0.9130	0.8688
	4	1.0000	1.0000	0.9999	0.9997	0.9990	0.9976	0.9947	0.9898	0.9815
6	0	0.7351	0.5314	0.3771	0.2621	0.1780	0.1176	0.0754	0.0467	0.0277
	1	0.9672	0.8857	0.7765	0.6554	0.5339	0.4202	0.3191	0.2333	0.1636
	2	0.9978	0.9842	0.9527	0.9011	0.8306	0.7443	0.6471	0.5443	0.4415
	3	0.9999	0.9987	0.9941	0.9830	0.9624	0.9295	0.8826	0.8208	0.7447
	4	1.0000	0.9999	0.9996	0.9984	0.9954	0.9891	0.9777	0.9590	0.9308
	5	1.0000	1.0000	1.0000	0.9999	0.9998	0.9993	0.9982	0.9959	0.9917
7	0	0.6983	0.4783	0.3206	0.2097	0.1335	0.0824	0.0490	0.0280	0.0152
	1	0.9556	0.8503	0.7166	0.5767	0.4449	0.3294	0.2338	0.1586	0.1024
	2	0.9962	0.9743	0.9262	0.8520	0.7564	0.6471	0.5323	0.4199	0.3164
	3	0.9998	0.9973	0.9879	0.9667	0.9294	0.8740	0.8002	0.7102	0.6083
	4	1.0000	0.9998	0.9988	0.9953	0.9871	0.9712	0.9444	0.9037	0.8471
	5	1.0000	1.0000	0.9999	0.9996	0.9987	0.9962	0.9910	0.9812	0.9643
	6	1.0000	1.0000	1.0000	1.0000	0.9999	0.9998	0.9994	0.9984	0.9963

표 1 누적 이항분포표(계속)

		p									
n	x	0.50	0.55	0.60	0.65	0.70	0.75	0.80	0.85	0.90	0.95
4	0	0.0625	0.0410	0.0256	0.0150	0.0081	0.0039	0.0016	0.0005	0.0001	0.0000
	1	0.3125	0.2415	0.1792	0.1265	0.0837	0.0508	0.0272	0.0120	0.0037	0.0005
	2	0.6875	0.6090	0.5248	0.4370	0.3483	0.2617	0.1808	0.1095	0.0523	0.0140
	3	0.9375	0.9085	0.8704	0.8215	0.7599	0.6836	0.5904	0.4780	0.3439	0.1855
5	0	0.0312	0.0185	0.0102	0.0053	0.0024	0.0010	0.0003	0.0001	0.0000	0.0000
	1	0.1875	0.1312	0.0870	0.0540	0.0308	0.0156	0.0067	0.0022	0.0005	0.0000
	2	0.5000	0.4069	0.3174	0.2352	0.1631	0.1035	0.0579	0.0266	0.0086	0.0012
	3	0.8125	0.7438	0.6630	0.5716	0.4718	0.3672	0.2627	0.1648	0.0815	0.0226
	4	0.9688	0.9497	0.9222	0.8840	0.8319	0.7627	0.6723	0.5563	0.4095	0.2262
6	0	0.0156	0.0083	0.0041	0.0018	0.0007	0.0002	0.0001	0.0000	0.0000	0.0000
	1	0.1094	0.0692	0.0410	0.0223	0.0109	0.0046	0.0016	0.0004	0.0001	0.0000
	2	0.3438	0.2553	0.1792	0.1174	0.0705	0.0376	0.0170	0.0059	0.0013	0.0001
	3	0.6562	0.5585	0.4557	0.3529	0.2557	0.1694	0.0989	0.0473	0.0158	0.0022
	4	0.8906	0.8364	0.7667	0.6809	0.5798	0.4661	0.3446	0.2235	0.1143	0.0328
	5	0.9844	0.9723	0.9533	0.9246	0.8824	0.8220	0.7379	0.6229	0.4686	0.2649
7	0	0.0078	0.0037	0.0016	0.0006	0.0002	0.0001	0.0000	0.0000	0.0000	0.0000
	1	0.0625	0.0357	0.0188	0.0090	0.0038	0.0013	0.0004	0.0001	0.0000	0.0000
	2	0.2266	0.1529	0.0963	0.0556	0.0288	0.0129	0.0047	0.0012	0.0002	0.0000
	3	0.5000	0.3917	0.2898	0.1998	0.1260	0.0706	0.0333	0.0121	0.0027	0.0002
	4	0.7734	0.6836	0.5801	0.4677	0.3529	0.2436	0.1480	0.0738	0.0257	0.0038
	5	0.9375	0.8976	0.8414	0.7662	0.6706	0.5551	0.4233	0.2834	0.1497	0.0444
	6	0.9922	0.9848	0.9720	0.9510	0.9176	0.8665	0.7903	0.6794	0.5217	0.3017

| 표 1 | 누적 이항분포표(계속)

		p								
n	x	0.05	0.10	0.15	0.20	0.25	0.30	0.35	0.40	0.45
8	0	0.6634	0.4305	0.2725	0.1678	0.1001	0.0576	0.0319	0.0168	0.0084
	1	0.9428	0.8131	0.6572	0.5033	0.3671	0.2553	0.1691	0.1064	0.0632
	2	0.9942	0.9619	0.8948	0.7969	0.6785	0.5518	0.4278	0.3154	0.2201
	3	0.9996	0.9950	0.9786	0.9437	0.8862	0.8059	0.7064	0.5941	0.4770
	4	1.0000	0.9996	0.9971	0.9896	0.9727	0.9420	0.8939	0.8263	0.7396
	5	1.0000	1.0000	0.9998	0.9988	0.9958	0.9887	0.9747	0.9502	0.9115
	6	1.0000	1.0000	1.0000	0.9999	0.9996	0.9987	0.9964	0.9915	0.9819
	7	1.0000	1.0000	1.0000	1.0000	1.0000	0.9999	0.9998	0.9993	0.9983
9	0	0.6302	0.3874	0.2316	0.1342	0.0751	0.0404	0.0207	0.0101	0.0046
	1	0.9288	0.7748	0.5995	0.4362	0.3003	0.1960	0.1211	0.0705	0.0385
	2	0.9916	0.9470	0.8591	0.7382	0.6007	0.4628	0.3373	0.2318	0.1495
	3	0.9994	0.9917	0.9661	0.9144	0.8343	0.7297	0.6089	0.4826	0.3614
	4	1.0000	0.9991	0.9944	0.9804	0.9511	0.9012	0.8283	0.7334	0.6214
	5	1.0000	0.9999	0.9994	0.9969	0.9900	0.9747	0.9464	0.9006	0.8342
	6	1.0000	1.0000	1.0000	0.9997	0.9987	0.9957	0.9888	0.9750	0.9502
	7	1.0000	1.0000	1.0000	1.0000	0.9999	0.9996	0.9986	0.9962	0.9909
	8	1.0000	1.0000	1.0000	1.0000	1.0000	1.0000	0.9999	0.9997	0.9992
10	0	0.5987	0.3487	0.1969	0.1074	0.0563	0.0282	0.0135	0.0060	0.0025
	1	0.9139	0.7361	0.5443	0.3758	0.2440	0.1493	0.0860	0.0464	0.0233
	2	0.9885	0.9298	0.8202	0.6778	0.5256	0.3828	0.2616	0.1673	0.0996
	3	0.9990	0.9872	0.9500	0.8791	0.7759	0.6496	0.5138	0.3823	0.2660
	4	0.9999	0.9984	0.9901	0.9672	0.9219	0.8497	0.7515	0.6331	0.5044
	5	1.0000	0.9999	0.9986	0.9936	0.9803	0.9527	0.9051	0.8338	0.7384
	6	1.0000	1.0000	0.9999	0.9991	0.9965	0.9894	0.9740	0.9452	0.8980
	7	1.0000	1.0000	1.0000	0.9999	0.9996	0.9984	0.9952	0.9877	0.9726
	8	1.0000	1.0000	1.0000	1.0000	1.0000	0.9999	0.9995	0.9983	0.9955
	9	1.0000	1.0000	1.0000	1.0000	1.0000	1.0000	1.0000	0.9999	0.9997

| 표 1 | 누적 이항분포표(계속)

		p									
n	x	0.50	0.55	0.60	0.65	0.70	0.75	0.80	0.85	0.90	0.95
8	0	0.0039	0.0017	0.0007	0.0002	0.0001	0.0000	0.0000	0.0000	0.0000	0.0000
	1	0.0352	0.0181	0.0085	0.0036	0.0013	0.0004	0.0001	0.0000	0.0000	0.0000
	2	0.1445	0.0885	0.0498	0.0253	0.0113	0.0042	0.0012	0.0002	0.0000	0.0000
	3	0.3633	0.2604	0.1737	0.1061	0.0580	0.0273	0.0104	0.0029	0.0004	0.0000
	4	0.6367	0.5230	0.4059	0.2936	0.1941	0.1138	0.0563	0.0214	0.0050	0.0004
	5	0.8555	0.7799	0.6846	0.5722	0.4482	0.3215	0.2031	0.1052	0.0381	0.0058
	6	0.9648	0.9368	0.8936	0.8309	0.7447	0.6329	0.4967	0.3428	0.1869	0.0572
	7	0.9961	0.9916	0.9832	0.9681	0.9424	0.8999	0.8322	0.7275	0.5695	0.3366
9	0	0.0020	0.0008	0.0003	0.0001	0.0000	0.0000	0.0000	0.0000	0.0000	0.0000
	1	0.0195	0.0091	0.0038	0.0014	0.0004	0.0001	0.0000	0.0000	0.0000	0.0000
	2	0.0898	0.0498	0.0250	0.0112	0.0043	0.0013	0.0003	0.0000	0.0000	0.0000
	3	0.2539	0.1658	0.0994	0.0536	0.0253	0.0100	0.0031	0.0006	0.0001	0.0000
	4	0.5000	0.3786	0.2666	0.1717	0.0988	0.0489	0.0196	0.0056	0.0009	0.0000
	5	0.7461	0.6386	0.5174	0.3911	0.2703	0.1657	0.0856	0.0339	0.0083	0.0006
	6	0.9102	0.8505	0.7682	0.6627	0.5372	0.3993	0.2618	0.1409	0.0530	0.0084
	7	0.9805	0.9615	0.9295	0.8789	0.8040	0.6997	0.5638	0.4005	0.2252	0.0712
	8	0.9980	0.9954	0.9899	0.9793	0.9596	0.9249	0.8658	0.7684	0.6126	0.3698
10	0	0.0010	0.0003	0.0001	0.0000	0.0000	0.0000	0.0000	0.0000	0.0000	0.0000
	1	0.0107	0.0045	0.0017	0.0005	0.0001	0.0000	0.0000	0.0000	0.0000	0.0000
	2	0.0547	0.0274	0.0123	0.0048	0.0016	0.0004	0.0001	0.0000	0.0000	0.0000
	3	0.1719	0.1020	0.0548	0.0260	0.0106	0.0035	0.0009	0.0001	0.0000	0.0000
	4	0.3770	0.2616	0.1662	0.0949	0.0473	0.0197	0.0064	0.0014	0.0001	0.0000
	5	0.6230	0.4956	0.3669	0.2485	0.1503	0.0781	0.0328	0.0099	0.0016	0.0001
	6	0.8281	0.7340	0.6177	0.4862	0.3504	0.2241	0.1209	0.0500	0.0128	0.0010
	7	0.9453	0.9004	0.8327	0.7384	0.6172	0.4474	0.3222	0.1798	0.0702	0.0115
	8	0.9893	0.9767	0.9536	0.9140	0.8507	0.7560	0.6242	0.4557	0.2639	0.0861
	9	0.9990	0.9975	0.9940	0.9865	0.9718	0.9437	0.8926	0.8031	0.6513	0.4013

n	x	0.05	0.10	0.15	0.20	0.25	0.30	0.35	0.40	0.45
15	0	0.4633	0.2059	0.0874	0.0352	0.0134	0.0047	0.0016	0.0005	0.0001
	1	0.8290	0.5490	0.3186	0.1671	0.0802	0.0353	0.0142	0.0052	0.0017
	2	0.9638	0.8159	0.6042	0.3980	0.2361	0.1268	0.0617	0.0271	0.0107
	3	0.9945	0.9444	0.8227	0.6482	0.4613	0.2969	0.1727	0.0905	0.0424
	4	0.9994	0.9873	0.9383	0.8358	0.6865	0.5155	0.3519	0.2173	0.1204
	5	0.9999	0.9978	0.9832	0.9389	0.8516	0.7216	0.5643	0.4032	0.2608
	6	1.0000	0.9997	0.9964	0.9819	0.9434	0.8689	0.7548	0.6098	0.4522
	7	1.0000	1.0000	0.9994	0.9958	0.9827	0.9500	0.8868	0.7869	0.6535
	8	1.0000	1.0000	0.9999	0.9992	0.9958	0.9848	0.9578	0.9050	0.8182
	9	1.0000	1.0000	1.0000	0.9999	0.9992	0.9963	0.9876	0.9662	0.9231
	10	1.0000	1.0000	1.0000	1.0000	0.9999	0.9993	0.9972	0.9907	0.9745
	11	1.0000	1.0000	1.0000	1.0000	1.0000	0.9999	0.9995	0.9981	0.9937
	12	1.0000	1.0000	1.0000	1.0000	1.0000	1.0000	0.9999	0.9997	0.9989
	13	1.0000	1.0000	1.0000	1.0000	1.0000	1.0000	1.0000	1.0000	0.9999
	14	1.0000	1.0000	1.0000	1.0000	1.0000	1.0000	1.0000	1.0000	1.0000
20	0	0.3585	0.1216	0.0388	0.0115	0.0032	0.0008	0.0002	0.0000	0.0000
	1	0.7358	0.3917	0.1756	0.0692	0.0243	0.0076	0.0021	0.0005	0.0001
	2	0.9245	0.6769	0.4049	0.2061	0.0913	0.0355	0.0121	0.0036	0.0009
	3	0.9841	0.8670	0.6477	0.4114	0.2252	0.1071	0.0444	0.0160	0.0049
	4	0.9974	0.9568	0.8298	0.6296	0.4148	0.2375	0.1182	0.0510	0.0189
	5	0.9997	0.9887	0.9327	0.8042	0.6172	0.4164	0.2454	0.1256	0.0553
	6	1.0000	0.9976	0.9781	0.9133	0.7858	0.6080	0.4166	0.2500	0.1299
	7	1.0000	0.9996	0.9941	0.9679	0.8982	0.7723	0.6010	0.4159	0.2520
	8	1.0000	0.9999	0.9987	0.9900	0.9591	0.8867	0.7624	0.5956	0.4143
	9	1.0000	1.0000	0.9998	0.9974	0.9861	0.9520	0.8782	0.7553	0.5914
	10	1.0000	1.0000	1.0000	0.9994	0.9961	0.9829	0.9468	0.8725	0.7507
	11	1.0000	1.0000	1.0000	0.9999	0.9991	0.9949	0.9804	0.9435	0.8692
	12	1.0000	1.0000	1.0000	1.0000	0.9998	0.9987	0.9940	0.9790	0.9420
	13	1.0000	1.0000	1.0000	1.0000	1.0000	0.9997	0.9985	0.9935	0.9786
	14	1.0000	1.0000	1.0000	1.0000	1.0000	1.0000	0.9997	0.9984	0.9936
	15	1.0000	1.0000	1.0000	1.0000	1.0000	1.0000	1.0000	0.9997	0.9985
	16	1.0000	1.0000	1.0000	1.0000	1.0000	1.0000	1.0000	1.0000	0.9997
	17	1.0000	1.0000	1.0000	1.0000	1.0000	1.0000	1.0000	1.0000	1.0000
	18	1.0000	1.0000	1.0000	1.0000	1.0000	1.0000	1.0000	1.0000	1.0000
	19	1.0000	1.0000	1.0000	1.0000	1.0000	1.0000	1.0000	1.0000	1.0000
	20	1.0000	1.0000	1.0000	1.0000	1.0000	1.0000	1.0000	1.0000	1.0000

표 1 누적 이항분포표(계속)

		p									
n	x	0.50	0.55	0.60	0.65	0.70	0.75	0.80	0.85	0.90	0.95
15	0	0.0000	0.0000	0.0000	0.0000	0.0000	0.0000	0.0000	0.0000	0.0000	0.0000
	1	0.0005	0.0001	0.0000	0.0000	0.0000	0.0000	0.0000	0.0000	0.0000	0.0000
	2	0.0037	0.0011	0.0003	0.0001	0.0000	0.0000	0.0000	0.0000	0.0000	0.0000
	3	0.0176	0.0063	0.0019	0.0005	0.0001	0.0000	0.0000	0.0000	0.0000	0.0000
	4	0.0592	0.0255	0.0093	0.0028	0.0007	0.0001	0.0000	0.0000	0.0000	0.0000
	5	0.1509	0.0769	0.0338	0.0124	0.0037	0.0008	0.0001	0.0000	0.0000	0.0000
	6	0.3036	0.1818	0.0950	0.0422	0.0152	0.0042	0.0008	0.0001	0.0000	0.0000
	7	0.5000	0.3465	0.2131	0.1132	0.0500	0.0173	0.0042	0.0006	0.0000	0.0000
	8	0.6964	0.5478	0.3902	0.2452	0.1311	0.0566	0.0181	0.0036	0.0003	0.0000
	9	0.8491	0.7392	0.5968	0.4357	0.2784	0.1484	0.0611	0.0168	0.0022	0.0001
	10	0.9408	0.8796	0.7827	0.6481	0.4845	0.3135	0.1642	0.0617	0.0127	0.0006
	11	0.9824	0.9576	0.9095	0.8273	0.7031	0.5387	0.3518	0.1773	0.0556	0.0055
	12	0.9963	0.9893	0.9729	0.9383	0.8732	0.7639	0.6020	0.3958	0.1841	0.0362
	13	0.9995	0.9983	0.9948	0.9858	0.9647	0.9198	0.8329	0.6814	0.4510	0.1710
	14	1.0000	0.9999	0.9995	0.9984	0.9953	0.9866	0.9648	0.9126	0.7941	0.5367
20	0	0.0000	0.0000	0.0000	0.0000	0.0000	0.0000	0.0000	0.0000	0.0000	0.0000
	1	0.0000	0.0000	0.0000	0.0000	0.0000	0.0000	0.0000	0.0000	0.0000	0.0000
	2	0.0002	0.0000	0.0000	0.0000	0.0000	0.0000	0.0000	0.0000	0.0000	0.0000
	3	0.0013	0.0003	0.0000	0.0000	0.0000	0.0000	0.0000	0.0000	0.0000	0.0000
	4	0.0059	0.0015	0.0003	0.0000	0.0000	0.0000	0.0000	0.0000	0.0000	0.0000
	5	0.0207	0.0064	0.0016	0.0003	0.0000	0.0000	0.0000	0.0000	0.0000	0.0000
	6	0.0577	0.0214	0.0065	0.0015	0.0003	0.0000	0.0000	0.0000	0.0000	0.0000
	7	0.1316	0.0580	0.0210	0.0060	0.0013	0.0002	0.0000	0.0000	0.0000	0.0000
	8	0.2517	0.1308	0.0565	0.0196	0.0051	0.0009	0.0001	0.0000	0.0000	0.0000
	9	0.4119	0.2493	0.1275	0.0532	0.0171	0.0039	0.0006	0.0000	0.0000	0.0000
	10	0.5881	0.4086	0.2447	0.1218	0.0480	0.0139	0.0026	0.0002	0.0000	0.0000
	11	0.7483	0.5857	0.4044	0.2376	0.1133	0.0409	0.0100	0.0013	0.0001	0.0000
	12	0.8684	0.7480	0.5841	0.3990	0.2277	0.1018	0.0321	0.0059	0.0004	0.0000
	13	0.9423	0.8701	0.7500	0.5834	0.3920	0.2142	0.0867	0.0219	0.0024	0.0000
	14	0.9793	0.9447	0.8744	0.7546	0.5836	0.3828	0.1958	0.0673	0.0113	0.0003
	15	0.9941	0.9811	0.9490	0.8818	0.7625	0.5852	0.3704	0.1702	0.0432	0.0026
	16	0.9987	0.9951	0.9840	0.9556	0.8929	0.7748	0.5886	0.3523	0.1330	0.0159
	17	0.9998	0.9991	0.9964	0.9879	0.9645	0.9087	0.7939	0.5951	0.3231	0.0755
	18	1.0000	0.9999	0.9995	0.9979	0.9924	0.9757	0.9308	0.8244	0.6083	0.2642
	19	1.0000	1.0000	1.0000	0.9998	0.9992	0.9968	0.9885	0.9612	0.8784	0.6415
	20	1.0000	1.0000	1.0000	1.0000	1.0000	1.0000	1.0000	1.0000	1.0000	1.0000

| 표 2 | 누적 Poisson 분포표 $P(X \le c) = \sum_{x=0}^{c} \frac{e^{-\lambda}\lambda^x}{x!}$

	λ									
c	0.1	0.2	0.3	0.4	0.5	0.6	0.7	0.8	0.9	1.0
0	0.9048	0.8187	0.7408	0.6730	0.6065	0.5488	0.4966	0.4493	0.4066	0.3679
1	0.9953	0.9825	0.9631	0.9384	0.9098	0.8781	0.8442	0.8088	0.7725	0.7358
2	0.9998	0.9989	0.9964	0.9921	0.9856	0.9769	0.9659	0.9526	0.9371	0.9197
3	1.0000	0.9999	0.9997	0.9992	0.9982	0.9966	0.9942	0.9909	0.9865	0.9810
4		1.0000	1.0000	0.9999	0.9998	0.9996	0.9992	0.9986	0.9977	0.9963
5				1.0000	1.0000	1.0000	0.9999	0.9998	0.0997	0.9994
6							1.0000	1.0000	1.0000	0.9999

	λ									
c	2.0	3.0	4.0	5.0	6.0	7.0	8.0	9.0	10.0	15.0
0	0.1353	0.0498	0.0183	0.0067	0.0025	0.0009	0.0003	0.0001	0.0000	
1	0.4060	0.1991	0.0916	0.0404	0.0174	0.0073	0.0030	0.0012	0.0005	
2	0.6767	0.4232	0.2381	0.1247	0.0620	0.0296	0.0138	0.0062	0.0028	0.0000
3	0.8571	0.6472	0.4335	0.2650	0.1512	0.0818	0.0424	0.0212	0.0103	0.0002
4	0.9473	0.8153	0.6288	0.4405	0.2851	0.1730	0.0996	0.0550	0.0293	0.0009
5	0.9834	0.9161	0.7851	0.6160	0.4457	0.3007	0.1912	0.1157	0.0671	0.0028
6	0.9955	0.9665	0.8893	0.7622	0.6063	0.4497	0.3134	0.2068	0.1301	0.0076
7	0.9989	0.9881	0.9489	0.8666	0.7440	0.5987	0.4530	0.3239	0.2202	0.0180
8	0.9998	0.9962	0.9786	0.9319	0.8472	0.7291	0.5925	0.4557	0.3328	0.0374
9	1.0000	0.9989	0.9919	0.9682	0.9161	0.8305	0.7166	0.5874	0.4579	0.0699
10		0.9997	0.9972	0.9863	0.9574	0.9015	0.8159	0.7060	0.5830	0.1185
11		0.9999	0.9991	0.9945	0.9799	0.9466	0.8881	0.8030	0.6968	0.1848
12		1.0000	0.9997	0.9980	0.9912	0.9730	0.9362	0.8758	0.7916	0.2676
13			0.9999	0.9993	0.9964	0.9872	0.9658	0.9261	0.8645	0.3632
14			1.0000	0.9998	0.9986	0.9943	0.9827	0.9585	0.9165	0.4657
15				0.9999	0.9995	0.9976	0.9918	0.9780	0.9513	0.5681
16				1.0000	0.9998	0.9990	0.9963	0.9889	0.9730	0.6641
17					0.9999	0.9996	0.9984	0.9947	0.9857	0.7489
18					1.0000	0.9999	0.9994	0.9976	0.9928	0.8195
19						1.0000	0.9997	0.9989	0.9965	0.8752
20							0.9999	0.9996	0.9984	0.9170
21							1.0000	0.9998	0.9993	0.9469
22								0.9999	0.9997	0.9673
23								1.0000	0.9999	0.9805
24									1.0000	0.9888
25										0.9938
26										0.9967
27										0.9983
28										0.9991
29										0.9996
30										0.9998
31										0.9999
32										1.0000

표 3 | 표준 정규분포표

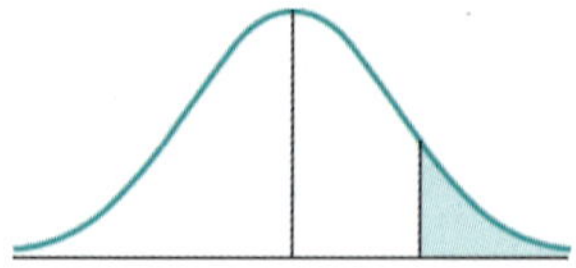

z	.00	.01	.02	.03	.04	.05	.06	.07	.08	.09
0.0	.5000	.4960	.4920	.4880	.4840	.4801	.4761	.4721	.4681	.4641
0.1	.4602	.4562	.4522	.4483	.4443	.4404	.4364	.4325	.4286	.4247
0.2	.4207	.4168	.4129	.4090	.4052	.4013	.3974	.3936	.3897	.3859
0.3	.3821	.3783	.3745	.3707	.3669	.3632	.3594	.3557	.3520	.3483
0.4	.3446	.3409	.3372	.3336	.3300	.3264	.3228	.3192	.3156	.3121
0.5	.3085	.3050	.3015	.2981	.2946	.2912	.2877	.2843	.2810	.2776
0.6	.2743	.2709	.2676	.2643	.2611	.2578	.2546	.2514	.2483	.2451
0.7	.2420	.2389	.2358	.2327	.2296	.2266	.2236	.2206	.2177	.2148
0.8	.2119	.2090	.2061	.2033	.2005	.1977	.1949	.1922	.1894	.1867
0.9	.1841	.1814	.1788	.1762	.1736	.1711	.1685	.1660	.1635	.1611
1.0	.1587	.1562	.1539	.1515	.1492	.1469	.1446	.1423	.1401	.1379
1.1	.1357	.1335	.1314	.1292	.1271	.1251	.1230	.1210	.1190	.1170
1.2	.1151	.1131	.1112	.1093	.1075	.1056	.1038	.1020	.1003	.0935
1.3	.0968	.0951	.0934	.0918	.0901	.0885	.0869	.0853	.0838	.0823
1.4	.0808	.0793	.0778	.0764	.0749	.0735	.0721	.0708	.0694	.0681
1.5	.0668	.0655	.0643	.0630	.0618	.0606	.0594	.0582	.0571	.0559
1.6	.0548	.0537	.0526	.0516	.0505	.0495	.0485	.0475	.0465	.0435
1.7	.0446	.0436	.0427	.0418	.0409	.0401	.0392	.0384	.0375	.0367
1.8	.0359	.0351	.0344	.0336	.0329	.0322	.0314	.0307	.0301	.0294
1.9	.0287	.0281	.0274	.0268	.0262	.0256	.0250	.0244	.0239	.0233
2.0	.0228	.0222	.0217	.0212	.0207	.0202	.0197	.0192	.0188	.0183
2.1	.0179	.0174	.0170	.0166	.0162	.0158	.0154	.0150	.0146	.0143
2.2	.0139	.0136	.0132	.0129	.0125	.0122	.0199	.0116	.0113	.0110
2.3	.1007	.0104	.0102	.0099	.0096	.0094	.0091	.0089	.0087	.0084
2.4	.0082	.0080	.0078	.0075	.0073	.0071	.0069	.0068	.0066	.0064
2.5	.0062	.0060	.0059	.0057	.0055	.0054	.0052	.0051	.0049	.0048
2.6	.0047	.0045	.0044	.0043	.0041	.0040	.0039	.0038	.0037	.0036
2.7	.0035	.0034	.0033	.0032	.0031	.0030	.0029	.0028	.0027	.0026
2.8	.0026	.0025	.0024	.0023	.0023	.0022	.0021	.0021	.0020	.0019
2.9	.0019	.0018	.0018	.0017	.0016	.0016	.0015	.0015	.0014	.0014
3.0	.0013	.0013	.0013	.0012	.0012	.0011	.0011	.0011	.0010	.0010
3.1	.0010	.0009	.0009	.0009	.0008	.0008	.0008	.0008	.0007	.0007
3.2	.0007	.0007	.0006	.0006	.0006	.0006	.0006	.0005	.0005	.0005
3.3	.0005	.0005	.0005	.0004	.0004	.0004	.0004	.0004	.0004	.0003
3.4	.0003	.0003	.0003	.0003	.0003	.0003	.0003	.0003	.0003	.0002

표 4 | t 분포표

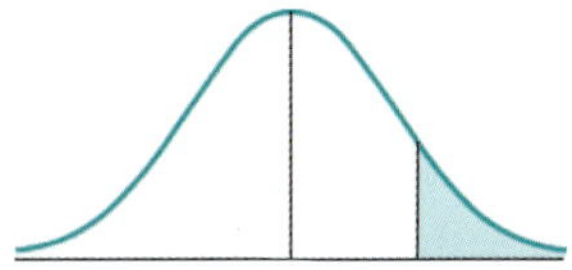

df	.25	.20	.15	.10	.05	.025	.02	.01	.005	.0025	.001	.0005
1	1.000	1.376	1.963	3.078	6.314	12.71	15.89	31.82	63.66	127.3	318.3	636.6
2	0.816	1.061	1.386	1.886	2.920	4.303	4.849	6.965	9.925	14.09	22.33	31.60
3	0.765	0.978	1.250	1.638	2.353	3.182	3.482	4.541	5.841	7.453	10.21	12.92
4	0.741	0.941	1.190	1.533	2.132	2.776	2.999	3.747	4.604	5.598	7.173	8.610
5	0.727	0.920	1.156	1.476	2.015	2.571	2.757	3.365	4.032	4.773	5.893	6.869
6	0.718	0.906	1.134	1.440	1.943	2.447	2.612	3.143	3.707	4.317	5.208	5.959
7	0.711	0.896	1.119	1.415	1.895	2.365	2.517	2.998	3.499	4.029	4.785	5.408
8	0.706	0.889	1.108	1.397	1.860	2.306	2.449	2.896	3.355	3.833	4.501	5.041
9	0.703	0.883	1.100	1.383	1.833	2.262	2.398	2.821	3.250	3.690	4.297	4.781
10	0.700	0.879	1.093	1.372	1.812	2.228	2.359	2.764	3.169	3.581	4.144	4.587
11	0.697	0.876	1.088	1.363	1.796	2.201	2.328	2.718	3.106	3.497	4.025	4.437
12	0.695	0.873	1.083	1.356	1.782	2.179	2.303	2.681	3.055	3.428	3.930	4.318
13	0.694	0.870	1.079	1.350	1.771	2.160	2.282	2.650	3.012	3.372	3.852	4.221
14	0.692	0.868	1.076	1.345	1.761	2.145	2.264	2.624	2.977	3.326	3.787	4.140
15	0.691	0.866	1.074	1.341	1.753	2.131	2.249	2.602	2.947	3.286	3.733	4.073
16	0.690	0.865	1.071	1.337	1.746	2.120	2.235	2.583	2.921	3.252	3.686	4.015
17	0.689	0.863	1.069	1.333	1.740	2.110	2.224	2.567	2.898	3.222	3.646	3.965
18	0.688	0.862	1.067	1.330	1.734	2.101	2.214	2.552	2.878	3.197	3.611	3.922
19	0.688	0.861	1.066	1.328	1.729	2.093	2.205	2.539	2.861	3.174	3.579	3.883
20	0.687	0.860	1.064	1.325	1.725	2.086	2.197	2.528	2.845	3.153	3.552	3.850
21	0.686	0.859	1.063	1.323	1.721	2.080	2.189	2.518	2.831	3.135	3.527	3.819
22	0.686	0.858	1.061	1.321	1.717	2.074	2.183	2.508	2.819	3.119	3.505	3.792
23	0.685	0.858	1.060	1.319	1.714	2.069	2.177	2.500	2.807	3.104	3.485	3.768
24	0.685	0.857	1.059	1.318	1.711	2.064	2.172	2.492	2.797	3.091	3.467	3.745
25	0.684	0.856	1.058	1.316	1.708	2.060	2.167	2.485	2.787	3.078	3.450	3.725
26	0.684	0.856	1.058	1.315	1.706	2.056	2.162	1479	2.779	3.067	3.435	3.707
27	0.684	0.855	1.057	1.314	1.703	2.052	2.158	2.473	2.771	3.057	3.421	3.690
28	0.683	0.855	1.056	1.313	1.701	2.048	2.154	2.467	2.763	3.047	3.408	1674
29	0.683	0.854	1.055	1.311	1.699	2.045	2.150	2.462	2.756	3.038	3.396	3.659
30	0.683	0.854	1.055	1.310	1.697	2.042	2.147	2.457	2.750	3.30	3.385	3.646
40	0.681	0.851	1.050	1.303	1.684	2.021	2.123	2.423	2.704	2.971	3.307	3.551
50	0.679	0.849	1.047	1.299	1.676	2.009	2.109	2.403	2.678	2.937	3.261	3.496
60	0.679	0.848	1.045	1.296	1.671	2.000	2.099	2.390	2.660	2.915	3.232	3.460
80	0.678	0.846	1.043	1.292	1.664	1.990	2.088	2.374	2.639	2.887	3.195	3.416
100	0.677	0.845	1.042	1.290	1.660	1.984	2.081	2.364	2.626	2.871	3.174	3.390
1,000	0.675	0.842	1.037	1.282	1.646	1.962	2.056	2.330	2.581	2.813	3.098	3.300
∞	0.674	0.841	1.036	1.282	1.645	1.960	2.054	2.326	2.576	2.807	3.091	3.291

표 5 | χ^2 분포표

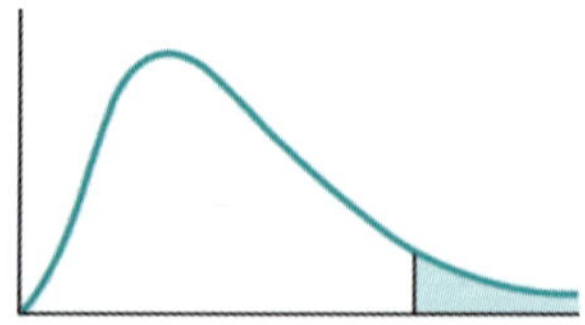

df	.9995	.999	.9975	.995	.990	.975	.950	.990	.750	.500
1	0.00	0.00	0.00	0.00	0.00	0.00	0.00	0.02	0.10	0.45
2	0.00	0.00	0.01	0.01	0.02	0.05	0.10	0.21	0.58	1.39
3	0.02	0.02	0.04	0.07	0.11	0.22	0.35	0.58	1.21	2.37
4	0.06	0.09	0.14	0.21	030	0.48	0.71	1.06	1.92	3.36
5	0.16	0.21	0.31	0.41	0.55	0.83	1.15	1.61	2.67	4.35
6	0.30	0.38	0.53	0.68	0.87	1.24	1.64	2.20	3.45	5.35
7	0.48	0.60	0.79	0.99	1.24	1.69	2.17	2.83	4.25	6.35
8	0.71	0.86	1.10	1.34	1.65	2.18	2.73	3.49	5.07	7.34
9	0.97	1.15	1.45	1.73	2.09	2.70	3.33	4.17	5.90	8.34
10	1.26	1.48	1.83	2.16	2.56	3.25	3.94	4.87	6.74	9.34
11	1.59	1.83	2.23	2.60	3.05	3.82	4.57	5.58	7.58	10.34
12	1.93	2.21	2.66	3.07	3.57	4.40	5.23	6.30	8.44	11.34
13	2.31	2.62	3.11	2.57	4.11	5.01	5.89	7.04	9.30	12.34
14	2.70	3.04	3.58	4.07	4.66	5.63	6.57	7.79	10.17	13.34
15	3.11	3.48	4.07	4.60	5.23	6.26	7.26	8.55	11.04	14.34
16	3.54	3.94	4.57	5.14	5.81	6.91	7.96	9.31	11.91	15.34
17	3.98	4.42	5.09	5.70	6.41	7.56	8.67	10.09	12.79	16.34
18	4.44	4.90	5.62	6.26	7.01	8.23	9.39	10.86	13.68	17.34
19	4.91	5.41	6.17	6.84	7.63	8.91	10.12	11.65	14.56	18.34
20	5.40	5.92	6.72	7.43	8.26	9.59	10.85	12.44	15.45	19.34
21	5.90	6.45	7.29	8.03	8.90	10.28	11.59	13.24	16.34	20.34
22	6.40	6.98	7.86	8.64	9.54	10.98	12.34	14.04	17.24	21.34
23	6.92	7.53	8.45	9.26	10.20	11.69	13.09	14.85	18.14	22.34
24	7.45	8.08	9.04	9.89	10.86	12.40	13.85	15.66	19.04	23.34
25	7.99	8.65	9.65	10.52	11.52	13.12	14.61	16.47	19.94	24.34
26	8.54	9.22	10.26	11.16	12.20	13.84	15.38	17.29	20.84	25.34
27	9.09	9.80	10.87	11.81	12.88	14.57	16.15	18.11	21.75	26.34
28	9.66	10.39	11.50	12.46	13.56	15.31	16.93	18.94	22.66	27.34
29	10.23	10.99	12.13	13.12	14.26	16.05	17.71	19.77	23.57	28.34
30	10.80	11.59	12.76	13.79	14.95	16.79	18.49	20.60	24.48	29.34
40	16.91	17.92	19.42	20.71	22.16	24.43	26.51	29.05	33.66	39.34
50	23.46	24.67	26.46	27.99	29.71	32.36	34.76	37.69	42.94	49.33
60	30.34	31.74	33.79	35.53	37.48	40.48	43.19	46.46	52.29	59.33
80	44.79	46.52	49.04	51.17	53.54	57.15	60.39	64.28	71.14	79.33
100	59.90	61.92	64.86	67.33	70.06	74.22	77.93	82.36	90.13	99.33

df	.250	.200	.150	.100	.050	.025	.020	.010	.005	.0025	.001	.0005
1	1.32	1.64	2.07	2.71	3.84	5.02	5.41	6.63	7.88	9.14	10.83	12.12
2	2.77	3.22	3.79	4.61	5.99	7.82	7.82	9.21	10.60	11.98	13.82	15.20
3	4.11	4.64	5.32	6.25	7.81	9.35	9.84	11.34	12.84	14.32	16.27	17.73
4	5.39	5.99	6.74	7.78	9.49	11.14	11.67	13.28	14.86	16.42	18.42	20.00
5	6.63	7.29	8.12	9.24	11.07	12.83	13.39	15.09	16.75	18.39	20.51	22.11
6	7.84	8.56	9.45	10.64	12.59	14.45	15.03	16.81	18.55	20.25	22.46	24.10
7	9.04	9.80	10.75	12.02	14.07	16.01	16.62	18.48	20.28	22.04	24.32	26.02
8	10.22	11.03	12.03	13.36	15.51	17.53	18.17	20.09	21.95	23.77	26.12	27.87
9	11.39	12.24	13.29	14.68	16.92	19.02	19.68	21.67	23.59	25.46	27.88	29.67
10	12.55	13.44	14.53	15.99	18.31	20.48	21.16	23.21	25.19	27.11	29.59	31.42
11	13.70	14.63	15.77	17.28	19.68	21.92	22.62	24.72	26.76	28.73	31.26	33.14
12	14.85	15.81	16.99	18.55	21.03	23.34	24.05	26.22	28.30	30.32	32.91	34.82
13	15.98	16.98	18.20	19.81	22.36	24.74	25.47	27.69	29.82	31.88	34.53	36.48
14	17.12	18.15	19.41	21.06	23.68	26.12	26.87	29.14	31.32	33.43	36.12	38.11
15	18.25	19.31	20.60	22.31	25.00	27.49	28.26	30.58	32.80	34.95	37.70	39.72
16	19.37	20.47	21.79	23.54	26.30	28.85	29.63	32.00	34.27	36.46	39.25	41.31
17	20.49	21.61	22.98	24.77	27.59	30.19	31.00	33.41	35.72	37.95	40.79	42.88
18	21.60	22.76	24.16	25.99	28.87	31.53	32.35	34.81	37.16	39.42	42.31	44.43
19	22.72	23.90	25.33	27.20	30.14	32.85	33.69	36.19	38.58	40.88	43.82	45.97
20	23.83	25.04	26.50	28.41	31.41	34.17	35.02	37.57	40.00	42.34	45.31	47.50
21	24.93	26.17	27.66	29.62	32.67	35.48	36.34	38.93	41.40	43.78	46.80	49.01
22	26.04	27.30	28.82	30.81	33.92	36.78	37.66	40.29	42.80	45.20	48.27	50.51
23	27.14	28.43	29.98	32.01	35.17	38.08	38.97	41.64	44.18	46.62	49.73	52.00
24	28.24	29.55	31.13	33.20	36.42	39.36	40.27	42.98	45.56	48.03	51.18	53.48
25	29.34	30.68	32.28	34.38	37.65	40.65	41.57	44.31	46.93	49.44	52.62	54.95
26	30.43	31.79	33.43	35.56	38.89	41.92	42.86	45.64	48.29	50.83	54.05	56.41
27	31.53	32.91	34.57	36.74	40.11	43.19	44.14	46.96	49.64	52.22	55.48	57.86
28	32.62	34.03	35.71	37.92	41.34	44.46	45.42	48.28	50.99	53.59	56.89	59.30
29	33.71	35.14	36.85	39.09	42.56	45.72	46.69	49.59	52.34	54.97	58.30	60.73
30	34.80	36.25	37.99	40.26	43.77	46.98	47.96	50.89	53.67	56.33	59.70	62.16
40	45.62	47.27	49.24	51.81	55.76	59.34	60.44	63.69	66.77	69.70	73.40	76.09
50	56.33	58.16	60.35	63.17	67.50	71.42	72.61	76.15	79.49	82.66	86.66	89.56
60	66.98	68.97	71.34	74.40	79.08	83.30	84.58	88.38	91.95	95.34	99.61	102.7
80	88.13	90.41	93.11	96.58	101.9	106.6	108.1	112.3	116.3	120.1	124.8	128.3
100	109.1	111.7	114.7	118.5	124.3	129.6	131.1	135.8	140.2	144.3	149.4	153.2

| 표 6 | F 분포표

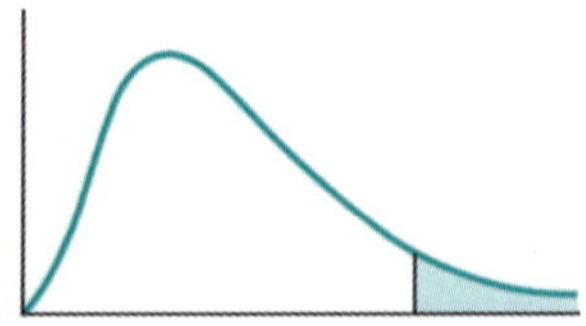

Denominator df	α	1	2	3	4	5	6	7	8	9	10
	.100	39.86	49.50	53.59	55.83	57.24	58.20	58.91	59.44	59.86	60.19
	.050	161.45	199.50	215.71	224.58	230.10	233.99	236.77	238.88	240.54	241.88
1	.025	647.79	799.50	864.16	899.58	921.85	937.11	948.22	956.66	963.28	968.63
	.010	4052.2	4999.5	5403.4	5624.6	5763.6	5859.0	5928.4	5981.1	6022.5	6055.8
	.001	405284	500000	540379	562500	576405	585937	592873	598144	602284	605621
	.100	8.53	9.00	9.16	9.24	9.29	9.33	9.35	9.37	9.38	9.39
	.050	18.51	19.00	19.16	19.25	19.30	19.33	19.35	19.37	19.38	19.40
2	.025	38.51	39.00	39.17	39.25	39.30	39.33	39.36	39.37	39.39	39.40
	.010	98.50	99.00	99.17	99.25	99.30	99.33	99.36	99.37	99.39	99.40
	.001	998.50	999.00	999.17	999.25	999.30	999.33	999.36	999.37	999.39	999.40
	.100	5.54	5.46	5.39	5.34	5.31	5.28	5.27	5.25	5.24	5.23
	.050	10.13	9.55	9.28	9.12	9.01	8.94	8.89	8.85	8.81	8.79
3	.025	17.44	16.04	15.44	15.10	14.88	14.73	14.62	14.54	14.47	14.42
	.010	34.12	30.82	29.46	28.71	28.24	27.91	27.57	27.49	27.35	27.23
	.001	167.03	148.50	141.11	137.10	134.58	132.85	131.58	130.62	129.86	129.25
	.100	4.54	4.32	4.19	4.11	4.05	4.01	3.98	3.95	3.94	3.92
	.050	7.71	6.94	6.59	6.39	6.26	6.16	6.09	6.04	6.00	5.96
4	.025	12.22	10.65	9.98	9.60	936	9.20	9.07	8.98	8.90	8.84
	.010	21.20	18.00	16.69	15.98	15.52	15.21	14.98	14.80	14.66	14.55
	.001	74.14	61.25	56.18	53.44	51.71	50.53	49.66	49.00	48.47	48.05
	.100	4.06	3.78	3.62	3.52	3.45	3.40	3.37	3.34	3.32	3.30
	.050	6.61	5.79	5.41	5.19	5.05	4.95	4.88	4.82	4.77	4.74
5	.025	10.01	8.43	7.76	7.39	7.15	6.98	6.85	6.76	6.68	6.62
	.010	16.26	13.27	12.06	11.39	10.97	10.67	10.46	10.29	10.16	10.05
	.001	47.18	37.12	33.20	31.09	29.75	28.83	28.16	27.65	27.24	26.92
	.100	3.78	3.46	3.29	3.18	3.11	3.05	3.01	2.98	2.96	2.94
	.050	5.99	5.14	4.76	4.53	4.39	4.28	4.21	4.15	4.10	4.06
6	.025	8.81	7.26	6.60	6.23	5.99	5.82	5.70	5.60	5.52	5.46
	.010	13.75	10.92	9.78	9.15	8.75	8.47	8.26	8.10	7.98	7.87
	.001	35.51	27.00	23.70	21.92	20.80	20.03	19.46	19.03	18.69	18.41

Denominator df	α	12	15	20	25	30	40	50	60	120	1,000
	.100	60.71	61.22	61.74	62.05	62.26	62.53	62.69	62.79	63.06	63.30
	.050	243.91	245.95	248.01	249.26	250.10	251.14	251.77	252.20	253.25	254.11
1	.025	976.71	984.87	993.10	998.08	1001.4	1005.6	1008.1	1009.8	1014.0	1017.7
	.010	6106.3	6157.3	6208.7	6239.8	6260.6	6286.8	6302.5	6313.0	6339.4	6362.7
	.001	610668	615764	620908	624017	626099	628712	630285	631337	633972	636301
	.100	9.41	9.42	9.44	9.45	9.46	9.47	9.47	9.47	9.48	9.49
	.050	19.41	19.43	19.45	19.46	19.46	19.47	19.48	19.48	19.49	19.49
2	.025	39.41	39.43	39.45	39.46	39.46	39.47	39.48	39.48	39.49	39.50
	.010	99.42	99.43	99.45	99.46	99.47	99.47	99.48	99.48	99.49	99.50
	.001	999.42	999.43	999.45	999.46	999.47	999.47	999.48	999.48	999.49	999.50
	.100	5.22	5.20	5.18	5.17	5.17	5.16	5.15	5.15	5.14	5.13
	.050	8.74	8.70	8.66	8.63	8.62	8.59	8.58	8.57	8.55	8.53
3	.025	14.34	14.25	14.17	14.12	14.08	14.04	14.01	13.99	13.95	13.91
	.010	27.05	26.87	26.69	26.58	26.50	26.41	26.35	26.32	26.22	26.14
	.001	128.32	127.37	126.42	125.84	125.45	124.96	124.66	124.47	123.97	123.53
	.100	3.90	3.87	3.84	3.83	3.82	3.80	3.80	3.79	3.78	3.76
	.050	5.91	5.86	5.80	5.77	5.75	5.72	5.70	5.69	5.66	5.63
4	.025	8.75	8.66	8.56	8.50	8.46	8.41	8.38	8.36	8.31	8.26
	.010	14.37	14.20	14.02	13.91	13.84	13.75	13.69	13.65	13.56	13.47
	.001	47.41	46.76	46.10	45.70	45.43	45.09	44.88	44.75	44.40	44.09
	.100	3.27	3.24	3.21	3.19	3.17	3.16	3.15	3.14	3.12	3.11
	.050	4.68	4.62	4.56	4.52	4.50	4.46	4.44	4.43	4.40	4.37
5	.025	6.52	6.43	6.33	6.27	6.23	6.18	6.14	6.12	6.07	6.02
	.010	9.89	9.72	9.55	9.45	9.38	9.29	9.24	9.20	9.11	9.03
	.001	26.42	25.91	25.39	25.08	24.87	24.60	24.44	24.33	24.06	23.82
	.100	2.90	2.87	2.84	2.81	2.80	2.78	2.77	2.76	2.74	2.72
	.050	4.00	3.94	3.87	3.83	3.81	3.77	3.75	3.74	3.70	3.67
6	.025	5.37	5.27	5.17	5.11	5.07	5.01	4.98	4.96	4.90	4.86
	.010	7.72	7.56	7.40	7.30	7.23	7.14	7.09	7.06	6.97	6.89
	.001	17.99	17.56	17.12	16.85	16.67	16.44	16.31	16.21	15.98	15.77

Denominator df	α	1	2	3	4	5	6	7	8	9	10
		Numerator df									
	.100	3.59	3.26	3.07	2.96	2.88	2.83	2.78	2.75	2.72	2.70
	.050	5.59	4.74	4.35	4.12	3.97	3.87	3.79	3.73	3.68	3.64
7	.025	8.07	6.54	5.89	5.52	5.29	5.12	4.99	4.90	4.82	4.76
	.010	12.25	9.55	8.45	7.85	7.46	7.19	6.99	6.84	6.72	6.62
	.001	29.25	21.69	18.77	17.20	16.21	15.52	15.02	14.63	14.33	14.08
	.100	3.46	3.11	2.92	2.81	2.73	2.67	2.62	2.59	2.56	2.54
	.050	5.32	4.46	4.07	3.84	3.69	3.58	3.50	3.44	3.39	3.35
8	.025	7.57	6.06	5.42	5.05	4.82	4.65	4.53	4.43	4.36	4.30
	.010	11.26	8.65	7.59	7.01	6.63	6.37	6.18	6.03	5.91	5.81
	.001	25.41	18.49	15.83	14.39	13.48	12.86	12.40	12.05	11.77	11.54
	.100	3.36	3.01	2.81	2.69	2.61	2.55	2.51	2.47	2.44	2.42
	.050	5.12	4.26	3.86	3.63	3.48	3.37	3.29	3.23	3.18	3.14
9	.025	7.21	5.71	5.08	4.72	4.48	4.32	4.20	4.10	4.03	3.96
	.010	10.56	8.02	6.99	6.42	6.06	5.80	5.61	5.47	5.35	5.26
	.001	22.86	16.39	13.90	12.56	11.71	11.13	10.70	10.37	10.11	9.89
	.100	3.29	2.92	2.73	2.61	2.52	2.46	2.41	2.38	2.35	2.32
	.050	4.96	4.10	3.71	3.48	3.33	3.22	3.14	3.07	3.02	2.98
10	.025	6.94	5.46	4.83	4.47	4.24	4.07	3.95	3.85	3.78	3.72
	.010	10.04	7.56	6.55	5.99	5.64	5.39	5.20	5.06	4.94	4.85
	.001	21.04	14.91	12.55	11.28	10.48	9.93	9.52	9.20	8.96	8.75
	.100	3.23	2.86	2.66	2.54	2.45	2.39	2.34	2.30	2.27	2.25
	.050	4.84	3.98	3.59	3.36	3.20	3.09	3.01	2.95	2.90	2.85
11	.025	6.72	5.26	4.63	4.28	4.04	3.88	3.76	3.66	3.59	3.53
	.010	9.65	7.21	6.22	5.67	5.32	5.07	4.89	4.74	4.63	4.54
	.001	19.69	13.81	11.56	10.35	9.58	9.05	8.66	8.35	8.12	7.92
	.100	3.18	2.81	2.61	2.48	2.39	2.33	2.28	2.24	2.21	2.19
	.050	4.75	3.89	3.49	3.26	3.11	3.00	2.91	2.85	2.80	2.75
12	.025	6.55	5.10	4.47	4.12	3.89	3.73	3.61	3.51	3.44	3.37
	.010	9.33	6.93	5.95	5.41	5.06	4.82	4.64	4.50	4.39	4.30
	.001	18.64	12.97	10.80	9.63	8.89	8.38	8.00	7.71	7.48	7.29
	.100	3.14	2.76	2.56	2.43	2.35	2.28	2.23	2.20	2.16	2.14
	.050	4.67	3.81	3.41	3.18	3.03	2.92	2.83	2.77	2.71	2.67
13	.025	6.41	4.97	4.35	4.00	3.77	3.60	3.48	3.39	3.31	3.25
	.010	9.07	6.70	5.74	5.21	4.86	4.62	4.44	4.30	4.19	4.10
	.001	17.82	12.31	10.21	9.07	8.35	7.86	7.49	7.21	6.98	6.80

표 6 | F 분포표(계속)

Denominator df	α	Numerator df									
		12	15	20	25	30	40	50	60	120	1,000
	.100	2.67	2.63	2.59	2.57	2.56	2.54	2.52	2.51	2.49	2.47
	.050	3.57	3.51	3.44	3.40	3.38	3.34	3.32	3.30	3.27	3.23
7	.025	4.67	4.57	4.47	4.40	4.36	4.31	4.28	4.25	4.20	4.15
	.010	6.47	6.31	6.16	6.06	5.99	5.91	5.86	5.82	5.74	5.66
	.001	13.71	13.32	12.93	12.69	12.53	12.33	12.20	12.12	11.91	11.72
	.100	2.50	2.46	2.42	2.40	2.38	2.36	2.35	2.34	2.32	2.30
	.050	3.28	3.22	3.15	3.11	3.08	3.04	3.02	3.01	2.97	2.93
8	.025	4.20	4.10	4.00	3.94	3.89	3.84	3.81	3.78	3.73	3.68
	.010	5.67	5.52	5.36	5.26	5.20	5.12	5.07	5.03	4.95	4.87
	.001	11.19	10.84	10.48	10.26	10.11	9.92	9.80	9.73	9.53	9.36
	.100	2.38	2.34	2.30	2.27	2.25	2.23	2.22	2.21	2.18	2.16
	.050	3.07	3.01	2.94	2.89	2.86	2.83	2.80	2.79	2.75	2.71
9	.025	3.87	3.77	3.67	3.60	3.56	3.51	3.47	3.45	3.39	3.34
	.100	5.11	4.96	4.81	4.71	4.65	4.57	4.52	4.48	4.40	4.32
	.001	9.57	9.24	8.90	8.69	8.55	8.37	8.26	8.19	8.00	7.84
	.100	2.28	2.24	2.20	2.17	2.16	2.13	2.12	2.11	2.08	2.06
	.050	2.91	2.85	2.77	2.73	2.70	2.66	2.64	2.62	2.58	2.54
10	.025	3.62	3.52	3.42	3.35	3.31	3.26	3.22	3.20	3.14	3.09
	.010	4.71	4.56	4.41	4.31	4.25	4.17	4.12	4.08	4.00	3.92
	.001	8.45	8.13	7.80	7.60	7.47	7.30	7.19	7.12	6.94	6.78
	.100	2.21	2.17	2.12	2.10	2.08	2.05	2.04	2.03	2.00	1.98
	.050	2.79	2.72	2.65	2.60	2.57	2.53	2.51	2.49	2.45	2.41
11	.025	3.43	3.33	3.23	3.16	3.12	3.06	3.03	3.00	2.94	2.89
	.010	4.40	4.25	4.10	4.01	3.94	3.86	3.81	3.78	3.69	3.61
	.001	7.63	7.32	7.01	6.81	6.68	6.52	6.42	6.35	6.18	6.02
	.100	2.15	2.10	2.06	2.03	2.01	1.99	1.97	1.96	1.93	1.91
	.050	2.69	2.62	2.54	2.50	2.47	2.43	2.40	2.38	2.34	2.30
12	.025	3.28	3.18	3.07	3.01	2.96	2.91	2.87	2.85	2.79	2.73
	.010	4.16	4.01	3.86	3.76	3.70	3.62	3.57	3.54	3.45	3.37
	.001	7.00	6.71	6.40	6.22	6.09	5.93	5.83	5.76	5.59	5.44
	.100	2.10	2.05	2.01	1.98	1.96	1.93	1.92	1.90	1.88	1.85
	.050	2.60	2.53	2.46	2.41	2.38	2.34	2.31	2.30	2.25	2.21
13	.025	3.15	3.05	2.95	2.88	2.84	2.78	2.74	2.72	2.66	2.60
	.010	3.96	3.82	3.66	3.57	3.51	3.43	3.38	3.34	3.25	3.18
	.001	6.52	6.23	5.93	5.75	5.63	5.47	5.37	5.30	5.14	4.99

표 6 | F 분포표(계속)

Denominator df	α	Numerator df 1	2	3	4	5	6	7	8	9	10
	.100	3.10	2.73	2.52	2.39	2.31	2.24	2.19	2.15	2.12	2.10
	.050	4.60	3.74	3.34	3.11	2.96	2.85	2.76	2.70	2.65	2.60
14	.025	6.30	4.86	4.24	3.89	3.66	3.50	3.38	3.29	3.21	3.15
	.010	8.86	6.51	5.56	5.04	4.69	4.46	4.28	4.14	4.03	3.94
	.001	17.14	11.78	9.73	8.62	7.92	7.44	7.08	6.80	6.58	6.40
	.100	3.07	2.70	2.49	2.36	2.27	2.21	2.16	2.12	2.09	2.06
	.050	4.54	3.68	3.29	3.06	2.90	2.79	2.71	2.64	2.59	2.54
15	.025	6.20	4.77	4.15	3.80	3.58	3.41	3.29	3.20	3.12	3.06
	.010	8.68	6.36	5.42	4.89	4.56	4.32	4.14	4.00	3.89	3.80
	.001	16.59	11.34	9.34	8.25	7.57	7.09	6.74	6.47	6.26	6.08
	.100	3.05	2.67	2.46	2.33	2.24	2.18	2.13	2.09	2.06	2.03
	.050	4.49	3.63	3.24	3.01	2.85	2.74	2.66	2.59	2.54	2.49
16	.025	6.12	4.69	4.08	3.73	3.50	3.34	3.22	3.12	3.05	2.99
	.010	8.53	6.23	5.29	4.77	4.44	4.20	4.03	3.89	3.78	3.69
	.001	16.12	10.97	9.01	7.94	7.27	6.80	6.46	6.19	5.98	5.81
	.100	3.03	2.64	2.44	2.31	2.22	2.15	2.10	2.06	2.03	2.00
	.050	4.45	3.59	3.20	2.96	2.81	2.70	2.61	2.55	2.49	2.45
17	.025	6.04	4.62	4.01	3.66	3.44	3.28	3.16	3.06	2.98	2.92
	.010	8.40	6.11	5.19	4.67	4.34	4.10	3.93	3.79	3.68	3.59
	.001	15.72	10.66	8.73	7.68	7.02	6.56	6.22	5.96	5.75	5.58
	.100	3.01	2.62	2.42	2.29	2.20	2.13	2.08	2.01	2.00	1.98
	.050	4.41	3.55	3.16	2.93	2.77	2.66	2.58	2.51	2.46	2.41
18	.025	5.98	4.56	3.95	3.61	3.38	3.22	3.10	3.01	2.93	2.87
	.010	8.29	6.01	5.09	4.58	4.25	4.01	3.84	3.71	3.60	3.51
	.001	15.38	10.39	8.49	3.46	6.81	6.35	6.02	5.76	5.56	5.39
	.100	2.99	2.61	2.40	2.27	2.18	2.11	2.06	2.02	1.98	1.96
	.050	4.38	3.52	3.13	2.90	2.74	2.63	2.54	2.48	2.42	2.38
19	.025	5.92	4.51	3.90	3.56	3.33	3.17	3.05	2.96	2.88	2.82
	.010	8.18	5.93	5.01	4.50	4.17	3.94	3.77	3.63	3.52	3.43
	.001	15.08	10.16	8.28	7.27	6.62	6.18	5.85	5.59	5.39	5.22
	.100	2.97	2.59	2.38	2.25	2.16	2.09	2.04	2.00	1.96	1.94
	.050	4.35	3.49	3.10	2.87	2.71	2.60	2.51	2.45	2.39	2.35
20	.025	5.87	4.46	3.86	3.51	3.29	3.13	3.01	2.91	2.84	2.77
	.010	8.10	5.85	4.94	4.43	4.10	3.87	3.70	3.56	3.46	3.37
	.001	14.82	9.95	8.10	7.10	6.46	6.02	5.69	5.44	5.24	5.08

Denominator df	α	Numerator df 12	15	20	25	30	40	50	60	120	1,000
	.100	2.05	2.01	1.96	1.93	1.91	1.89	1.87	1.86	1.83	1.80
	.050	2.53	2.46	2.39	2.34	2.31	2.27	2.24	2.22	2.18	2.14
14	.025	3.05	2.95	2.84	2.78	2.73	2.67	2.64	2.61	2.55	2.50
	.010	3.80	3.66	3.51	3.41	3.35	3.27	3.22	3.18	3.09	3.02
	.001	6.13	5.85	5.56	5.38	5.25	5.10	5.00	4.94	4.77	4.62
	.100	2.02	1.97	1.92	1.89	1.87	1.85	1.83	1.82	1.79	1.76
	.050	2.48	2.40	2.33	2.28	2.25	2.20	2.18	2.16	2.11	2.07
15	.025	2.96	2.86	2.76	2.69	2.64	2.59	2.55	2.52	2.46	2.40
	.010	3.67	3.52	3.37	3.28	3.21	3.13	3.08	3.05	2.96	2.88
	.001	5.81	5.54	5.25	5.07	4.95	4.80	4.70	4.64	4.47	4.33
	.100	1.99	1.94	1.89	1.86	1.84	1.81	1.79	1.78	1.75	1.72
	.050	2.42	2.35	2.28	2.23	2.19	2.15	2.12	2.11	2.06	2.02
16	.025	2.89	2.79	2.68	2.61	2.57	2.51	2.47	2.45	2.38	2.32
	.010	3.55	3.41	3.26	3.16	3.10	3.02	2.97	2.93	2.84	2.76
	.001	5.55	5.27	4.99	4.82	4.70	4.54	4.45	4.39	4.23	4.08
	.100	1.96	1.91	1.86	1.83	1.81	1.78	1.76	1.75	1.72	1.69
	.050	2.38	2.31	2.23	2.18	2.15	2.10	2.08	2.06	2.01	1.97
17	.025	2.82	2.72	2.62	2.55	2.50	2.44	2.41	2.38	2.32	2.26
	.010	3.46	3.31	3.16	3.07	3.00	2.92	2.87	2.83	2.75	2.66
	.001	5.32	5.05	4.78	4.60	4.48	4.33	4.24	4.18	4.02	3.87
	.100	1.93	1.89	1.84	1.80	1.78	1.75	1.74	1.72	1.69	1.66
	.050	2.34	2.27	2.19	2.14	2.11	2.06	2.04	2.02	1.97	1.92
18	.025	2.77	2.67	2.56	2.49	2.44	2.38	2.35	2.32	2.26	2.20
	.010	3.37	3.23	3.08	2.98	2.92	2.84	2.78	2.75	2.66	2.58
	.001	5.13	4.87	4.59	4.42	4.30	4.15	4.06	4.00	3.84	3.69
	.100	1.91	1.86	1.81	1.78	1.76	1.73	1.71	1.70	1.67	1.64
	.050	2.31	2.23	2.16	2.11	2.07	2.03	2.00	1.98	1.93	1.88
19	.025	2.72	2.62	2.51	2.44	2.39	2.33	2.30	2.27	2.20	2.14
	.010	3.30	3.15	3.00	2.91	2.84	2.76	2.71	2.67	2.58	2.50
	.001	4.97	4.70	4.43	4.26	4.14	3.99	3.90	3.84	3.68	3.53
	.100	1.89	1.84	1.79	1.76	1.74	1.71	1.69	1.68	1.64	1.61
	.050	2.28	2.20	2.12	2.07	2.04	1.99	1.97	1.95	1.90	1.85
20	.025	2.68	2.57	2.46	2.40	2.35	2.29	2.25	2.22	2.16	2.09
	.010	3.23	3.09	2.94	2.84	2.78	2.69	2.64	2.61	2.52	2.43
	.001	4.82	4.56	4.29	4.12	4.00	3.86	3.77	3.70	3.54	3.40

표 6 | F 분포표(계속)

Denominator		Numerator df									
df	α	1	2	3	4	5	6	7	8	9	10
	.100	2.96	2.57	2.36	2.23	2.14	2.08	2.02	1.98	1.95	1.92
	.050	4.32	3.47	3.07	2.84	2.68	2.57	2.49	2.42	2.37	2.32
21	.025	5.83	4.42	3.82	3.48	3.25	3.09	2.97	2.87	2.80	2.73
	.010	8.02	5.78	4.87	4.37	4.04	3.81	3.64	3.51	3.40	3.31
	.001	14.59	9.77	7.94	6.95	6.32	5.88	5.56	5.31	5.11	4.95
	.100	2.95	2.56	2.35	2.22	2.13	2.06	2.01	1.97	1.93	1.90
	.050	4.30	3.44	3.05	2.82	2.66	2.55	2.46	2.40	2.34	2.30
22	.025	5.79	4.38	3.78	3.44	3.22	3.05	2.93	2.84	2.76	2.70
	.010	7.95	5.72	4.82	4.31	3.99	3.76	3.59	3.45	3.35	3.26
	.001	14.38	9.61	7.80	6.81	6.19	5.76	5.44	5.19	4.99	4.83
	.100	2.94	2.55	2.34	2.21	2.11	2.05	1.99	1.95	1.92	1.89
	.050	4.28	3.42	3.03	2.80	2.64	2.53	2.44	2.37	2.32	2.27
23	.025	5.75	4.35	3.75	3.41	3.18	3.02	2.90	2.81	2.73	2.67
	.010	7.88	5.66	4.76	4.26	3.94	3.71	3.54	3.41	3.30	3.21
	.001	14.20	8.47	7.67	6.70	6.08	5.65	533	5.09	4.89	4.73
	.100	2.93	2.54	2.33	2.19	2.10	2.04	1.98	1.94	1.91	1.88
	.050	4.26	3.40	3.01	2.78	2.62	2.51	2.42	2.36	2.30	2.25
24	.025	5.72	4.32	3.72	3.38	3.15	2.99	2.87	2.78	2.70	2.64
	.010	3.82	5.61	4.72	4.22	3.90	3.67	3.50	3.36	3.26	3.17
	.001	14.03	9.34	3.55	6.59	5.98	5.55	5.23	4.99	4.80	4.64
	.100	2.92	2.53	2.32	2.18	2.09	2.02	1.97	1.93	1.89	1.87
	.050	4.24	3.39	2.99	2.76	2.60	2.49	2.40	2.34	2.28	2.24
25	.025	5.69	4.29	3.69	3.35	3.13	2.97	2.85	2.75	2.68	2.61
	.010	7.77	5.57	4.68	4.18	3.85	3.63	3.46	3.32	3.22	3.13
	.001	13.88	9.22	7.45	6.49	5.89	5.46	5.15	4.91	4.71	4.56
	.100	2.91	2.52	2.31	2.17	2.08	2.01	1.96	1.92	1.88	1.86
	.050	4.23	3.37	2.98	2.74	2.59	2.47	2.39	2.32	2.27	2.22
26	.025	5.66	4.27	3.67	3.33	3.10	2.94	2.82	2.73	2.65	2.59
	.010	7.72	5.53	4.64	4.14	3.82	3.59	3.42	3.29	3.18	3.09
	.001	13.74	9.12	7.36	6.41	5.80	5.38	5.07	4.83	4.64	4.48
	.100	2.90	2.51	2.30	2.17	2.07	2.00	1.95	1.91	1.87	1.85
	.050	4.21	3.35	2.96	2.73	2.57	2.46	2.37	2.31	2.25	2.20
27	.025	5.63	4.24	3.65	3.31	3.08	2.92	2.80	2.71	2.63	2.57
	.010	7.68	5.49	4.60	4.11	3.78	3.56	3.39	3.26	3.15	3.06
	.001	13.61	9.02	7.27	6.33	5.73	5.31	5.00	4.76	4.57	4.41

Denominator df	α	Numerator df 12	15	20	25	30	40	50	60	120	1,000
	.100	1.87	1.83	1.78	1.74	1.72	1.69	1.67	1.66	1.62	1.59
	.050	2.25	2.18	2.10	2.05	2.01	1.96	1.94	1.92	1.87	1.82
21	.025	2.64	2.53	2.42	2.36	2.31	2.25	2.21	2.18	2.11	2.05
	.010	3.17	3.03	2.88	2.79	2.72	2.64	2.58	2.55	2.46	2.37
	.001	4.70	4.44	4.17	4.00	3.88	3.74	3.64	3.58	3.42	3.28
	.100	1.86	1.81	1.76	1.73	1.70	1.67	1.65	i.64	1.60	1.57
	.050	2.23	2.15	2.07	2.02	1.98	1.94	1.91	1.89	1.84	1.79
22	.025	2.60	2.50	2.39	2.32	2.27	2.21	2.17	2.14	2.08	2.01
	.010	3.12	2.98	2.83	2.73	2.67	2.58	2.53	2.50	2.40	232
	.001	4.58	4.33	4.06	3.89	3.78	3.63	3.54	3.48	3.32	3.17
	.100	1.84	1.80	1.74	1.71	1.69	1.66	1.64	1.62	1.59	1.55
	.050	2.20	2.13	2.05	2.00	1.96	1.91	1.88	1.86	1.81	1.76
23	.025	2.57	2.47	2.36	2.29	2.24	2.18	2.14	2.11	2.04	1.98
	.010	3.07	2.93	2.78	2.69	2.62	2.54	2.48	2.45	2.35	2.27
	.001	4.48	4.23	3.96	3.79	3.68	3.53	3.44	3.38	3.22	3.08
	.100	1.83	1.78	1.73	1.70	1.67	1.64	1.62	1.61	1.57	1.54
	.050	2.18	2.11	2.03	1.97	1.94	1.89	1.86	1.84	1.79	1.74
24	.025	2.54	2.44	2.33	2.26	2.21	2.15	2.11	2.08	2.01	1.94
	.010	3.03	2.89	2.74	2.64	2.58	2.49	2.44	2.40	2.31	2.22
	.001	4.39	4.14	3.87	3.71	3.59	3.45	3.36	3.29	3.14	2.99
	.100	1.82	1.77	1.72	1.68	1.66	1.63	1.61	1.59	1.56	1.52
	.050	2.16	2.09	2.0]	1.96	1.92	1.87	1.84	1.82	1.77	1.72
25	.025	2.51	2.41	2.30	2.23	2.18	2.12	2.08	2.05	1.98	1.91
	.010	2.99	2.85	2.70	2.60	2.54	2.45	2.40	2.36	2.27	2.18
	.001	4.31	4.06	3.79	3.63	3.52	3.37	3.28	3.22	3.06	2.91
	.100	1.81	1.76	1.71	1.67	1.65	1.61	1.59	1.58	1.54	1.51
	.050	2.15	2.07	1.99	1.94	1.90	1.85	1.82	1.80	1.75	1.70
26	.025	2.49	2.39	2.28	2.21	2.16	2.09	2.05	2.03	1.95	1.89
	.010	2.96	2.81	2.66	2.57	2.50	2.42	2.36	2.33	2.23	2.14
	.001	4.24	3.99	3.72	3.56	3.44	3.30	3.21	3.15	2.99	2.84
	.100	1.80	1.75	1.70	1.66	1.64	1.60	1.58	1.57	1.53	1.50
	.050	2.13	2.06	1.97	1.92	1.88	1.84	1.81	1.79	1.73	1.68
27	.025	2.47	2.36	2.25	2.18	2.13	2.07	2.03	2.00	1.93	1.86
	.010	2.93	2.78	2.63	2.54	2.47	2.38	2.33	2.29	2.20	2.11
	.001	4.17	3.92	3.66	3.49	3.38	3.23	3.14	3.08	2.92	2.78

Denominator		Numerator df									
df	α	1	2	3	4	5	6	7	8	9	10
	.100	2.89	2.50	2.29	2.16	2.06	2.00	1.94	1.90	1.84	1.84
	.050	4.20	3.34	2.95	2.71	2.56	2.45	2.36	2.29	2.24	2.19
28	.025	5.61	4.22	3.63	3.29	3.06	2.90	2.78	2.69	2.61	2.55
	.010	3.64	5.45	4.57	4.07	3.75	3.53	3.36	3.23	3.12	3.03
	.001	13.50	8.93	7.19	6.25	5.66	5.24	4.93	4.69	4.50	4.35
	.100	2.89	2.50	2.28	2.15	2.06	1.99	1.93	1.89	1.86	1.83
	.050	4.18	3.33	2.93	2.70	2.55	2.43	2.35	2.28	2.22	2.18
29	.025	5.59	4.20	3.61	3.27	3.04	2.88	2.76	2.67	2.59	2.53
	.010	3.60	5.42	4.54	4.04	3.73	3.50	3.33	3.20	3.09	3.00
	.001	13.39	8.85	7.12	6.19	5.59	5.18	4.87	4.64	4.45	4.29
	.100	2.88	2.49	2.28	2.14	2.05	1.98	1.93	1.88	1.85	1.82
	.050	4.17	3.32	2.92	2.69	2.53	2.42	2.33	2.27	2.21	2.16
30	.025	5.57	4.18	3.59	3.25	3.03	2.87	2.75	2.63	2.57	2.51
	.010	7.56	5.39	4.51	4.02	3.70	3.47	3.30	3.17	3.07	2.98
	.001	13.29	8.77	7.05	6.12	5.53	5.12	4.82	4.58	4.39	4.24
	.100	2.84	2.44	2.23	2.09	2.00	1.93	187	1.83	1.79	1.76
	.050	4.08	3.23	2.84	2.61	2.45	2.34	2.25	2.18	2.12	2.08
40	.025	5.42	4.05	3.46	3.13	2.90	2.74	2.62	2.53	2.45	2.39
	.010	7.31	5.18	4.31	3.83	3.51	3.29	3.12	2.99	2.89	2.80
	.001	12.61	8.25	6.59	5.70	5.13	4.73	4.44	4.21	4.02	3.87
	.100	2.81	2.41	2.20	2.06	1.97	1.90	1.84	1.80	1.76	1.73
	.050	4.03	3.18	2.79	2.56	2.40	2.29	2.20	2.13	2.07	2.03
50	.025	5.34	3.97	3.39	3.05	2.83	2.67	2.55	2.46	2.38	2.32
	.010	7.17	5.06	4.20	3.72	3.41	3.19	3.02	2.89	2.78	2.70
	.001	12.22	7.96	6.34	5.46	4.90	4.51	4.22	4.00	3.82	3.67
	.100	2.79	2.39	2.18	2.04	1.95	1.87	1.82	1.77	1.74	1.71
	.050	4.00	3.15	2.76	2.53	2.37	2.25	2.17	2.10	2.04	1.99
60	.025	5.29	3.93	3.34	3.01	2.79	2.63	2.51	2.41	2.33	2.27
	.010	3.08	4.98	4.13	3.65	3.34	3.12	2.95	2.82	2.72	2.63
	.001	11.97	7.77	6.17	5.31	4.76	4.37	4.09	3.86	3.69	3.54
	.100	2.76	2.36	2.14	2.00	1.91	1.83	1.78	1.73	1.69	1.66
	.050	3.94	3.09	2.70	2.46	2.31	2.19	2.10	2.03	1.97	1.93
100	.025	5.18	3.83	3.25	2.92	2.70	2.54	2.42	2.32	2.24	2.18
	.010	6.90	4.82	3.98	3.51	3.21	2.99	2.82	2.69	2.59	2.50
	.001	11.50	7.41	5.86	5.02	4.48	4.11	3.83	3.61	3.44	3.30

Denominator df	α	12	15	20	25	30	40	50	60	120	1,000
	.100	1.79	1.74	1.69	1.65	1.63	1.59	1.57	1.56	1.52	1.48
	.050	2.12	2.04	1.96	1.91	1.87	1.82	1.79	1.77	1.71	1.66
28	.025	2.45	2.34	2.23	2.16	2.11	2.05	2.01	1.98	1.91	1.84
	.010	2.90	2.75	2.60	2.51	2.44	2.35	2.30	2.26	2.17	2.08
	.001	4.11	3.86	3.60	3.43	3.32	3.18	3.09	3.02	2.86	2.72
	.100	1.78	1.73	1.68	1.64	1.62	1.58	1.56	1.55	1.51	1.47
	.050	2.10	2.03	1.94	1.89	1.85	1.81	1.77	1.75	1.70	1.65
29	.025	2.43	2.32	2.21	2.14	2.09	2.03	1.99	1.96	1.89	1.82
	.010	2.87	2.73	2.57	2.48	2.41	2.33	2.27	2.23	2.14	2.05
	.001	4.05	3.80	3.54	3.38	3.27	3.12	3.03	2.97	2.81	2.66
	.100	1.77	1.72	1.67	1.63	1.61	1.57	1.55	1.54	1.50	1.46
	.050	2.09	2.01	1.93	1.88	1.84	1.79	1.76	1.74	1.68	1.63
30	.025	2.41	2.31	2.20	2.12	2.07	2.01	1.97	1.94	1.87	1.80
	.010	2.84	2.70	2.55	2.45	2.39	2.30	2.25	2.21	2.11	2.02
	.001	4.00	3.75	3.49	3.33	3.22	3.07	2.98	2.92	2.76	2.61
	.100	1.71	1.66	1.61	1.57	1.54	1.51	1.48	1.47	1.42	1.38
	.050	2.00	1.92	1.84	1.78	1.74	1.69	1.66	1.64	1.58	1.52
40	.025	2.29	2.18	2.07	1.99	1.94	1.88	1.83	1.80	1.72	1.65
	.010	2.66	2.52	2.37	2.27	2.20	2.11	2.06	2.02	1.92	1.82
	.001	3.64	3.40	3.14	2.98	2.87	2.73	2.64	2.57	2.41	2.25
	.100	1.68	1.63	1.57	1.53	1.50	1.46	1.44	1.42	1.38	1.33
	.050	1.95	1.87	1.78	1.73	1.69	1.63	1.60	1.58	1.51	1.45
50	.025	2.22	2.11	1.99	1.92	1.87	1.80	1.75	1.72	1.64	1.56
	.010	2.56	2.42	2.27	2.17	2.10	2.01	1.95	1.91	1.80	1.70
	.001	3.44	3.20	2.95	2.79	2.68	2.53	2.44	2.38	2.21	2.05
	.100	1.66	1.60	1.54	1.50	1.48	1.44	1.41	1.40	1.35	1.30
	.050	1.92	1.84	1.75	1.69	1.65	1.59	1.56	1.53	1.47	1.40
60	.025	2.17	2.06	1.94	1.87	1.82	1.74	1.70	1.67	1.58	1.49
	.010	2.50	2.35	2.20	2.10	2.03	1.94	1.88	1.84	1.73	1.62
	.001	3.32	3.08	2.83	2.67	2.55	2.41	2.32	2.25	2.08	1.92
	.100	1.61	1.56	1.49	1.45	1.42	1.38	1.35	1.35	1.28	1.22
	.050	1.85	1.77	1.68	1.62	1.57	1.52	1.48	1.45	1.38	1.30
100	.025	2.08	1.97	1.85	1.77	1.71	1.64	1.59	1.56	1.46	1.36
	.010	2.37	2.22	2.07	1.97	1.89	1.80	1.74	1.69	1.57	1.45
	.001	3.07	2.84	2.59	2.43	2.32	2.17	2.08	2.01	1.83	1.64

Denominator df	α	1	2	3	4	5	6	7	8	9	10
		Numerator df									
200	.100	2.73	2.33	2.11	1.97	1.88	1.80	1.75	1.70	1.66	1.63
	.050	3.89	3.04	2.65	2.42	2.26	2.14	2.06	1.98	1.93	1.88
	.025	5.10	3.76	3.18	2.85	2.63	2.47	2.35	2.26	2.18	2.11
	.010	6.76	4.71	3.88	3.41	3.11	2.89	2.73	2.60	2.50	2.41
	.001	11.15	7.15	5.63	4.81	4.29	3.92	3.65	3.43	3.26	3.12
1,000	.100	2.71	2.31	2.09	1.95	1.85	1.78	1.72	1.68	1.64	1.61
	.050	3.85	3.00	2.61	2.38	2.22	2.11	2.02	1.95	1.89	1.84
	.025	5.04	3.70	3.13	2.80	2.58	2.42	2.30	2.20	2.13	2.06
	.010	6.66	4.63	3.80	3.34	3.04	2.82	2.66	2.53	2.43	2.34
	.001	10.89	6.96	5.46	4.65	4.14	3.78	3.51	3.30	3.13	2.99

찾아보기

ㅇ

ㅈ

ㅊ

R과 Python을 활용한
기초통계플러스알파 제2판

지은이 김명준 · 김영화 · 박영호
펴낸이 조경희
펴낸곳 경문사
펴낸날 2020년 3월 2일 1판 1쇄
2021년 3월 2일 1판 2쇄
2023년 3월 2일 2판 1쇄
등 록 1979년 11월 9일 제1979-000023호
주 소 04057, 서울특별시 마포구 와우산로 174
전 화 (02)332-2004 팩스 (02)336-5193
이메일 kyungmoon@kyungmoon.com

값 30,000원

ISBN 979-11-6073-609-0